高等教育安全工程系列"十一五"规划教材

传 热 学

王保国　刘淑艳　王新泉　朱俊强　编著

马同泽　主审

机械工业出版社

本书分 10 章，系统地介绍了稳态导热、非稳态导热、对流传热、相变传热、热辐射、传质以及复合换热等传热学的主要理论与方法。对安全工程以及人机与环境工程中常遇到的传热、传质问题设置了专题，进行了扼要的讨论。另外，还特别对航空、航天以及工程热科学中常遇到的热安全与热防护方面的问题在相关章节中作了详细的讲解；本书中还对流动与传热方面的常用软件进行了介绍。

本书可作为高等理工院校安全工程类专业、人机与环境工程类专业以及航空航天类、交通运输类、武器类、机械类、能源动力类等专业的本科教材，也可作为相关专业的研究生教材。另外，可作为有关教师、科技人员的参考书。本书目录中注以"＊"标注的章节，对本科生可不作要求，可作为研究生课程的讲授内容。

图书在版编目（CIP）数据

传热学/王保国等编著. —北京：机械工业出版社，
2009.1（2025.8 重印）
（高等教育安全工程系列"十一五"规划教材）
ISBN 978-7-111-25606-9

Ⅰ. 传… Ⅱ. 王… Ⅲ. 传热学—高等学校—教材
Ⅳ. TK124

中国版本图书馆 CIP 数据核字（2008）第 180977 号

机械工业出版社（北京市百万庄大街 22 号　邮政编码 100037）
责任编辑：冷　彬　版式设计：霍永明　责任校对：姜　婷
封面设计：张　静　责任印制：张　博
固安县铭成印刷有限公司印刷
2025 年 8 月第 1 版第 6 次印刷
169mm×239mm ・19.25 印张・359 千字
标准书号：ISBN 978-7-111-25606-9
定价：48.00 元

电话服务　　　　　　　　　　　网络服务
客服电话：010-88361066　　　机　工　官　网：www.cmpbook.com
　　　　　010-88379833　　　机　工　官　博：weibo.com/cmp1952
　　　　　010-68326294　　　金　书　网：www.golden-book.com
封底无防伪标均为盗版　　　　　机工教育服务网：www.cmpedu.com

安全工程专业教材编审委员会

主 任 委 员：冯长根

副主任委员：王新泉　吴　超　蒋军成

秘 书 长：冷　彬

委　　　员：（排名不分先后）

　　　　　　冯长根　王新泉　吴　超　蒋军成　沈斐敏

　　　　　　钮英建　霍　然　孙　熙　王保国　王述洋

　　　　　　刘英学　金龙哲　张俭让　司　鹄　王凯全

　　　　　　董文庚　景国勋　柴建设　周长春　冷　彬

序 一

"安全工程"本科专业是在1958年建立的"工业安全技术"、"工业卫生技术"和1983年建立的"矿山通风与安全"本科专业基础上发展起来的。1984年,国家教委将"安全工程"专业作为试办专业列入普通高等学校本科专业目录之中。1998年7月6日,教育部发文颁布《普通高等学校本科专业目录》,"安全工程"本科专业(代号:081002)属于工学门类的"环境与安全类"(代号:0810)学科下的两个专业之一[一]。据"安全工程专业教学指导委员会"1997年的调查结果显示,自1958~1996年底,全国各高校累计培养安全工程专业本科生8130人。近年,安全工程本科专业得到快速发展,到2005年底,在教育部备案的设有安全工程本科专业的高校已达75所,2005年全国安全工程专业本科招生人数近3900名[二]。

按照《普通高等学校本科专业目录》(1998)的要求,原来已设有与"安全工程专业"相近但专业名称有所差异的高校,现也大都更名为"安全工程"专业。专业名称统一后的"安全工程"专业,专业覆盖面大大拓宽[三]。同时,随着经济社会发展对安全工程专业人才要求的更新,安全工程专业的内涵也发生很大变化,相应的专业培养目标、培养要求、主干学科、主要课程、主要实践性教学环节等都有了不同程度的变化,学生毕业后的执业身份是注册安全工程师。但是,安全工程专业的教材建设与专业的发展出现尚不适应的新情况,无法满足和适应高等教育培养人才的需要。为此,组织编写、出版一套新的安全工程专业系列教材已成为众多院校的翘首之盼。

机械工业出版社是有着50多年历史的国家级优秀出版社,在高等学校安全工程学科教学指导委员会的指导和支持下,根据当前安全工程专业教育的发展现状,本着"大安全"的教育思想,进行了大量的调查研究工

[一] 按《普通高等学校本科专业目录》(2012版),"安全工程"本科专业(专业代码:082901)属于工学学科的"安全科学与工程类"(专业代码:0829)下的专业。

[二] 各高校安全工程本科每年的招生数量可以通过高等学校安全工程学科教学指导委员会主办的"全国高等院校安全工程学科教育数据和信息系统"查询(www.cosha.org.cn)。

[三] 自2012年更名为"高等教育安全科学与工程类系列规划教材"。

作，聘请了安全科学与工程领域一批学术造诣深、实践经验丰富的教授、专家，组织成立了教材编审委员会（以下简称"编审委"），决定组织编写"高等教育安全工程系列'十一五'规划教材"。并先后于2004年8月（衡阳）、2005年8月（葫芦岛）、2005年12月（北京）、2006年4月（福州）组织召开了一系列安全工程专业本科教材建设研讨会，就安全工程专业本科教育的课程体系、课程教学内容、教材建设等问题反复进行了研讨，在总结以往教学改革、教材编写经验的基础上，以推动安全工程专业教学改革和教材建设为宗旨，进行顶层设计，制订总体规划、出版进度和编写原则，计划分期分批出版近30余门课程的教材，以尽快满足全国众多院校的教学需要，以后再根据专业方向的需要逐步增补。

由安全学原理、安全系统工程、安全人机工程学、安全管理学等课程构成的学科基础平台课程，已被安全科学与工程领域学者认可并达成共识。本套系列教材编写、出版的基本思路是，在学科基础平台上，构建支撑安全工程专业的工程学原理与由关键性的主体技术组成的专业技术平台课程体系，编写、出版系列教材来支撑这个体系。

本系列教材体系设计的原则是，重基本理论，重学科发展，理论联系实际，结合学生现状，体现人才培养要求。为保证教材的编写质量，本着"主编负责，主审把关"的原则，编审委组织专家分别对各门课程教材的编写大纲进行认真仔细的评审。教材初稿完成后又组织同行专家对书稿进行研讨，编者数易其稿，经反复推敲定稿后才最终进入出版流程。

作为一套全新的安全工程专业系列教材，其"新"主要体现在以下几点：

体系新。本套系列教材从"大安全"的专业要求出发，从整体上考虑各门课程的内容安排，构建支撑安全工程学科专业技术平台的课程体系，按照教学改革方向要求的学时，统一协调与整合，形成一个完整的、各门课程之间有机联系的系列教材体系。

内容新。本套系列教材的突出特点是内容体系上的创新。它既注重知识的系统性、完整性，又特别注意各门学科基础平台课之间的关联，更注意后续的各门专业技术课与先修的学科基础平台课的衔接，充分考虑了安全工程学科知识体系的连贯性和各门课程教材间知识点的衔接、交叉和融合问题，努力消除相互关联课程中内容重复的现象，突出安全工程学科的工程学原理与关键性的主体技术，有利于学生的知识和技能的发展，有利于教学改革。

知识新。本套系列教材的主编大多由长期从事安全工程专业本科教学的教授担任，他们一直处于教学和科研的第一线，学术造诣深厚，教学经验丰富。在编写教材时，他们十分重视理论联系实际，注重引入新理论、新知识、新技术、新方法、新材料、新装备、新法规等理论研究成果，及工程技术实践成果和各校教学改革的阶段性成果，充实与更新了知识点，增加部分学科前沿方面的内容，充分体现了教材的先进性和前瞻性，以适应时代对安全工程高级专业技术人才的培育要求。本套系列教材中凡涉及安全生产的法律法规、技术标准、行业规范，全部采用最新颁布的版本。

安全是人类最重要和最基本的需求，是人民生命与健康的基本保障。一切生活、生产活动都源于生命的存在。如果人们失去了生命，生存也就无从谈起，生活也就失去了意义。全世界平均每天发生约 68.5 万起事故，造成约 2200 人死亡的事实，使我们确认，安全不是别的什么，安全就是生命。安全生产是社会文明和进步的重要标志，是经济社会发展的综合反映，是落实以人为本的科学发展观的重要实践，是构建和谐社会的有力保障，是全面建设小康社会、统筹经济社会全面发展的重要内容，是实施可持续发展战略的组成部分，是各级政府履行市场监管和社会管理职能的基本任务，是企业生存、发展的基本要求。国内外实践证明，安全生产具有全局性、社会性、长期性、复杂性、科学性和规律性的特点，随着社会的不断进步，工业化进程的加快，安全生产工作的内涵发生了重大变化，它突破了时间和空间的限制，存在于人们日常生活和生产活动的全过程中，成为一个复杂多变的社会问题在安全领域的集中反映。安全问题不仅对生命个体非常重要，而且对社会稳定和经济发展产生重要影响。党的十六届五中全会提出"安全发展"的重要战略理念。安全发展是科学发展观理论体系的重要组成部分，安全发展与构建和谐社会有着密切的内在联系，以人为本，首先就是要以人的生命为本。"安全·生命·稳定·发展"是一个良性循环。安全科技工作者在促进、保证这一良性循环中起着重要作用。安全科技人才匮乏是我国安全生产形势严峻的重要原因之一。加快培养安全科技人才也是解开安全难题的钥匙之一。

高等院校安全工程专业是培养现代安全科学技术人才的基地。我深信，本套系列教材的出版，将对我国安全工程本科教育的发展和高级安全工程专业人才的培养起到十分积极的推进作用，同时，也为安全生产领域众多实际工作者提高专业理论水平提供了学习资料。当然，由于这是第一套基于专业技术平台课程体系的教材，尽管我们的编审者、出版者夙兴夜寐，尽心竭力，但由于安全工程学科具有在理论上的综合性与应用上的广泛性相交叉的特性，开办安全工程专业的高等院校所依托的行业类型又涉及军工、航空、化工、石油、矿业、土木、交通、能源、环境、经济等诸多领域，安全科学与工程的应用也涉及到人类生产、生活和生存的各个方面，因此，本套系列教材依然会存在这样和那样的缺点、不足，难免挂一漏万，诚恳地希望得到有关专家、学者的关心与支持，希望选用本套系列教材的广大师生在使用过程中给我们多提意见和建议。谨祝本套系列教材在编者、出版者、授课教师和学生的共同努力下，通过教学实践，获得进一步的完善和提高。

"嘤其鸣矣，求其友声"，高等院校安全工程专业正面临着前所未有的发展机遇，在此我们祝愿各个高校的安全工程专业越办越好，办出特色，为我国安全生产战线输送更多的优秀人才。让我们共同努力，为我国安全工程教育事业的发展作出贡献。

中国科学技术协会书记处书记[一]
中国职业安全健康协会副理事长
中国灾害防御协会副会长
亚洲安全工程学会主席
高等学校安全工程学科教学指导委员会副主任
安全工程专业教材编审委员会主任
北京理工大学教授、博士生导师

冯长根

2006年5月

[一] 曾任中国科学技术协会副主席。

序　二

目前国内已出版了一些《传热学》的教材与专著，但适用安全工程以及人机与环境工程类专业的传热学教材尚未见到，本书填补了这一空白。与一般传统的《传热学》教材相比，本书具有以下特色：

（1）注重基本概念、基本理论和基本计算方法的叙述，做到了基本概念讲解准确，基本理论讲述严谨，计算方法叙述清晰并结合工程实际。

（2）本书给出了有关传热学的数百篇参考文献、国内外名著以及著名教材，这对学有余力的读者进一步学习相关内容提供了很有价值的文献索引。

（3）本书十分重视将传统的传热学内容与现代数值方法相结合并编制了一定数量的计算机求解的题目，有些题目十分有特色，富有创新性，这对培养学生的创新能力是十分有益的。

本书的四位作者都是活跃在教学与科研第一线的中年教授与学科带头人。本书第一作者王保国教授是"北京市高等学校教学名师"，他是一位长期在几所著名大学执教的高校教授、博士生导师。王教授一直从事高超声速气动热力学与热防护方面的科学研究与教学工作，在气体动力学与传热学两大方面均有很深的造诣。王教授治学严谨，在理论和实践方面都受过全面严格的训练，曾在中国科学院学习与工作了16年，在清华大学任教授、博导10余年，是深得同学们爱戴与欢迎的清华大学优秀教授与博士生导师，并2次荣获清华大学优秀教师奖。2003年，他作为知名教授、学科带头人由清华大学来到北京理工大学任教，现为该校流体力学二级学科带头人、人机与环境工程学科带头人、全国人机与环境工程专业委员会副主任、副秘书长；中国人类工效学学会副理事长、人机工程专业委员会主任；他还一直担任国际英文杂志《International Journal of Man-Machine-Environment System Engineering》的编委。王保国教授2次荣获中国科学院重大成果奖，一次荣获国家人事部优秀博士后奖，荣获北京理工大学"十大师德标兵"及"北京市高等学校教学名师"荣誉称号；另外，还曾荣获"1997~2007年度全国人—机—环境系统工程研究个人突出贡献奖"（全国仅8人获此奖）。王教授在国内外重要学术刊物上累计发表论文210余篇，出版了《气体动力学》、《安全人机工程学》、《叶轮机械跨声速及亚声速流场的计算方法》等5部论著。他与刘淑艳教授、黄伟光教授编著的《气体动力学》一书被评为国防科工委"十五"重点教材及"北京市高等教育精品教材"。本书第二作者刘淑艳,是北京理工大学一位长期从事流体力学、多相流与传热方面教学与研究工作的教授,她在增压器的研究方面曾荣获国家发明奖。另外,她长期与国外合作,在专业教学与学科的发展上均作出了较大的贡献。本书第三作者王新泉教授是安全科学与工程界的著名专家、学术带头人,他在热安全以及换热技术等方面均有很深的造诣,1996年荣获"钱之光科学教育奖"。他编著出版的《暖通计算机应用程序设计》一书深受广大读者的欢迎。本书第四作者朱俊强教授是中国科学院"百人计划"入选者,他曾先后留学德国和加拿大,并曾在西北工业大学任教授、博导多年,具有深厚的工程热物理基础,是中国科学院工程热物理研究所的重要新生力量之一。

这本《传热学》教材,融合了四位教授多年来从事教学、科研的成果与教学经验,正是他们的密切合作,使这部教材富有新的特色。我深信,它的出版将为学生们提供一部崭新的优秀教材。

中国科学院工程热物理研究所学术委员会原主任

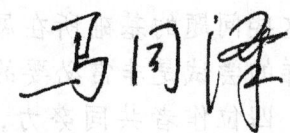

前 言

传热学是一门深深植根于工程、应用性极强的基础课程，因此培养与提高读者应用基本理论求解实际问题的能力是编著本教材的宗旨。为实现这一目的，本书在编写时十分重视基本概念、基本理论和基本计算方法的讲述，力求做到基本概念讲解准确、决不含糊；基本理论讲授严谨、层次分明；基本方法叙述清晰，使用条件明确、严格，解题步骤规范、完整。全书共列出了有关传热学的数百篇参考文献，这对引导学生进一步学习相关内容是十分有益的。书中注意了对学生编程能力的培养与训练，编制了一定数量利用计算机编程计算的题目。书中对本学科发展的前沿与热点问题，进行了非常慎重的介绍并抽取了这些问题所用到的最基础的理论，以例题方式将这些问题的基础所在展现给读者，以达到画龙点睛的目的。显然，这样的尝试是非常必要的，同时成为本书的一大特色。

四位作者共同努力，在广泛地研究与分析国内外同类教材后，历经9年的教学准备，并将本书初稿多次作为相关专业的本科生与研究生教材使用之后，这部以安全工程及人机与环境工程类专业为主要读者对象的《传热学》教材终于正式出版了。四位作者非常感谢我国传热界两位著名科学家葛绍岩先生与马同泽先生30多年来的关心、支持和鼓励，感谢两位老先生对本书的写作所提出宝贵的建设性意见。万分感谢马同泽先生在百忙中为本书作序，这将鞭策我们要加倍努力，在今后把这部教材整理得更充实、更完美、更富有生命力！

在本书的编写过程中，安全工程专业教材编审委员会积极组织专家对本书的编写大纲和书稿进行审纲和审稿工作，与此同时得到了许多专家、同仁的关心与指点，在此向他们表示衷心的感谢。

由于作者水平有限，虽经努力，仍不免有错误与不妥之处，恳请广大读者批评指正。联系方式(E-mail)：bguowang@bit.edu.cn

编著者

目　录

序一
序二
前言

第1章　传热的基本方式与传热问题的研究方法 ⋯⋯⋯⋯⋯⋯⋯⋯⋯⋯⋯ 1
　1.1　传热学研究的对象及其在工程中的应用 ⋯⋯⋯⋯⋯⋯⋯⋯⋯⋯⋯ 1
　1.2　热能传递的三种基本方式以及传热过程与相关系数 ⋯⋯⋯⋯⋯⋯ 3
　1.3　传热问题的研究方法 ⋯⋯⋯⋯⋯⋯⋯⋯⋯⋯⋯⋯⋯⋯⋯⋯⋯⋯ 7
　习题 ⋯⋯⋯⋯⋯⋯⋯⋯⋯⋯⋯⋯⋯⋯⋯⋯⋯⋯⋯⋯⋯⋯⋯⋯⋯⋯ 8
　参考文献 ⋯⋯⋯⋯⋯⋯⋯⋯⋯⋯⋯⋯⋯⋯⋯⋯⋯⋯⋯⋯⋯⋯⋯⋯ 9

第2章　导热的基本原理及其稳态导热过程的分析与求解 ⋯⋯⋯⋯⋯⋯ 14
　2.1　导热的基本定律与导热特性 ⋯⋯⋯⋯⋯⋯⋯⋯⋯⋯⋯⋯⋯⋯⋯ 14
　2.2　导热微分方程及其定解条件 ⋯⋯⋯⋯⋯⋯⋯⋯⋯⋯⋯⋯⋯⋯⋯ 18
　2.3　一维稳态导热分析 ⋯⋯⋯⋯⋯⋯⋯⋯⋯⋯⋯⋯⋯⋯⋯⋯⋯⋯⋯ 21
　2.4　准一维扩展表面的导热计算 ⋯⋯⋯⋯⋯⋯⋯⋯⋯⋯⋯⋯⋯⋯⋯ 24
　2.5*　具有内热源的导热及多维导热问题的求解 ⋯⋯⋯⋯⋯⋯⋯⋯⋯ 29
　习题 ⋯⋯⋯⋯⋯⋯⋯⋯⋯⋯⋯⋯⋯⋯⋯⋯⋯⋯⋯⋯⋯⋯⋯⋯⋯⋯ 39
　参考文献 ⋯⋯⋯⋯⋯⋯⋯⋯⋯⋯⋯⋯⋯⋯⋯⋯⋯⋯⋯⋯⋯⋯⋯⋯ 41

第3章　非稳态导热过程的分析与计算 ⋯⋯⋯⋯⋯⋯⋯⋯⋯⋯⋯⋯⋯⋯ 45
　3.1　非稳态导热的基本概念及其特点 ⋯⋯⋯⋯⋯⋯⋯⋯⋯⋯⋯⋯⋯ 45
　3.2　集总参数分析法 ⋯⋯⋯⋯⋯⋯⋯⋯⋯⋯⋯⋯⋯⋯⋯⋯⋯⋯⋯⋯ 48
　3.3　一维非稳态导热的分析解与诺谟图 ⋯⋯⋯⋯⋯⋯⋯⋯⋯⋯⋯⋯ 51
　3.4　二维与三维非稳态导热问题的求解 ⋯⋯⋯⋯⋯⋯⋯⋯⋯⋯⋯⋯ 59
　3.5　三种边界条件下半无限大物体非稳态导热的分析 ⋯⋯⋯⋯⋯⋯ 64
　3.6　周期性变化边界条件下非稳态导热问题的初步分析 ⋯⋯⋯⋯⋯ 67
　习题 ⋯⋯⋯⋯⋯⋯⋯⋯⋯⋯⋯⋯⋯⋯⋯⋯⋯⋯⋯⋯⋯⋯⋯⋯⋯⋯ 68
　参考文献 ⋯⋯⋯⋯⋯⋯⋯⋯⋯⋯⋯⋯⋯⋯⋯⋯⋯⋯⋯⋯⋯⋯⋯⋯ 71

第 4 章 对流换热过程的数学描述以及强迫与自然对流换热的分析 …… 73
- 4.1 对流换热问题的概述以及基本方程组与边界条件 …… 73
- 4.2 边界层概念及速度边界层与热边界层的分析 …… 78
- 4.3 层流强迫对流流动时的分析与计算 …… 81
- 4.4* 湍流强迫对流流动时的分析与比拟 …… 87
- 4.5 内流与外部绕流中对流换热的工程计算以及实验关联式 …… 95
- 4.6 无限大空间与有限空间自然对流换热的分析 …… 108
- 4.7 高速流动下的对流换热分析与实验关联式 …… 114
- 习题 …… 118
- 参考文献 …… 120

第 5 章 高换热速率、有相变的对流换热现象及其基本规律研究 …… 123
- 5.1 相变换热的基本概念与凝结换热的概述 …… 123
- 5.2 层流与湍流膜状凝结换热的分析 …… 125
- 5.3 沸腾换热现象的概述及沸腾换热的计算 …… 130
- 5.4 相变换热的强化技术及热管技术简介 …… 139
- 习题 …… 141
- 参考文献 …… 142

第 6 章 热辐射的物理基础与相关的计算方法 …… 145
- 6.1 热辐射的基本概念及基本特点 …… 145
- 6.2 黑体热辐射的基本性质及四大基本定律 …… 150
- 6.3 实际表面的辐射与吸收特性以及相关定律 …… 154
- 6.4 漫发射与漫反射表面之间的辐射换热以及角系数的计算 …… 158
- 6.5* 封闭系统中灰体表面间的辐射换热计算 …… 165
- 6.6* 气体辐射及其计算方法 …… 171
- 6.7 火焰辐射 …… 182
- 6.8 太阳辐射 …… 184
- 习题 …… 187
- 参考文献 …… 191

第 7 章 复合换热的分析与计算 …… 194
- 7.1 总传热过程、总传热系数以及定性温度 …… 194
- 7.2 对流与导热的复合换热分析 …… 195
- 7.3 导热与辐射的复合换热分析 …… 199

7.4　辐射与对流的复合换热分析 ………………………………… 201
7.5*　对流、导热与辐射的复合换热计算 ………………………… 205
7.6　传热的增强或减弱 …………………………………………… 208
习题 ……………………………………………………………… 212
参考文献 ………………………………………………………… 214

第 8 章　传质扩散现象及其基本规律的分析 ……………………… 216
8.1　质扩散及其基本定律 ………………………………………… 216
8.2　对流传质过程的特征数以及三传的类比 …………………… 220
8.3　液体蒸发时传热传质交换过程的分析 ……………………… 225
习题 ……………………………………………………………… 229
参考文献 ………………………………………………………… 230

第 9 章　安全工程中的几个传热、传质专题 ……………………… 232
9.1　火灾及相应模型的初步分析 ………………………………… 232
9.2　毒物泄漏的后果分析 ………………………………………… 238
9.3*　余热锅炉及其关键部件的传热计算 ………………………… 239
9.4　气相爆炸与粉尘爆炸 ………………………………………… 244
9.5*　高速飞行器重返大气层时的热防护 ………………………… 248
习题 ……………………………………………………………… 253
参考文献 ………………………………………………………… 254

第 10 章　数值传热学初步及相关计算软件简介 ………………… 259
10.1　数值传热学与计算流体力学之间的关联与区别 ………… 259
10.2　流动与传热控制方程组的统一形式及定解条件 ………… 260
10.3　SIMPLE 算法扼要介绍 …………………………………… 262
10.4　计算传热学的有限元法、边界元法、有限分析法以及有
限体积法 ……………………………………………………… 263
10.5　计算传热学中常用的商业软件简介 ……………………… 265
习题 ……………………………………………………………… 266
参考文献 ………………………………………………………… 271

附录 …………………………………………………………………… 278
附录 A　常用金属材料的热物性参数 ……………………………… 278
附录 B　保温、耐火材料的热物性参数 …………………………… 279

附录 C　干空气的热物理性质($p = 1.01325 \times 10^5 \text{Pa}$) ……… 281
附录 D　烟气的热物理性质($p = 1.01325 \times 10^5 \text{Pa}$) …………… 282
附录 E　干饱和水蒸气的热物理性质 ……………………………… 283
附录 F　过热水蒸气的热物理性质($p = 1.01325 \times 10^5 \text{Pa}$) ……… 284
附录 G　几种饱和液体的热物理性质 ……………………………… 285
附录 H　生物材料的热物理性质 …………………………………… 287
附录 I　几种保温、耐火材料的热导率与温度的关系 …………… 287
附录 J　常用材料表面的法向发射率 ε_n …………………………… 288

第 1 章

传热的基本方式与传热问题的研究方法

1.1 传热学研究的对象及其在工程中的应用

1.1.1 传热学研究的对象及其与热力学的关系

传热学是研究在温差作用下所发生的热能传递过程，是研究热能传递规律的一门学科[1~18]⊖。它与研究平衡状态下机械能与热能之间相互转换规律的热力学[19~26]共同构成了热科学的理论基础。热力学第二定律指出[27]，热能总是自发地、不可逆地从高温处传向低温处。也就是说，凡是有温差的地方就必定会有热能的传递。在自然界的工程技术领域中，温差是到处存在的，因此传热现象便普遍存在着[28~63]。应该指出，传热学在所讨论的领域和所研究的目标上与热力学既有密切的联系，又有基本的区别。经典热力学特别注重研究系统的初始状态与最终状态之间热力参数的变化，而且假设系统与外界之间的热能交换是在无限小温差下发生的无限缓慢平衡态的过程[19,25]。显然，热力学不太关心热能交换的内在机理，也不关心热交换过程进行的快慢，然而，这些问题在传热学中显得十分重要，它不仅需要给出热能传递速率的相关定律与规律，而且这些定律与规律的研究与应用还构成了传热学研究的基础。换句话说，在传热学中仅使用热力学第一定律和第二定律那是远远不够的。

1.1.2 传热学的工程应用

传热学在工程技术领域中的应用非常广泛。在能源动力、安全工程、材料冶金、化工制药、机械制造、电气电信、交通运输、航空航天、纺织印染、生物工程、土木建筑、天气预报和环境保护等部门中蕴藏着大量的热传递问题[29~64]，并且还涌现了像相变与多相流传热、微尺度传热、生物传热、（超

⊖ 该数字对应本章参考文献的序号。

低温传热、高温传热等多分支学科的交叉。在许多情况下，传热技术以及相关设备的研制甚至成了该部门或系统的关键技术，以下举几例略作说明。

（1）随着航空航天事业的飞速发展，高温传热与烧蚀问题十分突出[52]，它直接涉及到航天飞行器的安全。通常航天飞行器在重返地球时以当地声速的 10～36 倍的高速再入大气层[65,66]，由于在航天器表面附近发生了剧烈的气动加热现象，致使气流局部温度（即飞行器头部弓形激波后 T_2 值）高达 3000～11000K；显然，为了保证航天器的飞行安全，有效地解决冷却与隔热问题至关重要。

（2）对于现代化大型火力发电站的锅炉部件一般要承受近 20MPa 和上千摄氏度的火焰高温[34,67]，汽轮机也要经受大致相同的压力和 540℃ 左右的温度，对于超级超临界档次的火力发电机组其蒸汽参数甚至达到了 31～34MPa 和 600℃ 左右的高温。因此，锅炉的安全工作以及汽轮机的可靠运行便显得格外重要。另外，大型发电机的转子、定子绕组和定子铁心的冷却技术涉及了大量的对流传热问题，冷却技术的进步显著提高了电磁负荷强度和材料的利用率[41,68,69]。

（3）石油热采，地热利用，核废料在地下的安全存放，生物体和食品的存储保鲜技术，城市污水及工业废水的排放及扩散控制技术，农作物的节水灌溉技术等都属于多孔介质传热传质的范畴。目前，多孔介质中的传热传质问题是当今传热学最活跃的前沿领域之一[70,58]。

（4）随着以计算机芯片为代表的微电子器件的飞速发展，芯片体积迅速的微型化，线宽迅速下降，致使芯片表面的热流密度已超过 $10^6 W/m^2$，因而电子器件的有效散热方式已成为影响电子器件寿命及工作可靠性的关键技术之一[71,72]。

（5）随着人体器官及皮肤癌变的热诊断与高温治疗技术的发展，激光和超低温外科手术及其他临床康复技术均得到不同程度的发展，因此与之相应的生物传热学便迅速地发展起来[73,74]。研究生物传热的主要困难是生物组织本身结构极其复杂，生物体内有很多血管，要确定因血液灌流导致的热量传递是非常困难的，它要涉及非牛顿流体（如血液），多孔介质（如人的肌体）等问题。再加上几乎所有的动物，甚至一些植物都具备通过中枢神经系统来感知和调节自身温度的能力，这是一套极复杂的温度传感和控制系统，而且生物体内的传热温差通常很小，这就使生物系统的传热规律变成自然界最复杂的传热现象之一。

（6）随着微电子机械系统（Micro Electro Mechanical Systems，MEMS）在各种工业过程中的应用，微米/纳米尺度下的传热与传质问题已成为热科学领域中最为激动人心的分支学科之一[75,76]。在这一尺度范围内，许多新的传热现象和规律，例如非傅里叶(Fourier)效应[77]，纳米粒子周围的非平衡传热现象及某些热现象中的尺寸效应等[78]都引起了人们极大的重视与关注。

1.2 热能传递的三种基本方式以及传热过程与相关系数

热能传递过程可划分为稳态过程(又称定常过程)与非稳态过程(又称非定常过程)两大类。凡是物体中各点的温度不随时间而改变的热传递过程称为稳态热传递过程，反之则称为非稳态热传递过程。显然，各种设备在持续稳定运行时的热传递过程属于稳态过程，而在起动、停机和变工况时的热传递过程则属于非稳态过程。

1.2.1 热能传递过程的三种方式

热能传递有三种基本方式：热传导、热对流和热辐射。

1. 热传导与傅里叶定律

热传导简称导热。当物体内有温差或者两个不同温度的物体相接触时，在物体各部分之间不发生相对位移的情况下，物质的分子、原子和自由电子等微观粒子的热运动传递热能的现象称为热传导。当物质内部存在温度梯度时，则将导致能量传递，其能量传递的速率为

$$q_n = -\lambda \frac{\partial T}{\partial n} \tag{1-1}$$

式中，q_n 为等温面法线方向的热流密度(heat flux)，它定义为单位时间内通过单位面积传递的热能(W/m^2)；$\partial T/\partial n$ 表示等温面法线方向的温度变化率，即温度在 n 方向上的导数；λ 为热导率，又称导热系数(下同)[$W/(m \cdot K)$]，它反映该物质导热能力的大小。

式(1-1)中的负号表示热能传递的方向与温度升高的方向相反。值得注意的是，对于所考察的空间点，在不同方向上的热流密度是不同的。引入热流向量(又称热流矢量,简称热流矢)q，其定义为：热流向量的方向是热流密度最大的方向，其大小等于该方向上的热流密度，于是 q 可表示为

$$\boldsymbol{q} = q_x \boldsymbol{i} + q_y \boldsymbol{j} + q_z \boldsymbol{k} \tag{1-2}$$

引入热流向量 q 的概念后，式(1-1)便可改写为

$$\boldsymbol{q} = -\lambda \nabla T \tag{1-3}$$

式中，∇T 代表温度 T 的梯度。式(1-3)便是人们常说的傅里叶(J. B. J. Fourier)定律的数学表达式；傅里叶定律是在实验观察的基础上于 1822 年提出的，它建立了温度场与热流场间的联系。应该指出，傅里叶定律不受温度场种类的限制，无论是稳态的、非稳态的、一维的或多维的都适用，它是解决导热问题的

重要基础之一。

2. 对流、对流换热以及牛顿冷却定律

流体中,温度不同的各部分之间发生相对位移时所引起的热能传递过程称为热对流。由于各部分流体冷、热程度不同、各部分的密度也不同,由此所引起的相对运动称为自然对流;如果流体的运动是由于水泵、风机的作用或其他外界强迫驱动力所造成的压差而引起的相对运动,则称为强迫对流(或强制对流)。对流仅能发生在流体中,而且由于流体中的分子同时在进行着不规则的热运动,因而实际上热对流必然伴随着导热现象,构成了复杂的热能传递过程。工程上经常遇到的是流动的流体与温度不相同的固体表面之间发生的热能交换,这种热传导过程称为对流换热[79~99]。

对流换热过程可分为两大类:一类是有相变的对流换热,例如液体沸腾和蒸气凝结;另一类是没有相变的单相介质对流换热。对流换热是一个极复杂的热交换过程,事实上影响对流换热的因素很多,对于各种不同的对流换热,其基本的计算公式仍可采用1702年牛顿(I. Newton)提出的冷却定律(又称作冷却公式),其数学表达式为

流体被加热时 $\quad q = \alpha(T_w - T_f)$ (1-4)

流体被冷却时 $\quad q = \alpha(T_f - T_w)$ (1-5)

式中,T_w 与 T_f 分别为壁面温度与流体温度(℃);α 为表面传热系数 [W/(m²·℃)],曾称为对流换热系数。

表1-1 给出了几种对流换热过程表面传热系数值的大致范围。

表1-1 表面传热系数 α 的数值范围

过程		α/[W/(m²·K)]	过程		α/[W/(m²·K)]
自然对流	空气	1~10	强制对流	水	1000~15000
	水	200~1000	水的相变换热	沸腾	2500~35000
强制对流	气体	20~100		蒸汽凝结	5000~25000
	高压水蒸气	500~3500			

值得注意的是,在固体与流体的边界上,基本的能量交换是导热,对于固体表面传导的热量应等于流体流动时对固体表面发生对流流动时所传出的能量。比较式(1-1)与式(1-4)的情况可得

$$\alpha(T_w - T_f) = -\lambda \left(\frac{\partial T}{\partial n}\right)_w \quad (1-6)$$

式中,$\left(\frac{\partial T}{\partial n}\right)_w$ 表示固体表面上温度沿法向的梯度。

3. 辐射、辐射换热系数以及斯忒藩-玻耳兹曼定律

与热传导和热对流不同,热辐射是通过电磁波的方式传播能量的过程,它

不需要物体之间直接接触，也不需要任何中间介质。任何物体，只要温度高于绝对零度便会不停地向外界发出辐射能；同时，又在不断地吸收周围其他物质发出的热辐射。这样发出与吸收过程的综合结果便产生了物体间通过热辐射而进行的热能传递，这一过程被人们常称为表面辐射换热，简称辐射换热。

实验表明，同一个物体，温度不同时的热辐射能力也不一样；同一个温度下不同物体的辐射与吸收能力也不相同。同一个温度下黑体的辐射能力最强。所谓黑体是指能吸收投射到其表面上的所有热辐射能的物体。黑体在单位时间内发射的热辐射总能量可由斯忒藩-玻耳兹曼（Stefan-Boltzmann）定律表示，即

$$Q = A\sigma T^4 \tag{1-7}$$

或者

$$q = \frac{Q}{A} = \sigma T^4 \tag{1-8}$$

式中，T 为黑体的温度（K）；σ 为斯忒藩-玻耳兹曼常量，其值为 5.67×10^{-8} W/(m²·K⁴)；A 为辐射表面积；Q 为辐射总能量（W）；实际物体辐射总能量可用式(1-9)或式(1-10)计算

$$Q = \varepsilon A\sigma T^4 \tag{1-9}$$

或者

$$q = \frac{Q}{A} = \varepsilon \sigma T^4 \tag{1-10}$$

式中，ε 为该物体的发射率，其值与物体的种类以及表面状态等有关，ε 的值总小于 1；应当指出，按照式(1-7)与式(1-9)算出的 Q 仅是物体自身向外辐射的热流量，而不是辐射换热量。要计算辐射换热量还必须考虑到其他物体投射到该物体上的辐射热量的吸收过程，也就是说要将该物体自身的向外发出的热辐射能与该物体吸收周围物体辐射给它的热能相加，于是物体发出和吸收过程的综合结果便产生了物体间通过热辐射而进行的热能传递，即物体间的辐射换热过程。

现考虑一个简单的辐射换热情况：表面积为 A_1，表面温度为 T_1，发射率为 ε_1 的一个物体被包容在一个表面面积很大，表面温度为 T_2 的空腔内，此时该物体与空腔表面间的辐射换热量为

$$Q = A_1 \varepsilon_1 \sigma (T_1^4 - T_2^4) \tag{1-11}$$

值得注意的是，由于两个物体之间进行着辐射换热，于是热量便不断地从表面 1 传向表面 2，显然这个过程在进行了一段时间之后，如果没有别的措施来保持这两物体的表面温度恒定的话，则两物体的温度便将趋于一致。此时辐射换热量为零，但辐射与吸收过程仍在进行，这种状态称为热动平衡状态。反之，要维持两表面的初始温度，便要对表面 1 不断加入热量，而表面 2 又必须不断地有热量散出，以便维持其温度不变。因此，这种物体温度不随时间而变的过程称为稳态过程（又称定常过程），否则称为非稳态过程（又称非定常过程）。

以上分别讨论了导热、对流和辐射三种传递热能的基本方式。在实际工程中，这些方式往往不是单独出现的。显然，当分析一个复杂的实际热能传递过程时，它到底由哪些串联环节组成以及在同一环节中到底哪些热能传递方式在起作用，这些都是求解实际热能传递问题的关键步骤，也是本书后面章节要讨论的重要内容之一。最后还需要指出的是，傅里叶定律，牛顿冷却定律和斯忒藩-玻耳兹曼定律对于稳态的与非稳态的热能传递过程均适用。对于非稳态过程，式(1-1)、式(1-4)和式(1-8)中的温度应采用瞬时值。

1.2.2 传递过程与相关系数

热能从温度较高的流体经过固体壁传递给另一侧温度较低流体的过程，称为总传热过程，有时也简称为传热过程。显然，大多数工业换热设备的热传递过程都属于这种情况，在总传热过程中由热流体传给冷流体的热量可表示为

$$Q = KA(T_{f1} - T_{f2}) \qquad (1\text{-}12)$$

式中，A 为传热面积，T_{f1} 与 T_{f2} 分别为壁面两侧流体的温度(见图1-1)；K 为总传热系数 $[W/(m^2 \cdot K)]$；Q 为总传热过程的热流量。

对于稳态传热过程，由图1-1显然可得

$$Q = A\alpha_1(T_{f1} - T_{w1})$$

$$Q = \frac{A\lambda}{\delta}(T_{w1} - T_{w2})$$

$$Q = A\alpha_2(T_{w2} - T_{f2})$$

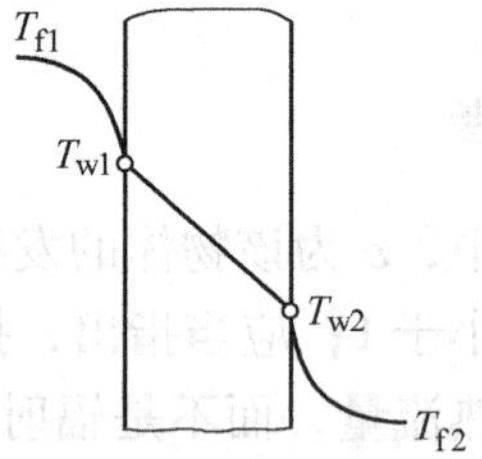

由上述三式消去温度 T_{w1} 与 T_{w2}，并由式(1-12)便可得出

图1-1 总传热过程的分析

$$\frac{1}{K} = \frac{1}{\alpha_1} + \frac{\delta}{\lambda} + \frac{1}{\alpha_2} \qquad (1\text{-}13)$$

显然，如果将式(1-12)改写为

$$Q = \frac{\Delta T}{\left(\frac{1}{KA}\right)} = \frac{T_{f1} - T_{f2}}{\left(\frac{1}{KA}\right)} \qquad (1\text{-}14)$$

对照电学中的欧姆定律

$$I = \frac{V_1 - V_2}{R}$$

于是式(1-14)中的 $1/(KA)$ 便可称为传热过程中传热面 A 中的总热阻值，并记作 R_t (K/W)；基于这个思想，于是式(1-13)便可以看做三个热阻的串联，如图1-2所示。

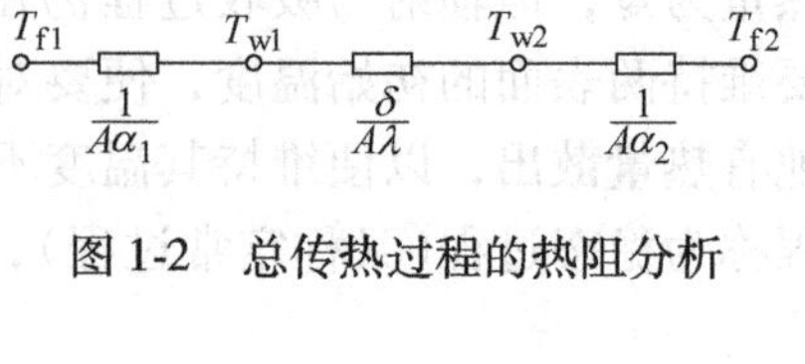

图1-2 总传热过程的热阻分析

1.3 传热问题的研究方法

传热问题的研究方法大致可分为两类：一类是理论方法，另一类是实验方法。理论方法又可分为数学分析法、积分近似法、比拟方法和数值计算方法。

1. 数学分析法

在充分认识与分析传热现象的基础上，借助于合理的假设与简化，建立起简化的数学模型获得相应问题的控制方程与方程组，然后再通过数学工具求解这些方程和方程组。由于控制方程或方程组多属微分方程或微分方程组，因此这种方法的严格求解可能会受到一定的限制，目前只能处理一些简单的传热问题，例如一维稳态导热、准一维扩展表面的导热、气流纵掠平壁时的层流对流换热等问题。

2. 积分近似法

在处理对流换热问题时，往往会遇到边界层流动问题，于是流体力学中求解速度边界层的许多解法便可借用来处理热边界层的流动问题，例如边界层的动量积分方法等。

3. 比拟方法

考虑到热能传递和动量传递机理上的类似，因此可借助于已获得的动量传递结果分析数学分析法和积分近似解法所无法解决的湍流对流传热问题，例如雷诺比拟、普朗特比拟和卡门比拟等。另外，借助于导热与导电的类似，也可用热阻网络模拟稳态导热过程，用电阻-电容网络模拟非稳态的导热过程。

4. 数值计算方法

将描述传热现象的微分方程组通过选用一定的差分格式在求解域内将其离散化为代数方程组，然后求解代数方程组进而获得传热问题的解。这种解法已构成数值传热学的基本内容，读者可参阅相应国内外教材，例如本章参考文献[100-107]等。

5. 实验研究

目前实验仍是进行传热问题研究的主要方法[28,30,108]。在相似原理的指导下建立与所研究的传热问题相似的实验台并进行相应的一些实验[109]，得到足够多的实验数据加以整理以获得相应的关联式或关于特征数的实验曲线[110]。另外，在传热学的一些新的研究领域，一些新的测量工具和新的评价方法丰富了原来传热学的内容。例如在人机与环境工程中，常采用暖体假人(thermal manikin)作为一种新的测量工具测量与评价在非均匀热环境中人体的热舒适性问题[111]，并且发展了多种评价指标[112]，读者可参阅相关文献(例如本章参考文献[111]等)。

习 题

1-1 木板墙厚5cm，内外表面的温度分别为45℃和15℃，通过此木板墙的热流密度是65W/m²，求该木板在此厚度方向上的热导率。

1-2 一个炉子的炉墙厚13cm，总面积为20m²，平均热导率为1.04W/(m·K)，炉内外壁温分别为520℃与50℃，试计算通过该炉墙的热损失。如果所用燃煤的发热量为2.09×10^4 kJ/kg，问每天因热损失要用多少千克煤？

1-3 厚度为25mm的聚氨酯泡沫塑料，其两表面的温度差为6℃，已知该塑料的热导率为0.032W/(m·℃)，试计算此时通过该材料的热流密度？

1-4 夏季太阳光照射在一个厚度为40mm的用层压板制成的木板外表面上，用热流计测得木门内表面的热流密度为15W/m²；如果这时外表面温度为40℃，内表面温度为30℃，试估算出此门在厚度方向上的热导率。

1-5 如果将一个透明的薄膜型加热器件贴在汽车玻璃窗内表面上，该器件通电加热并假定玻璃内表面上有均匀的热流密度。当车内空气温度T_{fi} = 25℃时表面传热系数α_i为10W/(m²·K)；车外环境的空气温度T_{fo} = -10℃，表面传热系数α_0为65W/(m²·K)；令窗玻璃厚度δ为4mm，热导率λ为1.04W/(m·K)；试问欲保持窗内表面温度T_{wi}为15℃时，车窗单位表面上所需电功率是多少？

1-6 测定空气横向流过单根圆管的对流换热时测得如下一组数据：管壁平均温度T_w = 69℃，空气温度T_f = 20℃，管外径D = 14mm，加热段长80mm，对该段加热的功率为8.5W，如果这里全部热量通过对流换热都传给空气，试问此时表面传热系数α为多少？

1-7 涡轮叶片可简化为厚度为1.2mm的平板。1000℃的高温燃气流过叶片的上表面，对流换热表面传热系数为2500W/(m²·℃)；叶片的下表面被压气机排出的空气所冷却，对流换热表面传热系数为1500W/(m²·℃)；为了使叶片表面温度最高处不超过800℃，试求冷却空气的温度。这里假设叶片材料的热导率为40W/(m·℃)，并设定传热是稳态过程。

1-8 宇宙空间可近似地认为是热力学温度为零的空间。现有一个航天飞行器在太空中飞行，其外表面平均温度为250K，如果表面发射率为0.7，试计算该航天器单位表面上的换热量。

1-9 寒冷冬季的夜晚，保温良好的屋顶上常结有一层霜，其温度为-18℃；设霜层具有黑体的辐射能力，试计算此种有霜屋顶每单位面积所发射的辐射能。

1-10 现有表面积为0.6m²的焊接板式换热器放置在一台大型真空钎焊炉内，如果换热器的温度为20℃，表面发射率为0.6，钎焊炉的壁面温度为650℃，试求换热器的获热量是多少？

1-11 有一台气体冷却器，气侧面的表面传热系数α_1 = 95W/(m²·K)，壁面厚度δ = 2.5mm，热导率λ = 46.5W/(m·K)，水侧面的表面传热系数α_2 = 5800W/(m²·K)；假设传热壁可以看做平壁，试计算各个环节单位面积的热阻以及从气到水的总传热系数。

1-12 现考虑一个长为60cm、宽30cm、厚为4mm的玻璃窗，在冬季时室内与室外温度分别为20℃与-20℃，内表面的自然对流换热的表面传热系数为10W/(m²·K)，外表面强制对流换热的表面传热系数为 50W/(m²·K)；玻璃的热导率 λ 为 0.78W/(m·K)，试计算通过玻璃的热损失。

1-13 已知房屋墙厚 $\delta = 360$mm，室外温度 $T_{f2} = -10℃$，室内温度 $T_{f1} = 18℃$，墙的热导率 $\lambda = 0.61$W/(m·℃)，墙内表面的表面传热系数 $\alpha_1 = 8.7$W/(m²·℃)，外表面的表面传热系数 $\alpha_2 = 24.5$W/(m²·℃)，试求该房屋外墙的热流密度 q 以及该房屋墙的内外表面温度 T_{w1} 与 T_{w2}，并用两种单位制（国际单位制与工程单位制）计算上述结果。

1-14 某暖气设备的表面传热系数 $\alpha = 4.5$kcal/(m²·h·℃)，试将它换算成 SI 单位；某材料的热导率 $\lambda = 1.33$kcal/(m·h·℃)，求它相当于多少 W/(m·℃)。

1-15 回答下列思考题：
① 为什么说对流换热表面传热系数不是物性参数？
② 根据热力学第二定律，热量总是从高温物体传向低温物体，然而辐射换热时低温物体也向高温物体辐射热量，这是否违反热力学第二定律？
③ 热水瓶中的热水向环境空间的散热包括哪些传热的基本方式？

参 考 文 献

[1] Chapman A J. Heat Transfer[M]. New York: Macmillan, 1984.
[2] Eckert ERG, Drake JRM. Analysis of Heat and Mass Transfer[M]. New York: McGraw-Hill, 1972.
[3] Incropera F P, DeWitt D P. Fundamentals of Heat and Mass Transfer[M]. 5th ed. New York: John Wiley & Sons, 2002.
[4] Beek W J, Muttzall K M, van Heuven JW. Transport Phenomena[M]. Beijing: Chemical Industry Press, 2003.
[5] Holman JP. Heat Transfer[M]. New York: McGraw-Hill, 1997.
[6] White F M. Heat Transfer[M]. Mass: Addison-Wesley, 1984.
[7] Brown A I, Marco SM. Introduction to Heat Transfer [M]. New York: McGraw-Hill, 1958.
[8] Tien C L. Heat Transfer[M]. Washington: Hemisphere, 1986.
[9] Jakob M, Hawkins G A. Elements of Heat Transfer and Insulation[M]. New York: Wiley, 1957.
[10] Tien C L. Majumdar A, Gerner F M. Microscale Energy Transport[M]. Washington: Taylor & Francis, 1998.
[11] McAdams W H. Heat Transmission[M]. New York: McGraw-Hill, 1954.
[12] Mills A F. Basic Heat and Mass Transfer[M]. N. J.: Prentice Hall, 1999.
[13] Ozisik M N. Basic Heat Transfer[M]. New York: McGraw-Hill, 1977.
[14] Spalding D B. Convective Mass Transfer[M]. London: Edward Arnold Ltd., 1963.
[15] Whitaker S. Elementary Heat Transfer Analysis[M]. Pergamon, 1976.
[16] Thomas L C. Heat Transfer[M]. N. J.: Prentice Hall, 1992.

[17] Kreith F, Bohn M S. Principles of Heat Tranfer[M]. New York: Harper & Row, 1986.
[18] Chen C J. Finite Analytic Method in Flows and Heat Transfer[M]. New York: Taylor & Francis, 2000.
[19] Zemansky M W. Heat and Thermodynamics[M]. New York: McGraw-Hill, 1981.
[20] Keenan J H. Thermodynamics[M]. New York: John Wiley & Sons, 1941.
[21] Gordan J van W, Sonntag R E. Fundamentals of Classical Thermodynamics[M]. New York: John Wiley & Sons, 1978.
[22] Moran M J, Shapiro H N. Fundamentals of Engineering Thermodynamics[M]. New York: John Wiley & Sons, 1988.
[23] Reynolds W C, Perkings H C. Engineering Thermodynamics[M]. New York: McGraw-Hill, 1977.
[24] Hatsopoulos G N, Keenan J H. Principles of General Thermodynamics[M]. New York: John Wiley & Sons, 1965.
[25] 王竹溪. 热力学[M]. 北京: 高等教育出版社, 1960.
[26] 普里高京. 不可逆过程热力学导论[M]. 北京: 科学出版社, 1960.
[27] 严济慈. 热力学第一和第二定律[M]. 北京: 人民教育出版社, 1966.
[28] 王补宣. 工程传热传质学[M]. 北京: 科学出版社, 1982.
[29] 杨世铭. 传热学基础(机制热加工类专业适用)[M]. 2版. 北京: 高等教育出版社, 2003.
[30] 杨世铭, 陶文铨. 传热学[M]. 3版. 北京: 高等教育出版社, 1998.
[31] 李庆春. 铸件形成理论基础[M]. 北京: 机械工业出版社, 1982.
[32] 蔡乔方. 加热炉[M]. 北京: 冶金工业出版社, 1983.
[33] 张文钺. 焊接传热学[M]. 北京: 机械工业出版社, 1989.
[34] 布洛赫 A T. 锅炉炉内换热[M]. 贾鸿祥等译. 西安: 西安交通大学出版社, 1988.
[35] 葛绍岩, 刘登瀛, 徐靖中. 气膜冷却[M]. 北京: 科学出版社, 1985.
[36] 赵鹤皋, 林秀诚. 冷冻干燥技术[M]. 武汉: 华中理工大学出版社, 1990.
[37] 张寅平, 胡汉平, 孔祥冬. 相变贮能——理论和应用[M]. 合肥: 中国科学技术大学出版社, 1996.
[38] 葛新石, 龚堡, 陆维德, 等. 太阳能工程——原理和应用[M]. 上海: 学术期刊出版社, 1988.
[39] 马同泽, 侯增祺, 吴文铣. 热管[M]. 北京: 科学出版社, 1983.
[40] 朱谷君. 工程传热传质学[M]. 北京: 航空工业出版社, 1989.
[41] 丁舜年. 大型电机的发热与冷却[M]. 北京: 科学出版社, 1992.
[42] 王存诚, 陈槐卿. 生物医学的热物理探索[M]. 北京: 科学出版社, 1994.
[43] 南京航空学院, 西北工业大学, 北京航空学院. 传热学[M]. 北京: 国防工业出版社, 1982.
[44] 屠传经, 沈珞婵, 胡亚才. 高温传热学[M]. 杭州: 浙江大学出版社, 1997.
[45] 闵桂荣, 郭舜. 航天器热控制[M]. 2版. 北京: 科学出版社, 1998.
[46] 达道安. 空间低温技术[M]. 北京: 宇航出版社, 1991.

[47] 林宗虎. 强化传热及其工程应用[M]. 北京：机械工业出版社，1987.
[48] 范维澄，王清安，张人杰，等. 火灾科学导论[M]. 武汉：湖北科学技术出版社，1993.
[49] 霍然，袁宏永. 性能化建筑防火分析与设计[M]. 合肥：安徽科学技术出版社，2003.
[50] 刘静. 微米/纳米尺度传热学[M]. 北京：科学出版社，2001.
[51] 岑可法. 煤浆燃烧、流动、传热和气化的理论与应用技术[M]. 杭州：浙江大学出版社，1997.
[52] 卞荫贵，钟家康. 高温边界层传热[M]. 北京：科学出版社，1986.
[53] 倪浩清，沈永明. 工程湍流流动、传热及传质的数值模拟[M]. 北京：中国水利水电出版社，1996.
[54] 施明恒，甘永平，马重芳. 沸腾和凝结[M]. 北京：高等教育出版社，1995.
[55] 郑楚光，柳朝晖. 弥散介质的光学特性及辐射传热[M]. 武汉：华中理工大学出版社，1996.
[56] 郑连存，张欣欣，赫冀成. 传输过程奇异非线性边值问题（动量、热量与质量传递方程的相似分析方法）[M]. 北京：科学出版社，2003.
[57] 科什金. 航空与火箭技术中的传热原理[M]. 朱长青，译. 北京：科学出版社，1963.
[58] 林瑞泰. 多孔介质传热传质引论[M]. 北京：科学出版社，1995.
[59] 王保国，黄伟光. 高超声速气动热力学[M]. 北京：科学出版社，2008.
[60] 过增元，黄素逸. 场协同原理与强化传热新技术[M]. 北京：中国电力出版社，2004.
[61] 弗罗斯特. 低温传热学[M]. 陈叔平，陈玉生，译. 北京：科学出版社，1982.
[62] 陈熙. 高温电离气体的传热与流动[M]. 北京：科学出版社，1993.
[63] 琼斯. 核电厂安全传热[M]. 贺安全，译. 北京：原子能出版社，1988.
[64] 王孝元. 工业危险消除与控制[M]. 北京：中国标准出版社，2002.
[65] 卞荫贵，徐立功. 气动热力学[M]. 合肥：中国科学技术大学出版社，1997.
[66] 王保国，刘淑艳，黄伟光. 气体动力学[M]. 北京：北京理工大学出版社，等（国防科工委五所院校，下同），2005.
[67] 霍然. 工程燃烧概论[M]. 合肥：中国科学技术大学出版社，2001.
[68] 戴锅生. 传热学[M]. 2版. 北京：高等教育出版社，1999.
[69] 赵镇南. 传热学[M]. 北京：高等教育出版社，2002.
[70] 戴干策，任德呈，范自晖. 传递现象导论[M]. 北京：化学工业出版社，1996.
[71] Nakayama W. Forced Convective/Conductive Conjugate Heat Transfer in Microelectronic Equipment[J]. Annual Review of Heat Transfer. 1997, 8: 1-48.
[72] Sathe S, Sammakia B. A review of Recent Developments in Some Practical Aspects of Air-cooled Electronic Packages[J]. J. Heat Transfer, 1998, 120: 830-839.
[73] 切托. J C. 生物传热学基础[M]. 徐云生，钱壬章，译. 北京：科学出版社，1991.
[74] 刘静，王存诚. 生物传热学[M]. 北京：科学出版社，1997.

[75] Tien C L, Chen G. Challenges in Microscale Conductive and Radiative Heat Transfer [J]. ASME J. of Heat Transfer, 1994, 116: 799-807.

[76] Arpaci V S. Microscales of turbulence: heat and mass transfer correlations [M]. Amsterdam: Gordon and Breach, 1997.

[77] Tzou D Y. Macro-to Microscale Heat Transfer[M]. New York: Taylor & Francis, 1996.

[78] Kumar S, Vradis G C. Thermal Conductivity of Thin Metallic Films[J]. ASME J. of Heat Transfer, 1994, 116: 28~34.

[79] 章熙民, 梅飞鸣, 任泽霈, 等. 传热学[M]. 5 版. 北京: 中国建筑工业出版社, 2007.

[80] 罗棣庵. 传热应用与分析[M]. 北京: 清华大学出版社, 1989.

[81] 程尚模, 黄素逸, 白彩云, 等. 传热学[M]. 北京: 高等教育出版社, 1990.

[82] 俞佐平, 陆煜. 传热学[M]. 3 版. 北京: 高等教育出版社, 1995.

[83] 钱滨江, 伍贻文, 常家芳, 等. 简明传热手册[M]. 北京: 高等教育出版社, 1983.

[84] 姚仲鹏, 王瑞君. 传热学[M]. 2 版. 北京: 北京理工大学出版社, 2003.

[85] 贾力, 方肇洪, 钱兴华. 高等传热学[M]. 北京: 高等教育出版社, 2003.

[86] 杨强生, 浦保荣. 高等传热学[M]. 上海: 上海交通大学出版社, 2001.

[87] 曹玉璋. 传热学[M]. 北京: 北京航空航天大学出版社, 2001.

[88] 王启杰. 对流传热传质分析[M]. 西安: 西安交通大学出版社, 1991.

[89] 于承训. 工程传热学[M]. 成都: 西南交通大学出版社, 1990.

[90] 翁中杰. 传热学[M]. 上海: 上海交通大学出版社, 1987.

[91] 张正荣. 传热学[M]. 北京: 高等教育出版社, 1989.

[92] 陆煜, 程林. 传热原理与分析[M]. 北京: 科学出版社, 1997.

[93] 曹玉璋, 陶智, 徐国强, 等. 航空发动机传热学[M]. 北京: 北京航空航天大学出版社, 2005.

[94] 许肇钧. 传热学[M]. 北京: 机械工业出版社, 1980.

[95] 姜为珩. 传热学[M]. 北京: 高等教育出版社, 1989.

[96] 戴有为. 对流传热分析[M]. 北京: 兵器工业出版社, 1989.

[97] 钱壬章. 传热分析与计算[M]. 北京: 高等教育出版社, 1987.

[98] 范治新. 工程传热原理[M]. 北京: 化学工业出版社, 1982.

[99] 杨世铭, 陈大燮. 传热学(修订本)[M]. 北京: 中国工业出版社, 1965.

[100] Tannehill J C, Anderson D A, Pletcher RH. Computational Fluid Mechanics and Heat Transfer[M]. New York: McGraw-Hill, 1997.

[101] Tien-Mo Shih. Numerical Heat Transfer[M]. Washington: Hemisphere, 1984.

[102] 俞昌铭. 热传导及其数值分析[M]. 北京: 清华大学出版社, 1981.

[103] 帕坦卡, SV. 传热与流动的数值计算[M]. 张政, 译. 北京: 科学出版社, 1984.

[104] 孔祥谦. 有限单元法在传热中的应用[M]. 2 版. 上海: 上海科学技术出版社, 1994.

[105] 陶文铨. 数值传热学[M]. 2 版. 西安: 西安交通大学出版社, 2001.

[106] 郭宽良, 孔祥谦, 陈善年. 计算传热学[M]. 合肥: 中国科学技术大学出版

社，1988.

[107] Modest M F. Radiative Heat Transfer[M]. 2nd ed. New York：Academic Press，2003.

[108] 奥西波娃. 传热学实验研究[M]. 蒋章焰，王传院，译. 北京：高等教育出版社，1982.

[109] 王丰. 相似理论及其在传热学中的应用[M]. 北京：高等教育出版社，1990.

[110] 曹玉璋，邱绪光. 实验传热学[M]. 北京：国防工业出版社，1998.

[111] 王保国，王新泉，刘淑艳，霍然. 安全人机工程学[M]. 北京：机械工业出版社，2007.

[112] Wang Bao Guo, liu shu yan, Jin yan mei, et al. Simulation and Analysis of Human Thermal comford[J]. International Journal of Man-Machine-Environment System Engineering. 2007，1(1)：39-48.

第 2 章

导热的基本原理及其稳态导热过程的分析与求解

2.1 导热的基本定律与导热特性

2.1.1 温度场、温度梯度及傅里叶导热定律

温度场是指某一瞬时物体内(或空间内)各点温度分布的状态。温度场是标量场,它一般可以表示为空间坐标和时间的函数,在直角坐标系中可表示为

$$T=f(x,y,z,t)$$

式中,x,y,z 为空间直角坐标,t 为时间。

像速度场一样,温度场可分为两大类:一类是稳态工作条件下的温度场,这时各点的温度不随时间变化,这种温度场称为稳态温度场(或称定常温度场);另一类是变动工作条件时的温度场,例如热机的部件在起动、停机或变动工况时产生的温度场。这时温度的分布是随着时间而发生变化,这种温度场称作非稳态温度场(或称非定常温度场)。

温度场中同一瞬时温度相同的点所连成的面称为等温面。在任何一个二维的截面上等温面表现为等温线[1~6]⊖。图 2-1 给出了用等温线图表示的温度场实例。显然,当等温线图上每两条相邻等温线间的温度间隔相等时,则借助于等温线的疏密便可直观地反映出不同区域导热热流密度的相对大小。

对于二维稳态导热问题,采用等温线与热流线可以定量地描述导热过程。由(1-3)式给出的傅里叶定律的数学表达式可知:热流密度矢量 q 垂直于等温线,温度梯度沿着等温面的法线并且指向温度增加的方向,而 q 的方向与温度方向相反,图 2-2 给出了热流密度和温度梯度的方向。应当指出的是,傅里叶定律并不是从基本物理原理推出的,而是通过对大量实验现象的观察之后归纳

⊖ 该数字对应本章参考文献的序号。

第 2 章 导热的基本原理及其稳态导热过程的分析与求解

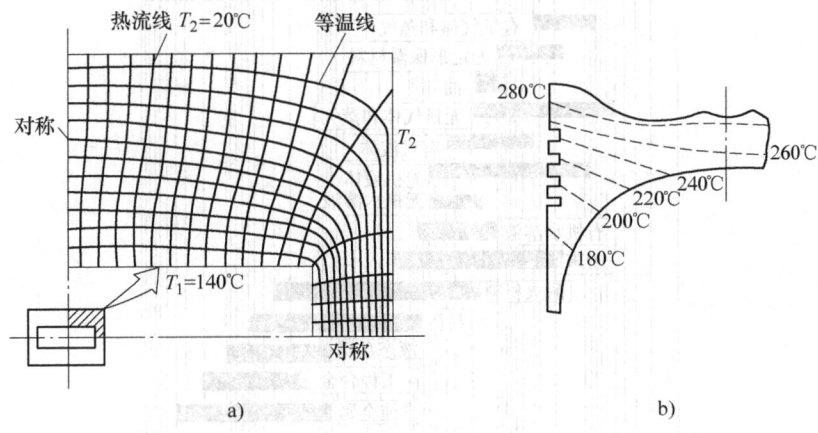

图 2-1 用等温线表示的温度场

总结得到的,这是个唯象的定律,它的数学表达式为

$$q = -\lambda \nabla T = -\lambda \frac{\partial T}{\partial n} n \tag{2-1}$$

这里还需要指出的是,傅里叶定律只适用于各向同性的介质[7]。对于各向异性材料的导热分析,读者可参阅本章参考文献[8,9]。

2.1.2 热导率及物质的导热特性

借助于式(2-1),便可得到热导率 λ 的定义式,即

$$\lambda = \frac{|q|}{|\nabla T|} \tag{2-2}$$

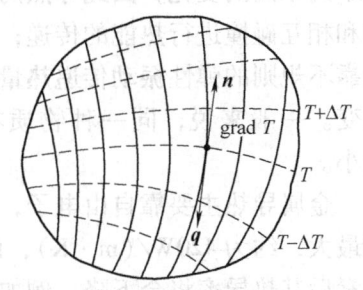

图 2-2 热流密度与温度梯度的方向

式中,λ 为热导率,其单位是 W/(m·K);$|q|$ 和 $|\nabla T|$ 分别表示热流密度矢量的模与温度梯度的模。

热导率的数值取决于物质的材料成分、内部结构、密度、压力、温度和吸湿性等因素的影响,它是衡量物质导热能力的重要参数。由于各类物质的导热机理与影响热导率的因素都比较复杂,因此通过专门的实验测定热导率仍是获得热导率的可靠方法[10~23]。图 2-3 给出了各类材料热导率的大致范围。由于影响热导率的因素较多,下面仅就主要因素简述如下:

1. 材料的状态、成分、结构和密度的影响

同一种物质的材料,状态不同则热导率也就不同。例如在通常大气压下,0℃的冰、水和水蒸气的热导率就各不相同,它们分别是 2.22W/(m·K)、0.55W/(m·K) 和 0.0183W/(m·K);事实上状态的变化,将会引起分子或

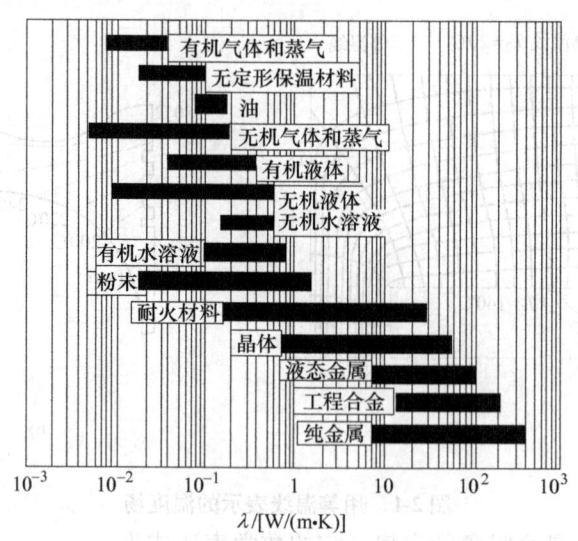

图 2-3 各类材料的热导率

原子间距离的变化，因此导热的机制就要变化。通常，气体是依靠分子的热运动和相互碰撞进行热能的传递；非导热体则通过晶格结构进行热量传递；液体依靠不规则的弹性振动传递热量。因此材料的状态变了，其相应的热导率也要改变。一般来说，同一种物质在固态时热导率最大，液态时次之，气态时最小。

金属导热主要靠自由电子，其热导率要比非金属大得多。常温下银的热导率最大，约为 420W/(m·K)，以下依次是铜、铝、铂、铁等。金属加入其他元素后其热导率将会下降，例如常温下纯铜的热导率为 398W/(m·K)，而含 30%（质量分数）锌的黄铜其热导率为 109W/(m·K)，含 11%（质量分数）锡的青铜其热导率为 24.8W/(m·K)；在各种非金属中，保温材料（又常称隔热材料）的研制发展较快。工程应用中性能较好的隔热材料在常温下热导率一般可达到 0.03~0.07W/(m·K)，例如聚氨酯泡沫塑料、玻璃纤维、岩棉毡等。近年来为适应节能、防火和高新技术的发展，各种新型隔热保温材料不断涌现。例如，研制出的超轻级的绝热材料，其最大孔隙率已达到 99.3%，而密度仅为 6kg/m³；再如开发出的真空型保温材料其热导率已降到 0.003W/(m·K)；再比如在深冷和航天领域中使用的多层结构的复合绝缘材料（如美国航天飞机上用的第三代陶瓷防热瓦等）都具有极低的热导率。（例如，在垂直于超级保温材料的隔板方向上热导率可低达 10^{-4} W/(m·K) 的数量级[24,25]）。

2. 温度对热导率的影响

图 2-4 给出了温度对部分材料热导率的影响曲线。大量的实验曲线表明：

在一般情况下，热导率与温度之间满足二次方或三次方关系。为便于工程计算，也常将曲线关系回归成线性关系，即在一定范围内近似表达为

$$\lambda = \lambda_0(1 + bT) \tag{2-3}$$

式中，λ_0 为 0℃ 时的热导率；b 为常数，其值由实验确定。

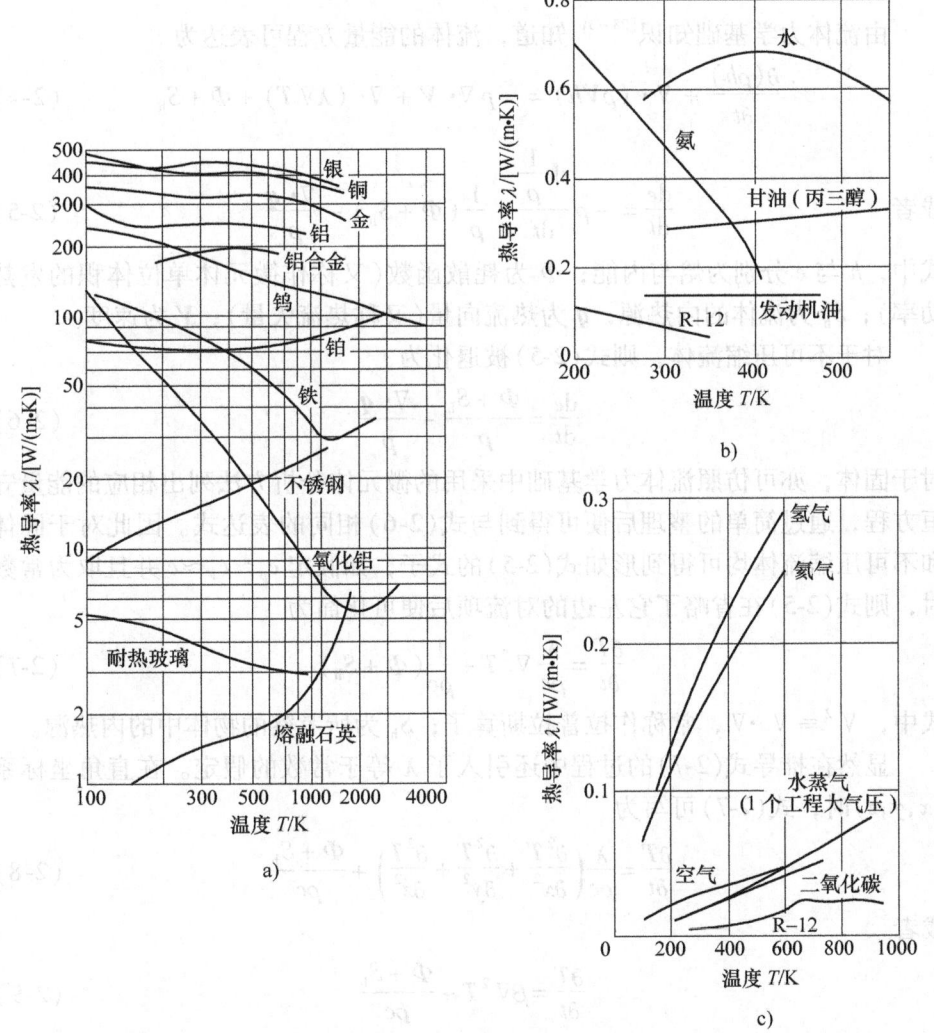

图 2-4 温度对热导率的影响

由图中可以看出，各种液体的热导率的值大致在 $0.07 \sim 0.7\text{W}/(\text{m}\cdot\text{K})$ 范围内。最后还需指出的是，液态金属和电解液是一种特殊的液体，它们的热导率通常要比一般非金属液体大 10~1000 倍[1,6,26,27]。

2.2 导热微分方程及其定解条件

2.2.1 导热微分方程

由流体力学基础知识[28~31]知道,流体的能量方程可表达为

$$\frac{\partial(\rho h)}{\partial t} + \nabla \cdot (\rho \boldsymbol{V} h) = -p\nabla \cdot \boldsymbol{V} + \nabla \cdot (\lambda \nabla T) + \Phi + S_h \tag{2-4}$$

或者

$$\frac{\mathrm{d}e}{\mathrm{d}t} = -p\frac{\mathrm{d}\frac{1}{\rho}}{\mathrm{d}t} + \frac{1}{\rho}(\Phi + S_h) - \frac{\nabla \cdot \boldsymbol{q}}{\rho} \tag{2-5}$$

式中,h 与 e 分别为焓与内能;Φ 为耗散函数(又称作微元体单位体积的发热功率);S_h 为流体的内热源;$\boldsymbol{q}$ 为热流向量(又称热流矢量);$\boldsymbol{V}$ 为速度。

对于不可压缩流体,则式(2-5)被退化为

$$\frac{\mathrm{d}e}{\mathrm{d}t} = \frac{\Phi + S_h}{\rho} - \frac{\nabla \cdot \boldsymbol{q}}{\rho} \tag{2-6}$$

对于固体,亦可仿照流体力学基础中采用的微元体分析方法列出相应的能量守恒方程,通过简单的整理后便可得到与式(2-6)相同的表达式。因此对于固体和不可压缩流体均可得到形如式(2-5)的式子,如假定 $c_p \approx c_V \approx c$ 并且取为常数时,则式(2-5)在省略了它左边的对流项后便可化简为

$$\frac{\partial T}{\partial t} = \frac{\lambda}{\rho c}\nabla^2 T + \frac{1}{\rho c}(\Phi + S_h) \tag{2-7}$$

式中,$\nabla^2 \equiv \nabla \cdot \nabla$,常称作拉普拉斯算子;$S_h$ 为所考察的物体中的内热源。

显然在推导式(2-7)的过程中还引入了 λ 等于常数的假定。在直角坐标系 (x,y,z) 时,式(2-7)可写为

$$\frac{\partial T}{\partial t} = \frac{\lambda}{\rho c}\left(\frac{\partial^2 T}{\partial x^2} + \frac{\partial^2 T}{\partial y^2} + \frac{\partial^2 T}{\partial z^2}\right) + \frac{\Phi + S_h}{\rho c} \tag{2-8}$$

或者

$$\frac{\partial T}{\partial t} = \beta \nabla^2 T + \frac{\Phi + S_h}{\rho c} \tag{2-9}$$

式中,β 称为热扩散率,其表达式为

$$\beta = \frac{\lambda}{\rho c} \tag{2-10}$$

式(2-8)与式(2-9)常称为导热微分方程,显然该方程是在能量方程和傅里叶定律的基础上建立起来的,实质上它反映了导热的能量方程。热扩散率是一个物性参数。热导率越大并且单位体积的热容量越小的材料,在相同的温度

梯度的推动下扩散热量的能力就越大,亦即热扩散率越大。在非稳态导热过程中,β 值大的材料温度变化、传播快。值得注意的是:β 仅在非稳态过程中才有意义。因为在稳态导热中,式(2-9)被退化为

$$\nabla^2 T + \frac{\Phi + S_h}{\lambda} = 0$$

显然,β 从上式中消失了。表 2-1 给出了常温下各类材料的热导率与热扩散率的范围[32,3],可供读者参考。

表 2-1 常温下各类材料的 λ 与 β 值

材　　料	$\lambda/[\mathrm{W}/(\mathrm{m \cdot K})]$	$\beta/ \times 10^{-6} (\mathrm{m}^2/\mathrm{s})$
金属	4 ~ 420	3 ~ 165
非金属(少数例外)	0.17 ~ 70	0.1 ~ 1.6
液体(非金属)	0.05 ~ 0.68	0.08 ~ 0.16
气体	0.01 ~ 0.20	15 ~ 165
普通隔热材料	0.04 ~ 0.12	0.16 ~ 1.60

在导热问题的计算中,常采用圆柱坐标系与球坐标系。在这两个坐标系中导热微分方程式(2-7)变为

圆柱坐标系

$$\frac{\partial T}{\partial t} = \beta \left(\frac{\partial^2 T}{\partial r^2} + \frac{1}{r} \frac{\partial T}{\partial r} + \frac{\partial^2 T}{r^2 \partial \theta^2} + \frac{\partial^2 T}{\partial z^2} \right) + \frac{1}{\rho c} (\Phi + S_h) \qquad (2\text{-}11)$$

球坐标系

$$\frac{\partial T}{\partial t} = \beta \left[\frac{1}{r} \frac{\partial^2 (rT)}{\partial r^2} + \frac{1}{r^2 \sin^2 \varphi} \frac{\partial^2 T}{\partial \theta^2} + \frac{1}{r^2 \sin \varphi} \frac{\partial}{\partial \varphi} \left(\sin \varphi \frac{\partial T}{\partial \varphi} \right) \right] + \frac{1}{\rho c} (\Phi + S_h)$$

$$(2\text{-}12)$$

若温度场为轴对称时,则式(2-11)与式(2-12)中的 $\partial^2 T/\partial \theta^2$ 项消失。

2.2.2 定解条件

导热微分方程式(2-9)的定解条件(在许多传热学教科书中还称作单值性条件)可归纳如下:

(1) 几何条件:给定导热体的几何形状、尺寸以及相对位置。

(2) 物理条件:给定导热体的各种物性参数以及内热源的分布状况等。

(3) 初始条件:对于非稳态过程的导热问题必须给出过程开始时刻物体内的温度场;对于稳态过程则不存在初始条件。在三维直角笛卡尔坐标系中,初始条件一般为

$$T \bigg|_{t=0} = f(x, y, z) \qquad (2\text{-}13)$$

(4) 边界条件：给定导热体各边界上的热状态，即给定边界上温度的分布情况。常见的边界条件有以下三种：

1) 第一类边界条件——规定任一瞬时物体各边界上的温度分布，即

$$T_w = f_1(x,y,z,t) \tag{2-14}$$

式中，下标 w 表示边界。

2) 第二类边界条件——规定任一瞬时边界上任一点的热流密度，即

$$q_w = -\lambda \frac{\partial T}{\partial n}\bigg|_w = f_2(x,y,z,t) \tag{2-15}$$

式中，n 表示边界面的外法线方向。

如果 q_w = 常数，则称为恒热流密度条件；如果边界处热流密度等于零，则称作绝热边界条件。显然，第二类边界条件实质上是规定了边界面上温度的梯度（无论它等于变量、常数，还是零）[1,33,34]。

3) 第三类边界条件——规定边界上物体与周围流体间的表面传热系数 α 以及周围流体的温度 T_f 值，这种边界条件称为第三类边界条件，其数学表达式为

$$-\lambda \left(\frac{\partial T}{\partial n}\right)_w = \alpha(T - T_f)_w \tag{2-16}$$

式中，n 表示物体边界的外法线方向；T_f 表示周围介质的平均温度；λ 为导热体的热导率。

如果导热物体的表面与外界环境之间以辐射换热的方式相联系，即

$$-\lambda \left(\frac{\partial T}{\partial n}\right)_w = \varepsilon\sigma(T^4 - T_{sur}^4)_w \tag{2-17}$$

式中，ε 为物体的发射率；σ 为斯忒藩-玻耳兹曼常数，σ = 5.67 × 10^{-8} W/(m² · K⁴)；T_{sur} 为辐射环境的温度（K）；如果边界面上辐射与对流并存，则边界条件应为

$$-\lambda \left(\frac{\partial T}{\partial n}\right)_w = \alpha(T - T_f)_w + \varepsilon\sigma(T^4 - T_{sur}^4)_w \tag{2-18}$$

式中，α 与 T_f 分别为对流换热表面传热系数与流体温度。

4) 接触边界条件——一般情况下，当两个物体表面紧密接触时，则接触面上不仅温度一样，而且热流密度也需保持一致[1,6]。这时边界条件的数学表达式为

$$\left.\begin{array}{c}(T_1)_w = (T_2)_w \\ \lambda_1 \dfrac{\partial T_1}{\partial n}\bigg|_w = \lambda_2 \dfrac{\partial T_2}{\partial n}\bigg|_w\end{array}\right\} \tag{2-19}$$

式中，下标 1 和 2 分别表示表面紧密接触时的两个物体；n 表示物体接触面的公共法线方向。

[**例 2-1**] 大平壁导热物体在某一瞬时的温度剖面形状如图 2-5 所示。如果该导体的物性参数均为常数，试问此时刻该平壁是处于加热中还是处于冷却中？

解：假设传热过程为一维非稳态过程，并假定平壁内没有内热源，于是对所选取的控制体运用能量守恒关系式便有

$$Q_1 - Q_2 = Q_{st}$$

借助于傅里叶定律和内能表达式，则上式变为

$$-\lambda A \frac{\partial T}{\partial x}\bigg|_{x_1} - \left(-\lambda A \frac{\partial T}{\partial x}\bigg|_{x_2}\right) = \rho c V \frac{\partial T}{\partial t}$$

即

$$\frac{\lambda A}{\rho c V}\left(\frac{\partial T}{\partial x}\bigg|_{x_2} - \frac{\partial T}{\partial x}\bigg|_{x_1}\right) = \frac{\partial T}{\partial t}$$

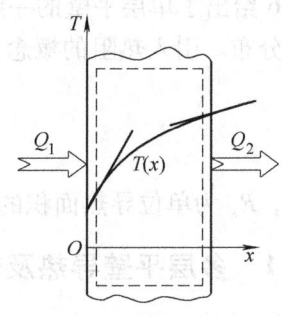

图 2-5 平壁导热的瞬时温度剖面

式中，A 与 V 分别为大平壁左侧面积与所选取的控制体体积。

按照题目所给定的温度剖面，左侧面的温度梯度大于右侧面，且在该坐标系中两者均为正值，因此该控制体中的温度随时间的变化率必定是负值，则平壁处在降温过程中。

2.3　一维稳态导热分析

对于一维、稳态、无内热源的导热过程，此时式(2-8)可退化为

$$\frac{d^2 T}{d x^2} = 0 \tag{2-20}$$

边界条件为

$$x = 0 \text{ 处}, \quad T = T_{w1} \tag{2-21}$$

$$x = \delta \text{ 处}, \quad T = T_{w2} \tag{2-22}$$

显然将式(2-20)积分两次，便得该方程的通解，即

$$T = c_1 x + c_2 \tag{2-23}$$

式中，c_1 和 c_2 为积分常数。借助于边界条件式(2-21)与式(2-22)得

$$c_2 = T_{w1}$$

$$c_1 = -\frac{T_{w1} - T_{w2}}{\delta}$$

将 c_1 与 c_2 代入式(2-23)后得

$$T(x) = T_{w1} - \frac{T_{w1} - T_{w2}}{\delta} x \tag{2-24}$$

借助于傅里叶定律便可求出热流密度为

$$q = -\lambda \frac{dT}{dx} = \lambda \frac{T_{w1} - T_{w2}}{\delta} \tag{2-25}$$

图 2-6 给出了单层平壁的一维导热的温度分布图。显然，单层平壁内的温度呈线性分布。引入热阻的概念，则式(2-25)可改写为

$$q = \frac{T_{w1} - T_{w2}}{\frac{\delta}{\lambda}} = \frac{\Delta T}{R_\lambda} \tag{2-26}$$

式中，R_λ 为单位导热面积的导热热阻($m^2 \cdot K/W$)，即 $R_\lambda = \delta/\lambda$。

2.3.1 多层平壁导热及热阻分析方法

工程上经常遇到多层平壁的导热问题，图 2-6 给出了三层平壁组成的多层平壁，各层的厚度和热导率分别为 δ_1、δ_2、δ_3 和 λ_1、λ_2、λ_3；多层平壁的两侧温度均匀恒定，并分别为 T_{w1} 与 T_{w4}；显然采用热阻分析法以及热阻串联原理，于是三层平壁导热的热流量 q 为

$$q = \frac{T_{w1} - T_{w4}}{\frac{\delta_1}{\lambda_1} + \frac{\delta_2}{\lambda_2} + \frac{\delta_3}{\lambda_3}} \tag{2-27}$$

2.3.2 变热导率时的一维稳态导热分析

工程上，许多材料的热导率都是温度的函数，常可表示为 $\lambda = \lambda_0(1+bT)$ 的形式。由傅里叶定律出发，考虑无内热源时的一维稳态导热过程为

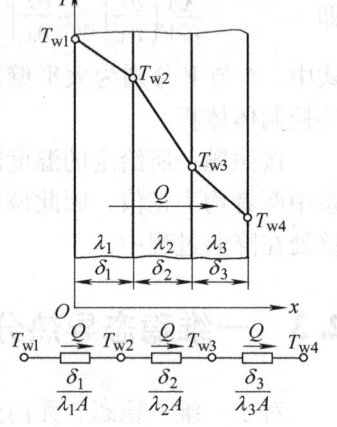

图 2-6 三层平壁导热分析

$$Q = -\lambda(T) \frac{dT}{dn} A = -\lambda_0 (1+bT) A \frac{dT}{dn} \tag{2-28}$$

式中，A 为传热面积。

将 T 与 n 采用分离变量处理并积分有

$$Q \int_{n_1}^{n_2} \frac{1}{A} dn = -\int_{T_{w1}}^{T_{w2}} \lambda_0 (1+bT) dT = \lambda_0 (T_{w1} - T_{w2}) \left[1 + \frac{b}{2}(T_{w1} + T_{w2})\right]$$

$$= \lambda_m (T_{w1} - T_{w2}) \tag{2-29}$$

式中，λ_m 为平均热导率，即

$$\lambda_m = \lambda_0 \left[1 + \frac{b}{2}(T_{w1} + T_{w2})\right] = \lambda_0 (1 + bT_m) \tag{2-30}$$

$$T_m = \frac{1}{2}(T_{w1} + T_{w2}) \tag{2-31}$$

于是由式(2-29)有

$$Q = \frac{\lambda_m (T_{w1} - T_{w2})}{\int_{n_1}^{n_2} \frac{1}{A} dn} \qquad (2\text{-}32)$$

式中，$\int_{n_1}^{n_2} \frac{1}{A} dn$ 与导热物体的形状和大小有关。显然对于大平壁导热问题，则 $\int_{n_1}^{n_2} \frac{1}{A} dn$ 便等于 $\frac{\delta}{A}$。

[例2-2] 减少供热损失、保证管道工作安全是蒸汽管道设计中需要注意的问题之一[19,20,3,35,36]。现在外径为133mm的蒸汽管道外覆盖保温层。设管内饱和水蒸气的温度 $T_s = 400℃$；按规定，保温材料外表面温度 T_{w3} 不得超过50℃；采用矿棉作保温材料，并要求每米长管道的热损失控制在165W/m以下，试计算保温层至少厚多少？（这里 $\lambda_m = (0.035 + 0.00015T_m)$，式中，$T_m$ 的单位为℃，λ_m 的单位为 W/(m·K)。）

解： 在散热不大的情况下，这里可认为保温层内表面的温度近似等于饱和蒸汽温度，故保温材料的平均温度 T_m 为

$$T_m = \frac{T_s + T_{w3}}{2} = \frac{1}{2} \times (400 + 50)℃ = 225℃$$

平均热导率 λ_m 为

$$\lambda_m = (0.035 + 0.00015 T_m) = (0.035 + 0.00015 \times 225) \text{W/(m·K)}$$
$$= 0.0688 \text{W/(m·K)}$$

为了计算保温层的厚度 δ，下面扼要推导单层圆管壁的导热热流量公式。如图2-7所示，对于无内热源、常物性的单层圆管壁，取柱坐标系，其一维导热微分方程为

$$\frac{d^2 T}{dr^2} + \frac{1}{r} \frac{dT}{dr} = 0 \qquad (2\text{-}33)$$

边界条件为

$$r = r_1 \text{ 处，} T = T_{w1}$$
$$r = r_2 \text{ 处，} T = T_{w2} \qquad (2\text{-}34)$$

将式(2-33)两次积分并注意用式(2-34)定出两个积分常数，可得

$$T = c_1 \ln r + c_2 = T_{w1} - \frac{T_{w1} - T_{w2}}{\ln\left(\frac{r_2}{r_1}\right)} \ln\left(\frac{r}{r_1}\right) \qquad (2\text{-}35)$$

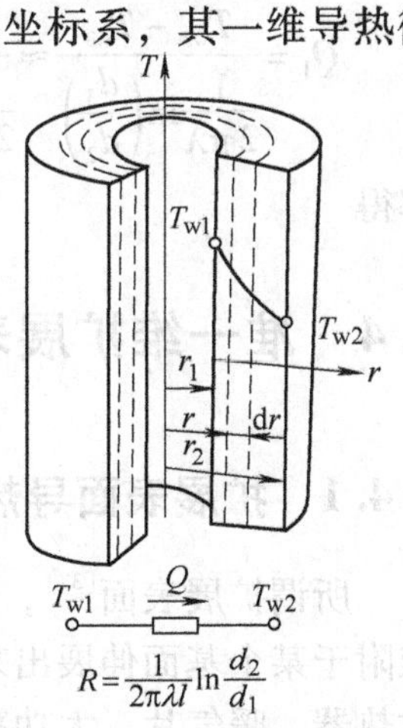

式中

图 2-7 单层圆管壁导热

$$c_1 = \frac{T_{w2} - T_{w1}}{\ln\left(\frac{r_2}{r_1}\right)}, \quad c_2 = T_{w1} + \frac{T_{w1} - T_{w2}}{\ln\left(\frac{r_2}{r_1}\right)} \ln r_1 \tag{2-36}$$

由式(2-35)可得到沿径向温度的梯度为

$$\frac{dT}{dr} = \frac{T_{w2} - T_{w1}}{\ln\left(\frac{r_2}{r_1}\right)} \frac{1}{r} \tag{2-37}$$

显然径向温度梯度的变化与半径 r 成反比,这个结果与式(2-25)的单层平壁传热不同。对于同一个半径处,$\lambda \frac{dT}{dr}$ 为定值,故由傅里叶定律得

$$Q = -\lambda \frac{dT}{dr} \times 2\pi r l = 2\pi \lambda l \frac{T_{w1} - T_{w2}}{\ln\left(\frac{r_2}{r_1}\right)} = \frac{T_{w1} - T_{w2}}{R_\lambda} \tag{2-38}$$

式中,R_λ 称为单层圆管壁的总热阻,其表达式为

$$R_\lambda = \frac{1}{2\pi \lambda l} \ln \frac{r_2}{r_1} \tag{2-39}$$

如果将通过单位管长的热流量记作 Q_l,则有

$$Q_l = \frac{Q}{l} = \frac{T_{w1} - T_{w2}}{\frac{1}{2\pi \lambda} \ln\left(\frac{r_2}{r_1}\right)} \tag{2-40}$$

因此对于本算例来讲,保温层厚度 δ 便可由式(2-40)算出。考虑到本算例的符号,这时式(2-40)变为

$$Q_l = \frac{T_{w2} - T_{w3}}{\frac{1}{2\pi \lambda} \ln\left(\frac{d_3}{d_2}\right)} \approx \frac{T_s - T_{w3}}{\frac{1}{2\pi \lambda} \ln\left(\frac{d_3}{d_2}\right)} = \frac{400 - 50}{\frac{1}{2\pi \times 0.0688} \times \ln\left(\frac{133 + 2\delta}{133}\right)} \leqslant 165 \text{W/m}$$

解得 $\delta \geqslant 99.7 \text{mm}$。

2.4 准一维扩展表面的导热计算

2.4.1 扩展表面导热的微分方程及边界条件

所谓扩展表面[37],又称为延伸表面或称肋;工程上也常称为翅片,是指依附于某个基面伸展出来的固体表面。扩展表面的形式有许多种,例如汽车的散热器、暖气片、大功率电子元器件的散热装置等。如图2-8所示,肋壁可分为直肋和环形肋,每一种又可分为等截面和变截面两类。这里仅对等截面直肋的导热微分方程进行分析。

第 2 章 导热的基本原理及其稳态导热过程的分析与求解

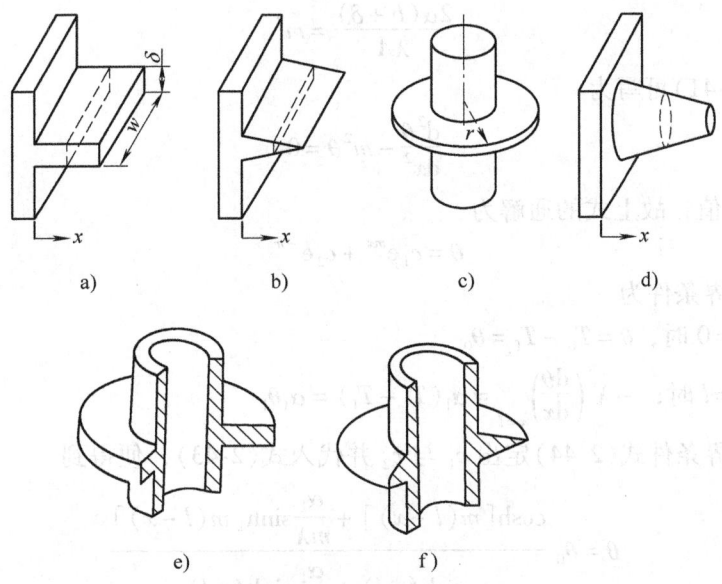

图 2-8 肋的基本形式

图 2-9 给出了一个矩形截面的直肋，其长、宽、厚分别为 l，b，δ；肋基处的温度为 T_0，环境温度为 T_f，且均为定值；肋片的上、下表面的对流换热表面传热系数为 α，肋端与流体的对流换热表面传热系数为 α_1，肋片的热导率为 λ，且它们也均为常数；在肋片中取相距为 dx 的控制体（见图 2-9 的阴影部分），在 x 处导入的热量为 Q_x，在 $(x+dx)$ 处导出的热量为 Q_{x+dx}，从表面传入流体的热量为 Q_c，根据能量守恒定律便有

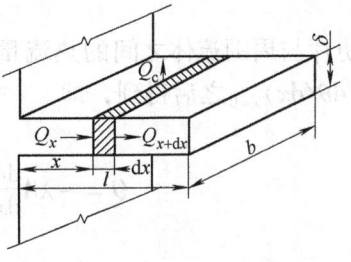

$$Q_x - Q_{x+dx} = Q_c$$

图 2-9 矩形直肋的热量传递

由傅里叶定律与牛顿冷却公式，上式可写为

$$\left(-\lambda A \frac{dT}{dx}\right) - \left[-\lambda A \frac{d}{dx}\left(T + \frac{dT}{dx}dx\right)\right] = \alpha[2(b+\delta)](T-T_f)dx$$

式中，A 为肋的截面积，$A = b\delta$。

化简上式并略去高阶微量项后得到

$$\lambda A \frac{d^2 T}{dx^2} = 2\alpha(b+\delta)(T-T_f) \tag{2-41}$$

令 $\theta \equiv T - T_f$，θ 常被称为过余温度；并且取

$$\frac{2\alpha(b+\delta)}{\lambda A} = m^2$$

于是式(2-41)可写为

$$\frac{d^2\theta}{dx^2} - m^2\theta = 0 \tag{2-42}$$

因 m 为定值，故上式的通解为

$$\theta = c_1 e^{mx} + c_2 e^{-mx} \tag{2-43}$$

注意到边界条件为

当 $x=0$ 时，$\theta = T_0 - T_f = \theta_0$

当 $x=l$ 时，$-\lambda \left(\dfrac{d\theta}{dx}\right)_{x=l} = \alpha_1(T_1 - T_f) = \alpha_1\theta_1 \tag{2-44}$

借助于边界条件式(2-44)定出 c_1 与 c_2 并代入式(2-43)，便得到

$$\theta = \theta_0 \frac{\cosh[m(l-x)] + \dfrac{\alpha_1}{m\lambda}\sinh[m(l-x)]}{\cosh(ml) + \dfrac{\alpha_1}{m\lambda}\sinh(ml)} \tag{2-45}$$

显然，当 $x=l$ 时便可得到肋端的 θ 值，即

$$\theta_l = \theta_0 \frac{1}{\cosh(ml) + \dfrac{\alpha_1}{m\lambda}\sinh(ml)} \tag{2-46}$$

肋片与周围流体之间的热流量 Q，可借助于式(2-45)求出肋基处的温度梯度 $(d\theta/dx)_{x=0}$ 之后得到，即

$$Q = -\lambda A \frac{d\theta}{dx}\bigg|_{x=0} = \lambda Am\theta_0 \frac{\tanh(ml) + \dfrac{\alpha_1}{m\lambda}}{1 + \dfrac{\alpha_1}{m\lambda}\tanh(ml)} \tag{2-47}$$

由于肋基传进的热量一部分以对流换热方式向周围散出，另一部分继续沿 x 方向向前传导。显然，随着 x 的增加，向前传导的热量将逐渐减少；如果肋较长时，可以取 $\alpha_1 = 0$，于是由式(2-45)便得到

$$\theta = \theta_0 \frac{\cosh[m(l-x)]}{\cosh(ml)} \tag{2-48}$$

$$\theta_l = \theta_0 \frac{1}{\cosh(ml)} \tag{2-49}$$

$$Q = \lambda Am\theta_0 \tanh(ml) \tag{2-50}$$

在实际计算中，即使肋片不太长，只要 $\sqrt{\dfrac{\alpha\delta}{\lambda}} \leq \dfrac{1}{4}$，则仍可使用上述简单公式进行计算。

[例2-3] 一矩形肋如图2-10所示,厚6mm,高50mm,宽800mm,材料的热导率为120W/(m·℃),肋基处的温度为95℃,肋片周围流体为$T_f = 20℃$,如果取表面传热系数$\alpha = \alpha_1 = 12\text{W}/(\text{m}^2 \cdot ℃)$,试求肋端的温度与肋片的散热量?

解:依题意$l = 0.05\text{m}$, $m = \sqrt{\dfrac{2\alpha(b+\delta)}{\lambda A}} = \sqrt{\dfrac{2 \times 12 \times (0.8 + 0.006)}{120 \times 0.8 \times 0.006}} = 5.796\text{m}^{-1}$

$ml = 5.796 \times 0.05 = 0.29$, $\cosh(ml) = 1.042$, $\sinh(ml) = 0.294$, $\tanh(ml) = 0.282$,代入到式(2-46)得

$$\theta_1 = (95 - 20)℃ \times \dfrac{1}{1.042 + \dfrac{12}{5.796 \times 120} \times 0.294} = 71.63℃$$

于是肋端温度:$T_1 = \theta_1 + T_f = 71.63℃ + 20℃ = 91.63℃$

肋片散热量由式(2-47)算出,即

$$Q = \lambda A m \theta_0 \dfrac{\tanh(ml) + \dfrac{\alpha_1}{m\lambda}}{1 + \dfrac{\alpha_1}{m\lambda}\tanh(ml)}$$

$$= \left(120 \times 0.8 \times 0.006 \times 5.796 \times (95 - 20) \times \dfrac{0.282 + \dfrac{12}{5.796 \times 120}}{1 + \dfrac{12}{5.796 \times 120} \times 0.282}\right)\text{W}$$

$$= 74.57\text{W}$$

2.4.2 肋片的散热效率与肋壁总效率的近似计算方法

肋片效率η_f可用下式定义为

$$\eta_f = \dfrac{\text{肋片的实际散热量}\ Q}{\text{假定整个肋片表面处在肋基温度下的散热量}\ Q_0} \tag{2-51}$$

它是衡量肋片实际散热量能力的指标。以等截面矩形直肋为例,理想散热量Q_0为

$$Q_0 = \alpha(2lb\theta_0) \tag{2-52}$$

式中,θ_0的定义同式(2-44),实际散热量为

$$Q = \lambda A \theta_0 m \tanh(ml) \tag{2-53}$$

式中,$A = b\delta$, $m = \sqrt{2\alpha/(\lambda\delta)}$。

将式(2-52)和式(2-53)代入式(2-51)并稍作整理后变为

$$\eta_f = \dfrac{Q}{Q_0} = \dfrac{\lambda b \delta \theta_0 m \tanh(ml)}{2\alpha l b \theta_0} = \dfrac{\tanh(ml)}{ml} \tag{2-54}$$

式中，ml 又可表示为

$$ml = l\sqrt{\frac{2\alpha}{\lambda\delta}} = l^{\frac{3}{2}}\sqrt{\frac{2\alpha}{\lambda\delta l}} = 1.414 l^{\frac{3}{2}}\left(\frac{\alpha}{\lambda A_m}\right)^{\frac{1}{2}} \quad (2\text{-}55)$$

式中，$A_m = \delta l$ 为肋片的纵截面积。在实用上，往往采用以 η_f 与式(2-55)中的 $l^{\frac{3}{2}}[\alpha/(\lambda A_m)]^{\frac{1}{2}}$ 为坐标整理出效率曲线以备使用者查用，读者可参阅本章参考文献[10,19,2,35,6]。事实上在工程应用中，往往是先根据肋片的形式，借助于有关的手册查到肋片的效率 η_f，然后再根据式(2-51)推算出肋片的实际散热量 Q。

工程上有实用价值的肋壁都不是单一的肋片，而是有许多肋片按一定间距排列而成的肋片组[38~41]。图 2-10 给出了等截面矩形直肋片组。设它共有 n 个肋片，每个肋片的散热表面积为 A_f，两肋之间肋基部分的总面积为 A_b，令肋基处的温度都为 T_b，近似认为肋基与肋面的表面传热系数都为 α；考虑到整个肋壁的总面积为 $A_t = A_b + nA_f$，因此肋壁的总散热量应等于肋基与肋面两部分散热量之和，即

图 2-10 矩形等截面直肋组

$$Q_t = \alpha A_b \theta_0 + \alpha n A_f \theta_m = \alpha A_b \theta_0 + \eta_f \alpha A_f \theta_0 n \quad (2\text{-}56)$$

式中，θ_m 为过余温度在肋表面上的积分平均值(通常也可取做算术平均值)；引进肋壁总效率 η_0，其定义为

$$\eta_0 = \frac{\text{肋壁总的实际散热量 } Q_t}{\text{整个肋壁的所有表面都处于肋基温度下的散热量}} = \frac{Q_t}{\alpha A_t \theta_0} \quad (2\text{-}57)$$

将式(2-56)代到式(2-57)便有

$$\eta_0 = \frac{A_b + n A_f \eta_f}{A_t} \quad (2\text{-}58)$$

[**例 2-4**] 由纯铜材料制作的环形肋如图 2-11 所示，肋基半径 $r_1 = 9.5\text{mm}$，肋端半径 $r_2 = 24\text{mm}$，肋片厚 $\delta = 0.2\text{mm}$，节距 $S_t = 2\text{mm}$；若肋基温度等于 100℃，周围介质的温度 $T_f = 40$℃，令周围介质与肋片间的表面传热系数 $\alpha = 100\text{W}/(\text{m}^2\cdot\text{K})$，试计算每米长度上肋片管的散热量？

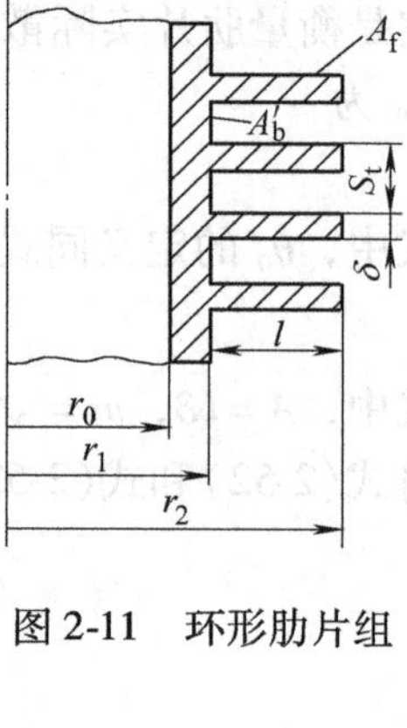

解：首先计算肋基暴露部分的面积与相应的散热量：

$$A_b' = 2\pi r_1(S_t - \delta) = 2\times\pi\times 0.0095\text{m}\times[(2-0.2)\times 10^{-3}]\text{m}$$
$$= 0.0001074\text{m}^2$$

$$Q_1 = \alpha A_b' \theta_0 = [100\times 0.0001074\times(100-40)]\text{W} = 0.6446\text{W}$$

在忽略肋端面积的情况下，计算肋的上下表面面积之

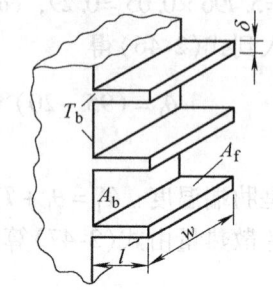

图 2-11 环形肋片组

和,即

$$A_f = 2\pi(r_2^2 - r_1^2) = 2 \times \pi \times (24^2 - 9.5^2) \times 10^{-6} \text{m}^2 = 0.003052 \text{m}^2$$

当温度都取为肋基温度时,肋表面的散热量为

$$Q_t = \alpha A_f \theta_0 = [100 \times 0.003052 \times (100-40)] \text{W} = 18.312 \text{W}$$

查图 2-12 的曲线,查得 $\eta_f = 0.77$。

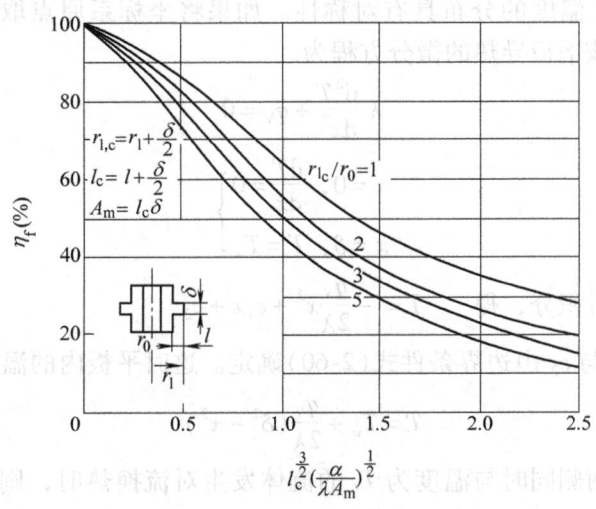

图 2-12 等截面环形肋的肋效率曲线

于是肋表面的实际散热量为

$$Q_f = \eta_f Q_t = 0.77 \times 18.312 \text{W} = 14.1 \text{W}$$

一个肋片单元的总散热量应为

$$Q_f + Q_1 = 14.1 \text{W} + 0.6446 \text{W} = 14.745 \text{W}$$

注意到 1m 长的肋片管可容纳 500 个肋片,于是总散热量为

$$14.745 \times 500 = 7372.5 \text{W}$$

若不加肋,则 1m 长的光管其散热量为

$$Q = \alpha A \theta_0 = [100 \times \pi \times 2 \times 0.0095 \times 1 \times (100-40)] \text{W} = 358.14 \text{W}$$

显然加肋之后的总散热量为无肋时的 20.6 倍,可见加肋的强化传热效果是非常显著的。

2.5* 具有内热源的导热及多维导热问题的求解

2.5.1 具有内热源时的导热问题

具有内热源的导热也是工程中常见的传热现象,例如原子能反应堆中的铀

棒，它本身也是一个发热体；再如通常的电子元件通电后元件内部本身也会发热。另外，化学工程中各种化学反应床内的导热等都属于这类传热问题。这里仅讨论具有内热源时发热体内部的温度变化。首先讨论平板中具有均匀内热源的情况。令平板无限大，板厚为2δ，板内具有均匀内热源q_V，板的热导率λ为常数，板两表面温度都维持为常数T_w，因此可以认为平板内的温度分布仅是x的函数并且温度的分布具有对称性。如果将坐标系原点取在板的中心位置，于是描述该平板导热的微分方程为

$$\lambda \frac{d^2 T}{dx^2} + q_V = 0 \tag{2-59}$$

边界条件
$$\left. \begin{array}{l} x = 0, \quad \dfrac{dT}{dx} = 0 \\ x = \delta, \quad T = T_w \end{array} \right\} \tag{2-60}$$

对式(2-59)进行积分，得
$$T = -\frac{q_V}{2\lambda} x^2 + c_1 x + c_2 \tag{2-61}$$

式中，常数c_1与c_2由边界条件式(2-60)确定。这时平板内的温度分布为

$$T = T_w + \frac{q_V}{2\lambda}(\delta^2 - x^2) \tag{2-62}$$

如果认为平板两侧同时与温度为T_f的流体发生对流换热时，则边界条件这时应改为

$$\left. \begin{array}{l} x = 0, \quad \dfrac{dT}{dx} = 0 \\ x = \delta, \quad -\lambda \dfrac{dT}{dx} = \alpha(T - T_f) \end{array} \right\} \tag{2-63}$$

于是由主方程式(2-59)与边界条件式(2-63)可得到这时平板中的温度分布为

$$T = T_f + \frac{\delta q_V}{\alpha} + \frac{q_V}{2\lambda}(\delta^2 - x^2) \tag{2-64}$$

因此，任一位置x处的热流密度仍然可由傅里叶定律得出

$$q = -\lambda \frac{dT}{dx} = x q_V \tag{2-65}$$

显然，与无内热源的平壁解相比，这时热流密度分布就不再是常数了。

下面再讨论具有均匀内热源时圆柱体的导热问题。令圆柱体无限长，柱的半径为r_0，柱表面的温度维持常数T_w不变，假设柱体内具有均匀的内热源q_V，于是该问题的微分方程为

$$\frac{d^2 T}{dr^2} + \frac{1}{r}\frac{dT}{dr} + \frac{q_V}{\lambda} = 0 \tag{2-66}$$

边界条件为
$$\left. \begin{array}{l} x = 0, \quad T = \text{有限值} \\ x = r_0, \quad T = T_w \end{array} \right\} \tag{2-67}$$

对式(2-66)进行积分，得

$$T = -\frac{r^2 q_V}{4\lambda} + c_1 \ln r + c_2 \tag{2-68}$$

由边界条件式(2-67)可定出 c_1 与 c_2，即

$$\left.\begin{array}{l} c_1 = 0 \\ c_2 = T_w + \dfrac{r_0^2 q_V}{4\lambda} \end{array}\right\} \tag{2-69}$$

于是圆柱体内温度的分布为

$$T = T_w + \frac{q_V}{4\lambda}(r_0^2 - r^2) \tag{2-70}$$

因此，任一位置 x 处的热流密度为

$$q = -\lambda \frac{dT}{dx} = \frac{q_V}{2} r \tag{2-71}$$

2.5.2 多维导热问题的三种解法简介

求解多维导热问题的方法主要有解析法、数值方法等。导热问题的解析方法又可分成多种，例如分离变量法、Green 函数法、积分变换法、Laplace 变换法、复变量法以及变分法等。下面仅简要介绍分离变量法、形状因子法和数值解法这三种方法。

1. 分离变量法

分离变量法是求解齐次方程与齐次边界条件问题的最有效方法之一。为了阐述分离变量法的要点，这里列举两个实例：①半无限大平板的稳态导热；②矩形柱体的稳态导热。

（1）半无限大平板的稳态导热。首先研究由 $x=0$，$x=l$，$y=0$ 这三个表面所围成的平板，如果该平板在 y 方向上为无限大，那么该板可称为半无限大平板，如图 2-13 所示。假定半无限大平板的 $x=0$ 面与 $x=l$ 面上的温度都为 T_1，$y=0$ 面上的温度为 $T=f(x)$，并假定在 y 方向无限远处的温度也为 T_1；假定在垂直于纸面的 z 方向上温度均匀分布，因此板内的温度可表示为 $T(x,y)$；引进过余温度 $\theta = T - T_1$，于是二维稳态导热方程为[2,27,42]

$$\frac{\partial^2 \theta}{\partial x^2} + \frac{\partial^2 \theta}{\partial y^2} = 0 \quad (0 < x < l, 0 < y) \tag{2-72}$$

其边界条件为

$$\left.\begin{array}{l} \text{①}\ \theta(0,y) = 0\ (0 < y < \infty)\ ;\ \text{②}\ \theta(l,y) = 0\ (0 < y < \infty) \\ \text{③}\ \theta(x,\infty) = 0\ (0 < x < l)\ ;\ \text{④}\ \theta(x,0) = f(x) - T_1 \equiv F(x)\ (0 < x < l) \end{array}\right\} \tag{2-73}$$

假定式(2-72)的解为
$$\theta = X(x)Y(y) \qquad (2\text{-}74)$$
由分离变量法，则式(2-72)可改写为
$$\frac{1}{X}\frac{\mathrm{d}^2 X}{\mathrm{d}x^2} = -\frac{1}{Y}\frac{\mathrm{d}^2 Y}{\mathrm{d}y^2} \qquad (2\text{-}75)$$
由于上式两边分别只是 x 与 y 的函数，为了使等式成立，则两边必须有相等的独立常数。假设这个分离常数为 $-p^2$ ($p \geqslant 0$)，于是可得到下面两个常微分方程
$$\frac{\mathrm{d}^2 X}{\mathrm{d}x^2} + p^2 X = 0 \qquad (2\text{-}76)$$

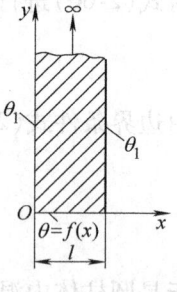

图 2-13 半无限大平板导热

$$\frac{\mathrm{d}^2 Y}{\mathrm{d}y^2} - p^2 Y = 0 \qquad (2\text{-}77)$$

式(2-76)的通解为 $X = c_1 \mathrm{e}^{\mathrm{i}px} + c_2 \mathrm{e}^{-\mathrm{i}px}$，注意到 $\mathrm{e}^{\pm \mathrm{i}px} = \cos px \pm \mathrm{i}\sin px$，于是式(2-76)通解又可表达为
$$X = c_1 \cos px + c_2 \sin px \qquad (2\text{-}78)$$
式(2-77)的通解为
$$Y = c_3 \mathrm{e}^{py} + c_4 \mathrm{e}^{-py} \qquad (2\text{-}79)$$
下面确定满足边界条件式(2-73)的积分常数 c_1、c_2、c_3 与 c_4；首先由第①和第③边界条件定出 c_1 与 c_3 为
$$c_1 = 0, \quad c_3 = 0$$
因此有
$$\theta = c \mathrm{e}^{-py} \sin px, \quad c \equiv c_2 c_4 \qquad (2\text{-}80)$$
为了使上式满足第②个边界条件，则必须有
$$\sin pl = 0$$
$$p = \frac{n\pi}{l} \quad (n = 1, 2, \cdots) \qquad (2\text{-}81)$$
如果用 p_n 表示对于的正整数 p 时，则 p_n 可称为特征值，$\sin p_n x$ 称为对应于特征值 p_n 的特征函数。因此通过叠加所有特征值的解可以得到
$$\theta = \sum_{n=1}^{\infty} \left[c_n \mathrm{e}^{-\left(\frac{n\pi}{l}\right)y} \sin\left(\frac{n\pi}{l}x\right) \right] \qquad (2\text{-}82)$$
为了使上式满足第④个边界条件，则下列关系必须成立，即
$$F(x) = \sum_{n=1}^{\infty} \left[c_n \sin\left(\frac{n\pi}{l}x\right) \right] \qquad (2\text{-}83)$$
这就是任意函数 $F(x)$ 的傅里叶展开级数，因此傅里叶系数 c_n 为
$$c_n = \frac{2}{l} \int_0^l F(x) \sin\left(\frac{n\pi}{l}x\right) \mathrm{d}x \qquad (2\text{-}84)$$
至此得到了该种情况下的解为

$$\theta = T - T_1 = \frac{2}{l} \sum_{n=1}^{\infty} \left\{ \left[\int_0^l F(x) \sin\left(\frac{n\pi}{l} x\right) dx \right] e^{-\left(\frac{n\pi}{l}\right) y} \sin\left(\frac{n\pi}{l} x\right) \right\} \quad (2\text{-}85)$$

（2）矩形柱体的稳态导热。下面研究由四个面围成的矩形柱体二维稳态导热问题，这四个面具有任意的温度分布，如图 2-14 所示。在 xOy 坐标系中，温度所遵循的方程为

$$\frac{\partial^2 T}{\partial x^2} + \frac{\partial^2 T}{\partial y^2} = 0 \quad (0 \leqslant x \leqslant l_1, 0 \leqslant y \leqslant l_2) \quad (2\text{-}86)$$

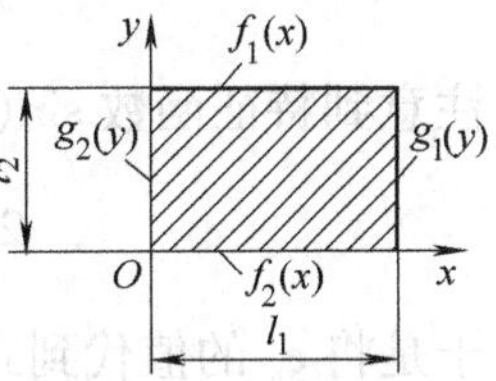

边界条件为
$$\left. \begin{array}{l} y = l_2 \text{ 时}, T = f_1(x); \quad y = 0 \text{ 时}, T = f_2(x) \\ x = l_1 \text{ 时}, T = g_1(y); \quad x = 0 \text{ 时}, T = g_2(y) \end{array} \right\} \quad (2\text{-}87)$$

式(2-86)是关于未知函数 T 的齐次线性方程，边界条件式(2-87)也是齐次线性的，由常微分方程理论可知[43~45]这类问题可以通过边界条件的叠加获得解答。本书将该问题的边界条件分解为以下四种边界条件的叠加，即

图 2-14　矩形柱体的稳态导热

① $\left. \begin{array}{l} y = l_2 \text{ 时}, T = f_1(x); \quad y = 0 \text{ 时}, T = 0 \\ x = l_1 \text{ 时}, T = 0; \quad x = 0 \text{ 时}, T = 0 \end{array} \right\}$ (2-88a)

② $\left. \begin{array}{l} y = l_2 \text{ 时}, T = 0; \quad y = 0 \text{ 时}, T = f_2(x) \\ x = l_1 \text{ 时}, T = 0; \quad x = 0 \text{ 时}, T = 0 \end{array} \right\}$ (2-88b)

③ $\left. \begin{array}{l} y = l_2 \text{ 时}, T = 0; \quad y = 0 \text{ 时}, T = 0 \\ x = l_1 \text{ 时}, T = g_1(y); \quad x = 0 \text{ 时}, T = 0 \end{array} \right\}$ (2-88c)

④ $\left. \begin{array}{l} y = l_2 \text{ 时}, T = 0; \quad y = 0 \text{ 时}, T = 0 \\ x = l_1 \text{ 时}, T = 0; \quad x = 0 \text{ 时}, T = g_2(y) \end{array} \right\}$ (2-88d)

由分离变量法可得到式(2-86)的通解

$$T = (c_3 e^{py} + c_4 e^{-py})(c_1 \cos px + c_2 \sin px)$$

在第①种边界条件下，如果顺序使用 $x=0$，$x=l_1$ 与 $y=0$ 时的边界条件便可得到

$$c_1 = 0, \quad p = \frac{n\pi}{l_1} \quad (n = 1, 2, \cdots)$$

$$c_3 = -c_4$$

因此有

$$T = \sum_{n=1}^{\infty} \left\{ c_n \left(e^{\frac{n\pi}{l_1}y} - e^{-\frac{n\pi}{l_1}y} \right) \sin\left(\frac{n\pi}{l_1}x\right) \right\} = 2 \sum_{n=1}^{\infty} \left[c_n \sinh\left(\frac{n\pi}{l_1}y\right) \sin\left(\frac{n\pi}{l_1}x\right) \right]$$

(2-89)

由第①种边界条件下 $y = l_2$ 的条件得

$$f_1(x) = 2 \sum_{n=1}^{\infty} \left[c_n \sinh\left(\frac{n\pi}{l_1}l_2\right) \sin\left(\frac{n\pi}{l_1}x\right) \right]$$

注意到特征函数 $\sin(xn\pi/l_1)$ 的规范正交性，可以得到

$$2c_n \sinh\left(\frac{n\pi}{l_1}l_2\right) = \frac{2}{l_1} \int_0^{l_1} f_1(x) \sin\left(\frac{n\pi}{l_1}x\right) dx$$

于是将 c_n 的值代到式(2-89)便得到满足第①种边界条件的解，即

$$T_{(1)} = \frac{2}{l_1} \sum_{n=1}^{\infty} \left\{ \left[\int_0^{l_1} f_1(x) \sin\left(\frac{n\pi}{l_1}x\right) dx \right] \frac{\sinh\left(\frac{n\pi y}{l_1}\right)}{\sinh\left(\frac{n\pi l_2}{l_1}\right)} \sin\left(\frac{n\pi}{l_1}x\right) \right\} \quad (2\text{-}90\text{a})$$

同理可得到满足第②、第③与第④种边界条件的解，即

$$T_{(2)} = \frac{2}{l_1} \sum_{n=1}^{\infty} \left\{ \left[\int_0^{l_1} f_2(x) \sin\left(\frac{n\pi}{l_1}x\right) dx \right] \frac{\sinh\left[n\pi \frac{(l_2 - y)}{l_1}\right]}{\sinh\left(\frac{n\pi l_2}{l_1}\right)} \sin\left(\frac{n\pi}{l_1}x\right) \right\} \quad (2\text{-}90\text{b})$$

$$T_{(3)} = \frac{2}{l_2} \sum_{n=1}^{\infty} \left\{ \left[\int_0^{l_2} g_1(y) \sin\left(\frac{n\pi}{l_2}y\right) dy \right] \frac{\sinh\left(\frac{n\pi x}{l_2}\right)}{\sinh\left(\frac{n\pi l_1}{l_2}\right)} \sin\left(\frac{n\pi}{l_2}y\right) \right\} \quad (2\text{-}90\text{c})$$

$$T_{(4)} = \frac{2}{l_2} \sum_{n=1}^{\infty} \left\{ \left[\int_0^{l_2} g_2(y) \sin\left(\frac{n\pi}{l_2}y\right) dy \right] \frac{\sinh\left[\frac{n\pi(l_1 - x)}{l_2}\right]}{\sinh\left(\frac{n\pi l_1}{l_2}\right)} \sin\left(\frac{n\pi}{l_2}y\right) \right\}$$

(2-90d)

所以满足边界条件式(2-87)的解为

$$T = T_{(1)} + T_{(2)} + T_{(3)} + T_{(4)} \quad (2\text{-}91)$$

2. 形状因子法

形状因子法仅适用于两个等温面之间所发生的导热热流量问题。对于许多工程计算，这种方法往往显得十分简洁、方便。现研究热导率为 λ 的无内热源稳态导热体内的导热问题，导热量可用下式给出

$$Q = \lambda S (T_{w1} - T_{w2}) \quad (2\text{-}92)$$

式中，S 为导热形状因子。对于多维导热体，S 值应理解为平均有效导热面积

A_m 与两等温壁之间的平均距离 l_m 之比,其单位为 m,即

$$S = \frac{A_m}{l_m} \tag{2-93}$$

显然,形状因子 S 的值取决于导热体的形状和尺度,它可以通过理论分析方法、模拟方法、图解方法或实验方法得到。例如大平壁和长圆管壁的导热量分别由以下两式计算

$$Q = \lambda \frac{A}{\delta}(T_{w1} - T_{w2})$$

$$Q = \lambda \frac{2\pi l}{\ln \frac{r_2}{r_1}}(T_{w1} - T_{w2})$$

于是平壁与长圆管的导热形状因子便分别为

$$S = \frac{A}{\delta} \quad \text{和} \quad S = \frac{2\pi l}{\ln \frac{r_2}{r_1}} \tag{2-94}$$

表 2-2 给出了几种具有工程实用意义的无内热源稳态导热系统的形状因子,以备计算时查用。

表 2-2 几种导热体的导热形状因子

形状描述	草图	导热形状因子
在一个 k 值均匀的介质中,从一个水平的等温圆柱体到一个等温面的热传导	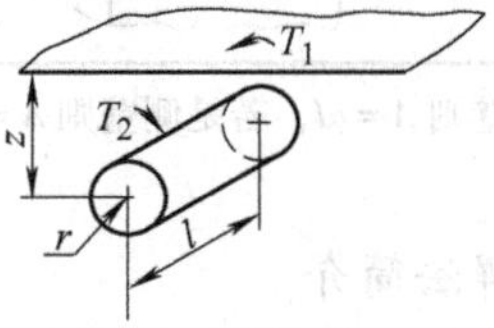	(a) $l \gg 2r$ $$S = \frac{2\pi l}{\operatorname{arcosh}\left(\frac{z}{r}\right)}$$ (b) $l \gg 2r$ $z > 3r$ $$\frac{S}{l} \approx \frac{2\pi}{\ln\left(\frac{2z}{r}\right)}$$
在一个 k 值均匀的介质中,从一个长为 l 的圆柱体到两个长为 l 宽为无限大的平行平板的热传导	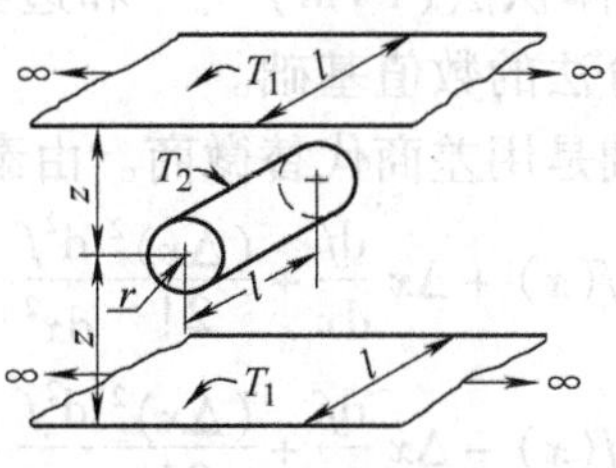	$$S = \frac{2\pi l}{\ln\left(\frac{4z}{\pi r}\right)}$$ $z \gg r$ $l \gg z$
从一个等温球体通过一个 k 值均匀的介质到一个等温面的热传导	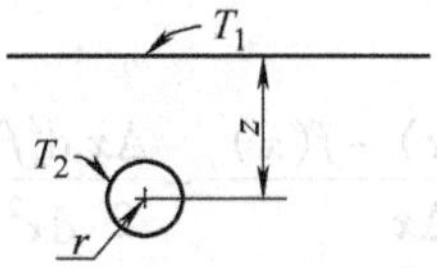	$$S = \frac{4\pi r}{1 - \left(\frac{r}{2z}\right)}$$ $z > r$

形状描述	草图	导热形状因子
在一个 k 为常数的无限大介质中,两个平行的等温长圆柱体间的热传导		$\dfrac{S}{l} = \dfrac{2\pi}{\operatorname{arcosh}\left(\dfrac{x^2-r_1^2-r_2^2}{2r_1r_2}\right)}$ $l \gg r_1, r_2$ $l \gg x$
在 k 值均匀的介质中,一个水平等温面与垂直等温圆柱体之间的热传导		$S = \dfrac{2\pi l}{\ln\left(\dfrac{4l}{d}\right)}$ $l \gg d$
通过由两块平壁相交形成的一个边棱(图中阴影部分)的热传导。此时,内壁温度为 T_1,外壁温度为 T_2,如图所示①		$S = 0.54l$ $a > \dfrac{t}{5}$ $b > \dfrac{t}{5}$
通过一个由三块平壁相交形成的角块的热传导,各块壁的厚度为 t,且有均匀内壁温度 T_1 和外壁温度 T_2		$S = 0.15t$ 平壁内宽度 $> \dfrac{t}{5}$

① 对于平壁 S 是 A/t,若是顶壁则 $A = al$,若是侧壁则 $A = bl$。

3. 稳态导热问题数值解法简介

导热问题的数值解法很多,常用的主要有有限差分法(FDM)[46~48],有限元法(FEM)[49~52],有限体积法(FVM)[53,54]和边界元法(BEM)[55,56]等。这里仅简略介绍一下有限差分法的数值基础。

有限差分的数学基础是用差商代替微商。由泰勒级数展开,于是

$$f(x+\Delta x) = f(x) + \Delta x \frac{df}{dx} + \frac{(\Delta x)^2}{2!}\frac{d^2f}{dx^2} + \frac{(\Delta x)^3}{3!}\frac{d^3f}{dx^3} + \cdots \quad (2\text{-}95)$$

$$f(x-\Delta x) = f(x) - \Delta x \frac{df}{dx} + \frac{(\Delta x)^2}{2!}\frac{d^2f}{dx^2} - \frac{(\Delta x)^3}{3!}\frac{d^3f}{dx^3} + \cdots \quad (2\text{-}96)$$

显然,上边两式可改写为

$$\frac{df}{dx} = \frac{f(x+\Delta x)-f(x)}{\Delta x} - \frac{\Delta x}{2}\frac{d^2f}{dx^2} - \frac{(\Delta x)^2}{6}\frac{d^3f}{dx^3} - \cdots \quad (2\text{-}97)$$

$$\frac{df}{dx} = \frac{f(x) - f(x-\Delta x)}{\Delta x} + \frac{\Delta x}{2}\frac{d^2f}{dx^2} - \frac{(\Delta x)^2}{6}\frac{d^3f}{dx^3} + \cdots \qquad (2\text{-}98)$$

将式(2-95)与式(2-96)相加便有

$$\frac{df}{dx} = \frac{f(x+\Delta x) - f(x-\Delta x)}{2\Delta x} - \frac{(\Delta x)^2}{6}\frac{d^3f}{dx^3} - \cdots \qquad (2\text{-}99)$$

因此由式(2-97)、式(2-98)和式(2-99)可得到函数 $f(x)$ 在 x 点的一阶导数的有限差商近似的三种表达形式

向前差分：$\dfrac{df}{dx} = \dfrac{f(x+\Delta x) - f(x)}{\Delta x} + o(\Delta x) = \delta_x^+ f(x) + o(\Delta x) \qquad (2\text{-}100)$

向后差分：$\dfrac{df}{dx} = \dfrac{f(x) - f(x-\Delta x)}{\Delta x} + o(\Delta x) = \delta_x^- f(x) + o(\Delta x) \qquad (2\text{-}101)$

中心差分：$\dfrac{df}{dx} = \dfrac{f(x+\Delta x) - f(x-\Delta x)}{2\Delta x} + o[(\Delta x)^2] = \delta_x^0 f(x) + o[(\Delta x)^2]$

$$\qquad (2\text{-}102)$$

式中，$o(\Delta x)$ 称为截断误差，它表示该截断误差与 Δx 同量级。显然，向前差分与向后差分与 Δx 同量级，而中心差分与 $(\Delta x)^2$ 同量级。符号 δ_x^+、δ_x^- 与 δ_x^0 为差分算子，它们分别可称为向前差分算子，向后差分算子与中心差分算子。如果将式(2-95)与式(2-96)相加，便可得到二阶导数的中心差分格式，即

$$\frac{d^2f}{dx^2} = \frac{f(x+\Delta x) - 2f(x) + f(x-\Delta x)}{(\Delta x)^2} + o[(\Delta x)^2] \qquad (2\text{-}103)$$

另外，将 $f(x+2\Delta x)$ 与 $f(x+3\Delta x)$ 在 x 点展开有

$$f(x+2\Delta x) = f(x) + 2\Delta x \frac{df}{dx} + 2(\Delta x)^2 \frac{d^2f}{dx^2} + \frac{4}{3}(\Delta x)^3 \frac{d^3f}{dx^3} + \cdots \quad (2\text{-}104)$$

$$f(x+3\Delta x) = f(x) + 3\Delta x \frac{df}{dx} + \frac{9}{2}(\Delta x)^2 \frac{d^2f}{dx^2} + \frac{9}{2}(\Delta x)^3 \frac{d^3f}{dx^3} + \cdots \quad (2\text{-}105)$$

由式(2-95)与式(2-104)消去 d^2f/dx^2 项便可得一阶导数的向前差分，即

$$\frac{df}{dx} = \frac{-3f(x) + 4f(x+\Delta x) - f(x+2\Delta x)}{2\Delta x} + o[(\Delta x)^2] \qquad (2\text{-}106)$$

由式(2-95)、式(2-104)和式(2-105)消去 df/dx 与 d^3f/dx^3 项，可得到二阶导数的向前差分，即

$$\frac{d^2f}{dx^2} = \frac{2f(x) - 5f(x+\Delta x) + 4f(x+2\Delta x) - f(x+3\Delta x)}{(\Delta x)^2} + o[(\Delta x)^2]$$

$$\qquad (2\text{-}107)$$

显然，这时式(2-106)与式(2-107)中差分格式的截断误差与 $(\Delta x)^2$ 同量级。

下面以有内热源的二维稳态过程中导热问题为例讨论有限差分的应用，这

里主方程为

$$\frac{\partial^2 T}{\partial x^2} + \frac{\partial^2 T}{\partial y^2} + \frac{q_v}{\lambda} = 0 \qquad (2\text{-}108)$$

将计算域进行网格划分，称网格线的交点为节点；将计算域内的节点称为内节点，落在边界上的节点称为边界节点；网格线之间的距离称为网格间距（又称为步长）记作 Δx（沿 x 方向）或 Δy（沿 y 方向）。令节点 A 的坐标为 $(x,y) = (i\Delta x, j\Delta y)$，因此 (i,j) 便可表示了节点 A 的位置，于是 A 节点的温度 $T(x,y)$ 可简记为 $T_{i,j}$；借助于上述约定，把节点 (i,j) 处的二阶偏导数用差商近似便有

$$\left(\frac{\partial^2 T}{\partial x^2}\right)_{i,j} = \frac{T_{i+1,j} - 2T_{i,j} + T_{i-1,j}}{(\Delta x)^2} + o[(\Delta x)^2] \qquad (2\text{-}109)$$

$$\left(\frac{\partial^2 T}{\partial y^2}\right)_{i,j} = \frac{T_{i,j+1} - 2T_{i,j} + T_{i,j-1}}{(\Delta y)^2} + o[(\Delta y)^2] \qquad (2\text{-}110)$$

将上面两式代入式(2-108)并舍去截断误差后便得到关于内点的差分方程

$$\frac{T_{i+1,j} - 2T_{i,j} + T_{i-1,j}}{(\Delta x)^2} + \frac{T_{i,j+1} - 2T_{i,j} + T_{i,j-1}}{(\Delta y)^2} + \frac{(q_v)_{i,j}}{\lambda} = 0 \qquad (2\text{-}111)$$

注意该差分方程的截断误差为 $o[(\Delta x)^2 + (\Delta y)^2]$；如果网格选取 $\Delta x = \Delta y$，且无内热源项（$q_v = 0$）时，则式(2-111)便退化为

$$T_{i,j} = \frac{1}{4}(T_{i+1,j} + T_{i-1,j} + T_{i,j+1} + T_{i,j-1}) \qquad (2\text{-}112)$$

对于边界条件，也可列出边界节点的差分方程。现设边界节点为 $(1,j)$ 与 (n,j)，它们分别满足绝热边界条件式(2-113)与第三类边界条件式(2-114)，即

$$x = 0, \quad \frac{\partial T}{\partial x} = 0 \qquad (2\text{-}113)$$

$$x = L, \quad \lambda \frac{\partial T}{\partial x} + \alpha(T - T_f) = 0 \qquad (2\text{-}114)$$

将式(2-100)用到式(2-113)可得到边界节点 $(1,j)$ 的差分方程为

$$T_{1,j} - T_{2,j} = 0 \qquad (2\text{-}115)$$

注意该节点差分方程的截断误差为 Δx 量级，而与内节点差分方程的截断误差相比其精度低了一个量级。为了使各节点方程的精度一致，在边界节点可进行适当处理，即增设了"虚拟节点"，认为在节点 $(1,j)$ 的外面还有一个节点 $(0,j)$ 并设为 $T_{0,j} = T_{2,j}$；注意该处的边界仍然维持绝热，而节点 $(1,j)$ 可按内节点处理便得到

$$T_{1,j} = \frac{1}{4}(2T_{2,j} + T_{1,j+1} + T_{1,j-1}) \qquad (2\text{-}116)$$

这时该节点方程的截断误差为$(\Delta x)^2$量级；对于边界节点(n,j)，它满足第三类边界条件，为保证该边界点与内点的精度一致也增设了虚拟节点$(n+1,j)$，于是这时边界点(n,j)也可以按内节点处理为

$$T_{n,j} = \frac{1}{4}(T_{n+1,j} + T_{n-1,j} + T_{n,j+1} + T_{n,j-1}) \quad (2\text{-}117)$$

另一方面该节点(n,j)还应该满足边界条件式(2-114)，于是将中心差分式(2-102)代入式(2-114)，得

$$\lambda \frac{T_{n+1,j} - T_{n-1,j}}{2\Delta x} + \alpha(T_{n,j} - T_f) = 0 \quad (2\text{-}118)$$

因此联立式(2-117)与式(2-118)，消去虚拟节点的温度$T_{n+1,j}$项便得

$$T_{n,j} = \frac{2T_{n-1,j} + T_{n,j+1} + T_{n,j-1} + \dfrac{2\alpha\Delta x}{\lambda}T_f}{4 + \dfrac{2\alpha\Delta x}{\lambda}} \quad (2\text{-}119)$$

将全部节点都列出相应的差分方程后便构成了一个代数方程组并且未知数的个数与方程的个数相等，因此该代数方程组适定。通常由于微分方程和边界条件都是线性的，所以得到的内节点与边界节点上的差分方程都是线性代数方程，它们将构成线性代数方程组。线性代数方程组的数值解法可以分成直接解法与迭代解法两大类，详细的求解过程本书从略，读者可参考线性代数数值解方面的书籍[57~61]。

习 题

2-1 两块厚度各等于2cm的聚氨酯板中间夹一块很薄的板状金属电加热器(如图2-15所示)，热流密度为0.1W/cm^2；聚氨酯板的外侧各有一块铜板，铜板外侧与0℃的冰水混合物接触，边缘良好密封。埋入电热板的热电偶指示温度$T_0 = 62.5$℃，试计算并回答：①聚氨酯的热导率？②为什么要用两块同样的聚氨酯板？③这个热导率应被看成什么温度所对应的热导率呢？

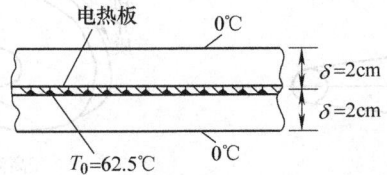

图 2-15 习题 2-1 附图

2-2 某平板板材厚2.5mm，导热面积为0.2m^2，该板两侧的温度分别保持35℃和95℃，并且板半厚度处的温度是62℃；如果假定该板面的总导热量为2kW，试给出在该温度区间内该平板的热导率？

2-3 如图2-16所示，用耐热玻璃制成的圆台，横截面直径为 $D = ax(a = 0.25)$；如果取 $x_1 = 50\text{mm}$，$x_2 = 250\text{mm}$，圆台两端面上的温度分别保持为 $T_1 = 127℃$，$T_2 = 327℃$ 并且假定圆台侧表面具有良好的绝热。如果假定该圆台内为一维稳态导热，且令 $\lambda = 3.46\text{W}/(\text{m·K})$，试推出该圆台内温度分布的表达式并绘出温度分布曲线？计算通过该圆台体的导热量？

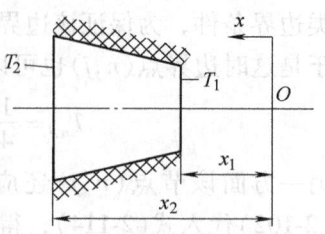

图2-16 习题2-3附图

2-4 外径为 100mm 的蒸气管道，覆盖着密度为 $20\text{kg}/\text{m}^3$ 的超细玻璃棉毡保温。已知蒸气管外壁温度为 400℃，希望保温层外表面的温度不超过 50℃ 并且要求每米长度上管道的散热量小于 163W，试确定保温层的厚度？

2-5 由三层材料构成的平壁，各层的厚度分别是 0.3m、0.15m 和 0.2m，并已知左、右两侧材料的热导率分别为 $2.2\text{W}/(\text{m·K})$ 与 $17.8\text{W}/(\text{m·K})$；如果实际测得左、右两侧壁的温度分别为 650℃ 和 60℃，左侧壁面外高温气流的温度为 780℃，壁面与高温气体的对流换热表面传热系数为 $35\text{W}/(\text{m}^2·\text{K})$，试求中间层材料的热导率。

2-6 双层玻璃窗由一空气间隙隔开的两块平板玻璃所构成。由于空气间隙仅有 8mm，因此可认为封闭间隙中的空气是静止的。空气的热导率为 $0.026\text{W}/(\text{m·K})$；平板玻璃厚为 3mm，热导率为 $0.8\text{W}/(\text{m·K})$；玻璃窗内侧室温为 T_{f1}，表面传热系数 α_1 为 $8.5\text{W}/(\text{m}^2·\text{K})$；外侧为大气，其温度为 T_{f2}，外侧表面的表面传热系数 α_2 为 $15\text{W}/(\text{m}^2·\text{K})$；试求采用双层玻璃窗代替单层玻璃窗时室内热损失可减少百分之几？（这里可假定单层玻璃窗所用的平板玻璃与双层玻璃窗相同，T_{f1}、T_{f2}、α_1 与 α_2 也与双层玻璃窗时相同。）

2-7 试推导具有内热源 $\dot{Q}(x)$，变截面、变热导率的一维稳态导热问题（见图2-17）的温度场微分方程式。

2-8 用一柱体模拟燃气轮机叶片的散热过程。令该柱长 9cm，周界为 7.6cm，截面积为 1.95cm^2，柱体的一端被冷却到 305℃（见图2-18），假定高温燃气的温度为 815℃，该燃气吹过柱体，假定表面上各处的表面传热系数都是常数并为 $28\text{W}/(\text{m}^2·\text{K})$，柱体的热导率 $\lambda = 55\text{W}/(\text{m·K})$，假定肋端绝热。试计算：

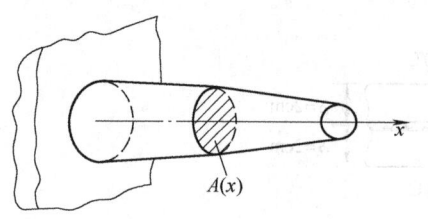

图2-17 变截面一维导热

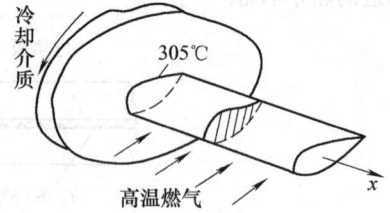

图2-18 习题2-8附图

① 该柱体中间截面上的平均温度以及柱体中的最高温度。

② 冷却介质所带走的热量。

2-9 外直径为 40mm 的管道，壁温为 120℃，外装肋 12 片（见图2-19）。肋厚 0.8mm，高 20mm，肋的热导率为 95W/(m·K)；如果周围介质的温度为 20℃，对流换热表面传热系数为 20/W(m²·K)，试求每米管长的散热量。

2-10 图 2-20 给出了一个直肋的纵截面，该截面为正方形。设肋基温度 $T_0 = 500℃$，肋高 $L = 10mm$，肋厚 $\delta = 10mm$，肋宽 1m，假定沿着肋宽无温度变化。如果已知对流边界条件为 $\alpha = 4000W/(m²·K)$，$T_f = 20℃$，试用有限差分方法建立图中所示各节点处的导热方程并计算各节点的温度。如果令肋的热导率为 40W/(m·K)，试计算该直肋的散热量。

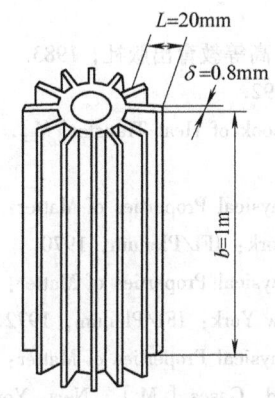

图 2-19 习题 2-9 附图

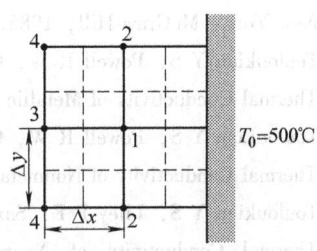

图 2-20 习题 2-10 附图

2-11 炉墙转角的截面如图 2-21 所示，令其内、外壁温各保持 400℃ 和 100℃，①试用有限差分方法确定出炉墙中心点 1、点 2、点 3、点 4 与点 5 处的温度并计算炉墙的导热量？②试用导热形状因子法计算炉墙的导热量？（这里热导率可取 10W/(m·℃)）

2-12 （1）对于无限大平板内的一维稳态导热问题，试说明在三类边界条件中两侧面边界条件的哪些组合可以使平板中的温度场有确定的解？

（2）对于矩形区域内常物性、二维无内热源的导热问题，试分析下列四种边界条件下物体中的温度分布是否一样：

① 四边均为给定温度。
② 四边中有一边绝热，其余三个边均为给定温度。
③ 四边中有一个边为给定热流（不等于零），其余三个边中至少有一个边为给定温度。
④ 四边中有一个边为第三类边界条件。

这里假定导热物体为铜或其他金属。

图 2-21 习题 2-11 附图

参 考 文 献

[1] 王补宣. 工程传热传质学[M]. 北京：科学出版社，1982.

[2] 杨世铭,陶文铨. 传热学[M]. 3版. 北京:高等教育出版社,1998.

[3] 戴锅生. 传热学[M]. 2版. 北京:高等教育出版社,1999.

[4] 程尚模,黄素逸,白彩云,等. 传热学[M]. 北京:高等教育出版社,1990.

[5] 章熙民,梅飞鸣,任泽霈,等. 传热学[M]. 2版. 北京:中国建筑工业出版社,1985.

[6] 赵镇南. 传热学[M]. 北京:高等教育出版社,2002.

[7] Incropera F. P., DeWitt D. P. Fundamentals of Heat and Mass Transfer[M]. 4th ed. New York:John Wiley & Sons, 1996.

[8] 奥齐西克 M N. 热传导[M]. 俞昌铭,译. 北京:高等教育出版社,1983.

[9] 张洪济,热传导[M]. 北京:高等教育出版社,1992.

[10] Rohsenow W M, Hartnett J P, Ganic E N. Handbook of Heat Transfer[M]. 2nd ed. New York:McGraw-Hill, 1985.

[11] Touloukian Y S, Powell R W, Cho C Y. Thermophysical Properties of Matter:Vol. 1—Thermal Conductivity of Metallic Solids[M]. New York:IFI/Plenum, 1970.

[12] Touloukian Y S, Powell R W, Cho C Y. Thermophysical Properties of Matter:Vol. 2—Thermal Conductivity of Nonmetallic Solids[M]. New York:IFI/Plenum, 1972.

[13] Touloukian Y S, Liley P E, Saxena S C. Thermophysical Properties of Matter:Vol. 3—Thermal Conductivity of Nonmetallic Liquids and Gases [M]. New York:IFI/Plenum, 1972.

[14] Vergaftik N B. Tables on the Thermophysical Properties of Liquids and Gases[M]. 2nd ed. New York:John Wiley & Sons, 1975.

[15] 王丰. 液体和气体的热物理性质表[M]. 北京:科学出版社,1982.

[16] 中国建筑科学研究院建筑物理研究所. 建筑材料热物理性能[M]. 北京:中国建筑工业出版社,1981.

[17] 陈则韶,葛新石,顾毓沁. 量热技术和热物性测定[M]. 合肥:中国科学技术大学出版社,1990.

[18] 张家荣,赵廷元. 工程常用物质的热物理性质手册[M]. 北京:新时代出版社,1987.

[19] 钱滨江,伍贻文,常家芳,等. 简明传热手册[M]. 北京:高等教育出版社,1983.

[20] 莫理京,王致中,刘希和,等. 绝热工程技术手册[M]. 北京:中国石油化工出版社,1997.

[21] 奚同庚. 无机材料热物性学[M]. 上海:上海人民出版社,1981.

[22] 张正荣. 传热学[M]. 北京:高等教育出版社,1982.

[23] 涂颉,章熙民,李汉炎. 热工实验基础[M]. 北京:高等教育出版社,1986.

[24] Haselden G G. Cryogenic Fundamentals[M]. London:Academic Press, 1971.

[25] Hartnett J P. Advances in Heat Transfer[M]. New York:Aceadmic Press, 1973.

[26] 伊萨琴科 B Π,等. 传热学[M]. 4版. 王丰,等译. 北京:高等教育出版社,1987.

[27] Holman J P. Heat Transfer[M]. 8th ed. New York：McGraw-Hill, 1997.

[28] 周光坰, 严宗毅, 许世雄, 等. 流体力学[M]. 北京：高等教育出版社, 1993.

[29] 王保国, 黄伟光. 高超声速气动热力学[M]. 北京：科学出版社, 2008.

[30] 王保国, 刘淑艳, 黄伟光. 气体动力学[M]. 北京：北京理工大学出版社, 等, 2005.

[31] 钱学森. 气体动力学诸方程[M]. 徐华舫, 译. 北京：科学出版社, 1966.

[32] 屠传经, 沈珞婵, 吴子静. 热传导[M]. 北京：高等教育出版社, 1992.

[33] 俞昌铭. 热传导及其数值分析[M]. 北京：清华大学出版社, 1981.

[34] 林瑞泰. 热传导理论与方法[M]. 天津：天津大学出版社, 1992.

[35] 俞佐平, 陆煜. 传热学[M]. 3版. 北京：高等教育出版社, 1995.

[36] 夏雅君. 隔热技术[M]. 北京：科学出版社, 1990.

[37] Kern D Q, Kraus A D. Extended Surface Heat Transfer[M]. New York：McGrawHill, 1972.

[38] Schncider P J. Conduction Heat Transfer[M]. Mass：Addison-Wesley, 1955.

[39] özisik M N. Basic Heat Transfer[M]. New York：McGraw-Hill, 1977.

[40] 罗棣庵. 传热应用与分析[M]. 北京：清华大学出版社, 1989.

[41] 杨世铭, 陈大燮. 传热学[M]. 北京：中国工业出版社, 1965.

[42] Carslaw H S, Jaeger J C. Conduction of Heat in Solids [M]. London：Clarendon Press, 1959.

[43] В. И. 斯米尔诺夫. 高等数学教程[M]. 北京：人民教育出版社, 1958.

[44] 复旦大学数学系. 数学物理方程[M]. 北京：人民教育出版社, 1979.

[45] 柯朗, 希尔伯特. 数学物理方法：I 卷[M]. 钱敏, 等译. 北京：科学出版社, 1981.

[46] Smith G D, Numerical Solutions of Partial Differential Equations (Finite Difference Method)[M]. 3rd ed. Oxford：Clarendon Press, 1985.

[47] Richtmyer R D, Morton K W. Difference Methods for Initial Problems[M]. 2nd ed. New York：Interscience Publishers, 1967.

[48] 克罗夫特 D R, 利利 D G. 传热的有限差分方程计算[M]. 北京：冶金工业出版社, 1982.

[49] 复旦大学数学系. 有限元素法选讲[M]. 北京：科学出版社, 1976.

[50] 姜礼尚, 庞之垣. 有限元法及其理论基础[M]. 北京：人民教育出版社, 1980.

[51] 孔祥谦. 有限单元法在传热学中的应用[M]. 3版. 北京：科学出版社, 1998.

[52] Ciarlet P G. 有限元素法的数值分析[M]. 蒋尔雄, 等译. 上海：上海科学技术出版社, 1978.

[53] Versteeg H K, Malalsekera W. An Introduction to Computational Fluid Dynamics(The Finite Volume Method)[M]. Essex：Longman Scientific & Technical, 1995.

[54] 陶文铨. 数值传热学[M]. 2版. 西安：西安交通大学出版社, 2001.

[55] 刘西云, 赵润祥. 流体力学中的有限元法与边界元法[M]. 上海：上海交通大学出版社, 1993.

[56] 严更,丁方明. 边界单元法基础[M]. 重庆:重庆大学出版社,1986.
[57] Ortega J M. Numerical Analysis[M]. New York:Academic Press, 1972.
[58] 胡家赣. 线性代数方程组的迭代解法[M]. 北京:科学出版社,1999.
[59] Ortega J M, Rheinboldt W C. Iterative Solution of Nonlinear Equations in Several Variables[M]. New York:Academic Press, 1970.
[60] 冯康. 数值计算方法[M]. 北京:国防工业出版社,1978.
[61] 亚当斯 J A,罗杰斯 D F. 传热学计算机分析[M]. 章靖武,译. 北京:科学出版社,1982.

第3章

非稳态导热过程的分析与计算

在自然界和工程应用中，非稳态导热过程（unsteady state conduction）是普遍存在的，例如锅炉、蒸汽轮机、内燃机等各种动力机械在起动、变工况运行和停机过程中各部件的温度总是随着时间而变化，正是由于温度的不均匀性导致了各部件经受不同程度的热应力，因此，为保证设备的安全运行就必须严格控制温升或温降的速率。在对机械零件进行加热、冷却或热处理时，同样也要严格控制过程进行的时间以便降低能耗，达到预期的处理效果。由此可见，非稳态导热问题具有很大的实际意义[1~7]⊖。

3.1 非稳态导热的基本概念及其特点

3.1.1 非稳态导热问题的两种类型

通常，非稳态导热过程可分为两大类，即瞬态导热（transient conduction）与周期性导热（periodic unsteady conduction）。在安全工程专业的热力计算中这两类非稳态导热问题都会遇到。瞬态导热是指物体内任意一点处的温度随时间变化（例如加热过程中温度随时间连续升高；冷却过程中，温度随时间连续降低），直至逐渐趋近于某个新的平衡温度；或者温度随时间的推进呈现出各种不规则的变化。这类非稳态导热过程通常是由于边界条件突然产生阶跃变化，也可能是内热源瞬间产生或停止，或者是内热源的功率随时间发生了变化所引起。而周期性非稳态导热过程多是由于边界条件的周期性变化所引起，而导致物体内的温度也呈现出周期性的反复升降。本章将分别对这两类非稳态导热过程进行分析和阐述。

3.1.2 非稳态导热过程的基本特征以及毕奥数与傅里叶数

1. 非稳态导热过程的基本特征

⊖ 该数字对应本章参考文献的序号。

非稳态导热物体的温度场可表示为

$$T = f(x, y, z, t) \tag{3-1}$$

非稳态导热比稳态导热过程多了一个时间变量，因此非稳态导热问题要比稳态导热问题复杂得多。为了阐明非稳态导热的特点，现从一维非稳态导热过程出发，扼要说明物体内各点温度变化的情况。现考虑无限大平壁一侧流体温度突然跃升问题，如图 3-1 所示，厚度为 δ 的无内热源大平壁，初始时刻平壁处于稳态传热过程中。如果突然左侧面的流体温度跃升至 T_{f1}，令流体与左壁面间的表面传热系数为 α_1；平壁右侧面的流体温度为 T_{f2}，并且约定在整个温度变化过程中始终保持恒定不变；令流体与平壁右侧面间的表面传热系数为 α_2。假设初始时刻 $\tau = 0$ 时平壁两侧的温度分别为 T_{w1} 与 T_{w2}；现平壁左侧流体的突然跃升，使左侧壁温由 T_{w1} 升高到 T'_{w1} 并维持不变，而平壁右侧壁温仍保持 T_{w2} 不变，于是左平壁内将发生非稳态导热过程。紧靠平壁

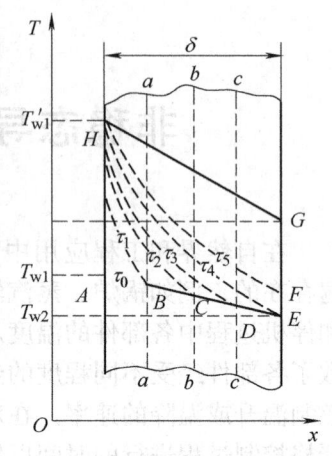

图 3-1 非稳态导热过程的基本特征

左侧面的物体温度首先会迅速上升，其余部分仍保持为原来温度。经过 τ_1 时间时，平壁内温度的分布曲线由原来的 AE 变成了 HBE；随着时间的推进，经过 τ_2、τ_3、…时，平壁内自左向右物体各截面的温度由 T_b、T_c、…，依次升高，温度变化一层层地传播到平壁的内部，一直到达平壁的右侧面，相应的温度分布曲线分别为 HCE、HDE 和 HE (见图 3-1)。显然，经 τ_4 时温度变化传到平壁的右侧表面，经 τ_4 时后显然壁内温度会继续升高，但温升的速率会越来越低。如果平壁左侧的温度 T'_{w1} 保持不变，在平壁的热导率 λ 为常数的情况下，经过足够长的时间（理论上为无限长时间），物体内最终趋于线性温度分布状况如图 3-1 中的 HG 直线。此时，非稳态导热结束，进入了一个新的稳态导热过程。

在上述整个瞬态加热变化的过程中，平壁内任何位置都经历了温度升高即热力学能的蓄存过程，如图 3-2 所示，在壁内任意 x 处取 dx 长的微元段，并假定温度扰动来自左侧。该微元段吸收了左侧传导过来的热量，温度升高即蓄存了热力学能。同时，它与右边相邻的微元段的温度梯度增大，于是按照傅里叶定律便以一定热流密度向右侧导热。因此，整个非稳态导热过程就是在这种一边导热同时又一边蓄热的过程中进行的。显然，正是因为始终伴

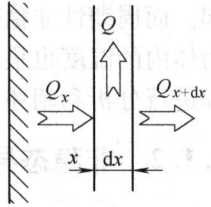

图 3-2 非稳态导热过程的蓄热效应

随有热量的蓄存,所以同一时刻通过平壁内任意两个与热流方向相垂直截面的热流密度都是不相等的。

图3-3 给出了大平壁的左侧面传入的热量与右侧面传出的热量随时间的变化曲线。可以看到,传入热量 Q_1 在初始时刻最大,随后逐渐降低;而传出热量 Q_2 先有一段滞后时间,如图3-3所示的 τ_4,随后逐渐增加,先快后慢,直至与传入线汇合建立起新的热平衡状态时为止。很显然,两条线所夹的面积代表了平壁在整个瞬态过程中蓄存的总热量。

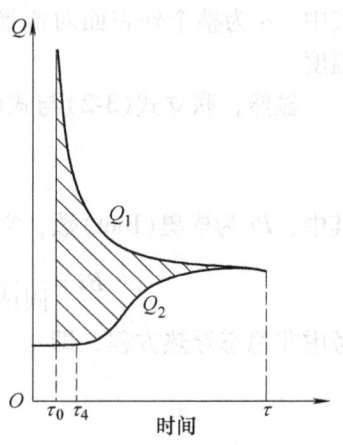

图3-3 平壁面两侧传热量随时间的变化

综上所述,非稳态导热过程(无论是对物体加热,还是冷却过程)可以划分为具有不同特点的两个阶段,即初始阶段和正常状况阶段,初始阶段又称不规则状况阶段,它的主要特点是,温度变化从导热体的边界面逐渐深入到物体内部,物体内各点温度变化率随着时间各不相同,温度分布受初始温度分布的影响较大。在上述大平壁非稳态导热过程中,τ_4 以前的这段时间即为初始阶段所进行的时间段。随着加热(或冷却)过程的继续,初始温度分布的影响逐渐消失,进入了过程的第二阶段也就是正常状况阶段(又称正规状况阶段)。此阶段物体内各点温度随时间的变化率具有一定的规律并且仅取决于物体的几何形状、物性和边界条件。对于平壁的加热过程,当平壁左侧表面导入的热量到达右侧表面后便使得平壁右侧壁面温度不断提高,一直到一个新的热平衡状态建立起来为止。

2. 毕奥数与傅里叶数

在处理非稳态问题时,有时会遇到这种情况:物体内部的温度梯度很小,甚至可以忽略,但其特定部位的温度或整个物体的平均温度随时间变得很快。作为一个较为具体的例子这里研究物体的冷却过程。考虑如图3-4所示的空心圆柱体,在 r_i 很大时沿圆柱壁径向的导热速率可近似写为

$$q \approx -\lambda (2\pi r_s l) \left(\frac{T_s - T_i}{r_s - r_i} \right)$$

$$= \lambda (2\pi r_s l) \left(\frac{T_i - T_s}{\delta} \right) \quad (3-2)$$

式中,l 为圆柱体的长度;δ 为壁厚。

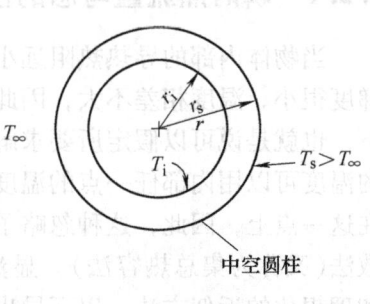

图3-4 空心圆柱体的瞬态导热

圆柱的外表面对空气的对流换热速率为
$$q = \alpha(2\pi r_s l)(T_s - T_f) \tag{3-3}$$
式中，α 为整个外表面对流换热的平均表面传热系数；T_f 为柱外表面空气的温度。

显然，联立式(3-2)与式(3-3)便得到
$$\frac{T_i - T_s}{T_s - T_f} = \frac{\alpha \delta}{\lambda} \equiv Bi \tag{3-4}$$
其中，Bi 为毕奥(Biot)数，它是一个无量纲数，可以看做如下两个热阻的比值
$$Bi = \frac{\text{固体内部的导热热阻}}{\text{固体表面与外界流体的换热热阻}} \tag{3-5}$$
考虑非稳态导热方程，即
$$\frac{\partial T}{\partial t} = \beta \nabla^2 T + \frac{S_h}{\rho c} \tag{3-6}$$
式中，β 为热扩散率，其定义由式(2-10)给出；c 与 S_h 分别为比热容与单位时间内单位体积中的内热源生成热。

对于无内热源的非稳态导热过程，则式(3-6)可退化为
$$\frac{\partial T}{\partial t} = \beta \nabla^2 T \tag{3-7}$$
在非稳态导热过程分析中，还常引进傅里叶数 Fo，其定义为
$$Fo = \frac{\beta t}{l^2} \tag{3-8}$$
式中，β、l 与 t 分别为热扩散率、特征长度与时间。显然 Fo 代表着无量纲的时间，它是非稳态导热过程中时间进程的一种无量纲化特征参数。

3.2 集总参数分析法

3.2.1 瞬时热流量与总的换热量计算

当物体内部的导热热阻远小于其表面的换热热阻时，由于这时物体内温度梯度很小、温度相差不大，因此可认为整个物体在同一瞬时均处于同一温度之下，也就是说可以假定所要求解的温度仅是时间 t 的函数而与坐标无关，物体的温度可以用内部任一点的温度表示，而将该物体的质量和热容量都视为集中在这一点上，因此，这种忽略了物体内部导热热阻的简化分析方法称为集总参数法(又称为集总热容法)。显然，这是一种对实际非稳态过程给出一种抽象和理想化的近似方法。以下导出集总参数法的计算公式。

设有一个任意形状的物体，其体积为 V，表面积为 A，并且具有均匀的初

始温度 T_0；在初始时刻将其突然置于温度恒为 T_f 的流体中，这里设 $T_0 < T_f$。假设物体与流体间表面传热系数 α 及物体的物性参数均保持常数，显然在采用集总参数法的前提下，式(3-6)便可简化为

$$\frac{dT}{dt} = \frac{S_h}{\rho c} \tag{3-9}$$

式中，S_h 应看做广义热源[7,8,9]，这里物体界面上交换的热量应折算成整个物体的体积热源，即

$$VS_h = A\alpha(T_f - T) \tag{3-10}$$

将上式代入式(3-9)后，有

$$\rho c V \frac{dT}{dt} = -\alpha A(T - T_f) = -\alpha A \theta \tag{3-11}$$

式中，θ 为过余温度，即

$$\theta = T - T_f \tag{3-12}$$

以过余温度表示的初始条件为

$$\theta(0) = T_0 - T_f = \theta_0 \tag{3-13}$$

将式(3-11)分离变量得

$$\frac{d\theta}{\theta} = -\frac{\alpha A}{\rho c V} dt$$

将上式对 t 从 $0 \sim t$ 积分，有

$$\int_{\theta_0}^{\theta} \frac{d\theta}{\theta} = -\int_0^t \frac{\alpha A}{\rho c V} dt$$

即

$$\frac{\theta}{\theta_0} = \frac{T - T_f}{T_0 - T_f} = \exp\left(-\frac{\alpha A}{\rho c V} t\right) \tag{3-14}$$

注意到

$$\frac{\alpha A}{\rho c V} t = \frac{\alpha (V/A)}{\lambda} \frac{\lambda t}{\rho c (V/A)^2} = (Bi)_V (Fo)_V \tag{3-15}$$

这里，毕奥数 Bi 与傅里叶数 Fo 的下标 V 特指特征尺寸 l 用比值 V/A 来表示。考虑式(3-15)，则式(3-14)变为

$$\frac{\theta}{\theta_0} = \exp[-(Bi)_V (Fo)_V] \tag{3-16}$$

于是由式(3-14)便可以十分方便地求出任意时刻物体与流体间所交换的瞬时热流量

$$Q = -\rho c V \frac{dT}{dt} = (T_0 - T_f)\alpha A \exp\left(-\frac{\alpha A}{\rho c V} t\right) = \alpha A \theta_0 \exp\left(-\frac{\alpha A}{\rho c V} t\right) \tag{3-17}$$

因此，从非稳态过程起始时刻 $t = 0$ 一直到某个特定的时刻 τ 之间，流体与物体间所交换的总热量为

$$Q_\tau = \int_0^\tau Q dt = \theta_0 \rho c V \left[1 - \exp\left(-\frac{\alpha A \tau}{\rho c V}\right)\right] \tag{3-18}$$

3.2.2 集总参数法的适用条件与误差估计

现研究厚度为 2δ 的大平壁双面对称冷却问题,这里讨论 Bi 取值的三种情况:

(1) 当 $Bi \ll 1$ 时,如图 3-5a 所示,此时从流体到平壁中心的温降几乎全部落在外部流体一侧,物体内同一时刻的温度场几乎是均匀一致的。

(2) 当 $Bi \approx 1$ 时,如图 3-5b 所示,此时物体内的热阻和外部大致相当,两部分所导致的温度降低也相差不多,因此不能忽略其中的任何一部分。

(3) 当 $Bi \gg 1$ 时,如图 3-5c 所示,此时流体温度几乎随时都与流体的壁面温度保持一致,即第三类边界条件此时转化为第一类边界条件。

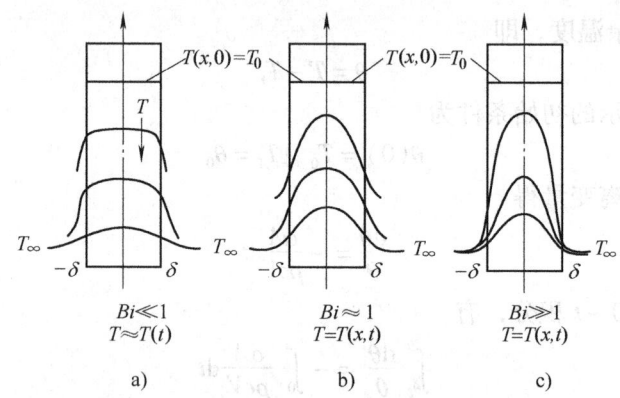

图 3-5 不同数时双面对称冷却时平板内温度的分布

显然上述三种情况中后两种不能当做薄壁问题处理,而必须按温度是空间坐标 x 与时间 t 的函数处理,即 $T = T(x,t)$;精确分析解的结果已表明[1~4],只要满足不等式

$$Bi = \frac{\alpha l_c}{\lambda} < 0.1 \tag{3-19}$$

采用集总参数分析方法计算出的瞬态温度场误差不会超过5%;这里 l_c 代表物体的特征尺寸。对于无限大平壁 $l_c = \frac{\delta}{2}$,这里为 δ 壁厚;对于球体和无限长的圆柱体来讲 $l_c = R$,这里 R 为半径。在工程计算中还时常采用 $(Bi)_V$,它满足如下条件

$$(Bi)_V = \frac{\alpha(V/A)}{\lambda} < 0.1m \tag{3-20}$$

式中,m 是与物体几何形状有关的无量纲数:对于无限大平板则 $m = 1$;对于无限长圆柱则 $m = \frac{1}{2}$;对于球体则 $m = \frac{1}{3}$。

事实上，对于式(3-20)中 V/A 的取值，有以下几种情况：

(1) 厚度为 2δ 的大平壁，则 $V/A = (A\delta)/A = \delta$。

(2) 半径为 R 的长圆柱，则 $V/A = (\pi R^2 l)/(2\pi R l) = R/2$。

(3) 半径为 R 的球体，则 $V/A = \left(\dfrac{4}{3}\pi R^3\right)/(4\pi R^2) = R/3$。

3.3 一维非稳态导热的分析解与诺谟图

3.3.1 无限大平板加热（或冷却）过程的分析解

设有一块厚度为 2δ 的无限大平板，两边对称受热。设初始温度为 T_0，在初始瞬间将它放到温度为 T_f 的流体中，设 $T_f > T_0$，并且令流体与板面间的表面传热系数 α 为常数；如果将坐标轴 x 的原点取在板的中心截面上，如图 3-6 所示，对于 $x \geq 0$ 的半块平板所遵循的导热微分方程与初边值条件为

导热微分方程　　$\dfrac{\partial T}{\partial t} = \beta \dfrac{\partial^2 T}{\partial x^2}$　　$(0 < x < \delta, t > 0)$　　(3-21)

初始条件　　　　$T(x,0) = T_0$　　$(0 \leq x \leq \delta)$　　(3-22)

边界条件　　　　$\left.\dfrac{\partial T(x,t)}{\partial x}\right|_{x=0} = 0$　　（对称性）　　(3-23)

$\alpha[T(\delta,t) - T_f] = -\lambda \left.\dfrac{\partial T(x,t)}{\partial x}\right|_{x=\delta}$　　（对流边界条件）

(3-24)

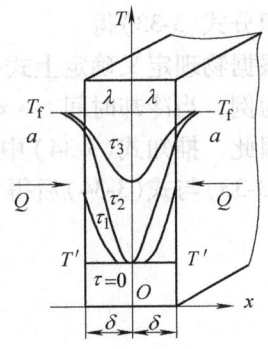

图 3-6　无限大平板对称受热时的非稳态导热

引入过余温度

$$\theta(x,t) = T(x,t) - T_f \quad (3-25)$$

则式(3-21)~式(3-24)可改写为

导热微分方程　　$\dfrac{\partial \theta}{\partial t} = \beta \dfrac{\partial^2 \theta}{\partial x^2}$　　(3-26)

初始条件　　　　$t = 0$ 时，$\theta = \theta_0$　　(3-27)

边界条件　　　　$x = 0$ 时，$\left.\dfrac{\partial \theta}{\partial x}\right|_{x=0} = 0$　　（对称性）　　(3-28)

$x = \delta$ 时，$-\lambda \left.\dfrac{\partial \theta}{\partial x}\right|_{x=\delta} = \alpha \theta|_{x=\delta}$　　（对流边界条件）　　(3-29)

显然，如果将式(3-26)的解表示为两个独立的单变量函数的乘积，于是该偏微分方程便可用分离变量法进行求解，因此有

$$\theta(x,t) = X(x)\varphi(t) \tag{3-30}$$

代入式(3-26)后整理可得

$$X\frac{\mathrm{d}\varphi}{\mathrm{d}t} = \beta\varphi\frac{\mathrm{d}^2 X}{\mathrm{d}x^2} \tag{3-31}$$

或者

$$\frac{1}{\beta\varphi}\frac{\mathrm{d}\varphi}{\mathrm{d}t} = \frac{1}{X}\frac{\mathrm{d}^2 X}{\mathrm{d}x^2} \tag{3-32}$$

由于式(3-32)的两端各为一个自变量的函数，故只有当等式两端各自等于同一个常数时才可使等式成立，于是令该常数为 n，则得两个常微分方程

$$\frac{1}{\beta\varphi}\frac{\mathrm{d}\varphi}{\mathrm{d}t} = n \tag{3-33}$$

$$\frac{1}{X}\frac{\mathrm{d}^2 X}{\mathrm{d}x^2} = n \tag{3-34}$$

积分式(3-33)得

$$\varphi = c_1 \mathrm{e}^{\beta n t} \tag{3-35}$$

根据物理定义确定上式积分常数的正负：这里不妨以平板处于周围介质冷却时为例，当冷却时间 $t \to \infty$ 时，过程达到稳态，板内温度等于周围介质的温度，因此，推知式(3-34)中的 n 只能为负值，于是可令 $n = -\varepsilon^2$ 并分别代入式(3-33)与式(3-34)后得

$$\frac{\mathrm{d}\varphi}{\mathrm{d}t} = -\beta\varepsilon^2\varphi \tag{3-36}$$

$$\frac{\mathrm{d}^2 X}{\mathrm{d}x^2} = -\varepsilon^2 X \tag{3-37}$$

上述两式通解为

$$\varphi = c_1 \mathrm{e}^{-\beta\varepsilon^2 t} \tag{3-38}$$

$$X = c_2 \cos(\varepsilon x) + c_3 \sin(\varepsilon x) \tag{3-39}$$

将式(3-38)、式(3-39)代入式(3-30)便有

$$\theta(x,t) = \mathrm{e}^{-\beta\varepsilon^2 t}[A\cos(\varepsilon x) + B\sin(\varepsilon x)] \tag{3-40}$$

式中，积分常数 A 与 B 分别为 $A = c_1 c_2$，$B = c_1 c_3$；并由边界条件式(3-28)定出 $B = 0$，于是有

$$\theta(x,t) = A\mathrm{e}^{-\beta\varepsilon^2 t}\cos(\varepsilon x) \tag{3-41}$$

应用式(3-41)及边界条件式(3-29)可得到 ε 所满足的方程，即

$$\tan(\varepsilon\delta) = \frac{\alpha}{\lambda\varepsilon} \tag{3-42}$$

如果引入 Bi，则上式又可改写为

$$\tan(\varepsilon\delta) = \frac{Bi}{\varepsilon\delta} \tag{3-43}$$

式中，$Bi = (\alpha\delta/\lambda)$；为便于书写，令 $\varepsilon\delta = \gamma$，则

$$\tan\gamma = \frac{Bi}{\gamma} \tag{3-44}$$

显然式(3-44)是关于 γ 的超越方程，它可有无穷多个解，于是 ε 也必定有无穷多个解，由式(3-41)可知，$\theta(x,t)$ 也相应的会有无穷多个解，即

$$\theta_1(x,t) = A_1 e^{-\beta\varepsilon_1^2 t}\cos(\varepsilon_1 x)$$

$$\theta_2(x,t) = A_2 e^{-\beta\varepsilon_2^2 t}\cos(\varepsilon_2 x)$$

$$\vdots$$

$$\theta_m(x,t) = A_m e^{-\beta\varepsilon_m^2 t}\cos(\varepsilon_m x)$$

将上述所有的解进行线性迭加便得到 $\theta(x,t)$ 的一般表达式，即

$$\theta(x,t) = \sum_{m=1}^{\infty}\left[A_m e^{-\beta\varepsilon_m^2 t}\cos(\varepsilon_m x)\right] \tag{3-45}$$

或者

$$\theta(x,t) = \sum_{m=1}^{\infty}\left[A_m e^{-\beta t(\gamma_m/\delta)^2}\cos\left(x\frac{\gamma_m}{\delta}\right)\right] \tag{3-46}$$

式中，$\gamma_m = \varepsilon_m \delta$；而未知参数 A_m 可借助初始条件式(3-27)以及特征函数的正交性获得。由式(3-27)以及式(3-46)可得

$$\theta_0 = \sum_{m=1}^{\infty}\left[A_m \cos\left(\gamma_m \frac{x}{\delta}\right)\right] \tag{3-47}$$

将上式等号两边同乘以 $\cos\left(\gamma_n \frac{x}{\delta}\right)$，并在 $(0,\delta)$ 范围内对 x 积分，得

$$\theta_0 \int_0^{\delta}\cos\left(\gamma_n \frac{x}{\delta}\right)\mathrm{d}x = \int_0^{\delta}\left[\sum_{m=1}^{\infty}A_m\cos\left(\gamma_m \frac{x}{\delta}\right)\right]\cos\left(\gamma_n \frac{x}{\delta}\right)\mathrm{d}x$$

$$= \int_0^{\delta}\left\{\sum_{m=1}^{\infty}\left[A_m\cos\left(\gamma_m \frac{x}{\delta}\right)\cos\left(\gamma_n \frac{x}{\delta}\right)\right]\right\}\mathrm{d}x \tag{3-48}$$

考虑到特征函数的正交性即当 $n \neq m$ 时，有

$$\int_0^{\delta}\cos\left(\gamma_m \frac{x}{\delta}\right)\cos\left(\gamma_n \frac{x}{\delta}\right)\mathrm{d}x = 0 \tag{3-49}$$

因此式(3-48)变为

$$\theta_0 \int_0^{\infty}\cos\left(\gamma_m \frac{x}{\delta}\right)\mathrm{d}x = A_m \int_0^{\delta}\cos^2\left(\gamma_m \frac{x}{\delta}\right)\mathrm{d}x$$

即

$$A_m = \theta_0 \frac{\int_0^{\delta}\cos\left(\gamma_m \frac{x}{\delta}\right)\mathrm{d}x}{\int_0^{\delta}\cos^2\left(\gamma_m \frac{x}{\delta}\right)\mathrm{d}x} = \theta_0 \frac{2\sin\gamma_m}{\gamma_m + (\sin\gamma_m)(\cos\gamma_m)} \tag{3-50}$$

将式(3-50)代入式(3-46)可得到

$$\frac{\theta(x,t)}{\theta_0} = \sum_{m=1}^{\infty}\left\{\frac{2\sin\gamma_m}{\gamma_m + (\sin\gamma_m)(\cos\gamma_m)}\exp\left[-\beta t\left(\frac{\gamma_m}{\delta}\right)^2\right]\cos\left(x\frac{\gamma_m}{\delta}\right)\right\} \tag{3-51}$$

式中，γ_m 为超越方程式(3-44)的根，又称特征值。如果引入 $Fo\left(\text{即} Fo = \frac{\beta t}{\delta^2}\right)$，

则显然式(3-51)是关于 Fo，Bi 以及 $\dfrac{x}{\delta}$ 的函数，于是式(3-51)可简记为

$$\frac{\theta(x,t)}{\theta_0}=f\left(Fo,Bi,\frac{x}{\delta}\right) \tag{3-52}$$

上式给出了无限大平板内的温度分布表达式，它是用一个无穷级数给出的表达形式。

3.3.2 非稳态导热过程的正规状况阶段

计算实践表明[10~17]，式(3-51)中的指数项衰减得很快，以至于只要 $Fo>0.2$ 便可以只取无穷级数的首项(即舍弃其余所有项)，所得结果与采用完整的级数计算时的误差不到1%，这样的误差对工程计算是允许的，因而当 $Fo>0.2$ 时，可有

$$\frac{\theta(x,t)}{\theta_0}=\frac{2\sin\gamma_1}{\gamma_1+(\sin\gamma_1)(\cos\gamma_1)}\exp[-\gamma_1^2 Fo]\cos\left(\gamma_1\frac{x}{\delta}\right) \tag{3-53}$$

当 $Fo>0.2$ 时，平板中任一点的过余温度 $\theta(x,t)$ 与平板中心处的过余温度 $\theta(0,t)\equiv\theta_m(t)$ 的比为

$$\frac{\theta(x,t)}{\theta_m(t)}=\cos\left(\gamma_1\frac{x}{\delta}\right) \tag{3-54}$$

上式反映了非稳态导热过程中的一个很重要的物理现象，即当 $Fo>0.2$ 时，虽然 $\theta(x,t)$ 与 $\theta_m(t)$ 各自都与时间 t 有关，但它们的比值却与 t 无关，而仅仅取决于几何位置 $\dfrac{x}{\delta}$ 以及 Bi。这表明初始条件的影响已经消失，无论什么样的初始分布，只要 $Fo>0.2$，则 $\theta(x,t)/\theta_m(t)$ 的值都一样。

下面分析在一个时间间隔内非稳态导热过程中所传递的热量。令从初始时刻一直到平板与周围介质处于热平衡时这一个过程所传递的热量为 Q_0，即

$$Q_0=\rho cV(T_0-T_f)$$

而从初始时刻一直到某一时刻 t 这一阶段中所传递的热量为 Q，于是 Q 与 Q_0 之比为[18~20]

$$\begin{aligned}\frac{Q}{Q_0}&=\frac{\rho c\int_V[T_0-T(x,t)]dV}{\rho cV(T_0-T_f)}=\frac{1}{V}\int_V\frac{(T_0-T_f)-(T-T_f)}{T_0-T_f}dV\\ &=1-\frac{1}{V}\int_V\frac{T-T_f}{T_0-T_f}dV=1-\frac{\overline{\theta}}{\theta_0}\end{aligned} \tag{3-55}$$

式中，$\overline{\theta}$ 为时刻 t 物体的平均过余温度，即

$$\overline{\theta}=\overline{\theta}(t)=\frac{1}{V}\int_V(T-T_f)dV \tag{3-56}$$

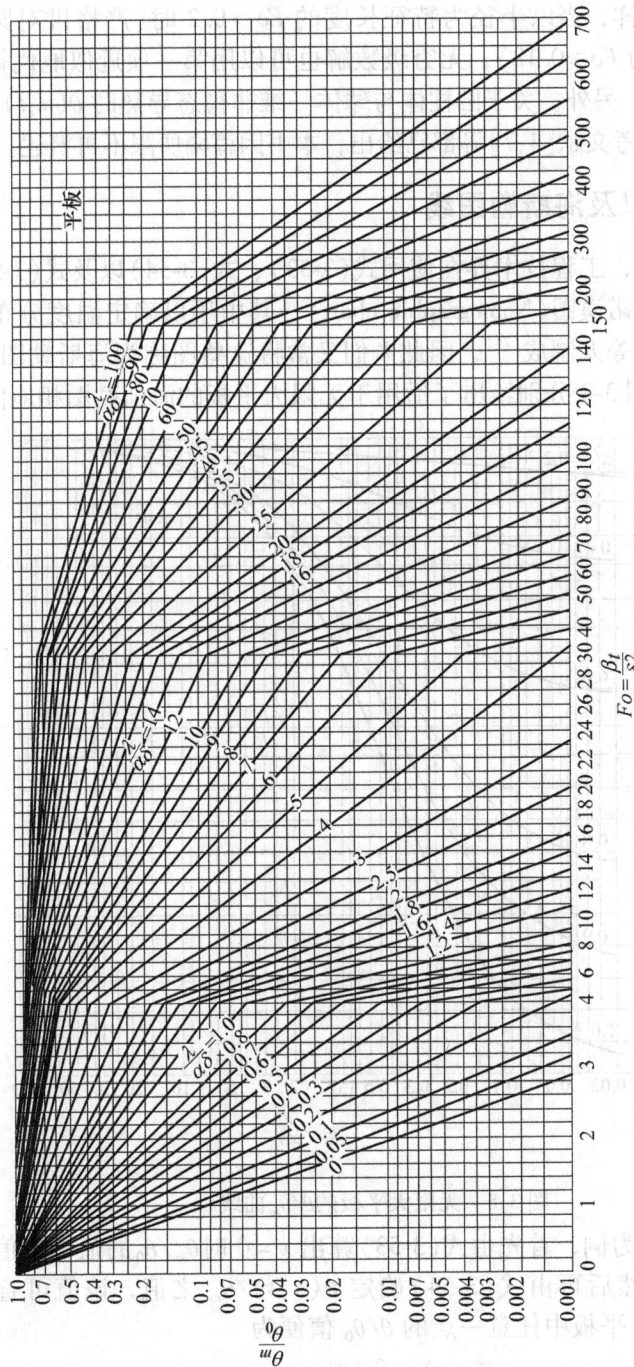

图 3-7 无限大平板中心温度的诺模图

本章参考文献[21~23]给出了圆柱体与球一维非稳态导热问题分离变量法的无穷级数解;同样,当以半径为特征长度的 $Fo>0.2$ 时(严格讲对圆柱应为 $Fo \geqslant 0.21$,对球应为 $Fo \geqslant 0.18$),无穷级数解也可以用第一项近似地代替,并且所得之差小于1%;另外,关于圆柱体与球体一维非稳态导热时 $\theta(x,t)/\theta_0$ 的具体表达式,本章参考文献[4,7]等都已给出,本书因篇幅所限不再赘述。

3.3.3 诺谟图以及海斯勒图线

为了便于计算,工程技术界在使用式(3-53)、式(3-54)以及式(3-55)时绘制了一些图线,即诺谟图(Nomographic chart),其中用以确定温度分布的图线由海斯勒(Heisler)等人制成[24],因此人们又常将这些图称为海斯勒图(Heisler chart),图3-7与图3-8分别给出了适用于无限大平板的海斯勒图相应曲线。

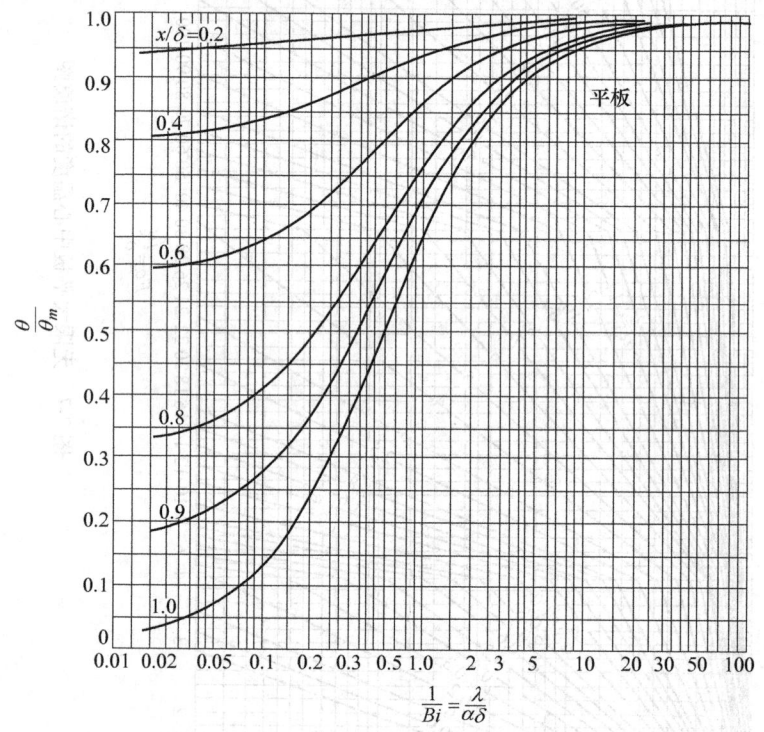

图3-8 无限大平板的 θ/θ_m 曲线

以无限大平板为例,首先由式(3-53)算出 $x=0$ 时 θ_m/θ_0 的值,该值可直接由图3-7中查出。然后再由式(3-54)确定 $\theta(x,t)/\theta_m$ 之值,该值可直接由图3-8中查出;于是,平板中任意一点的 θ/θ_0 值便为

$$\frac{\theta(x,t)}{\theta_0} = \frac{\theta_m}{\theta_0} \frac{\theta(x,t)}{\theta_m} \tag{3-57}$$

同样，对于初始时刻到时刻 t 时物体与环境间所交换的热量，可以利用式(3-55)作出 $Q/Q_0 = f(Fo, Bi)$ 的曲线图，如图3-9所示。因此借助于图3-7、图3-8与图3-9便可进行无限大平板方面的工程计算。

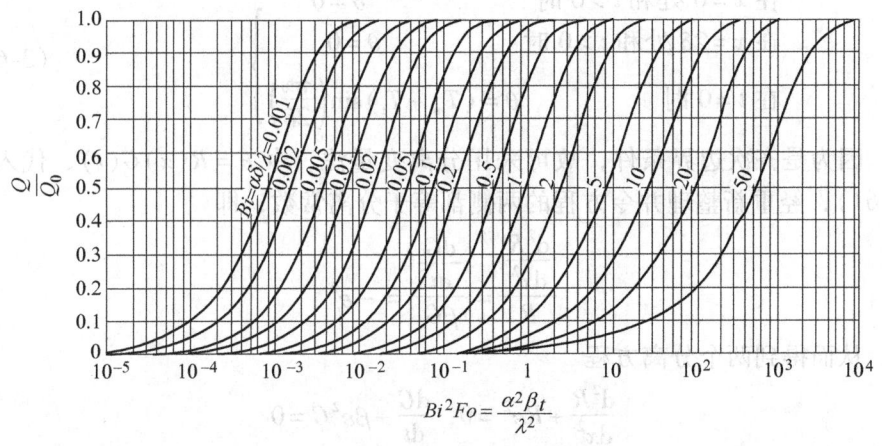

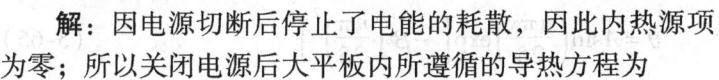

图3-9　无限大平板的 Q/Q_0

[**例3-1**]　图3-10表示一个处于稳态的无限大平板，由于平板内部耗散的电能通过该板的两表面以相同的速率导出，由此所造成的温度场分布为

$$T = T_f + (T_m - T_f)\sin\left(\frac{\pi x}{2\delta}\right) \quad (3\text{-}58)$$

式中的 T_f 和 T_m 为已知。如果电源在时间 $t=0$ 时关闭，而该板的两个表面保持已知的温度 T_f 不变，试求平板内部的温度分布（温度分布可用空间与时间表示；平板的材料性质为已知的定值）。

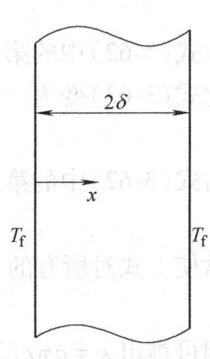

图3-10　无限大平板的非稳态导热

解：因电源切断后停止了电能的耗散，因此内热源项为零；所以关闭电源后大平板内所遵循的导热方程为

$$\frac{\partial^2 T}{\partial x^2} = \frac{1}{\beta}\frac{\partial T}{\partial t} \quad (3\text{-}59)$$

初、边值条件为

$$\left.\begin{array}{ll} 在\ x=0\ 处和\ t>0\ 时 & T = T_f \\ 在\ x=2\delta\ 处和\ t>0\ 时 & T = T_f \\ 在\ t=0\ 时 & T = T_f + (T_m - T_f)\sin\left(\dfrac{\pi x}{2\delta}\right) \end{array}\right\} \quad (3\text{-}60)$$

引进过余温度 θ，即 $\theta = T - T_f$，于是式(3-59)与式(3-60)变为

$$\frac{\partial^2 \theta}{\partial x^2} = \frac{1}{\beta} \frac{\partial \theta}{\partial t} \tag{3-61}$$

初始条件与边界条件为

$$\left. \begin{array}{ll} 在 x=0 \text{ 处和 } t>0 \text{ 时} & \theta=0 \\ 在 x=2\delta \text{ 处和 } t>0 \text{ 时} & \theta=0 \\ 在 t=0 \text{ 时} & \theta=(T_m - T_f)\sin\left(\dfrac{\pi x}{2\delta}\right) \end{array} \right\} \tag{3-62}$$

因为是齐次边界条件，故可采用分离变量法，令 $\theta = R(x)G(t)$，代入式(3-61)，经重新整理并令方程的两侧都等于分离常数，即

$$\frac{\dfrac{d^2 R}{dx^2}}{R} = \frac{\dfrac{dG}{dt}}{\beta G} = -\varepsilon^2$$

从而得到两个分离方程

$$\frac{d^2 R}{dx^2} + R\varepsilon^2 = 0, \quad \frac{dG}{dt} + \beta \varepsilon^2 G = 0$$

由上面两个常微分方程求得 $R(x)$ 与 $G(t)$ 的通解，因此式(3-61)的通解为

$$\theta = (A\sin\varepsilon x + B\cos\varepsilon x)\exp(-\beta t \varepsilon^2) \tag{3-63}$$

由式(3-62)中的第一个边界条件(即在 $x=0$ 处和 $t>0$ 时，$\theta=0$)得出 $B=0$，因此式(3-63)变为

$$\theta = A\sin(\varepsilon x)\exp(-\beta t \varepsilon^2) \tag{3-64}$$

由式(3-62)中的第二个边界条件(即在 $x=2\delta$ 处和 $t>0$ 时，$\theta=0$)得出

$$0 = A\sin(\varepsilon 2\delta)\exp(-\beta t \varepsilon^2)$$

欲使上式对所有的 t 都成立，则唯一有效解是

$$\sin(\varepsilon 2\delta) = 0$$

即可推出 $\varepsilon = n\pi/(2\delta)$；于是当上面两个边界条件都满足时，式(3-64)变为

$$\theta = A\sin\left(\frac{n\pi x}{2\delta}\right)\exp\left[-\beta t\left(\frac{n\pi}{2\delta}\right)^2\right] \tag{3-65}$$

借助于式(3-62)中的初始条件，由式(3-65)可以推出

$$(T_m - T_f)\sin\left(\frac{\pi x}{2\delta}\right) = A\sin\left(\frac{n\pi x}{2\delta}\right) \tag{3-66}$$

显然，当 $n=1$ 和 $A = T_m - T_f$ 时，上式对导热区域内的所有 x 均能成立。把这里的 n 值与 A 值代回到式(3-65)并将 θ 换成 T 后得出

$$T = T_f + (T_m - T_f)\sin\left(\frac{\pi x}{2\delta}\right)\exp\left[-\beta t\left(\frac{\pi}{2\delta}\right)^2\right] \tag{3-67}$$

上式便为该问题的解。显然，令式(3-67)中的 $t \to \infty$ 时，则解 $T \to T_f$。

[例 3-2] 用普通砖砌成的墙厚 100mm，初始温度为 27℃，墙的一侧表面

绝热，另一侧突然与温度为 -2℃ 的冷空气接触，表面传热系数 α 为 12W/$(m^2 \cdot K)$，密度 $\rho = 1600 kg/m^3$，试求：(1) 5.5h 时墙的两侧表面温度；(2) 求在 5.5h 期间内，砖墙每单位面积所放出的总热量。已知该砖的热导率 λ 为 0.47W/$(m \cdot K)$，热扩散率 $\beta = 0.5 \times 10^{-6} m^2/s$，比热容 $c = 0.84 kJ/(kg \cdot K)$。

解： 依题意本题属于无内热源的平壁一维非稳态导热问题，墙的绝热侧面可以看成用相同材料砌成的厚度为 $2 \times 100mm$ 砖墙在对称冷却时该墙的中心截面，因此本问题可以应用诺谟图 3-7 与图 3-8 来求解。

(1) 两侧表面温度

$$Fo = \frac{\beta t}{\delta^2} = \frac{0.5 \times 10^{-6} \times 5.5 \times 3600}{(100 \times 10^{-3})^2} = 0.99$$

$$\frac{1}{Bi} = \frac{\lambda}{\alpha \delta} = \frac{0.47}{12 \times 0.1} = 0.392$$

借助于 Fo 与 Bi 值，在图 3-7 上查得

$$\frac{\theta_m}{\theta_0} = \frac{T_m - T_f}{T_0 - T_f} = 0.33$$

故绝热面上的温度 $T_m = 0.33(T_0 - T_f) + T_f$，即

$$T_m = 0.33[27 - (-2)]℃ - 2℃ = 7.6℃$$

应用 Bi 与 x/δ（这里 $x = 0.1, \delta = 0.1$）的值从图 3-8 上查得 $\theta/\theta_m = 0.43$，因此由式(3-57)可得

$$\frac{\theta}{\theta_0} = \frac{\theta_m}{\theta_0} \frac{\theta}{\theta_m} = 0.33 \times 0.43 = 0.142$$

于是，墙的另一侧表面（$x = 0.1m$）温度 T_w 为

$$T_w = T_f + 0.142[27 - (-2)]℃ = 2.1℃$$

(2) 每平方米墙壁的总放热量

根据 $Bi = 2.55$ 和 $Bi^2 \times Fo = 6.44$ 在图 3-9 上查得

$$\frac{Q}{Q_0} = 0.75$$

$$Q_0 = \rho c \delta \theta_0 = (1600 \times 0.84 \times 0.1 \times 29) kJ/m^2 = 3897.6 kJ/m^2$$

$$Q = 0.75 Q_0 = 0.75 \times 3897.6 kJ/m^2 = 2923.2 kJ/m^2$$

3.4 二维与三维非稳态导热问题的求解

3.4.1 多维非稳态导热的乘积解法

数学上可以证明[25~27]，对于几种特定的典型几何形状的物体，在第三类

（或者第一类）边界条件下，能够借助于一维非稳态问题的分析解获得多维问题的分析解。下面以无限长长方柱体的非稳态导热问题为例来作说明。如图 3-11a 所示的长方形柱体截面，其尺寸为 $2\delta_1 \times 2\delta_2$，坐标系 Oxy 的原点建在截面的中心点处。这里无限长的矩形柱体可以看做两个无限大平板垂直相交所截出的物体，如图 3-11b 与图 3-11c 所示。本节就是讨论这个长方形柱体的二维截面上温度场与这两块无限大平板的温度场间的关系。

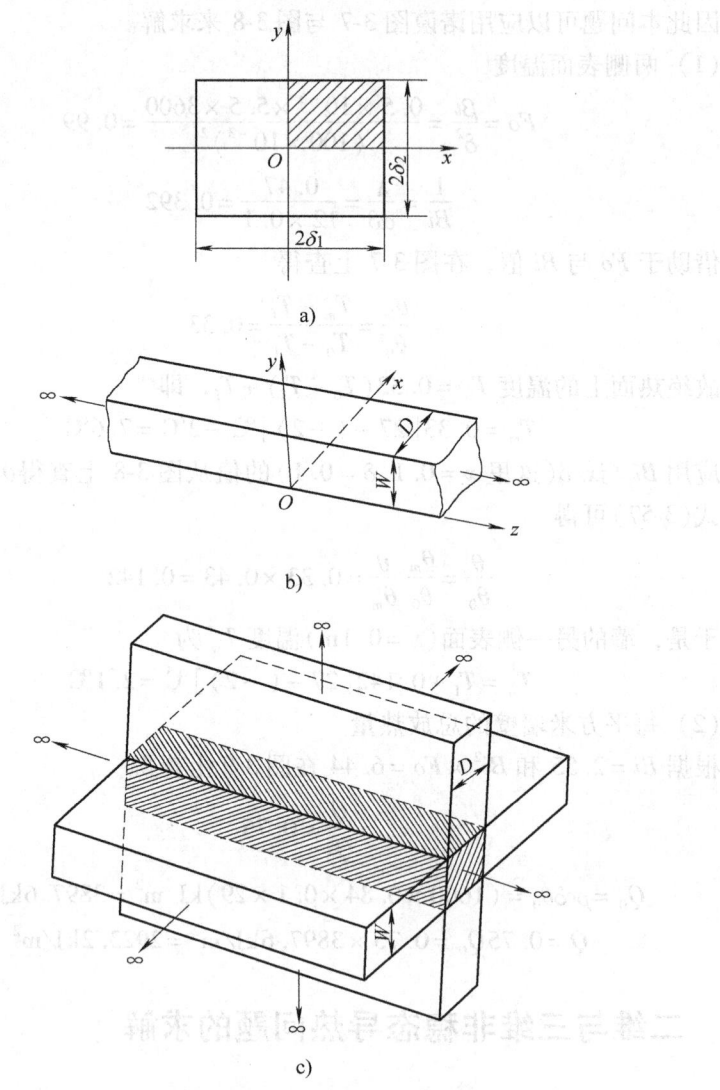

图 3-11 无限长柱体的横截面以及柱体的形成

设方柱体的初始温度为 T_0，过程开始时刻时柱体置于温度为 T_f 的流体中，假定表面与流体间的表面传热系数为 α，试求方柱截面的温度场分布。显然，由于坐标系原点取在截面中心处，因此仅需要考虑图 3-11a 中有阴影线的四分之一截面就可以了。引进过余温度 θ，于是所讨论截面上温度分布 $T(x,y,t)$ 满足的导热微分方程和定解条件为

$$\frac{\partial \theta^*}{\partial t} = \beta \left(\frac{\partial^2 \theta^*}{\partial x^2} + \frac{\partial^2 \theta^*}{\partial y^2} \right) \tag{3-68}$$

$$\theta^*(x,y,0) = 1 \tag{3-69}$$

$$\theta^*(\delta_1,x,t) + \frac{\lambda}{\alpha} \frac{\partial \theta^*(x,y,t)}{\partial x} \bigg|_{x=\delta_1} = 0 \tag{3-70}$$

$$\theta^*(x,\delta_2,t) + \frac{\lambda}{\alpha} \frac{\partial \theta^*(x,y,t)}{\partial y} \bigg|_{y=\delta_2} = 0 \tag{3-71}$$

$$\frac{\partial \theta^*(x,y,t)}{\partial x} \bigg|_{x=0} = 0 \tag{3-72}$$

$$\frac{\partial \theta^*(x,y,t)}{\partial y} \bigg|_{y=0} = 0 \tag{3-73}$$

式中，θ^* 由下式确定

$$\theta^* \equiv \frac{T(x,y,t) - T_f}{T_o - T_f} = \frac{\theta}{\theta_0} \tag{3-74}$$

如果令 $\theta_x^*(x,t)$ 与 $\theta_y^*(y,t)$ 分别表示处于与长方形柱体同样定解条件下厚度分别为 $2\delta_1$ 与 $2\delta_2$ 的无限大平板的分析解，它们分别满足如下各自的导热微分方程与定解条件，即

$$\frac{\partial \theta_x^*}{\partial t} = \beta \frac{\partial^2 \theta_x^*}{\partial x^2} \tag{3-75}$$

$$\theta_x^*(x,0) = 1 \tag{3-76}$$

$$\frac{\partial \theta_x^*(x,t)}{\partial x} \bigg|_{x=0} = 0 \tag{3-77}$$

$$\theta_x^*(\delta_1,t) + \frac{\lambda}{\alpha} \frac{\partial \theta_x^*(x,t)}{\partial x} \bigg|_{x=\delta_1} = 0 \tag{3-78}$$

以及

$$\frac{\partial \theta_y^*}{\partial t} = \beta \frac{\partial^2 \theta_y^*}{\partial y^2} \tag{3-79}$$

$$\theta_y^*(y,0) = 1 \tag{3-80}$$

$$\frac{\partial \theta_y^*(y,t)}{\partial y} \bigg|_{y=0} = 0 \tag{3-81}$$

$$\theta_y^*(\delta_2,t) + \frac{\lambda}{\alpha} \frac{\partial \theta_y^*(y,t)}{\partial y} \bigg|_{y=\delta_2} = 0 \tag{3-82}$$

很容易证明,这两块无限大平板分析解的乘积就是上述无限长方形柱体的解,即

$$\theta^*(x,y,t) = \theta_x^*(x,t)\theta_y^*(y,t) \tag{3-83}$$

同理,可以证明对于短圆柱体、短方柱体等二维、三维的非稳态导热问题也可以用相应的二个或三个一维问题解的乘积表达,这就是多维非稳态导热的乘积解法。但应指出的是,这种乘积解法并不适用于一切边界条件,有关这方面相关的分析可参阅本章参考文献[27,28,7]等。

3.4.2 多维非稳态导热的数值解法

首先介绍几个差分算子:$\delta_x^\pm$,$\delta_y^\pm$,δ_x^0,δ_y^0,对于函数 f 来讲差分算子作用到 f 后的表达式为

$$\delta_x^+ f(x) = \frac{f(x+\Delta x) - f(x)}{\Delta x} \quad \text{(向前差分)} \tag{3-84}$$

$$\delta_x^- f(x) = \frac{f(x) - f(x-\Delta x)}{\Delta x} \quad \text{(向后差分)} \tag{3-85}$$

$$\delta_y^+ f(y) = \frac{f(y+\Delta y) - f(y)}{\Delta y} \quad \text{(向前差分)} \tag{3-86}$$

$$\delta_y^- f(y) = \frac{f(y) - f(y-\Delta y)}{\Delta y} \quad \text{(向后差分)} \tag{3-87}$$

$$\delta_x^0 f(x) = \frac{f(x+\Delta x) - f(x-\Delta x)}{2\Delta x} \quad \text{(中心差分)} \tag{3-88}$$

$$\delta_y^0 f(y) = \frac{f(y+\Delta y) - f(y-\Delta y)}{2\Delta y} \quad \text{(中心差分)} \tag{3-89}$$

对于时间导数项来讲,它的向前和向后差分分别为

$$\left.\frac{\partial T}{\partial t}\right|_{i,j} = \frac{T_{i,j}^{k+1} - T_{i,j}^k}{\Delta t} + o(\Delta t) = \delta_t^+ T^k \big|_{i,j} + o(\Delta t) \tag{3-90}$$

$$\left.\frac{\partial T}{\partial t}\right|_{i,j} = \frac{T_{i,j}^k - T_{i,j}^{k-1}}{\Delta t} + o(\Delta t) = \delta_t^- T^k \big|_{i,j} + o(\Delta t) \tag{3-91}$$

式中,通常把 k 时间层称为当前时间层,把 $(k+1)$ 层称为下一时刻层,$(k-1)$ 层称为前一时刻层。对于二阶导数扩散项,多采用中心差分各式,其表达式为

$$\left.\frac{\partial^2 T}{\partial x^2}\right|_{i,j} = \frac{T_{i+1,j} + T_{i-1,j} - 2T_{i,j}}{(\Delta x)^2} + o[(\Delta x)^2] \equiv (\delta_x^2)^0 T_{i,j} + o[(\Delta x)^2] \tag{3-92}$$

$$\left.\frac{\partial^2 T}{\partial y^2}\right|_{i,j} = \frac{T_{i,j+1} + T_{i,j-1} - 2T_{i,j}}{(\Delta y)^2} + o[(\Delta y)^2] \equiv (\delta_y^2)^0 T_{i,j} + o[(\Delta y)^2] \tag{3-93}$$

二维常物性无内热源的非稳态导热问题的微分方程是

$$\frac{\partial T}{\partial t} = \beta \left(\frac{\partial^2 T}{\partial x^2} + \frac{\partial^2 T}{\partial y^2} \right) \tag{3-94}$$

将式(3-90)、式(3-92)、式(3-93)代入式(3-94),得到

$$\delta_t^+ T^k \big|_{i,j} = \beta \left[(\delta_x^2)^0 T_{i,j}^k + (\delta_y^2)^0 T_{i,j}^k \right] \tag{3-95}$$

如果取空间步长 Δx 与 Δy 相等,即

$$\Delta x = \Delta y = \Delta s \tag{3-96}$$

则此时式(3-95)可改写为

$$T_{i,j}^{k+1} = Fo(T_{i+1,j}^k + T_{i-1,j}^k + T_{i,j+1}^k + T_{i,j-1}^k) + (1 - 4Fo) T_{i,j}^k \tag{3-97}$$

式中,Fo 称为网格傅里叶数。其表达式为

$$Fo = \frac{\beta \Delta t}{(\Delta s)^2} \tag{3-98}$$

注意,式(3-97)只适用于内节点;对于边界节点应采用如下处理能量平衡方法,又称为热平衡方法,它是能量守恒定律在所选取的固定控制体上的重新解释与描述,即

$$\begin{bmatrix} 进入控制体 \\ 的所有形式 \\ 的能量 R_i \end{bmatrix} + \begin{bmatrix} 控制体内本 \\ 身所产生的 \\ 能量 R_g \end{bmatrix} = \begin{bmatrix} 流出控制体 \\ 的所有形式 \\ 的能量 R_o \end{bmatrix} + \begin{bmatrix} 控制体内 \\ 储存能量 \\ 的变化 R_s \end{bmatrix}$$

用公式描述便为

$$R_i + R_g = R_o + R_s \tag{3-99}$$

考虑常物性、无内热源、一维非稳态导热问题的边界节点 i,它与周围环境的换热以及与相邻节点($i-1$)的导热情况如图3-12所示;节点 i 表示厚度为 $\Delta x/2$ 的单元体,以单位面积计算则其热平衡方程式(3-99)可退化为

$$\text{相邻节点导入的热量} + \text{边界的对流换热量} = \text{边界单元体单位时间内焓的增量} \tag{3-100}$$

即

$$\lambda \frac{T_{i-1}^{(k)} - T_i^{(k)}}{\Delta x} + \alpha (T_f - T_i^{(k)}) = \rho c \frac{\Delta x}{2} \frac{T_i^{(k+1)} - T_i^{(k)}}{\Delta t}$$

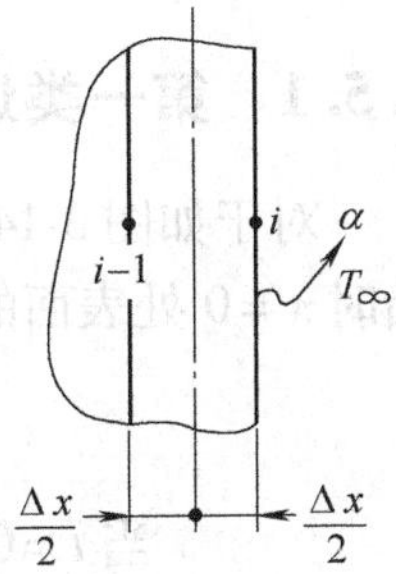

图 3-12 第三类边界条件下的边界节点

整理后得

$$T_i^{(k+1)} = \left[1 - \frac{2}{M}(1 + N) \right] T_i^{(k)} + \frac{2}{M}(T_{i-1}^{(k)} + N T_f) \tag{3-101}$$

式中

$$M \equiv \frac{(\Delta x)^2}{\beta \Delta t}, \quad N \equiv \frac{\alpha \Delta x}{\lambda} \tag{3-102}$$

显然,式(3-102)中的 M 代表着有限差分时的 Fo 的倒数;N 为有限差分时的

Bi；为了保证边界点处的差分格式数值稳定，就必须保证式(3-101)里右端项中 $T_i^{(k)}$ 的系数为正，即必须有

$$M \geqslant 2(1+N) \tag{3-103}$$

用类似的方法可推出二维非稳态导热下，具有对流外部拐角上的节点所满足的有限差分方程，例如图3-13中所示拐角节点 O 所满足的差分方程为

$$T_0^{k+1} = \frac{2}{M}(T_1^k + T_2^k) + \frac{4N}{M}T_f + \left[1 - \frac{4}{M}(1+N)\right]T_0^k \tag{3-104}$$

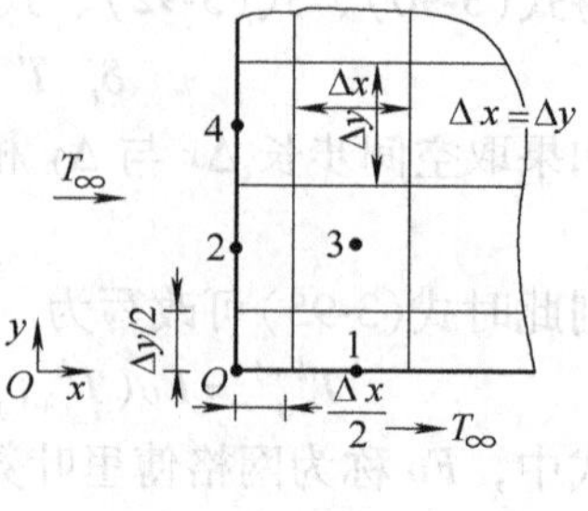

此表达式的稳定准则是

$$M \geqslant 4(N+1) \tag{3-105}$$

图 3-13 二维非稳态导热下对流边界外部拐角上的节点

对于图3-13中的表面节点2，可以证明它所满足的有限差分方程为

$$T_2^{k+1} = \frac{1}{M}(T_0^k + T_4^k + 2T_3^k) + \frac{2N}{M}T_f + \left[1 - \frac{2}{M}(N+2)\right]T_2^k \tag{3-106}$$

显然，这个差分方程的稳定条件是

$$M \geqslant 2(N+2) \tag{3-107}$$

3.5 三种边界条件下半无限大物体非稳态导热的分析

3.5.1 第一类边界条件下的非稳态导热

对于如图3-14所示的半无限大物体，给定第一类边界条件，即在过程开始时 $x=0$ 处表面的温度突然升至 T_w 并一直保持不变，该问题的数学描述如下

$$\frac{\partial T}{\partial t} = \beta \frac{\partial^2 T}{\partial x^2} \tag{3-108}$$

当 $t=0$ 时　$0 \leqslant x \leqslant \infty$，$T = T_0$ （3-109）

当 $t>0$ 时　$x = 0$，$T = T_w$ （3-110）

t 为有限时　$x = \infty$，$T = T_0$ （3-111）

引进过余温度 θ^*，其定义为

$$\theta^* \equiv \frac{T - T_0}{T_w - T_0} \tag{3-112}$$

则上述微分方程及定解条件变为

$$\frac{\partial \theta^*}{\partial t} = \beta \frac{\partial^2 \theta^*}{\partial x^2} \tag{3-113}$$

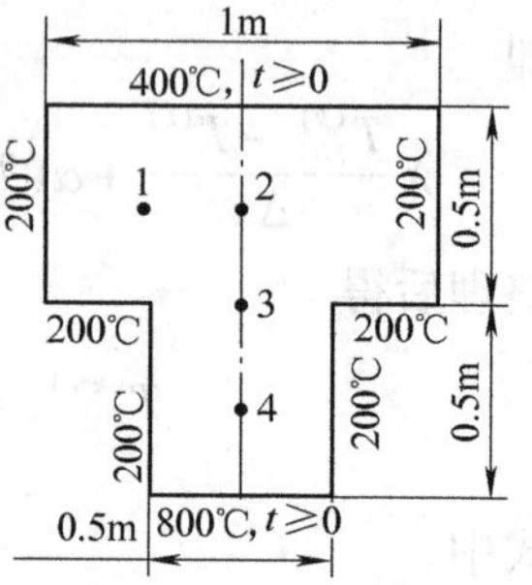

图 3-14　习题 3-10 附图

$$t = 0 \text{ 时} \quad \theta^* = 0 \tag{3-114}$$

$x \to \infty$ 时，在有限时间内

$$\theta^* = 0 \tag{3-115}$$

$x = 0$ 时

$$\theta^* = 1 \tag{3-116}$$

为了使式(3-113)变为常微分方程，因此需要寻找一个新变量 $\eta(x,t)$，使得

$$\theta^*(x,t) = \theta^*[\eta(x,t)] \tag{3-117}$$

成立。取

$$\eta = \frac{x}{\sqrt{4\beta t}} \tag{3-118}$$

上述偏微分方程及定解条件可变换为

$$\frac{d^2\theta^*}{d\eta^2} + 2\eta \frac{d\theta^*}{d\eta} = 0 \tag{3-119}$$

$$\eta = \infty, \quad \theta^* = 0 \tag{3-120}$$

$$\eta = 0, \quad \theta^* = 1 \tag{3-121}$$

令 $Z = d\theta^*/d\eta$，则式(3-119)变为

$$\frac{dZ}{d\eta} + 2\eta Z = 0 \tag{3-122}$$

用分离变量法积分得上式的通解，即

$$Z = c_1 \exp(-\eta^2) \tag{3-123}$$

再积分一次，并注意使用定解条件，最后可得到

$$\theta^* = 1 - \frac{2}{\sqrt{\pi}} \int_0^\eta e^{-\eta^2} d\eta \tag{3-124}$$

在式(3-123)中的 c_1 为积分常数，它可以通过边界条件确定。注意到式(3-112)，于是式(3-124)可转化为

$$\frac{T_w - T}{T_w - T_0} = \text{erf}(\eta) \tag{3-125}$$

$$\text{erf}(\eta) \equiv \frac{2}{\sqrt{\pi}} \int_0^\eta e^{-\eta^2} d\eta \tag{3-126}$$

式中，$\text{erf}(\eta)$ 为高斯(Gauss)误差函数，常简称为误差函数。

由傅里叶定律，可得到半无限大物体内任意瞬时 t 的热量密度 q_x，即

$$q_x = -\lambda \frac{\partial T}{\partial x} = \lambda \frac{T_w - T_0}{\sqrt{\pi \beta t}} \exp\left(-\frac{x^2}{4\beta t}\right) \tag{3-127}$$

如果将 $x = 0$ 代入上式便可得到界面上的瞬时热流

$$q_w = \lambda \frac{T_w - T_0}{\sqrt{\pi \beta t}} = (T_w - T_0) \frac{\sqrt{\lambda \rho c}}{\sqrt{\pi t}} \tag{3-128}$$

于是，在 $0 \sim t$ 时间段内物体单位表面积所得到的热量为

$$Q = \int_0^t q_w \mathrm{d}t = 2(T_w - T_0)\sqrt{\lambda \rho c}\sqrt{t/\pi} \qquad (3\text{-}129)$$

3.5.2 第二类边界条件下的非稳态导热

假设半无限大物体初始温度均匀并为 T_0，边界上有恒定热流密度 q_w 进行作用。定义 $\theta \equiv T - T_0$，于是该问题的数学描述为

$$\frac{\partial \theta}{\partial t} = \beta \frac{\partial^2 \theta}{\partial x^2} \quad (t > 0, 0 < x < \infty) \qquad (3\text{-}130)$$

初始条件：
$$\theta = 0 \quad (x \geqslant 0, t = 0) \qquad (3\text{-}131)$$

边界条件：
$$\frac{\partial \theta}{\partial x} = -\frac{q_w}{\lambda} \quad (t > 0, x = 0) \qquad (3\text{-}132)$$

如果采用热流密度 $q = -\lambda \partial \theta/\partial x$ 作为新变量，于是上面三个方程分别变为

$$\frac{\partial q}{\partial t} = \beta \frac{\partial^2 q}{\partial x^2} \quad (t > 0, 0 < x < \infty) \qquad (3\text{-}133)$$

$$q = 0 \quad (t = 0, x \geqslant 0) \qquad (3\text{-}134)$$

$$q = q_w \quad (t > 0, x = 0) \qquad (3\text{-}135)$$

仿照 3.5.1 节的解法可得到

$$q = q_w [1 - \mathrm{erf}(\eta)] = q_w \mathrm{erfc}(\eta) \qquad (3\text{-}136)$$

式中，$\mathrm{erfc}(\eta)$ 常称为余误差函数，其表达式为

$$\mathrm{erfc}(\eta) = 1 - \mathrm{erf}(\eta) \qquad (3\text{-}137)$$

由傅里叶定律，积分便可得到 θ 的表达式，即

$$\theta = -\frac{1}{\lambda} \int q \mathrm{d}x + C = \left(\frac{2q_w}{\lambda}\sqrt{\beta t}\right) \mathrm{ierfc}(\eta) + C \qquad (3\text{-}138)$$

式中，$\mathrm{ierfc}(\eta)$ 称为余误差函数的一次积分。

注意到由 $\mathrm{ierfc}(0) = 1/\sqrt{\pi}$、$\mathrm{ierfc}(\infty) = 0$ 以及条件 $x \to \infty$ 时 $\theta \to 0$，便可定出 $C = 0$，于是式(3-138)变为

$$\theta = T - T_0 = \left(\frac{2q_w}{\lambda}\sqrt{\beta t}\right) \mathrm{ierfc}(\eta) = \left(\frac{2q_w}{\lambda}\sqrt{\beta t}\right) \mathrm{ierfc}\left(\frac{x}{\sqrt{4\beta t}}\right) \qquad (3\text{-}139)$$

把 $x = 0$ 代入上式，便可得到壁面处的温度 θ_w 为

$$\theta_w = \frac{2q_w}{\lambda \sqrt{\pi}} \sqrt{\beta t} \qquad (3\text{-}140)$$

3.5.3 第三类边界条件下的非稳态导热

假设半无限大物体具有均匀温度 T_0，当经历了恒定温度 T_f 及表面传热系

数 α 的对流加热（或冷却）时，该问题的数学描述为

$$\frac{\partial T}{\partial t} = \beta \frac{\partial^2 T}{\partial x^2} \tag{3-141}$$

初始条件
$$T(x,t) = T_0 \quad (x \geqslant 0, t = 0) \tag{3-142}$$

边界条件
$$-\lambda \left.\frac{\partial T}{\partial x}\right|_{x=0} = \alpha[T_f - T(0,t)] \tag{3-143}$$

仿照前面的方法，可以得到上述微分方程的解为[25,29]

$$\frac{T(x,t) - T_0}{T_f - T_0} = \mathrm{erfc}(\eta) - \left[\exp\left(\frac{\alpha x}{\lambda} + \frac{\alpha^2 \beta t}{\lambda^2}\right)\right]\left[\mathrm{erfc}\left(\eta + \frac{\alpha \sqrt{\beta t}}{\lambda}\right)\right] \tag{3-144}$$

3.6 周期性变化边界条件下非稳态导热问题的初步分析

工程中存在着一类温度呈现周期性变化的介质对壁面的加热或冷却过程。这类周期性的温度波动通常可用简谐波来描述，即

$$T_f = T_{f,m} + A_f \cos\left(\frac{2\pi}{T_1}t\right) \tag{3-145}$$

式中，T_f 与 $T_{f,m}$ 分别表示流体的瞬时温度与平均温度值；A_f 表示简谐波的振幅；T_1 为波动的周期；t 为时间。

现在考虑一个均质的半无限大物体（$0 \leqslant x < \infty$），若表面温度呈现周期性变化，即

$$\theta(0,t) = T(0,t) - T_{f,m} = A_w \cos\omega t \tag{3-146}$$

式中，$\omega = 2\pi/T_1$，为波动的频率；A_w 为表面温度的波动幅度（又称振幅）。

描述物体内温度场的基本方程仍是

$$\frac{\partial T}{\partial t} = \beta \frac{\partial^2 T}{\partial x^2} \tag{3-141}$$

在式（3-146）所代表的简谐温度波作用下，式（3-141）（半无限大物体内的温度场服从主方程）可以通过分离变量法获得该问题的解，即[10]

$$\theta(x,t) = A_w \exp\left(-x\sqrt{\frac{\omega}{2\beta}}\right)\cos\left(\omega t - x\sqrt{\frac{\omega}{2\beta}}\right) \tag{3-147}$$

借助于傅里叶定律可求出相应热流密度的变化，这里 q 的表达式为

$$q(x,t) = \lambda A_w \sqrt{\frac{\omega}{\beta}} \exp\left(-\sqrt{\frac{\omega}{2\beta}}x\right)\cos\left(\omega t - x\sqrt{\frac{\omega}{2\beta}} + \frac{\pi}{4}\right) \tag{3-148}$$

特别地，半无限大物体的表面热流密度将随时间而变化，即

$$q_w(t) = \lambda A_w \sqrt{\frac{\omega}{\beta}} \cos\left(\omega t + \frac{\pi}{4}\right) \tag{3-149}$$

由上面两式可以看出，物体表面以及物体内部任何位置处的热流密度都按照简

谐规律变化，并且它们的周期与温度波相同。

习 题

3-1 设有四块厚度为 30mm 的无限大平板分别用银、钢、玻璃和软木制做。假定初始温度均匀，都是 20℃，平板的两个侧面突然上升到 60℃，并且壁面保持这个温度不变，试求使板中心温度上升到 56℃ 时各板所需要的时间？由此计算你可得出什么结论？

（已知这四种材料的热扩散率依次为 $170\times10^{-6}\mathrm{m^2/s}$, $12.9\times10^{-6}\mathrm{m^2/s}$, $0.59\times10^{-6}\mathrm{m^2/s}$ 与 $0.155\times10^{-6}\mathrm{m^2/s}$）

3-2 一块大钢板，初温为 250℃，厚 5cm，热导率 $\lambda=47\mathrm{W/(m\cdot℃)}$，热扩散率 $\beta=1.47\times10^{-5}\mathrm{m^2/s}$。突然把它放到温度为 30℃ 的对流环境中，表面传热系数 $\alpha=350\mathrm{W/(m^2\cdot℃)}$，试计算：

① 5min 后板中心线的温度。

② 距板表面 1.5cm 深处的温度。

③ 钢板表面达到 150℃ 时所需要的时间。

3-3 把厚度等于 0.05m、初始温度为 27℃ 的某金属板悬吊在温度为 600℃ 的电炉中加热，该金属板的物理参数为：$\rho=2770\mathrm{kg/m^3}$，$c=925\mathrm{J/(kg\cdot K)}$，$\lambda=186\mathrm{W/(m\cdot K)}$。如果表面传热系数 $\alpha=480\mathrm{W/(m^2\cdot K)}$，试计算：

① 该板达到 400℃ 所需要的时间。

② 能否估算出此时该板中心面与外表面之间的温度差？

3-4 一块铜板长 30cm，宽 30cm，厚 5cm，温度均匀为 260℃；若两侧面突然与 40℃ 的低温流体发生强烈对流换热，使表面温度瞬间就升到 40℃，请用集总参数分析方法求铜板中心处温度降低到 60℃ 所需要的时间。（已知铜材的有关物性参数为：$\rho=8930\mathrm{kg/m^3}$，$c=385\mathrm{J/(kg\cdot K)}$，$\lambda=395\mathrm{W/(m\cdot K)}$）

3-5 在厚度为 30mm，垂直于厚度方向的截面为 400mm×400mm 的铬铜块内发生一维非稳态导热，已知某时刻沿厚度 x 方向的温度分布为 $T=(60+1.2x^2+0.3x^3)$℃，试计算：

① 在给定时刻该金属块内能（或焓）的变化。

② 在给定时刻该金属块两侧表面的温度变化率（即求 $\mathrm{d}T/\mathrm{d}t\big|_{x=0}=?$ $\mathrm{d}T/\mathrm{d}t\big|_{x=30}=?$）。

3-6 在一个无限大平板的非稳态导热过程中，测得某一瞬时在板的厚度方向上的三个点 A、B 与 C 处的温度分布为 $T_A=180$℃，$T_B=130$℃，$T_C=90$℃。已知点 A 与点 B 以及点 B 与点 C 各相距 1cm，如果该材料的热扩散率为 $1.1\times10^{-5}\mathrm{m^2/s}$，试估算在该瞬时 B 点温度对时间的瞬时变化率（假定该平板的厚度远大于点 A 与点 C 之间的距离）。

3-7 考虑一个无内热源的无限大平板中的温度分布在某一瞬间可以表示为 $T=c_1x^2+c_2$ 的形式，其中 c_1 与 c_2 为已知常数。试确定：

① 此时刻在 $x=0$ 的表面处的热流密度。

② 此时刻该平板平均温度随时间的变化率（假设该板的物性参数已知并且为常数）。

3-8 有一块牛肉从 5℃ 的冷藏室中取出后置于 180℃ 的烘箱中烘烤，加热到至少 80℃ 就达到了鲜嫩可食用的程度。设牛肉外表面与烘箱加热气流之间的表面传热系数为 $20\mathrm{W/(m^2\cdot K)}$，试确定把牛肉加热到鲜嫩程度所用的时间。（牛肉的物性可按水处理；另外这块肉的尺寸为 40mm×60mm×100mm）。

3-9　长方形普通碳钢钢材的断面尺寸为 2.5cm×7.5cm，假定该钢材很长，初始温度为 250℃，浸入 30℃ 的大油槽中，假设表面传热系数为 560W/(m²·K)，试用多维乘积法求 10min 之后该方钢中心线上的温度值？

3-10　二维导热体如图 3-14 所示。已知初始温度为 20℃。突然间将底面的温度变为 800℃，顶面变为 400℃，其他表面均为 200℃。假设该材料的热扩散率为 1/8m²/h，当采用正方形网格划分并取节距 $\Delta x = \Delta y = 1/4$m、傅里叶数 $Fo = 1/4$，试计算：

① 达到稳态的时间。

② 稳态时节点 1、2、3、4 处的温度值。

3-11　厚 0.5m 的水泥墙背面绝热，初始时刻温度均匀并为 54℃，突然受到 10℃ 的冷空气冷却，令表面传热系数为 2.6W/(m²·K)，试计算该墙壁在尚能够被当做无限大物体处理的那个时刻，10cm、20cm 与 40cm 深处的温度值。

3-12　一种不锈钢的初始温度为 300℃，对于相同温度的第一类和第三类边界条件 $T_w = T_f = 30℃$，试计算并比较在表面传热系数分别为 20W/(m²·K) 与 2000W/(m²·K) 时，表面以下 15cm 处在 0.5h 和 1.0h 时候的温度值。（该不锈钢材按半无限大物体处理）。

3-13　一个正弦温度波加在大型混凝土构件的表面，温度变化范围是 35~90℃，周期为 15min，试计算 2h 以后构件的表面温度以及 6cm 深度处的温度值。

3-14　① 在非稳态导热过程的数值计算中如何选择空间步长 Δx 与时间步长 Δt？请举一实例说明选择不当时对计算造成的影响。

② 试导出具有内热源的非稳态导热体中内节点的差分方程式。

3-15　现有一个厚 0.12m 的墙壁，它的热扩散系数为 1.5×10^{-6}m²/s，初始温度均匀并为 85℃。它的一个表面突然降到 20℃，而另一表面为绝热面。如果取空间步长与时间步长分别为 30mm 与 300s，试用数值计算方法计算 45min 后墙壁内的温度分布。

3-16*　在现代军用飞机上，多采用航空燃气涡轮发动机作动力。目前，发达国家现役军用发动机的涡轮前温度（即 T_3^*）通常在 1600K 的量级（见表 3-1），这些发动机基本上都是 1975~1985 年投入使用的，目前正在逐步退役。20 世纪 90 年代，航空发动机的 T_3^* 已达 1800K 的量级（见表 3-2），美国 NASA 的 Energy Efficient Engine（简称 E^3 发动机）的涡轮前最高温度已达 2012K，而且美国利用高性能涡轮发动机技术（IHPTET）提出在 2020 年实现 $T_3^* = 2273 \sim 2473$K 的宏伟目标。从上述一些例子可以看到，提高 T_3^* 已成为提高燃气涡轮发动机性能的重要技术途径。但 T_3^* 的提高给发动机的安全工作带来一系列严重问题。以涡轮工作叶片为例，一个等截面的涡轮叶片其离心力引起的根部应力 σ_r 通常为 400N/mm²，一片叶片总的离心力可达数吨，再加上气动载荷（通常涡轮可发出数万匹马力的功率）[30]，使叶片的受力极其巨大。热端部件处在这样一种受力状态下并且在 T_3^* 接近 2000K 的燃气环境中工作，因此就给涡轮的设计带来极大的困难，因为该温度已超过目前使用的耐热合金熔点。所以要求设计者一方面要不断创造耐温更高的材料，另一方面要采取有效的热防护措施来保证这些零部件可靠的工作[31~33]。从过去的技术资料统计（见图 3-15）来看[34]，每年 T_3^* 平均提高 22K，其中材料耐温每年平均提高 8K，剩下的 14K 是由改进传热方面的设计解决的。目前，航空燃气涡轮发动机高温部件热防护的主要技术措施是用冷却介质进行有效的冷却和采用耐高温材料进行隔热。

表 3-1　现役航空燃气轮发动机的涡轮前燃气温度与推重比

发动机	F100	F110	F404	RB199	M53	РД30	АЛ31—ф
飞机	F—15 F—16	F—16 F—14	F—18 F—20	狂风	幻影$\frac{2000}{4000}$	米格—29	苏—27
国别	美国	美国	美国	西欧三国	法国	俄罗斯	俄罗斯
涡轮前燃气温度/℃(K)	1399 (1672)	1371 (1644)	1316 (1589)	1330 (1573)	1230 (1503)	1267 (1540)	1392 (1665)
推重比	8.0	7.3	8.0	8.0	6.2	7.9	7.97
不加力推力/N	66700	70660	47100	35500	54900	51400	77200
加力推力/N	112000	121600	71200	71000	88300	81400	122600

表 3-2　20世纪90年代航空燃气轮发动机的涡轮前燃气温度

国别	美国(普惠公司)	西欧国家	法国	俄罗斯
型号	F119	EJ200	M88	P2000
涡轮前燃气温度℃/(K)	1580~1650 (1853~1923)	1530 (1803)	1577 (1850)	1430~1550 (1703~1823)

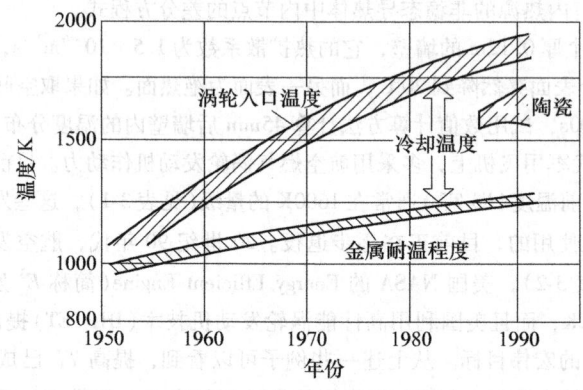

图 3-15　航空涡轮发动机 T_3^* 的逐年变化趋势

涡轮工作叶片与涡轮导向叶片的显著差异更主要体现在流动与换热上[35]。由于旋转，通常使用旋转坐标系，这时需要在 N-S 方程组上考虑哥氏力和离心力的作用；对于叶片的冷却问题，由于非等温度场的存在，还要加上动量和能量方程紧密耦合的浮升力，诸多力的介入，致使问题变得极端复杂。尤其是高压涡轮叶片，其哥氏力导致的二次流作用显著，浮升力的作用也不容忽视，这都导致高速旋转部件内的流态明显的有别于静止部件，也就是说其换热机理与表现的特征不同于静止状态。实验结果表明[30]：与静止状态相比，旋转可导致局部传热有 50% 以上的变化。请思考下列问题(见图3-16)：

第 3 章 非稳态导热过程的分析与计算

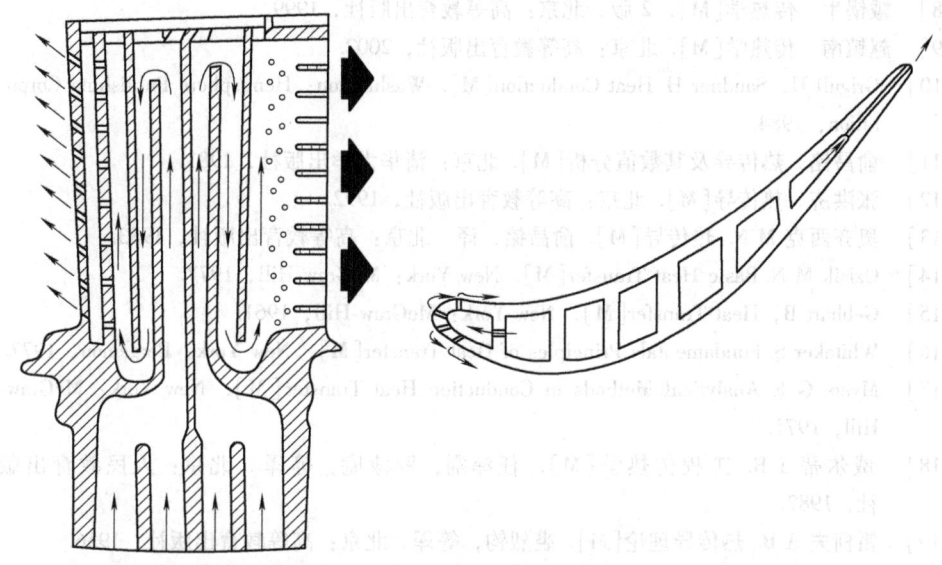

图 3-16 涡轮叶片冷却系统

① 为什么旋转涡轮叶片内径向通道压力面与吸力面的换热有所不同?
② 旋转涡轮叶片内直通道的侧面为什么也会由于旋转而强化传热?
③ 涡轮级静叶(又称导向叶片)与动叶(又称工作叶片)的换热有何不同?
④ 在涡轮的加速旋转与减速旋转过程中,涡轮工作叶片的换热将会有何变化?为什么?
⑤ 在载人飞船再入大气层问题中,热防护问题要比上述情况严重得多[36]。以阿波罗载人飞船为例,当该飞船返回舱以马赫数 $Ma_\infty = 36$ 再入大气层时,飞船返回舱头部形成弓形脱体激波后,气体温度可达 11000K。请问在如此的高温下应如何对飞船返回舱进行热防护呢?

参 考 文 献

[1] Holman J P. Heat Transfer[M]. 8th ed. New York: McGraw-Hill, 1997.
[2] Kreith F. Principles of Heat Transfer[M]. Scranton: International Textbook Company, 1965.
[3] Arpaci V S. Conduction Heat Transfer[M]. Mass: Addison-Wesley, 2002.
[4] Incropera F P, DeWitt D P. Fundamentals of Heat and Mass Transfer[M]. 4th ed. New York: John Wiley & Sons, 1996.
[5] Eckert E R G, Drake R M. Analysis of Heat and Mass Transfer[M]. New York: McGraw-Hill, 1972.
[6] 章熙民,任泽霈,梅飞鸣,等. 传热学[M]. 2 版. 北京: 中国建筑工业出版社, 1985.
[7] 杨世铭,陶文铨. 传热学[M]. 3 版. 北京: 高等教育出版社, 1998.

[8] 戴锅生. 传热学[M]. 2版. 北京：高等教育出版社，1999.

[9] 赵镇南. 传热学[M]. 北京：高等教育出版社，2002.

[10] Grigull U, Sandner H. Heat Conduction[M]. Washington：Hemisphere Publishing Corporation，1984.

[11] 俞昌铭. 热传导及其数值分析[M]. 北京：清华大学出版社，1981.

[12] 张洪济. 热传导[M]. 北京：高等教育出版社，1992.

[13] 奥齐西克 M N. 热传导[M]. 俞昌铭，译. 北京：高等教育出版社，1983.

[14] Ozisik M N. Basic Heat Transfer[M]. New York：McGraw-Hill，1977.

[15] Gebhart B, Heat Transfer[M]. New York：McGraw-Hill，1961.

[16] Whitaker S. Fundamentals Principles of Heat Transfer[M]. New York：Pergamon，1977.

[17] Myers G E. Analytical Methods in Conduction Heat Transfer[M]. New York：McGraw-Hill，1971.

[18] 威尔蒂 J R. 工程传热学[M]. 任泽霈，罗棣庵，等译. 北京：人民教育出版社，1982.

[19] 雷柯夫 A B. 热传导理论[M]. 裘烈钧，等译. 北京：高等教育出版社，1956.

[20] Bejan A. Heat Transfer[M]. New York：John Wiley & Sons Inc，1993.

[21] 伊萨琴科 BII. 传热学[M]. 王丰，等译. 北京：高等教育出版社，1981.

[22] Kakac S, Yener Y. Heat Conduction[M]. 2nd ed. Washington：Hemisphere Publishing Corporation，1985.

[23] 苏赛克 J. 传热学[M]. 俞佐平，等译. 北京：人民教育出版社，1980.

[24] Heisler M P. Temperature charts for Conduction and Constant Temperature Heating[J]. Trans ASME，1947，69(1)：227-236.

[25] Carslaw H S, Jaeger J C. Conduction of Heat in Solids[M]. New York：Oxford University Press，1959.

[26] Boelter L M K, Cherry V H, Johnson H A, Martinelli R C. Heat Transfer Notes[M]. New York：McGraw-Hill，1965.

[27] Chapman A J. Heat Transfer[M]. New York：Macmillan，1974.

[28] Incropera F P, DeWitt D P. Fundamentals of Heat Transfer[M]. New York：John Wiley & Sons，1981.

[29] Schneider P J. Conduction Heat Transfer[M]. Mass：Addison-Wesley，1955.

[30] 曹玉璋，陶智，徐国强，等. 航空发动机传热学[M]. 北京：北京航空航天大学出版社，2005.

[31] 陈光. 航空燃气涡轮发动机结构设计[M]. 北京：北京航空航天大学出版社，1988.

[32] 曹玉璋. 传热学[M]. 北京：北京航空航天大学出版社，2001.

[33] 王保国，刘淑艳，黄伟光. 气体动力学[M]. 北京：北京理工大学，等，2005.

[34] 王宝官. 传热学[M]. 北京：航空工业出版社，1993.

[35] 葛绍岩，刘登瀛，徐靖中. 气膜冷却[M]. 北京：科学出版社，1985.

[36] 王保国，黄伟光. 高超声速气动热力学[M]. 北京：科学出版社，2008.

第 4 章

对流换热过程的数学描述以及强迫与自然对流换热的分析

在第 1 章讲述热能传递的三种基本方式中已经指出,对流换热实际上是在热传导和热对流两种机理联合作用下发生在流体与固体表面之间的热量交换过程,交换的条件是流体与壁面之间必须存在着温度差。描述对流换热热量 q(w/m^2) 或 $Q(w)$ 的基本方程——牛顿冷却公式,即

$$q = \alpha \Delta T \tag{4-1}$$

或对于面积为 A 的接触面有

$$Q = \alpha A \Delta T_m \tag{4-2}$$

式中,ΔT_m 为换热面 A 上的平均温差。并且约定 q 与 Q 总取正值,因此 ΔT 与 ΔT_m 也总是取正值。

显然,上述两式仅仅是表面传热系数 α 的一个定义式,它并没揭示出在各种不同情况下影响对流换热强弱的各种因素和内在机理。研究对流换热的主要任务就是要揭示这种内在的联系,确定计算表面传热系数 α 的具体表达形式。为此,本章主要包括两大部分内容:一部分是从理论上介绍对流换热问题分析求解的基本方法,以便深刻地了解换热机理,为解决较复杂的换热问题奠定理论基础。另一部分是实验方法,阐述相似理论,在相似原理的指导下建立各特征数间的函数关系,获得实验关联式。

4.1 对流换热问题的概述以及基本方程组与边界条件

4.1.1 影响表面传热系数的主要因素以及对流换热问题的分类

对流换热是流体流过固体壁时的热量传递,是热对流与导热所构成的复杂热量传递过程。因此影响表面传热系数的因素主要取决于影响流动的因素及流体本身的热物理性质,概括起来可有以下四个方面。

1. 流动的起因和流动的状态

对流换热可分为自然对流换热和强迫(又称强制)对流换热两大类。自然对流(又称自由流动)是由于流体密度差异导致浮升力从而引起流体的运动。通常流速越高,流体的掺混越激烈,对流换热也就越强。强迫对流是通过外界施加强迫力,例如通过泵或风机的叶轮对流体做机械功,从而使管道中流体的动能与静压强提高,从而获得宏观速度。一般来讲,同一种流体的强迫对流换热的表面传热系数要比自然对流换热的表面传热系数大,例如空气自然对流的表面传热系数约为 $5\sim 25\text{W}/(\text{m}^2\cdot\text{K})$,而其强迫对流换热的表面传热系数可达 $10\sim 100\text{W}/(\text{m}^2\cdot\text{K})$ 左右。

流体的流动状态有层流与湍流之分,它与无量纲参数雷诺数 Re 的大小有关。对于同一种流体,同一种传热面,湍流时的对流换热表面传热系数的值一般都大于层流时的。

2. 流体的热物理性质

流体的热物理性质对对流换热的强弱有非常大的影响,这里仅对最主要的几项物性作简要介绍。

(1) 密度和比热容。流体种类不同,物性不同;对同一种流体,温度不同,物性也会发生变化;通常将密度 ρ 与比热容 c 的乘积称作流体的体积热容,它的大小是单位体积的流体携带并转移热量的能力标志。这里以水为例,常温下水的体积热容约为 $4186\text{kJ}/(\text{m}^3\cdot\text{°C})$,而空气仅为 $1.21\text{kJ}/(\text{m}^3\cdot\text{°C})$,两者相差数千倍!

(2) 热导率 λ。它直接影响着流体内部的热量传递过程和温度分布状态,对于紧贴固体壁面的那部分流体来讲,热导率更是起着关键的作用。这里,仍以水和空气作比较,常温下水的热导率大约是空气的二十几倍,因此在相同的流动状态下水的冷却能力必定大大强于空气。

(3) 粘度。流体的粘度通过流态影响对流换热的强弱。粘度越大,在相同的流速下越不容易发展成湍流状态,对流换热就越弱。例如,高粘度的油类较多地处于层流状态,因此表面传热系数一般比较小。

在对流换热计算中还常遇到由流体的比热容、粘度和热导率共同组成的综合无量纲量普朗特数 Pr,其定义为

$$Pr = \frac{c_p \mu}{\lambda} = \frac{\mu/\rho}{\beta} \tag{4-3}$$

式中,β 为热扩散率;μ 为动力粘度;λ 为热导率。

显然 Pr 是动量扩散与热扩散之比的度量。流体的种类不同,Pr 值也不同。例如一些油类的 Pr 值可高达 10^4,液态金属的 Pr 值只有 10^{-3},空气的 Pr 值约为 0.7 左右。

3. 换热表面的几何因素

换热表面的几何因素包括换热表面的形状、尺寸大小、以及换热表面的粗糙度等因素。

4. 流体是否有相变

在对流换热中，流体有可能会发生相的变化，例如流体受热而沸腾，由液体变成气态；蒸气放热而凝结，由气态转为液态。这两种情况下的换热分别称为沸腾换热和凝结换热，或者统称作相变换热。对于同一种流体，汽化热（汽化潜热，下同）要比比热容大得多，所以有相变时的对流换热表面传热系数比无相变时大。

综上所述，影响对流换热表面传热系数 α 的主要因素可定性地用函数形式表示为

$$\alpha = f(v, l, \lambda, \rho, c_p, \mu, \alpha_V, \varphi) \tag{4-4}$$

式中，v、l、λ、ρ、c_p、μ、α_V 与 φ 分别为速度、描述壁面大小的几何尺寸、热导率、密度、比定压热容、动力粘度、体膨胀系数与壁面的几何形状因素（其中包括形状、位置等）。研究对流换热的目的之一便是寻找各种条件下式(4-4)的具体函数式[1~6]⊖。为此首先给出基本方程组，然后分析对流换热过程的数学表达式。

4.1.2 流体力学基本方程的通用形式

由流体力学基础课程可知[7,8,9]，对于积分控制体的质量守恒方程为

$$\iiint_{\tau^*} \frac{\partial \rho}{\partial t} d\tau^* + \oiint_{\sigma^*} \boldsymbol{n} \cdot \rho \boldsymbol{V} d\sigma^* = 0 \tag{4-5}$$

其微分形式为

$$\frac{\partial \rho}{\partial t} + \nabla \cdot (\rho \boldsymbol{V}) = 0 \tag{4-6}$$

或者

$$\frac{d\rho}{dt} + \rho \nabla \cdot \boldsymbol{V} = 0 \tag{4-7}$$

对于积分控制体的动量守恒方程为

$$\iiint_{\tau^*} \frac{\partial}{\partial t}(\rho \boldsymbol{V}) d\tau^* + \oiint_{\sigma^*} \boldsymbol{n} \cdot \rho \boldsymbol{V} \boldsymbol{V} d\sigma^* = \oiint_{\sigma^*} \boldsymbol{n} \cdot \boldsymbol{\sigma} d\sigma^* + \iiint_{\tau^*} \rho \boldsymbol{f} d\tau^* \tag{4-8}$$

式中，$\boldsymbol{\sigma}$ 为应力张量；$\boldsymbol{f}$ 为单位质量流体所具有的体积力，其中包括重力、电磁力与其他体积力。

式(4-8)的微分形式为

⊖ 该数字对应本章参考文献的序号，下同。

$$\frac{\partial}{\partial t}(\rho V) + \nabla \cdot (\rho VV) = \nabla \cdot \boldsymbol{\sigma} + \rho f \qquad (4\text{-}9)$$

或者

$$\rho \frac{\mathrm{d}V}{\mathrm{d}t} = \nabla \cdot \boldsymbol{\sigma} + \rho f \qquad (4\text{-}10)$$

以及以动能平衡形式给出的方程

$$\rho \frac{\mathrm{d}}{\mathrm{d}t}\left(\frac{V^2}{2}\right) = (\nabla \cdot \boldsymbol{\sigma} + \rho f) \cdot V \qquad (4\text{-}11)$$

式中，$\boldsymbol{\sigma}$ 可以用粘性应力张量 $\boldsymbol{\tau}$ 与压强 p 表示，其表达式为

$$\boldsymbol{\sigma} = -p\boldsymbol{I} + \boldsymbol{\tau} \qquad (4\text{-}12)$$

式中，$\boldsymbol{I}$ 为单位张量。

在直角笛卡尔坐标系 x_1，x_2，x_3（亦即 x,y,z）中，式(4-9)可写成

i_1 方向
$$\frac{\partial(\rho u)}{\partial t} + \nabla \cdot (\rho u V) = \nabla \cdot (\mu \nabla u) - \frac{\partial p}{\partial x} + S_1 + \rho f_1 \qquad (4\text{-}13\mathrm{a})$$

i_2 方向
$$\frac{\partial(\rho v)}{\partial t} + \nabla \cdot (\rho v V) = \nabla \cdot (\mu \nabla v) - \frac{\partial p}{\partial y} + S_2 + \rho f_2 \qquad (4\text{-}13\mathrm{b})$$

i_3 方向
$$\frac{\partial(\rho w)}{\partial t} + \nabla \cdot (\rho w V) = \nabla \cdot (\mu \nabla w) - \frac{\partial p}{\partial z} + S_3 + \rho f_3 \qquad (4\text{-}13\mathrm{c})$$

式中，$S_i(i=1,2,3)$ 的表达式为

$$S_i = \frac{\partial}{\partial x}\left(\mu \frac{\partial u}{\partial x_i}\right) + \frac{\partial}{\partial y}\left(\mu \frac{\partial v}{\partial x_i}\right) + \frac{\partial}{\partial z}\left(\mu \frac{\partial w}{\partial x_i}\right) + \frac{\partial}{\partial x_i}(\mu' \nabla \cdot V) \qquad (4\text{-}14)$$

这里 μ' 为第二动力粘度（粘性系数，下同）；u，v，w 为在 x，y，z 方向上速度 V 的分速值。

下面讨论能量守恒方程，首先考虑总能量守恒问题。当总能量守恒涉及电磁效应、化学反应和核反应的时候，则这时通常意义下的热能与机械能便仅仅是总能量中的一部分，而其他各种能量的贡献可以用一个热源项 γ'' 来代表，如果用 q_V 代表能量释放率，（它包括电磁效应、化学反应和核反应等所有能量的贡献在内）那么 q_V 与 r'' 的关系为

$$\gamma'' = \rho f \cdot V + q_V \qquad (4\text{-}15)$$

这时能量方程变为

$$\iiint_{\tau^*} \frac{\partial}{\partial t}\left[\rho\left(e + \frac{V^2}{2}\right)\right]\mathrm{d}\tau^* + \oiint_{\sigma^*}\left[\boldsymbol{n} \cdot \rho V\left(e + \frac{V^2}{2}\right)\right]\mathrm{d}\sigma^*$$

$$= -\oiint_{\sigma^*} \boldsymbol{n} \cdot \boldsymbol{q}\mathrm{d}\sigma^* + \oiint_{\sigma^*}[\boldsymbol{n} \cdot (\boldsymbol{\sigma} \cdot V)]\mathrm{d}\sigma^* + \iiint_{\tau^*}\rho f \cdot V \mathrm{d}\tau^* + \iiint_{\tau^*} q_V \mathrm{d}\tau^* \qquad (4\text{-}16)$$

式中，e 为内能；$\rho f \cdot V$ 与 $\boldsymbol{n} \cdot (\boldsymbol{\sigma} \cdot V)$ 分别为体积力的做功率与表面力的做功率；$\boldsymbol{q}$ 为热流密度，其表达式为

$$\boldsymbol{q} = -\lambda \nabla T \qquad (4\text{-}17)$$

对于式(4-16)来讲,用于微分控制体的热能与机械能平衡方程为

$$\rho \frac{d}{dt}\left(e + \frac{V^2}{2}\right) = -\nabla \cdot \boldsymbol{q} + \nabla \cdot (\boldsymbol{\sigma} \cdot \boldsymbol{V}) + \rho \boldsymbol{f} \cdot \boldsymbol{V} + q_V \tag{4-18}$$

式(4-18)等号右边第二项,又可表达为

$$\nabla \cdot (\boldsymbol{\sigma} \cdot \boldsymbol{V}) = (\nabla \cdot \boldsymbol{\sigma}) \cdot \boldsymbol{V} + \boldsymbol{\sigma} : \nabla \boldsymbol{V} \tag{4-19}$$

这里 $\boldsymbol{\sigma}:\nabla \boldsymbol{V}$ 代表着由机械能可逆与不可逆两部分转换的热能,显然这一转换的不可逆部分就是粘性与变形所引起的能量耗散。如果将式(4-18)减去式(4-11),并注意到式(4-19)这一关系,于是便得到微分控制体的热能平衡方程,即

$$\rho \frac{de}{dt} = -\nabla \cdot \boldsymbol{q} + \boldsymbol{\sigma} : \nabla \boldsymbol{V} + q_V \tag{4-20}$$

注意到焓 h 与 e 间的关系,因此由式(4-20)很容易推出如下两种形式

$$\rho \frac{dh}{dt} = \frac{dp}{dt} + \Phi + \nabla \cdot (\lambda \nabla T) + q_V \tag{4-21a}$$

或者

$$\rho \frac{de}{dt} = \nabla \cdot (\lambda \nabla T) + \Phi - p \nabla \cdot \boldsymbol{V} + q_V \tag{4-21b}$$

$$\frac{\partial (\rho h)}{\partial t} + \nabla \cdot (\rho h \boldsymbol{V}) = -kp \nabla \cdot \boldsymbol{V} + \Phi + \nabla \cdot (\lambda \nabla T) + q_V \tag{4-22}$$

式中,Φ 为耗散函数;k 为流体的比热容比。

显然在式(4-22)的推导时使用了连续方程和气体的状态方程,因此式(4-22)仅适用于气体,而式(4-21a)可用于一般流体。

最后讨论一下熵增原理,对于积分控制体来讲其表达式为

$$\iiint_{\tau^*} \frac{\partial}{\partial t}(\rho S) d\tau^* + \oiint_{\sigma^*} (\boldsymbol{n} \cdot \rho S \boldsymbol{V}) d\sigma^* \geqslant -\oiint_{\sigma^*} \boldsymbol{n} \cdot \left(\frac{\boldsymbol{q}}{T}\right) d\sigma^* \tag{4-23}$$

式中,S 是熵,$\boldsymbol{q}/T$ 是熵通量。将上式写成微分形式便为

$$\rho \frac{dS}{dt} \geqslant -\nabla \cdot \left(\frac{\boldsymbol{q}}{T}\right) \tag{4-24}$$

如果写成熵产率方程,则积分控制体的熵产率方程为

$$\iiint_{\tau^*} \frac{\partial}{\partial t}(\rho S) d\tau^* + \oiint_{\sigma^*} (\boldsymbol{n} \cdot \rho S \boldsymbol{V}) d\sigma^* = -\oiint_{\sigma^*} \boldsymbol{n} \cdot \left(\frac{\boldsymbol{q}}{T}\right) d\sigma^* + \iiint_{\tau^*} S_g d\tau^* \tag{4-25}$$

上式写成微分形式便为

$$\rho \frac{dS}{dt} = -\nabla \cdot \left(\frac{\boldsymbol{q}}{T}\right) + S_g \tag{4-26}$$

式中,S_g 是单位体积所具有的不可逆性的熵的度量,即熵产率。显然,这个量的准确计算便构成了不可逆热力学研究的主要内容之一。

4.1.3 对流换热过程的数学描述

以不可压缩、常物性、无内热源的多维问题为例,这时式(4-6)、式(4-10)与式(4-22)分别变为

连续方程
$$\nabla \cdot \boldsymbol{V} = 0 \tag{4-27}$$

动量方程
$$\rho \frac{\mathrm{d}\boldsymbol{V}}{\mathrm{d}t} = \rho \boldsymbol{f} - \nabla p + \mu \nabla \cdot (\nabla \boldsymbol{V}) \tag{4-28}$$
$$= \rho \boldsymbol{f} - \nabla p + \mu \nabla^2 \boldsymbol{V}$$

能量方程
$$\rho c_p \frac{\mathrm{d}T}{\mathrm{d}t} = \lambda \nabla^2 T + \Phi + q_V \tag{4-29}$$

或者
$$\frac{\mathrm{d}T}{\mathrm{d}t} = \beta \nabla^2 T + \frac{1}{\rho c_p}(\Phi + q_V) \tag{4-30}$$

式中
$$\beta = \frac{\lambda}{\rho c_p} \tag{4-31}$$

上述基本方程组适用于所有流体的不可压缩流动与换热过程,各个不同过程之间的区别是由初始条件与边界条件来规定的。通常,在所研究区域的物理边界上,一般速度与温度的边界条件可有如下的提法:

(1) 在固体边界上,速度满足无滑移边界条件,即在固体边界上流体的速度等于固体表面的速度;当固体表面静止时,则有
$$u = v = w = 0 \tag{4-32}$$

(2) 对于温度,在固体表面上可能有三种类型的边界条件。①在第一类边界条件的问题中,壁面温度是已知的,而分析求解的目的是获得壁面法向的温度变化率;②在第二类边界条件的问题中,壁面换热的热流密度是已知的,分析求解的目的是确定壁温 T_w;③对于第三类边界条件,导热问题与对流问题有所不同:对于第三类边界条件下的导热问题,给出了固体求解域周围流体的温度以及表面传热系数;而在求解对流换热问题时,第三类边界条件的给出将在本书下面章节中详述,这里暂不作介绍。

4.2 边界层概念及速度边界层与热边界层的分析

对于二维流动,在直角笛卡尔坐标系 Oxy 中,式(4-27)与式(4-28)分别变为

连续方程
$$\frac{\partial u}{\partial x} + \frac{\partial v}{\partial y} = 0 \tag{4-33}$$

动量方程
$$\rho \left(\frac{\partial u}{\partial t} + u \frac{\partial u}{\partial x} + v \frac{\partial u}{\partial y} \right) = \rho f_x - \frac{\partial p}{\partial x} + \mu \left(\frac{\partial^2 u}{\partial x^2} + \frac{\partial^2 u}{\partial y^2} \right) \tag{4-34}$$

$$\rho\left(\frac{\partial v}{\partial t} + u\frac{\partial v}{\partial x} + v\frac{\partial v}{\partial y}\right) = \rho f_y - \frac{\partial p}{\partial y} + \mu\left(\frac{\partial^2 v}{\partial x^2} + \frac{\partial^2 v}{\partial y^2}\right) \tag{4-35}$$

在省略了式(4-30)右端第 2 项式中的 q_V 后，则式(4-30)在二维时可简化为

$$\frac{\partial T}{\partial t} + u\frac{\partial T}{\partial x} + v\frac{\partial T}{\partial y} = \beta\left(\frac{\partial^2 T}{\partial x^2} + \frac{\partial^2 T}{\partial y^2}\right) + \frac{1}{\rho c_p}\Phi \tag{4-36}$$

式中，Φ 为耗散函数。显然，式(4-33)～式(4-36)共 4 个方程且含有 4 个未知数 (u,v,p,T)，连同求解问题的初始条件与边界条件，因此原则上方程组是封闭的，是可以求解的，然而由于 N-S 方程的非线性特点使得方程组获得分析解变得格外困难。1904 年德国流体力学家普朗特(L. Prandtl)提出了著名的边界层概念，并且用它对 N-S 方程进行了实质性的简化[10]。之后，波尔豪森(E. Pohlhausen)又把边界层的概念推广应用于对流换热，提出了热边界层的概念[11]，使对流换热问题的分析求解有了较大的进展。下面将对速度边界层与热边界层问题作扼要的分析。

4.2.1 速度边界层的初步分析

普朗特在仔细地观察了粘性流体流过固体表面的特性之后提出了自己的看法，他认为：流体的粘性起作用的区域仅仅局限在靠近壁面的薄层内。在此薄层以外，由于速度的梯度很小，因此由粘性所导致的切应力可以略去不计，于是在该区域的流动可作为理想无粘性流体的无旋流动处理。在该薄层内，粘性力的作用不能忽略，可以采用量级分析方法对 N-S 方程作实质性的简化，使得薄层内边界层方程的求解大大简化。这种在固体表面附近流体速度发生剧烈变化的薄层区域称为速度边界层(又称作流动边界层)。图 4-1a 给出了流体掠过平板时的边界层速度分布示意图。在壁面上流体的速度为零（这里假定壁面静止），即

$$u|_{y=0} = 0 \tag{4-37}$$

从壁面上速度为零开始，流体中的粘性切力逐步向壁面的外法线方向传递，最终形成了图 4-1 所示的速度分布。实际测量表明：流体的速度随着离开壁面距离 y 值的增大而急剧增大。通常规定达到主流速度 99% 处的距离 y 为速度边界层的厚度并记为 δ；按照这个定义，在一般速度下绝大多数流体的速度边界层厚度均只有几毫米到几厘米的数量级。大的速度梯度说明在边界层内具有较大的粘性应力。由牛顿粘性定律

$$\tau(x,y) = \mu\frac{\partial u(x,y)}{\partial y} \tag{4-38}$$

可将流场划分为两个区：边界层区和主流区。在边界层区由于流体的粘性起作用，因此流体的运动要由粘性流体的运动方程予以描述。图 4-1b 给出了边界

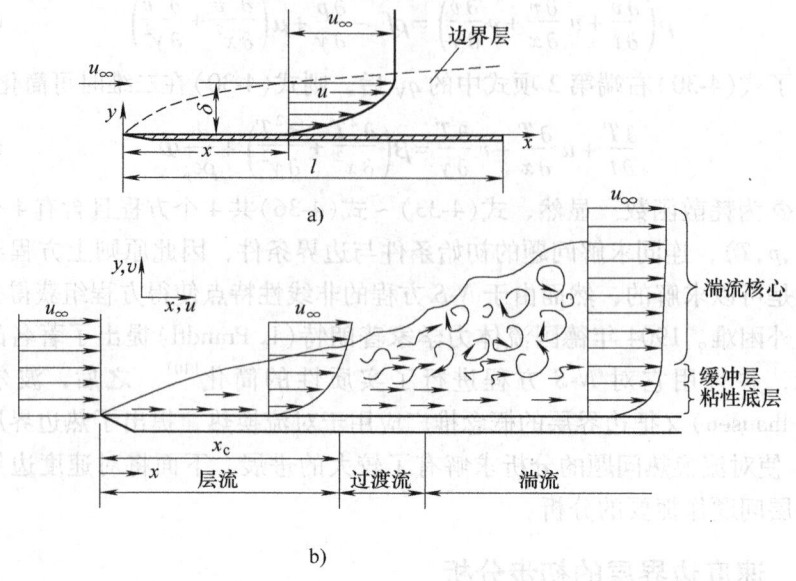

图 4-1 掠过平板时边界层的形成与发展
a）边界层速度分布　b）边界层在壁面的形成与发展

层在壁面的形成与充分发展过程，设流体以速度 u_∞ 流进平板前缘，此时边界层厚度为零，流进平板后，壁面的粘性应力影响将逐渐地向流体内部传递，因此边界层厚度也逐渐增大，而边界层流动状态在某一距离 x_c 以前一直保持着层流的性质，此时流体作有秩序的分层流动，各层互不干扰，这时的边界层称为层流边界层，这个距离 x_c 称为临界距离。由临界距离所对应的雷诺数称为临界雷诺数，即

$$Re_c = \frac{u_\infty x_c \rho}{\mu} \tag{4-39}$$

通常，Re_c 在 $10^5 \sim 3 \times 10^6$ 之间。在层流边界层的范围内，随着距离 x 的增大，边界层厚度逐渐增厚。当边界层的厚度增大到一定程度时，壁面对外缘流体的影响和控制作用减弱，出现了脉动和旋涡，流动开始向湍流过渡。湍流边界层由三部分构成，即粘性底层（又称层流底层）、缓冲层以及湍流核心层组成。从图 4-1b 可以看出湍流区的速度剖面相对很平坦，这是由于在该状态下流体的动量交换相当充分的缘故。在层流边界层与充分发展的湍流边界层之间的区域称为过渡区。综上所述对速度边界层可归纳出如下四点重要特征[5,6,12~16]：

（1）边界层厚度 δ 是远远小于沿流动方向壁面尺寸 l 的一个很小的量。

（2）在整个边界层内，壁面处法线方向上流体速度的梯度具有最大值。

（3）边界层的流动分为层流与湍流。而湍流边界层内有一层紧靠壁面的极薄层，在该层中流体的速度梯度和粘性力均特别大。

（4）流场可划分为主流区和边界层区。主流区的流体可视为无粘性的理想流体。对边界层区域通常该区域内的粘性力和惯性力的数量级相当。

4.2.2 热边界层的概述

类似于速度边界层，在流体对流传热的情况下，当主流与壁面之间存在着温差时，实验观察同样发现在壁面附近的一个薄层内，流体温度在壁面的法线方向上发生剧烈的变化，这个薄层就称为热边界层，其厚度记为 δ_t，如图4-2所示。对于外掠平板的对流换热问题，一般将流体温度为过余温度的99%的地方作为热边界层的边界。

必须指出，热边界层厚度 δ_t 和速度边界层厚度 δ 不能混淆。前者是取决于温度分布，而后者取决于速度分布。速度边界层 δ 反映了流体分子动量扩散能力，它与运动粘度有关；而热边界层厚度 δ_t 反映了流体分子热量扩散的能力，它与热扩散率 β 有关。所以 δ_t 与 δ 的比值应该与 $\beta/(\mu/\rho)$ 值有关，为此引进普朗特数 Pr，其表达式见式(4-3)。根据 Pr 值的大小，一般可将流体分为三类：

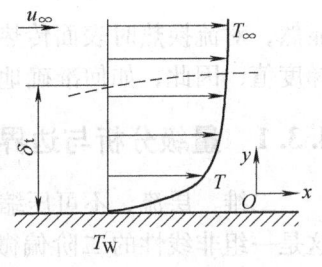

图4-2 热边界层

（1）高 Pr 数值流体，例如机油、变压器等高粘性油，它们的 Pr 值高达几十甚至 10^4 数量级，这时速度边界层的厚度远大于热边界层的厚度。

（2）中等 Pr 数值的流体，其值多在 0.7~10 的范围内，例如一些气体的 Pr 值大致在 0.6~0.7 之间，这时速度边界层与热边界层的厚度大致相等。

（3）低 Pr 数值的流体，例如液态金属，其 Pr 值为 10^{-2} 的数量级，这时速度边界层的厚度远小于热边界层的厚度。本书附录中列出了各种流体的 Pr 值，可供查用。

4.3 层流强迫对流流动时的分析与计算

如前所述，热对流过程是指气体或液态存在着宏观尺寸的运动时并且热量随流动的介质以内能而被携带着从一个质点转移到另一个质点的过程。由于它总是涉及某一个固体的壁面，同时也涉及流体的流动，因此这种对流和壁面之间的热量交换称之为对流换热。通常，造成流体的运动的外界原因有许多种，本章仅关注强迫对流和自然对流（又称自由对流）这两种问题。但无论哪种对流方式，表面传热系数的计算始终是关注的热点。由流体力学基础可知，流体在物面满足无滑移边界条件，也就是说，紧贴壁面的那层流体是完全滞止的。因此，壁面与流体之间的能量传递只能依靠导热传递。由 Fourier 导热定律可知，通过该层流体所传递的局部热流密度为

$$q_x = -\lambda \left[\frac{\partial T(x,y)}{\partial y}\right]_{y=0} \tag{4-40}$$

式中，λ 是指流体的热导率，而不是固体壁面的热导率。从另一个角度来看，也可以采用 Newton 冷却公式描述该对流换热现象，即

$$q_x = \alpha_x [T_w(x) - T_f(x)] = \alpha_x \Delta T(x) \tag{4-41}$$

联立以上两式便可得到局部表面传热系数 α_x 的表达式，即

$$\alpha_x = -\frac{\lambda}{\Delta T(x)} \left[\frac{\partial T(x,y)}{\partial y}\right]_{y=0} \tag{4-42}$$

显然，对流换热时表面传热系数的计算问题归根结底是求解壁面处流体的温度梯度值，因此，如何准确地获得流体的温度场便至关重要。

4.3.1 量级分析与边界层对流换热方程组

二维、层流、不可压缩流动的 N-S 方程组已由式(4-33)~式(4-36)给出，这是一组非线性的二阶偏微分方程组，欲得到它的解析解是极其困难的。因此，采用量级分析法将上述方程组进行了合理简化。这里采用各量在作用区间积分的平均绝对值方法确定各量的数量级，例如在速度边界层内，从壁面到 $y=\delta$ 处，主流方向上的分速度 u 其积分平均的绝对值显然远远大于垂直主流方向的分速度 v 的积分平均绝对值。因而，如果把边界层内 u 的数量级定为 1，则 v 的数量级必定是个小量，用符号 δ 表示。采用这个方法后可对能量方程中的各项作量级分析，例如，变量 x，u，T 的数量级为 1；而变量 y，v 的数量级为 δ；导数的数量级可将因变量与自变量的数量级代入导数的表达式得到，例如 $\partial T/\partial x$ 的数量级为 $1/1 = 1$；而 $\frac{\partial}{\partial y}\left(\frac{\partial T}{\partial y}\right)$ 的数量级为 $\left(\frac{1}{\delta}\right)/\delta = \frac{1}{\delta^2}$；于是式(4-36)在定常流动时各项的数量级可决定如下

$$\rho c_p \left(u\frac{\partial T}{\partial x} + v\frac{\partial T}{\partial y}\right) = \lambda\left(\frac{\partial^2 T}{\partial x^2} + \frac{\partial^2 T}{\partial y^2}\right) + \Phi \tag{4-43}$$

$$1\left[1\frac{1}{1} \quad \delta\frac{1}{\delta_t}\right] \quad \delta^2\left[\frac{1}{1^2} \quad \frac{1}{\delta^2}\right]$$

而 Φ 的各项数量级为

$$\Phi = \mu\left\{2\left[\left(\frac{\partial u}{\partial x}\right)^2 + \left(\frac{\partial v}{\partial y}\right)^2\right] + \left(\frac{\partial v}{\partial x} + \frac{\partial u}{\partial y}\right)^2 - \frac{2}{3}\left(\frac{\partial u}{\partial x} + \frac{\partial v}{\partial y}\right)^2\right\} \tag{4-44}$$

$$\left(\frac{1}{1}\right)^2 \quad \left(\frac{\delta}{\delta}\right)^2 \quad \left(\frac{\delta}{1}\right)^2 \quad \left(\frac{1}{\delta^2}\right) \quad \frac{1}{1} \quad \frac{1}{1}$$

在式(4-44)的各项中，以$(\partial u/\partial y)^2$的数量级最高，为$(1/\delta^2)$，故其他各项均可略去不计。最后式(4-43)可简化为

能量方程
$$u\frac{\partial T}{\partial x} + v\frac{\partial T}{\partial y} = \beta\frac{\partial^2 T}{\partial y^2} + \frac{\mu}{\rho c_p}\left(\frac{\partial u}{\partial y}\right)^2 \tag{4-45}$$

同理，通过数量级估计也可将定常流动时的连续方程与动量方程简化为

连续方程
$$\frac{\partial u}{\partial x} + \frac{\partial v}{\partial y} = 0 \tag{4-46}$$

动量方程
$$u\frac{\partial u}{\partial x} + v\frac{\partial u}{\partial y} = -\frac{1}{\rho}\frac{\mathrm{d}p}{\mathrm{d}x} + \frac{\mu}{\rho}\frac{\partial^2 u}{\partial y^2} \tag{4-47}$$

对于非耦合的对流换热问题，原则上借助于适当的边界条件能够由式(4-46)、式(4-47)与式(4-45)中求出二维的速度分布与温度分布，其中x方向的压力梯度可以通过边界层外缘的伯努里方程求得，即

$$\frac{\mathrm{d}p}{\mathrm{d}x} = -\rho u_\infty \frac{\mathrm{d}u_\infty}{\mathrm{d}x} \tag{4-48}$$

显然，一旦主流速度沿x方向的变化规律已知，则压力梯度项就可由式(4-48)定出。在求出了边界层内的温度分布之后，由式(4-42)便可求出局部表面传热系数的值。

作为例子，这里给出边界层方程组的定解条件。假定主流场是均速u_∞、均温T_∞，并给定恒壁温（即$y=0$时$T=T_w$），于是定解条件为

$y=0$ 时
$$u=0,\ v=0,\ T=T_w \tag{4-49}$$

$y\to\infty$ 时
$$u\to u_\infty,\ T\to T_\infty \tag{4-50}$$

4.3.2 绕平板层流边界层的布劳修斯解

1908年，布劳修斯(Blasius)[17]用无量纲流函数与无量纲坐标求解了外绕平板的层流边界层流动的偏微分方程，获得了著名的平板绕流问题的布劳修斯解。首先，他引入了无量纲变量η，η表示流体质点与壁面的距离y与边界层厚度δ之比，其表达式为

$$\eta = y\sqrt{\frac{\rho u_\infty}{\mu x}} \tag{4-51}$$

又引进流函数Ψ，有

$$u = \frac{\partial \Psi}{\partial y},\ v = -\frac{\partial \Psi}{\partial x} \tag{4-52}$$

然后再定义无量纲流函数f，其表达式为

$$f = \frac{\Psi}{\sqrt{u_\infty \mu x/\rho}} \tag{4-53}$$

在求解动量方程时不考虑式(4-47)中的压力梯度项时，于是式(4-47)变为

$$u\frac{\partial u}{\partial x}+v\frac{\partial u}{\partial y}=\frac{\mu}{\rho}\frac{\partial^2 u}{\partial y^2} \tag{4-54}$$

对应的边界条件为

$y=0$ 时
$$u=0, \quad v=0 \tag{4-55}$$

$y\to\infty$ 时
$$u\to u_\infty \tag{4-56}$$

由于引进了流函数,连续性方程自动满足,于是动量方程式(4-54)变为

$$\frac{\partial \Psi}{\partial y}\frac{\partial^2 \Psi}{\partial x\partial y}-\frac{\partial \Psi}{\partial x}\frac{\partial^2 \Psi}{\partial y^2}=\frac{\mu}{\rho}\frac{\partial^3 \Psi}{\partial y^3} \tag{4-57}$$

边界条件是

$y=0$ 时
$$\Psi=0, \quad \frac{\partial \Psi}{\partial y}=0 \tag{4-58}$$

$y\to\infty$ 时
$$\frac{\partial \Psi}{\partial y}\to\infty \tag{4-59}$$

借助于式(4-53),则式(4-57)~式(4-59)分别变为

$$2f'''+ff''=0 \tag{4-60}$$

边界条件为

$\eta=0$ 时
$$f'=0, \quad f=0 \tag{4-61}$$

$\eta\to\infty$ 时
$$f'\to 1 \tag{4-62}$$

式(4-60)便为著名的布劳修斯方程。可以证明[11,17]$f(\eta)$可表示为

$$f(\eta)=\frac{c_2}{2!}\eta^2-\frac{1}{2}\times\frac{c_2}{5!}\eta^5+\frac{1}{4}\times\frac{11c_2^2}{8!}\eta^8-\frac{1}{8}\times\frac{375}{11!}c_2^4\eta^{11}+\cdots \tag{4-63}$$

由 $\eta\to\infty$ 时,$f'\to 1$,得到 $c_2=0.332$;容易验证,当 $\eta=5.0$ 时,$f'=u/u_\infty=0.99155$,于是推出该问题的边界层厚度为

$$\delta=5.0\sqrt{\frac{\mu x}{\rho u_\infty}} \tag{4-64}$$

或者
$$\frac{\delta}{x}=5.0(Re_x)^{-\frac{1}{2}} \tag{4-65}$$

这里
$$Re_x=\frac{\rho u_\infty x}{\mu} \tag{4-66}$$

注意到,$f'\equiv df/d\eta=u/u_\infty$,即

$$f'(\eta)=\frac{df(\eta)}{d\eta}=\frac{u}{u_\infty} \tag{4-67}$$

图 4-3 给出了平板边界层问题的 $f(\eta)$ 与 $f'(\eta)$ 的曲线。

很显然在获得了速度分布后,便可得到壁面处的粘性切应力 τ_w 为

$$\tau_w=\mu\frac{\partial u}{\partial y}\bigg|_{y=0}=\mu u_\infty\sqrt{\frac{\rho u_\infty}{\mu x}}f''(\eta)\bigg|_{\eta=0} \tag{4-68}$$

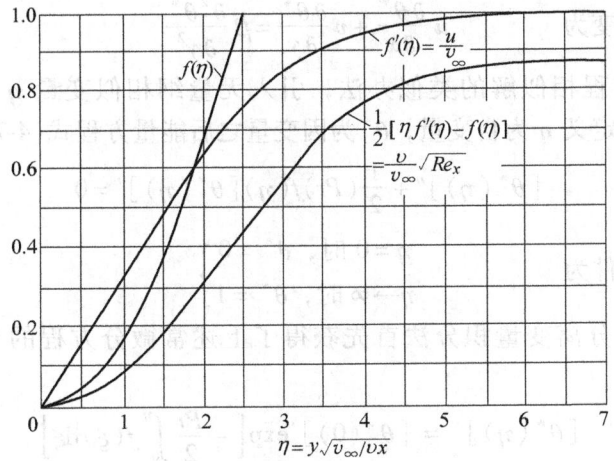

图 4-3 平板边界层的函数曲线

注意到 $f''(0) = 0.332$，于是式(4-68)可变为

$$\tau_w(x) = 0.332 \frac{\rho u_\infty^2}{\sqrt{Re_x}} \tag{4-69}$$

引入局部摩擦系数 c_f，其定义式为

$$c_f = \frac{\tau_w}{\frac{1}{2}\rho u_\infty^2} \tag{4-70}$$

于是，对于平板问题则有

$$\frac{c_f}{2} = 0.332 \sqrt{Re_x} \tag{4-71}$$

4.3.3 绕平板层流边界层的波尔豪森解

常物性流体以均匀流速 u_∞ 和均匀温度 T_∞ 外绕平板流动，设平壁壁面温度为 T_w，流体与壁面间的表面传热系数在壁面上形成温度边界层。假定绕平板的边界层为层流、二维、定常流动，在能量方程中省略粘性耗散项，于是式 (4-45) 被简化为

$$u \frac{\partial T}{\partial x} + v \frac{\partial T}{\partial y} = \beta \frac{\partial^2 T}{\partial y^2} \tag{4-72}$$

常壁温边界条件为

$y = 0$ 时　　　　　　　　　　　$T = T_w$ 　　　　　　　　　　(4-73)

$y \rightarrow \infty$ 时　　　　　　　　　　$T = T_\infty$ 　　　　　　　　　　(4-74)

引进无量纲温度

$$\theta^* = \frac{T - T_w}{T_\infty - T_w} \tag{4-75}$$

于是式(4-72)变为

$$u\frac{\partial \theta^*}{\partial x} + v\frac{\partial \theta^*}{\partial y} = \beta\frac{\partial^2 \theta^*}{\partial y^2} \tag{4-76}$$

采用求动量方程相似解的类似办法，引入无量纲相似变量 η，其定义同式(4-51)，于是定义 η 为自变量，θ^* 为因变量之后能量方程式(4-76)变为

$$[\theta^*(\eta)]'' + \frac{1}{2}(Pr)f(\eta)[\theta^*(\eta)]' = 0 \tag{4-77}$$

相应的边界条件为

$$\left.\begin{array}{l}\eta = 0 \text{ 时}, \theta^* = 0\\ \eta \to \infty \text{ 时}, \theta^* = 1\end{array}\right\} \tag{4-78}$$

波尔豪森采用分离变量积分法首先获得了上述常微分方程的分析解，由式(4-77)得

$$[\theta^*(\eta)]' = [\theta^*(0)]'\exp\left[-\frac{Pr}{2}\int_0^\eta f(\xi)\mathrm{d}\xi\right] \tag{4-79}$$

将上式再积分得

$$\theta^*(\eta) = [\theta^*(0)]'\int_0^\eta \exp\left[-\frac{Pr}{2}\int_0^\zeta f(\xi)\mathrm{d}\xi\right]\mathrm{d}\zeta \tag{4-80}$$

这里，$[\theta^*(0)]'$ 项可由边界条件式(4-78)定出，即

$$[\theta^*(0)]' = \left\{\int_0^\infty \exp\left[-\frac{Pr}{2}\int_0^\zeta f(\xi)\mathrm{d}\xi\right]\mathrm{d}\zeta\right\}^{-1} \tag{4-81}$$

式(4-77)可称为波尔豪森方程，式(4-80)就是著名的波尔豪森分析解，式中 $f(\xi)$ 的值可以由布劳修斯解中获得(至少可得到相应的数值解)。

显然波尔豪森分析解还是关于 Pr 数的函数，图4-4给出了 Pr 从 0.6 一直变到 1000 时的 $\theta^*(\eta)$ 曲线。值得注意的是 Pr 在 0.6~15 的范围内，$[\theta^*(0)]'$ 可以用下式近似，即

$$\left(\frac{\partial \theta^*}{\partial \eta}\right)\bigg|_{\eta=0} = 0.332\sqrt[3]{Pr} \tag{4-82}$$

将式(4-42)中的 T 和 y 分别利用 θ^* 和 η 置换后便得到壁面的表面传热系数 α_x 的表达式为

$$\alpha_x = \lambda\sqrt{\frac{\rho u_\infty}{\mu x}}\left(\frac{\partial \theta^*}{\partial \eta}\right)_{\eta=0} \tag{4-83}$$

即

$$Nu(x) = Nu_x = \sqrt{Re(x)}\left(\frac{\partial \theta^*}{\partial \eta}\right)_{\eta=0} \tag{4-84}$$

$$Nu(x) \equiv \frac{\alpha x}{\lambda} \tag{4-85}$$

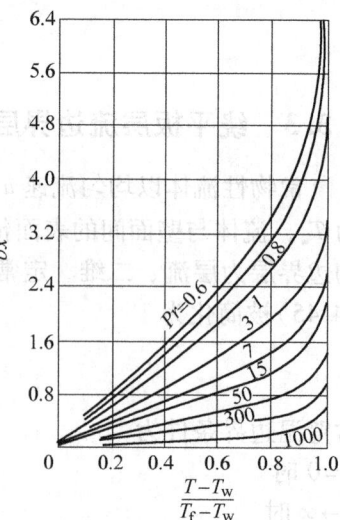

图4-4 绕平板的层流边界层内 $\theta^*(\eta)$ 曲线

这里 Nu 为努塞尔(Nusselt)数。将式(4-82)代到式(4-84)后得到层流流体掠过平板时的局部表面传热系数准则方程

$$Nu(x) = 0.332 \left[Re(x)\right]^{\frac{1}{2}} (Pr)^{\frac{1}{3}} \tag{4-86}$$

或者

$$St(x)(Pr)^{\frac{2}{3}} = 0.332 \left[Re(x)\right]^{-\frac{1}{2}} \tag{4-87}$$

式中,St 为斯坦顿(Stanton)数,其表达式为

$$St(x) = \frac{Nu(x)}{Re(x)Pr} = \frac{\alpha_x}{\rho c_p u_\infty} \tag{4-88}$$

相应的平板表面局部表面传热系数 $\alpha(x)$ 为

$$\alpha(x) = 0.332 \frac{\lambda}{x} \left[Re(x)\right]^{\frac{1}{2}} (Pr)^{\frac{1}{3}} \tag{4-89}$$

可以证明,当 $Pr < 0.6$ 时,$Nu(x)$ 可近似为

$$Nu(x) = 1.128 \left[Re(x)\right]^{\frac{1}{2}} (Pr)^{\frac{1}{3}} \tag{4-90}$$

对于整个 Pr 的范围,本章参考文献[19]中归纳出如下表达式

$$Nu(x) = \frac{0.928 \, (Pr)^{\frac{1}{3}} \left[Re(x)\right]^{\frac{1}{2}}}{\left[1 + (0.02/Pr)^{\frac{2}{3}}\right]^{\frac{1}{4}}} \tag{4-91}$$

4.4* 湍流强迫对流流动时的分析与比拟

湍流换热是工业设备中最常用的换热方式之一。与层流相比,湍流状态时动量和热量传递都大大增强,而且所涉及的问题也更加复杂[20~27]。本节首先简介流体力学基础课程中已讲过的不可压缩湍流流动的基本微分方程组,而后介绍几种湍流模式,最后着重概述一下湍流边界层的流动与换热问题。

4.4.1 湍流平均运动的基本方程组

对于任意瞬时量 ϕ 都可分解为时间平均值 $\overline{\phi}$ 与脉动值 ϕ',即

$$\phi = \overline{\phi} + \phi' \tag{4-92}$$

式中

$$\overline{\phi} = \frac{1}{\Delta t} \int_0^{\Delta t} \phi \, dt \tag{4-93}$$

很显然,时均运算法则的典型性质为[24,25]

$$\overline{\phi_1 + \phi_2} = \overline{\phi}_1 + \overline{\phi}_2 \tag{4-94}$$

$$\overline{c\phi_1} = c\,\overline{\phi}_1 \tag{4-95}$$

$$\overline{\overline{\phi}_1} = \overline{\phi}_1 \tag{4-96}$$

$$\overline{\frac{\partial \phi_1}{\partial s}} = \frac{\partial \overline{\phi}_1}{\partial s} \tag{4-97}$$

$$\overline{\phi_1'} = 0 \tag{4-98}$$

于是由非定常连续方程

$$\frac{\partial \rho}{\partial t} + \nabla \cdot (\rho V) = 0 \tag{4-99}$$

将上式取时间平均并注意使用时均运算法则，于是在直角笛卡尔坐标系中可得到可压缩流体湍流平均运动的连续方程，即

$$\frac{\partial (\overline{\rho})}{\partial t} + \frac{\partial}{\partial x_j}(\overline{\rho}\,\overline{u_j} + \overline{\rho' u_j'}) = 0 \tag{4-100}$$

上面两式中

$$V = u_1 \boldsymbol{i} + u_2 \boldsymbol{j} + u_3 \boldsymbol{k} = u_j \boldsymbol{e}_j \tag{4-101}$$

式中，e_j 为直角笛卡尔坐标系的单位基矢量。对于不可压缩流体的湍流运动来讲，式(4-100)变为

$$\frac{\partial \overline{u}}{\partial x} + \frac{\partial \overline{v}}{\partial y} + \frac{\partial \overline{w}}{\partial z} = 0 \tag{4-102}$$

式中，$\overline{u}$, $\overline{v}$, $\overline{w}$ 分别为速度矢量 V 沿三个坐标方向上的时间平均分速度。显然将式(4-99)减去式(4-102)便得到

$$\frac{\partial u'}{\partial x} + \frac{\partial v'}{\partial y} + \frac{\partial w'}{\partial z} = 0 \tag{4-103}$$

非定常动量方程为

$$\rho \left(\frac{\partial V}{\partial t} + V \cdot \nabla V \right) = \rho f - \nabla p + \nabla \cdot \boldsymbol{\tau} \tag{4-104}$$

式中，$\boldsymbol{\tau}$ 为粘性应力张量；在直角笛卡尔坐标系中可得到可压缩流体湍流平均运动的动量方程，即

$$\frac{\partial}{\partial t}(\overline{\rho}\,\overline{u_i} + \overline{\rho' u_i'}) + \frac{\partial}{\partial x_j}(\overline{\rho}\,\overline{u_i}\,\overline{u_j} + \overline{u_i}\,\overline{\rho' u_j'})$$
$$= \overline{\rho}\,\overline{f_i} - \frac{\partial \overline{p}}{\partial x_i} + \frac{\partial}{\partial x_j}(\overline{\tau_{ij}} - \overline{u_j}\,\overline{\rho' u_i'} - \overline{\rho}\,\overline{u_i' u_j'} - \overline{\rho' u_i' u_j'}) \tag{4-105}$$

式中

$$\overline{\tau_{ij}} = \mu' \delta_{ij} \frac{\partial \overline{u_k}}{\partial x_k} + \mu \left(\frac{\partial \overline{u_i}}{\partial x_j} + \frac{\partial \overline{u_j}}{\partial x_i} \right) \tag{4-106}$$

注意对上式的 k 求和；另外，在式(4-106)中 μ' 为第二动力粘度。显然式(4-106)给出的形式在本质上与本章参考文献[9]中的式(5-3-27)相一致。对于不可压缩流体，由于 $\rho' = 0$，$\overline{\rho} = \rho$，所以在式(4-105)中含 ρ' 的项消失，于是此时湍流平均运动的动量方程式(4-105)被简化为

$$\rho \frac{\mathrm{d} \overline{u_i}}{\mathrm{d} t} = \rho \overline{f_i} - \frac{\partial \overline{p}}{\partial x_i} + \frac{\partial}{\partial x_j}\left(\mu \frac{\partial \overline{u_i}}{\partial x_j} - \rho \overline{u_i' u_j'} \right) \tag{4-107}$$

式中，$-\rho \overline{u_i' u_j'}$ 称为雷诺应力。而用瞬时量表达的不可压缩流体动量方程为

$$\rho \frac{\mathrm{d} u_i}{\mathrm{d} t} = \rho f_i - \frac{\partial p}{\partial x_i} + \frac{\partial}{\partial x_j}\left(\mu \frac{\partial u_i}{\partial x_j} \right) \tag{4-108}$$

注意到，$u_i = \bar{u}_i + u_i'$，$p = \bar{p} + p'$，…，于是将式(4-108)减去式(4-107)，并注意使用脉动运动的连续方程，便可得到不可压缩流体的湍流脉动运动方程，即

$$\rho\left[\frac{\partial u_i'}{\partial t} + u_j'\frac{\partial \bar{u}_i}{\partial x_j} + \bar{u}_j\frac{\partial u_i'}{\partial x_j} + \frac{\partial}{\partial x_j}(u_j'u_i' - \overline{u_j'u_i'})\right] = -\frac{\partial p'}{\partial x_i} + \mu\frac{\partial^2 u_i'}{\partial x_j \partial x_j} \quad (4\text{-}109)$$

如果是均匀湍流，则此时不存在平均速度梯度，这是雷诺应力各向均等，于是有

$$\frac{\partial \bar{u}_i}{\partial x_j} = 0, \quad \frac{\partial \overline{u_i'u_j'}}{\partial x_j} = 0 \quad (4\text{-}110)$$

因此，均匀湍流时式(4-109)应进一步简化为

$$\rho\left(\frac{\partial u_i'}{\partial t} + \bar{u}_j\frac{\partial u_i'}{\partial x_j} + \frac{\partial u_j'u_i'}{\partial x_j}\right) = -\frac{\partial p'}{\partial x_i} + \mu\frac{\partial^2 u_i'}{\partial x_j \partial x_j} \quad (4\text{-}111)$$

非定常可压缩流动的总能量方程为

$$\frac{\mathrm{d}}{\mathrm{d}t}\left(e + \frac{\boldsymbol{V} \cdot \boldsymbol{V}}{2}\right) = \boldsymbol{f} \cdot \boldsymbol{V} + \frac{1}{\rho}\nabla \cdot (\boldsymbol{\sigma} \cdot \boldsymbol{V}) + \frac{1}{\rho}\nabla \cdot (\lambda \nabla T)$$

$$= f_i u_i + \frac{1}{\rho}\frac{\partial}{\partial x_j}(\sigma_{ij} u_j) + \frac{1}{\rho}\frac{\partial}{\partial x_i}\left(\lambda \frac{\partial T}{\partial x_i}\right) \quad (4\text{-}112)$$

相应的动能方程为

$$\frac{\mathrm{d}}{\mathrm{d}t}\left(\frac{1}{2}\boldsymbol{V} \cdot \boldsymbol{V}\right) = \frac{\mathrm{d}}{\mathrm{d}t}\left(\frac{1}{2}u_i u_i\right) = f_i u_i - \frac{u_i}{\rho}\frac{\partial p}{\partial x_i} + \frac{1}{\rho}\frac{\partial}{\partial x_j}(\tau_{ij} u_j) - \frac{1}{\rho}\tau_{ij}\frac{\partial u_j}{\partial x_i} \quad (4\text{-}113)$$

式中，τ_{ij} 为粘性应力张量。

另外，用内能 e 表达的能量方程为

$$\frac{\mathrm{d}e}{\mathrm{d}t} = -\frac{p}{\rho}\nabla \cdot \boldsymbol{V} + \frac{\Phi}{\rho} + \frac{1}{\rho}\nabla \cdot (\lambda \nabla T) \quad (4\text{-}114)$$

或者

$$\frac{\mathrm{d}e}{\mathrm{d}t} + p\frac{\mathrm{d}}{\mathrm{d}t}\left(\frac{1}{\rho}\right) = \frac{\Phi}{\rho} + \frac{1}{\rho}\nabla \cdot (\lambda \nabla T) \quad (4\text{-}115)$$

引进熵 S 后便有

$$T\frac{\mathrm{d}S}{\mathrm{d}t} = \frac{\Phi}{\rho} + \frac{1}{\rho}\nabla \cdot (\lambda \nabla T) \quad (4\text{-}116)$$

引进焓 h 后能量方程为

$$\frac{\mathrm{d}h}{\mathrm{d}t} - \frac{1}{\rho}\frac{\mathrm{d}p}{\mathrm{d}t} = \frac{\Phi}{\rho} + \frac{1}{\rho}\nabla \cdot (\lambda \nabla T) \quad (4\text{-}117)$$

显然，式(4-112)～式(4-117)给出了不同形式的能量方程，它是能量守恒定律在非定常流体力学中的具体表达。在上述式中，Φ 代表单位时间内，单位体积流体由于机械能耗散而得到的热能，其表达式在直角笛卡尔坐标系中为

$$\Phi = \left[\left(\mu' - \frac{2}{3}\mu\right)\delta_{ij}\nabla \cdot \boldsymbol{V} + 2\mu\varepsilon_{ij}\right]\frac{\partial u_j}{\partial x_i} = \tau_{ij}\frac{\partial u_j}{\partial x_i} \quad (4\text{-}118)$$

或者
$$\Phi = \left(\mu' - \frac{2}{3}\mu\right)\left(\frac{\partial u}{\partial x} + \frac{\partial v}{\partial y} + \frac{\partial w}{\partial z}\right)^2 + 2\mu\left[\left(\frac{\partial u}{\partial x}\right)^2 + \left(\frac{\partial v}{\partial y}\right)^2 + \left(\frac{\partial w}{\partial z}\right)^2\right] + \mu\left[\left(\frac{\partial u}{\partial y} + \frac{\partial v}{\partial x}\right)^2 + \left(\frac{\partial v}{\partial z} + \frac{\partial w}{\partial y}\right)^2 + \left(\frac{\partial w}{\partial x} + \frac{\partial u}{\partial z}\right)^2\right] \quad (4\text{-}119)$$

式中，u、v、w 分别为速度 V 在直角笛卡儿坐标系沿 x，y，z 方向上的分速度。

对于可压缩流体湍流的瞬时状态，其总能量方程已由式(4-112)给出，在引入 Stokes 假设的情况下，应力张量 σ 可表示为

$$\sigma_{ij} = -p\delta_{ij} + \mu\left(\frac{\partial u_i}{\partial x_j} + \frac{\partial u_j}{\partial x_i}\right) - \frac{2}{3}\mu\delta_{ij}\nabla \cdot V \quad (4\text{-}120)$$

于是借助于上式则式(4-112)可简化为

$$\rho\frac{\mathrm{d}}{\mathrm{d}t}\left(e + \frac{1}{2}u_i u_i\right) = \rho f_i u_i - \frac{\partial}{\partial x_i}(u_i p) + \frac{\partial}{\partial x_i}\left[\mu u_j\left(\frac{\partial u_j}{\partial x_i} + \frac{\partial u_i}{\partial x_j}\right) - \frac{2}{3}\mu u_j \delta_{ij}\frac{\partial u_k}{\partial x_k}\right] + \frac{\partial}{\partial x_i}\left(\lambda\frac{\partial T}{\partial x_i}\right) \quad (4\text{-}121)$$

按照前述的平均方法处理后，便可由式(4-121)得到湍流平均运动的总能量方程，即

$$\overline{\rho}\frac{\mathrm{d}}{\mathrm{d}t}\left(\overline{e} + \frac{1}{2}\overline{u_i}\,\overline{u_i}\right) = \overline{\rho}\,\overline{f_i}\,\overline{u_i} - \frac{\partial}{\partial x_i}(\overline{u_i}\,\overline{p}) + \mu\frac{\partial}{\partial x_i}\left[\overline{u_j}\left(\frac{\partial \overline{u_j}}{\partial x_i} + \frac{\partial \overline{u_i}}{\partial x_j}\right) - \frac{2}{3}\overline{u_j}\delta_{ij}\frac{\partial \overline{u_k}}{\partial x_k}\right] + \frac{\partial}{\partial x_i}\left(\lambda\frac{\partial \overline{T}}{\partial x_i}\right) + \overline{f_i}\,\overline{\rho' u_i'} - \frac{\partial}{\partial x_i}(\overline{p' u_i'}) + \mu\frac{\partial}{\partial x_i}\left[\left(\overline{u_j'\frac{\partial u_j'}{\partial x_i}} + \overline{u_j'\frac{\partial u_i'}{\partial x_j}}\right) - \frac{2}{3}\delta_{ij}\overline{u_j'\frac{\partial u_k'}{\partial x_k}}\right] - \overline{\rho'\frac{\mathrm{d}e'}{\mathrm{d}t}} - \overline{\rho}\frac{\mathrm{d}}{\mathrm{d}t}\left(\frac{1}{2}\overline{u_i' u_i'}\right) - \overline{\rho'\frac{\mathrm{d}}{\mathrm{d}t}\left(\frac{1}{2}u_i' u_i'\right)} + \frac{\partial}{\partial x_i}\left(\lambda\frac{\partial \overline{T'}}{\partial x_i}\right) \quad (4\text{-}122)$$

显然，湍流的总能量方程式(4-122)中包含了许多未知的二元关联项与三元关联项[26,27]。对于不可压缩流体，注意到

$$\rho' = 0, \quad \overline{\rho} = \rho; \quad \frac{\partial \overline{u_j}}{\partial x_j} = 0, \quad \frac{\partial u_j'}{\partial x_j} = 0 \quad (4\text{-}123)$$

则式(4-122)此时变为

$$\rho\frac{\mathrm{d}}{\mathrm{d}t}\left(\overline{e} + \frac{1}{2}\overline{u_i}\,\overline{u_i}\right) = \rho\,\overline{f_i}\,\overline{u_i} - \frac{\partial}{\partial x_i}(\overline{u_i}\,\overline{p} + \overline{u_i' p'}) + \mu\frac{\partial}{\partial x_i}\left[\left(\frac{\partial \overline{u_i}}{\partial x_j} + \frac{\partial \overline{u_j}}{\partial x_i}\right)\overline{u_j}\right] + \frac{\partial}{\partial x_i}\left(\lambda\frac{\partial \overline{T}}{\partial x_i}\right) - \rho\frac{\mathrm{d}}{\mathrm{d}t}\left(\frac{1}{2}\overline{u_i' u_i'}\right) + \frac{\partial}{\partial x_i}\left(\lambda\frac{\partial \overline{T'}}{\partial x_i}\right) + \mu\frac{\partial}{\partial x_i}\left(\overline{u_j'\frac{\partial u_j'}{\partial x_i}} + \overline{u_j'\frac{\partial u_i'}{\partial x_j}}\right) \quad (4\text{-}124)$$

另外，以时均速度 $\overline{u_i}$ 乘以式(4-105)的左右两边，于是可得到可压缩湍流平均运动的动能方程，即

$$\bar{\rho}\frac{\mathrm{d}}{\mathrm{d}t}\left(\frac{1}{2}\bar{u}_i\bar{u}_i\right) = \bar{\rho}\bar{f}_i\bar{u}_i - \bar{\rho}\bar{u}_i\frac{\partial\bar{p}}{\partial x_i} + \bar{u}_i\frac{\partial}{\partial x_j}(\bar{\tau}_{ij}) - \bar{u}_i\frac{\partial}{\partial t}(\overline{\rho'u_i'}) - \bar{u}_i\frac{\partial}{\partial x_j}(\bar{u}_j\overline{\rho'u_i'} + \bar{u}_i\overline{\rho'u_j'} + \bar{\rho}\overline{u_i'u_j'} + \overline{\rho'u_i'u_j'}) + \bar{u}_i\bar{u}_j\frac{\partial}{\partial x_j}(\overline{\rho'u_j'}) \quad (4\text{-}125)$$

式中, $\bar{\tau}_{ij}$ 可按下式计算, 即

$$\bar{\tau}_{ij} = \mu\left(\frac{\partial\bar{u}_i}{\partial x_j} + \frac{\partial\bar{u}_j}{\partial x_i}\right) - \frac{2}{3}\mu\delta_{ij}\frac{\partial\bar{u}_k}{\partial x_k} \quad (k = 1\sim 3) \quad (4\text{-}126)$$

对不可压缩流体, 则 $\rho' = 0$, $\bar{\rho} = \rho$; $\partial\bar{u}_j/\partial x_j = 0$, 于是式(4-125)此时简化为

$$\rho\frac{\mathrm{d}}{\mathrm{d}t}\left(\frac{1}{2}\bar{u}_i\bar{u}_i\right) = \rho\bar{f}_i\bar{u}_i - \rho\bar{u}_i\frac{\partial\bar{p}}{\partial x_i} + \left[\frac{\partial}{\partial x_j}(\bar{u}_i\bar{\tau}_{ij}) - \bar{\tau}_{ij}\frac{\partial\bar{u}_i}{\partial x_j}\right] - \rho\frac{\partial}{\partial x_j}(\bar{u}_i\overline{u_i'u_j'}) + \rho\overline{u_i'u_j'}\frac{\partial\bar{u}_i}{\partial x_j} \quad (4\text{-}127)$$

对于可压缩流动湍流平均运动的焓方程也可仿照上述的做法由式(4-117)得到, 即

$$c_p\bar{\rho}\frac{\mathrm{d}\bar{T}}{\mathrm{d}t} = \lambda\nabla^2\bar{T} + \bar{\Phi} + \frac{\mathrm{d}\bar{p}}{\mathrm{d}t} - c_p\frac{\partial}{\partial t}(\overline{\rho'T'}) - D_h + \overline{\Phi'} + \overline{u_j'\frac{\partial p'}{\partial x_j}} \quad (4\text{-}128)$$

式中, $\bar{\Phi}$ 和 Φ' 分别为平均运动和脉动运动的耗散函数, 对可压缩流体可表示为

$$\bar{\Phi} = \frac{\mu}{2}\bar{D}_{ij}\bar{D}_{ij} - \frac{2}{3}\mu\left(\frac{\partial\bar{u}_i}{\partial x_i}\right)^2 \quad (4\text{-}129)$$

$$\overline{\Phi'} = \frac{\mu}{2}\overline{D_{ij}'D_{ij}'} - \frac{2}{3}\mu\overline{\left(\frac{\partial u_i'}{\partial x_i}\right)^2} \quad (4\text{-}130)$$

$$\bar{D}_{ij} = \frac{1}{2}\left(\frac{\partial\bar{u}_j}{\partial x_i} + \frac{\partial\bar{u}_i}{\partial x_j}\right) \quad (4\text{-}131)$$

$$D_{ij}' = \frac{1}{2}\left(\frac{\partial u_j'}{\partial x_i} + \frac{\partial u_i'}{\partial x_j}\right) \quad (4\text{-}132)$$

在式(4-128)中 D_h 项定义为

$$D_h \equiv \frac{\partial}{\partial x_j}(\bar{\rho}\overline{u_j'h'} + \bar{u}_j\overline{\rho'h'} + \overline{h'u_j'\rho'}) + \overline{\rho'u_j'}\frac{\partial\bar{h}}{\partial x_j} \quad (4\text{-}133)$$

对于不可压缩流动, 则 $\bar{\Phi}$ 与 Φ' 此时可分别简化为

$$\bar{\Phi} = \frac{\mu}{2}\bar{D}_{ij}\bar{D}_{ij}, \qquad \overline{\Phi'} = \frac{\mu}{2}\overline{D_{ij}'D_{ij}'} \quad (4\text{-}134)$$

于是, 在不可压缩湍流流动时式(4-128)被简化为

$$\rho c_p\frac{\partial\bar{T}}{\partial t} + \rho c_p\frac{\partial}{\partial x_j}(\bar{u}_j\bar{T}) = \lambda\nabla^2\bar{T} + \bar{\Phi} + \overline{\Phi'} + \frac{\mathrm{d}\bar{p}}{\mathrm{d}t} + \overline{u_j'\frac{\partial p'}{\partial x_j}} - \rho c_p\frac{\partial}{\partial x_j}(\overline{T'u_j'}) \quad (4\text{-}135)$$

4.4.2 湍流边界层微分方程组

对于定常、二维、不可压缩、常物性湍流边界层流动，其连续方程为

$$\frac{\partial \bar{u}}{\partial x} + \frac{\partial \bar{v}}{\partial y} = 0 \tag{4-136}$$

相应的动量方程为

$$\rho \left(\bar{u} \frac{\partial \bar{u}}{\partial x} + \bar{v} \frac{\partial \bar{u}}{\partial y} \right) = -\frac{\mathrm{d}\bar{p}}{\mathrm{d}x} + \frac{\partial}{\partial y} \left(\mu \frac{\partial \bar{u}}{\partial y} - \rho \overline{u'v'} \right) \tag{4-137}$$

式中，湍流边界层总的切应力为

$$\tau = \tau_l + \tau_t = \mu \frac{\partial \bar{u}}{\partial y} - \rho \overline{u'v'} = \mu \frac{\partial \bar{u}}{\partial y} + \mu_t \frac{\partial \bar{u}}{\partial y} = \mu \frac{\partial \bar{u}}{\partial y} + \rho \varepsilon_m \frac{\partial \bar{u}}{\partial y} \tag{4-138}$$

式中，τ 为总切应力；τ_l 为粘性切应力；τ_t 为湍流雷诺切应力；μ_t 为湍流粘度；ε_m 为湍流动量扩散率（又称作涡粘性系数）。借助于式(4-138)，则式(4-137)变为

$$\bar{u} \frac{\partial \bar{u}}{\partial x} + \bar{v} \frac{\partial \bar{u}}{\partial y} = -\frac{1}{\rho} \frac{\mathrm{d}\bar{p}}{\mathrm{d}x} + \frac{\partial}{\partial y} \left[\left(\frac{\mu}{\rho} + \varepsilon_m \right) \frac{\partial \bar{u}}{\partial y} \right] \tag{4-139}$$

对于二维、不可压缩流、平均运动为定常的湍流焓方程已由式(4-135)给出，对于二维湍流边界层流动则式(4-135)可变为

$$\rho c_p \left(\bar{u} \frac{\partial \bar{T}}{\partial x} + \bar{v} \frac{\partial \bar{T}}{\partial y} \right) = \lambda \frac{\partial^2 \bar{T}}{\partial y^2} + \mu \left(\frac{\mathrm{d}\bar{u}}{\mathrm{d}y} \right)^2 + \bar{u} \frac{\mathrm{d}\bar{p}}{\mathrm{d}x} + \Phi' - \rho c_p \frac{\partial \overline{v'T'}}{\partial y} \tag{4-140}$$

式中，Φ' 为脉动运动引起的耗散，它可由式(4-134)确定。显然，式(4-140)是二维不可压缩湍流边界层的平均焓能量方程，它已引进了边界层的近似。当速度足够低时，式(4-140)中的耗散项、压力功项可以忽略，因此上式又变为

$$\bar{u} \frac{\partial \bar{T}}{\partial x} + \bar{v} \frac{\partial \bar{T}}{\partial y} = \frac{1}{\rho c_p} \frac{\partial}{\partial y} \left(\lambda \frac{\partial \bar{T}}{\partial y} - \rho c_p \overline{v'T'} \right) \tag{4-141}$$

这是低速湍流边界层流动分析时平均焓能量方程的常用形式。如果 λ 视作常数，则上式进一步简化为

$$\bar{u} \frac{\partial \bar{T}}{\partial x} + \bar{v} \frac{\partial \bar{T}}{\partial y} = \beta \frac{\partial^2 \bar{T}}{\partial y^2} - \frac{\partial (\overline{v'T'})}{\partial y} \tag{4-142}$$

式中，β 为热扩散率，其定义与式(2-10)类似，即

$$\beta = \frac{\lambda}{\rho c_p} \tag{4-143}$$

因此式(4-136)、式(4-137)与式(4-142)便构成了湍流边界层分析计算的基本方程组。这里边界层的压力梯度项 $\mathrm{d}\bar{p}/\mathrm{d}x$ 仍然可以由边界层外缘的伯努里方程定出，即

$$\frac{d\overline{p}}{dx} = -\overline{\rho}\,\overline{u}_e\frac{d\overline{u}_e}{dx} \tag{4-144}$$

式中，下标 e 表示边界层外缘处的物理参数。

4.4.3 动量传递与热量传递的比拟

虽然前面已介绍了湍流边界层所遵循的基本方程组，但至今用数学解析方法求解这个方程组仍是一件十分困难的事。因此，本书介绍比拟（又称类比）原理，利用湍流流动的阻力系数来推算湍流传热系数，这是一种求解湍流换热问题近似解的有效方法之一。

1. 湍流运动的动量传递与热量传递

大量的实验结果表明：速度与温度的脉动，使得湍流时流动的阻力以及对流表面传热系数比层流高得多。初步理论分析显示，速度与温度的脉动，导致了动量与热量的传递过程的加剧。另外，将湍流时的动量方程式(4-137)与层流时相比较发现多了$(-\rho\,\overline{u'v'})$项，该项在流体力学基础教材中称作雷诺应力项[24,25]，即

$$\tau_t = -\rho\,\overline{u'v'} \tag{4-145}$$

式中，下标 t 表示湍流状态。考虑到脉动值不便于计算与实验，故仿照层流粘性切应力计算的形式给出了如下的表达式，即

$$\tau_t = -\rho\,\overline{u'v'} = \rho\varepsilon_m\frac{\partial \overline{u}}{\partial y} \tag{4-146}$$

式中，ε_m 称为湍流动量扩散率，其值可由实验测定。

同样地，将湍流时的能量方程式(4-141)与层流时相比较也会发现多出了$(\rho c_p\,\overline{v'T'})$项，显然它相当于在垂直于主流方向上流体微团的脉动引起在该方向上热量的传递（如图 4-5 所示，单位时间里通过 $A-A$ 面上单位面积所传递的焓为 $\rho v'h' \approx \rho c_p v'T'$），即湍流脉动传递的热流密度值 q_t

$$q_t = \rho c_p\,\overline{v'T'} \tag{4-147}$$

仿照层流导热计算式的形式，上式可表示为

$$q_t = \rho c_p\,\overline{v'T'} = -\rho c_p\varepsilon_h\frac{\partial \overline{T}}{\partial y} \tag{4-148}$$

式中，ε_h 称为湍流热扩散率，其值可由实验测定。值得注意的是，ε_m 与 ε_h 都不是流体的物性参数，它们只是反映湍流的性质并与雷诺数、湍流强度以及测量点的位置有关。$\varepsilon_m/\varepsilon_h$ 亦称作湍流普朗特数 Pr_t，即

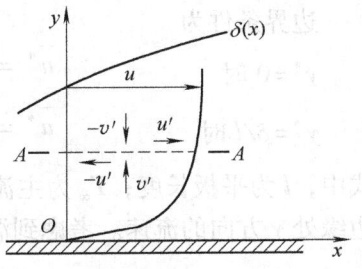

图 4-5 湍流动量传递分析示意图

$$Pr_t = \frac{\varepsilon_m}{\varepsilon_h} = \frac{\mu_t c_p}{\lambda_t} \tag{4-149}$$

综上所述，湍流总的粘性切应力 τ 为层流粘性切应力 τ_l 与湍流粘性切应力 τ_t 之和，即

$$\tau = \tau_l + \tau_t = \rho\left(\frac{\mu}{\rho} + \varepsilon_m\right)\frac{\partial \bar{u}}{\partial y} \tag{4-150}$$

湍流总热流密度 q 为层流导热热流密度 q_l 与湍流热流密度 q_t 之和，即

$$q = q_l + q_t = -\rho c_p (\beta + \varepsilon_h)\frac{\partial \bar{T}}{\partial y} \tag{4-151}$$

式中，β 为热扩散率；ε_h 为湍流热扩散率。

2. 雷诺比拟

比拟理论是获得湍流对流换热近似解的一种方法，下面以流体绕过等温平板的湍流换热为例介绍这种方法。

对于不可压缩常物性流体的二维受迫湍流传热的边界层流动，借助于式(4-146)与式(4-148)，则动量方程式(4-137)与焓方程式(4-141)分别变为

$$\bar{u}\frac{\partial \bar{u}}{\partial x} + \bar{v}\frac{\partial \bar{u}}{\partial y} = \left(\frac{\mu}{\rho} + \varepsilon_m\right)\frac{\partial^2 \bar{u}}{\partial y^2} \tag{4-152}$$

$$\bar{u}\frac{\partial \bar{T}}{\partial x} + \bar{v}\frac{\partial \bar{T}}{\partial y} = (\beta + \varepsilon_h)\frac{\partial^2 \bar{T}}{\partial y^2} \tag{4-153}$$

引入无量纲量

$$x^* = \frac{x}{l},\ y^* = \frac{y}{l},\ \bar{u}^* = \frac{\bar{u}}{u_\infty},\ \bar{v}^* = \frac{\bar{v}}{u_\infty},\ \bar{\theta}^* = \frac{\bar{T} - T_w}{T_\infty - T_w} \tag{4-154}$$

则式(4-152)与式(4-153)分别变为

$$\bar{u}^*\frac{\partial \bar{u}^*}{\partial x^*} + \bar{v}^*\frac{\partial \bar{u}^*}{\partial y^*} = \frac{1}{u_\infty l}\left(\frac{\mu}{\rho} + \varepsilon_m\right)\frac{\partial^2 \bar{u}^*}{\partial y^{*2}} \tag{4-155}$$

$$\bar{u}^*\frac{\partial \bar{\theta}^*}{\partial x^*} + \bar{v}^*\frac{\partial \bar{\theta}^*}{\partial y^*} = \frac{1}{u_\infty l}(\beta + \varepsilon_h)\frac{\partial^2 \bar{\theta}^*}{\partial y^{*2}} \tag{4-156}$$

边界条件为

$$\left.\begin{array}{l} y^* = 0 \text{ 时} \quad \bar{u}^* = 0,\ \bar{v}^* = 0,\ \bar{\theta}^* = 0 \\ y^* = \delta/l \text{ 时} \quad \bar{u}^* = 1,\ \bar{v}^* = \dfrac{v_e}{u_\infty},\ \bar{\theta}^* = 1 \end{array}\right\} \tag{4-157}$$

式中，l 为平板长度；T_∞ 为主流的温度；u_∞ 为主流的速度；v_e 为温度边界层外边缘处 y 方向的流速。考虑到湍流中湍流扩散作用远远大于分子扩散作用，即

$$\frac{\mu}{\rho} \ll \varepsilon_m,\ \beta \ll \varepsilon_h \tag{4-158}$$

于是，式(4-155)与式(4-156)在湍流流动下分别可近似为

$$\bar{u}^* \frac{\partial \bar{u}^*}{\partial x^*} + \bar{v}^* \frac{\partial \bar{u}^*}{\partial y^*} = \frac{1}{u_\infty l} \varepsilon_m \frac{\partial^2 \bar{u}^*}{\partial y^{*2}} \tag{4-159}$$

$$\bar{u}^* \frac{\partial \bar{\theta}^*}{\partial x^*} + \bar{v}^* \frac{\partial \bar{\theta}^*}{\partial y^*} = \frac{1}{u_\infty l} \varepsilon_h \frac{\partial^2 \bar{\theta}^*}{\partial y^{*2}} \tag{4-160}$$

显然，如果假定 $\varepsilon_m = \varepsilon_h$ 即 $\varepsilon_m/\varepsilon_h = Pr_t = 1$ 时，则由式(4-159)、式(4-157)和式(4-160)、式(4-157)所描述的两个问题完全等价，即 $\bar{u}^*$ 与 $\bar{\theta}^*$ 应具有形式相同的解。也就是说，在 $Pr_t = 1$ 的条件下应有

$$\left.\frac{\partial \bar{u}^*}{\partial y^*}\right|_{y=0} = \left.\frac{\partial \bar{\theta}^*}{\partial y^*}\right|_{y=0} \tag{4-161}$$

而

$$\left.\frac{\partial \bar{u}^*}{\partial y^*}\right|_{y=0} = \mu \left.\frac{\partial u}{\partial y}\right|_{y=0} \frac{l}{\mu u_\infty} = \tau_w \frac{1}{\frac{1}{2}\rho u_\infty^2} \frac{\rho u_\infty l}{2\mu} = C_f \frac{Re}{2}$$

$$\left.\frac{\partial \bar{\theta}^*}{\partial y^*}\right|_{y=0} = \frac{\partial\left(\frac{\bar{T}-T_w}{T_\infty - T_w}\right)}{\partial (y/l)} = -\lambda \left.\frac{\partial \bar{T}}{\partial y}\right|_{y=0} \frac{-l}{(T_\infty - T_w)\lambda} = \frac{q}{(T_w - T_\infty)} \frac{l}{\lambda} = \frac{\alpha l}{\lambda} = Nu$$

于是借助于上面两式便有

$$Nu_x = \frac{C_{fx}}{2} Re_x \tag{4-162}$$

式中，C_{fx} 称为局部摩擦系数。这就是 $Pr_t = 1$ 条件下的简单比拟关系，称作雷诺比拟。值得注意的是，式中 C_f 值通常是 Re_x 的函数，例如对于平板上的湍流边界层流动，测出阻力摩擦系数为

$$C_f = 0.0592(Re_x)^{-\frac{1}{5}} \quad (Re_x \leqslant 10^7) \tag{4-163}$$

将上式代入式(4-162)便得到

$$Nu_x = 0.0296(Re_x)^{\frac{4}{5}} \tag{4-164}$$

注意，上式仅适用于 $Pr_t = 1$ 时的情况。

4.5 内流与外部绕流中对流换热的工程计算以及实验关联式

从理论上讲，只要列出对流换热问题的微分方程组以及边界条件便可由用分析解法或数值计算方法求出速度场分布、温度场分布以及对流换热表面传热系数等。但工程中遇到的大量对流换热问题其定解条件非常复杂，因此对流换热问题的工程计算方法，尤其是特征数关联式的建立更为工程界所重视。本节首先简介建立对流换热准则方程式的相关问题，然后再分别讨论外流与内流强迫流动换热的工程计算方法与常用的特征数关联式。

4.5.1 对流换热的准则方程式

相似理论(又称相似原理)是进行实验研究的理论基础[28~33],相似理论的三个核心内容是:①物理现象相似的性质;②特征数间的关系;③现象相似的条件。根据相似原理,不一定非在实物上而可以在与实物相似的模型上做实验,也就是人们常说的模化实验。相似理论正是从描述物理过程的微分方程组出发,探讨物理现象的基本函数规律,并且以相似特征数(习惯上又称相似准则)的形式来表示的各综合无量纲数之间应该遵循的相互关系,然后以这些关系作为实施实验、整理数据以及推广应用实验结果的基本依据。

对流换热中最常用的相似特征数有四个:

(1) 雷诺数 $Re \equiv ul/\nu$ (这里 $\nu = \mu/\rho$),它反映了流体中惯性力(驱动力)与粘性力(阻止运动的力)之比。在特征数方程中它代表着该流动状态时对换热强弱的影响。

(2) 普朗特数 $Pr \equiv \dfrac{\mu/\rho}{\beta}$,它表示了流体传递动量与传递热量能力之比。从流动与换热特性上常将流体分为三类:①$Pr \ll 1$,如液态金属;②$Pr \approx 1$,通常一般的流体,如水与空气等;③$Pr \gg 1$,例如各种油类。

(3) 努塞尔数 $Nu \equiv \alpha l/\lambda$,是对流换热问题中的待定特征数,它表示换热表面上的无量纲过余温度的梯度。

(4) 格拉晓夫(Grashof)数 $Gr \equiv \dfrac{g(\Delta T)l^3 \alpha_V}{(\mu/\rho)^2}$,它表示自然对流中的驱动力,即浮升力与粘性力之比,这里 α_V 为流体的体膨胀系数;g 为重力加速度;ΔT 为流体与壁面的温差值。

所谓对流换热的准则方程是指在对流换热的过程中特征数之间的关系。例如流体强迫对流换热的准则方程为

$$Nu = f(Re, Pr) \tag{4-165}$$

对于空气,它的 Pr 可作常数处理,因此空气受迫湍流换热时的准则方程为

$$Nu = f(Re) \tag{4-166}$$

对于自然对流换热,由于运动是由于温差引起的,因此 Re 是 Gr 的函数,所以自然对流换热的准则方程为

$$Nu = f(Gr, Pr) \tag{4-167}$$

因此,按照上述方程式的内容整理相应的实验数据便可以获得反映物理现象变化规律的实用关联式,从而解决了实验数据如何进行整理的问题。

最后,应加以说明的是,在本章的理论分析中大都假设物性参数(μ, c_p, k

等)为常数,显然这是不符合实际的。几乎在所有的情况下这些参数都与温度紧密相关,因此,前面推出的那些理论关系式或无量纲经验关系式所得结果的精确性便与计算这些物性参数时所选用的温度密切相关。在本章多数情况下,采用了下面两种平均温度中的一种。第一种是流体整体温度(或称混合温度),用符号 T_b 表示。它通常用于封闭管道内的强迫对流流动,是流体横截面上的平均温度(或流体在横截面充分混合后得出的温度)。第二种常用的是平均温度(或称平均膜温度),用符号 T_m 表示。它是表面温度 T_w 与(在物体外部绕流情况下)自由来流(或未扰动流体)温度 T_f 的算术平均值。在内部流动的情况下,有时也采用表面温度 T_w 与流体整体温度 T_b 进行平均获得这时的平均膜温度,而不是采用流体整体温度。在本章介绍的大量应用公式中,除特别指明外,通常求流体的物性参数时大都采用平均温度 T_m 作定性温度。

4.5.2 实验数据的整理方法

对流换热问题的准则方程,通常可整理成如下幂函数的形式,如

$$Nu = c(Re)^m \tag{4-168}$$

$$Nu = c(Re)^m(Pr)^n \tag{4-169}$$

$$Nu = c(Gr \cdot Pr)^m \tag{4-170}$$

式中,c、m、n 等都是由实验数据确定的量。下面以准则关系满足式(4-168)为例说明由一系列的实验数据获得 c、m 的过程。首先将式(4-168)两边取对数,即

$$\lg Nu = \lg c + m\lg Re \tag{4-171}$$

令

$$y = \lg Nu, \quad x = \lg Re, \quad a = \lg c$$

于是,式(4-171)变为

$$y = a + mx \tag{4-172}$$

如果做 k 次实验,可取得 k 组对应的 Nu 与 Re 值,将这些数据画在双对数坐标系中,如图4-6所示。显然,借助于"最小二乘法"便可由下列线性方程组求出 a 与 m 的值[34,35],这里线性方程组为

$$\left. \begin{array}{l} m\left(\sum_{i=1}^{k} x_i^2\right) + a\left(\sum_{i=1}^{k} x_i\right) = \sum_{i=1}^{k}(x_i y_i) \\ m\left(\sum_{i=1}^{k} x_i\right) + ak = \sum_{i=1}^{k} y_i \end{array} \right\} \tag{4-173}$$

式中,i 为实验点的编号,$x_i = \lg Re_i$,$y_i = \lg Nu_i$ 分别为实验点的横坐标与纵坐标。

同样地,对于一般作强迫对流换热的流动准

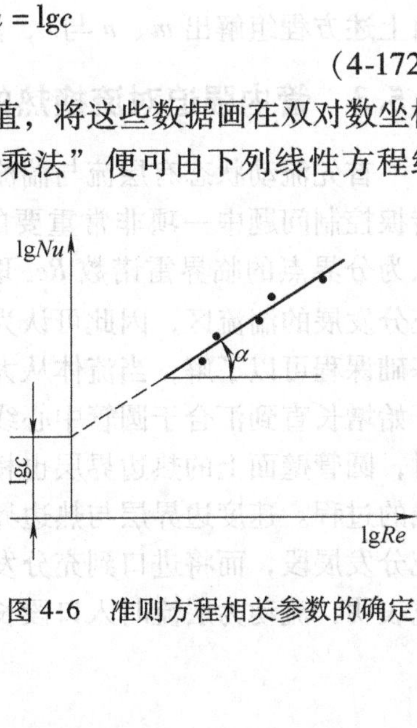

图 4-6 准则方程相关参数的确定

则方程可取为式(4-169)，于是，将式(4-169)两边取对数便得到

$$\lg Nu = \lg c + m \lg Re + n \lg Pr \tag{4-174}$$

或者写为

$$\tilde{z} = e + mx + ny \tag{4-175}$$

式中，e、x、y、$\tilde{z}$ 分别为

$$e = \lg c, \quad x = \lg Re, \quad y = \lg Pr, \quad \tilde{z} = \lg Nu \tag{4-176}$$

如果做 k 次实验，可取得 k 组实验数据 (Nu_i, Re_i, Pr_i)，$i = 1 \sim k$；将这些数据取对数后变为 (z_i, x_i, y_i)，$i = 1 \sim k$；这里 i 表示实验点的编号。而 $\tilde{z}_i (i = 1 \sim k)$ 表示按照式(4-174)计算得到的 $\lg Nu$ 的值。令

$$W = \sum_{i=1}^{k} (\tilde{z}_i - z_i)^2 = \sum_{i=1}^{k} (e + mx_i + ny_i - z_i)^2 \tag{4-177}$$

式中，W 表示 k 次实验值与计算值偏差的平方和。为使 W 取得最小值，可分别由

$$\frac{\partial W}{\partial m} = 0, \quad \frac{\partial W}{\partial n} = 0, \quad \frac{\partial W}{\partial e} = 0 \tag{4-178}$$

便得到下面三个线性方程组，即

$$\left. \begin{array}{l} m \left(\sum_{i=1}^{k} x_i^2 \right) + n \left[\sum_{i=1}^{k} (x_i y_i) \right] + e \left(\sum_{i=1}^{k} x_i \right) = \sum_{i=1}^{k} (z_i x_i) \\ m \left[\sum_{i=1}^{k} (x_i y_i) \right] + n \left(\sum_{i=1}^{k} y_i^2 \right) + e \left(\sum_{i=1}^{k} y_i \right) = \sum_{i=1}^{k} (z_i y_i) \\ m \left(\sum_{i=1}^{k} x_i \right) + n \left(\sum_{i=1}^{k} y_i \right) + ek = \sum_{i=1}^{k} z_i \end{array} \right\} \tag{4-179}$$

由上述方程组解出 m、n 与 e，然后代入式(4-169)便得到该流动的准则方程。

4.5.3 管内强迫对流换热的分析与计算

首先流动状态有层流与湍流之分，其转捩点或转捩雷诺数的确定是边界层转捩控制问题中一项非常重要的研究内容之一[36,37]。对于工程估算问题，常认为分界点的临界雷诺数 Re_c 取为 2300 左右；当雷诺数大于 10^4 之后认为是充分发展的湍流区，因此可认为 $2300 < Re < 10^4$ 的范围为过渡区。由流体力学基础课程可以了解，当流体从大空间流入一根圆管时，流动边界层有一个从零开始增长直到汇合于圆管中心线的过程。类似地，当流体与管壁之间有热交换时，圆管壁面上的热边界层也相应的有一个从零开始增长直到汇合于圆管中心线的过程。速度边界层与热边界层汇于圆管中心线以后的流动和换热区域称为充分发展段，而将进口到充分发展段之间的区域称之为入口段。大量的实验研究表明：流动为层流时入口段长度 l 为

$$\frac{l}{d} \approx 0.05Re \tag{4-180}$$

这里雷诺数 Re 定义为

$$Re = \frac{u_m d}{\dfrac{\mu}{\rho}} \tag{4-181}$$

式中，u_m 为管流截面的平均速度；d 为圆管直径。流动为湍流时，入口段的长度一般认为可按下式估算[38]

$$10 \leqslant \frac{l}{d} \leqslant 60 \tag{4-182}$$

与速度边界层相类似，对于热边界层来讲也有换热入口段长度的确定问题：对于层流，热入口段长度可按下式估算，即

$$\frac{l}{d} \approx 0.05RePr \tag{4-183}$$

显然当 $Pr<1$ 时，流体的热入口段要比流动入口段短，而当 $Pr>1$ 时正好与前面情况相反。尤其值得注意的是油类介质，它们的 Pr 值非常大，因此热入口段长度将会很长，致使许多油类介质换热设备出现了直到管道出口也没有达到热充分发展状态（但这里速度分布早已达到了充分发展）的情况。图4-7给出了层流与湍流时管内流动局部表面传热系数 α_x 的变化。

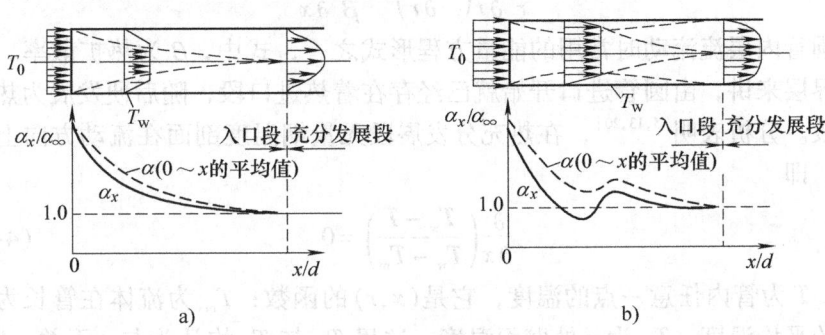

图4-7 管内流动局部表面传热系数 α_x 随 x 的变化
a）层流 b）湍流

下面由基本方程入手，讨论圆管流动的入口段与充分发展段的基本方程以及边界条件的一些特点。

圆管轴对称流动时柱坐标系的边界方程为

动量方程

$$\rho u \frac{\partial u}{\partial x} + \rho v_r \frac{\partial u}{\partial r} + \frac{dp}{dx} = \frac{1}{r}\frac{\partial}{\partial r}\left(r\mu \frac{\partial u}{\partial r}\right) \tag{4-184}$$

能量方程（轴对称流动，同时轴对称加热的情形）

$$\rho u \frac{\partial h}{\partial x} + \rho v_r \frac{\partial h}{\partial r} - \frac{\partial}{r \partial r}\left(r\lambda \frac{\partial T}{\partial r} \right) - \mu \left(\frac{\partial u}{\partial r} \right)^2 - u \frac{\mathrm{d}p}{\mathrm{d}x} = 0 \qquad (4\text{-}185)$$

当流动为轴对称,而传热为非轴对称,其能量方程(当略去耗散函数项与压力梯度项时)为

$$\rho u \frac{\partial h}{\partial x} + \rho v_r \frac{\partial h}{\partial r} - \left[\frac{1}{r} \frac{\partial}{\partial r}\left(r\lambda \frac{\partial T}{\partial r} \right) + \frac{1}{r^2} \frac{\partial}{\partial \varphi}\left(\lambda \frac{\partial T}{\partial \varphi} \right) + \frac{\partial}{\partial x}\left(\lambda \frac{\partial T}{\partial x} \right) \right] = 0 \qquad (4\text{-}186)$$

对速度边界层来讲,它的充分发展段表明了下面两式成立,即

$$v_r = 0, \qquad \frac{\partial u}{\partial x} = 0 \qquad (4\text{-}187)$$

并注意到圆管流动的边界条件为

$$\left. \begin{array}{l} r = 0 \text{ 时}, \dfrac{\partial u}{\partial r} = 0 \\ r = r_0 \text{ 时}, u = 0 \end{array} \right\} \qquad (4\text{-}188)$$

因此,由动量方程及边界条件便很容易求出充分发展段的速度分布,即

$$u = \frac{(r_0)^2}{4\mu}\left(-\frac{\mathrm{d}p}{\mathrm{d}x} \right)\left[1 - \left(\frac{r}{r_0} \right)^2 \right] \qquad (4\text{-}189)$$

这是典型的抛物线分布规律。当轴对称传热时,如果流动对称并且充分发展,在忽略耗散项与压力梯度的条件下能量方程式(4-186)可以被简化为

$$\frac{1}{r} \frac{\partial}{\partial r}\left(r \frac{\partial T}{\partial r} \right) = \frac{u}{\beta} \frac{\partial T}{\partial x} \qquad (4\text{-}190)$$

这是圆管内层流流动时常用的能量方程形式之一,式中,β 为热扩散率。对于热边界层来讲,由圆管进口开始就已经存在着热进口段,随后便发展为热充分发展段。分析表明[5,13,20],在热充分发展段无量纲温度剖面在流动方向上保持不变,即

$$\frac{\partial}{\partial x}\left(\frac{T_w - T}{T_w - T_m} \right) = 0 \qquad (4\text{-}191)$$

式中,T 为管内任意一点的温度,它是 (x,r) 的函数;T_m 为流体在管长为 x 截面处的平均温度;T_w 为 x 处壁面温度。这里 T_m 与 T_w 均认为与 r 无关。因此,在热充分发展段,无量纲温度仅仅是 r 的函数,所以将它对 r 求导数,当 $r = r_0$(即管壁)时,得到壁面处的边界条件为

$$\frac{\partial}{\partial r}\left(\frac{T_w - T}{T_w - T_m} \right)_{r=r_0} = -\frac{1}{T_w - T_m}\left(\frac{\partial T}{\partial r} \right)_{r=r_0} = \text{常数} \qquad (4\text{-}192)$$

另外,借助于流体的平均温度 T_m 以及壁温 T_w 获得对流传热表面传热系数 α,即(牛顿冷却公式)

$$q = \alpha(T_w - T_m) \qquad (4\text{-}193)$$

由壁面处流体的导热，得到

$$q = -\lambda \left(\frac{\partial T}{\partial r}\right)_{r=r_0} \tag{4-194}$$

由上面两式消去 q 后得

$$\frac{-\left(\frac{\partial T}{\partial r}\right)_{r=r_0}}{T_w - T_m} = \frac{\alpha}{\lambda} = 常数 \tag{4-195}$$

式(4-195)表明：常物性流体在热充分发展段其表面传热系数 α 保持不变，也就是说 α 不随 x 变化，这是热充分发展段的一个重要特征。再者，进一步将式(4-191)展开并从中求出 $\partial T/\partial x$，可得

$$\frac{\partial T}{\partial x} = \frac{dT_w}{dx} - \frac{T_w - T}{T_w - T_m}\frac{dT_w}{dx} + \frac{T_w - T}{T_w - T_m}\frac{dT_m}{dx} \tag{4-196}$$

将它代入式(4-190)后得到

$$\frac{1}{r}\frac{\partial}{\partial r}\left(r\frac{\partial T}{\partial r}\right) = \frac{u}{\beta}\left[\frac{dT_w}{dx} - \frac{T_w - T}{T_w - T_m}\frac{dT_w}{dx} + \frac{T_w - T}{T_w - T_m}\frac{dT_m}{dx}\right] \tag{4-197}$$

以下讨论两种热边界条件。

（1）第一种：认为每单位管长的热流密度 q 恒定，即

$$q = \alpha(T_w - T_m) = 常数 \tag{4-198}$$

因为 α 为常量，因此由上式推知

$$T_w - T_m = 常数$$

因此有

$$\frac{dT_w}{dx} = \frac{dT_m}{dx} \tag{4-199}$$

将式(4-199)代入式(4-197)后得到

$$\frac{1}{r}\frac{\partial}{\partial r}\left(r\frac{\partial T}{\partial r}\right) = \frac{u}{\beta}\frac{dT_m}{dx} \tag{4-200}$$

并注意到如下定解条件

$$\left.\begin{array}{ll} r = r_0 \text{ 时,} & T = T_w \\ r = 0 \text{ 时,} & \partial T/\partial r = 0 \end{array}\right\} \tag{4-201}$$

原则上借助于式(4-201)、式(4-200)可获得分析解，本书因篇幅所限不再给出求解细节。

（2）第二种：认为表面温度恒定，即

$$\frac{dT_w}{dx} = 0 \tag{4-202}$$

于是式(4-197)此时变为

$$\frac{1}{r}\frac{\partial}{\partial r}\left(r\frac{\partial T}{\partial r}\right) = \frac{u}{\beta}\frac{T_w - T}{T_w - T_m}\frac{dT_m}{dx} \quad (4\text{-}203)$$

并加上定解条件式(4-201)，则式(4-203)原则上可以采用逐次逼近法进行求解，同样地，本书对此不予详细讨论，读者可参阅本章参考文献[20,2]等。以上讨论的是圆管层流流动时边界层方程及其充分发展段的一些特点，下面讨论圆管湍流流动时的情况。对于定常、常物性湍流流动，其动量传递方程为

$$\bar{u}\frac{\partial \bar{u}}{\partial x} + \bar{v}_r\frac{\partial \bar{u}}{\partial r} - \frac{1}{r}\frac{\partial}{\partial r}\left[\left(\frac{\mu}{\rho} + \varepsilon_m\right)r\frac{\partial \bar{u}}{\partial r}\right] + \frac{1}{\rho}\frac{d\bar{p}}{dx} = 0 \quad (4\text{-}204)$$

式中，ε_m 为湍流动量扩散率，显然其含义同式(4-139)。值得注意的是，对于充分发展的湍流区，在大多数情况下有 $\varepsilon_m \gg \frac{\mu}{\rho}$，而在紧靠近壁面的粘性底层中 $\frac{\mu}{\rho} \gg \varepsilon_m$；定截面管中流动的重要特点是在管道进口段边界层不断生长，最终相遇于圆管的中心线，以后边界层不可能进一步增大，因此必然要达到一种充分发展的流动状态，这时径向分速度 $\bar{v}_r$ 必须为零，$\bar{u}$ 必须只是 r 的函数，于是式(4-204)退化为一个常微分方程，即

$$\frac{1}{r}\frac{d}{dr}\left[\left(\frac{\mu}{\rho} + \varepsilon_m\right)r\frac{d\bar{u}}{dr}\right] = \frac{1}{\rho}\frac{d\bar{p}}{dx} \quad (4\text{-}205)$$

值得注意的是，借助于大量的实验数据以及相关壁面律的表达式，可以得到从粘性底层以外一直到圆管中心线这一范围内 u^+ 的表达式，即[20]

$$u^+ = 2.5\ln\left[y^+ \frac{1.5\left(1 + \frac{r}{r_0}\right)}{1 + 2\left(\frac{r}{r_0}\right)^2}\right] + 5.5 \quad (4\text{-}206)$$

在粘性底层内仍可用 Van Driest 提出的公式进行计算，其表达式为

$$u^+ = \int_0^{y^+} \frac{2}{1 + \sqrt{1 + 4a(y^+)}}dy^+ \quad (4\text{-}207)$$

式中

$$a = (ky^+)^2\left[1 - \exp\left(-\frac{y^+}{A^+}\right)\right]^2 \quad (4\text{-}208)$$

$$u^+ = \frac{\bar{u}}{u_\tau}, \qquad y^+ = \frac{ru_\tau}{\frac{\mu}{\rho}} \quad (4\text{-}209)$$

式中，k 为 Von Karman 常数，取 $k = 0.4$；A^+ 为与粘性底层厚度有关的无量纲参数，建议取 $A^+ = 26$；u_τ 为摩擦速度[24]，对于充分发展的湍流流动，在不同的 Re 范围内摩擦系数有不同的表达式，例如在 $10^4 < Re < 5 \times 10^4$ 的范围内有

$$\frac{C_f}{2} = 0.039 Re^{-0.25} \tag{4-210}$$

在 $10^4 < Re < 5\times 10^6$ 的范围内有[39]

$$\frac{C_f}{2} = (2.236\ln Re - 4.639)^{-2} \tag{4-211}$$

对于圆管层流轴对称流动时的能量方程,在省略了耗散函数项、压力梯度项以及轴向导热后方程式(4-186)可退化为

$$\rho u c_p \frac{\partial T}{\partial x} + \rho v_r c_p \frac{\partial T}{\partial x} - \frac{1}{r}\frac{\partial}{\partial r}\left(r\lambda \frac{\partial T}{\partial r}\right) = 0 \tag{4-212}$$

如果圆管内的流动为湍流,则相应的能量方程为

$$\bar{u}\frac{\partial \bar{T}}{\partial x} + \bar{v}_r \frac{\partial \bar{T}}{\partial x} - \frac{1}{r}\frac{\partial}{\partial r}\left[r(\beta + \varepsilon_H)\frac{\partial \bar{T}}{\partial r}\right] = 0 \tag{4-213}$$

对于充分发展的湍流流动,由于该情况下 $\bar{v}_r = 0$ 且 $\bar{u}$ 仅是 r 的函数,因此,式(4-213)可以进一步简化为

$$\frac{1}{r}\frac{\partial}{\partial r}\left[r(\beta + \varepsilon_H)\frac{\partial \bar{T}}{\partial r}\right] = \bar{u}\frac{\partial \bar{T}}{\partial x} \tag{4-214}$$

式中,β 为热扩散率;ε_H 为传热的湍流扩散率,其定义为

$$\overline{T'v'_r} = -\varepsilon_H \frac{\partial \bar{T}}{\partial r} \tag{4-215}$$

与动量边界层的情况相类似也有如下特点:在充分发展的湍流区,$\varepsilon_H \gg \beta$,而在紧靠壁面的粘性底层则有 $\beta \gg \varepsilon_H$;当管内的速度与温度剖面是充分发展时,方程式(4-214)成立,这时的边界条件为

$$\text{在 } r = r_0 \text{ 时},\ \bar{T} = T_w \tag{4-216}$$
$$\text{在 } r = 0 \text{ 时},\ \partial \bar{T}/\partial r = 0 \tag{4-217}$$

本章参考文献[20]中给出了在上述情况下湍流努塞尔数的计算表达式,即

$$Nu = \frac{0.152 Re^{0.9} Pr}{0.833[2.25\ln(0.114 Re^{0.9}) + 13.2 Pr - 5.8]} \tag{4-218}$$

当 $Re < 10^5$ 时,上式与实验数据符合得很好。对于气体来讲,如果 Pr 数在 0.5~1.0 的范围内,则使用下式更为简单,这时它也可以很好地接近实验数据,其表达式为

$$Nu = 0.022 Pr^{0.5} Re^{0.8} \qquad (Re < 10^5) \tag{4-219}$$

Petukhov 给出了一个 Re 数与 Pr 数在广泛范围内可以使用的表达式,即[39]

$$Nu = \frac{RePr\left(\dfrac{C_f}{2}\right)}{1.07 + 12.7(Pr^{\frac{2}{3}} - 1)\sqrt{\dfrac{C_f}{2}}} \tag{4-220}$$

按上式计算出的值与实验数据相比,误差在10%的范围内。上式Re数与Pr数的适用范围为$0.5 < Pr < 2000$与$10^4 < Re < 5 \times 10^6$;另外,在式(4-220)中摩擦系数$C_f$仍由式(4-211)定出。

对于Pr值很低(如液态金属)的传热,这里给出一个较好的经验方程即

$$Nu = 6.3 + 0.0167 Re^{0.85} Pr^{0.93} \tag{4-221}$$

另外,有关文献还给出了$Pr = 0.0153$时液态金属的实验数据并与上式进行了比较,如图4-8所示,图中实线为按式(4-221)计算的结果,圆圈表示实验数据。显然,该图已表明:计算结果仅在低Re数时出现偏差,其余部分符合与实验数据较好。

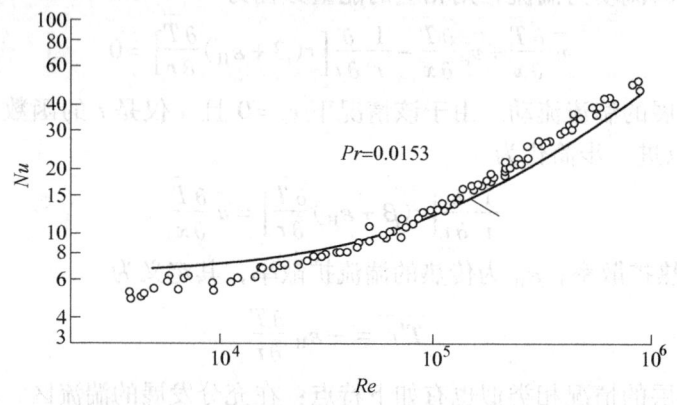

图4-8 $Pr = 0.0153$时计算与实验数据的比较

应该指出,光滑管内湍流换热的半经验公式和实验关联式有许多种形式,除了以上介绍的,以下再介绍一个适用于中等以下温差换热的Dittus-Boelter(迪图斯-贝尔特)公式,即

流体被加热时($T_w > T_f$)　　　$Nu_f = 0.023 Re_f^{0.8} Pr_f^{0.4}$　　(4-222)

流体被冷却时($T_w < T_f$)　　　$Nu_f = 0.023 Re_f^{0.8} Pr_f^{0.3}$　　(4-223)

上面两式的适用范围为:$Re_f = 10^4 \sim 1.2 \times 10^5$;$Pr_f = 0.7 \sim 120$;直管且$l/d > 60$;壁面与流体间温差对于气体则小于50℃,对于水则小于30℃,对于油类则小于10℃。当流体与壁面之间的温差较大时,则采用下式

$$Nu_f = 0.027 \varepsilon_t Re_f^{0.8} Pr_f^{\frac{1}{3}} \tag{4-224}$$

式中,ε_t为温度修正系数。对于液体则$\varepsilon_t = (\mu_f/\mu_w)^n$,这里$\mu_f$与$\mu_w$分别为温度为$T_f$和$T_w$时的流体动力粘度。加热液体时$n$取为0.11,冷却时$n$取为0.25。对于气体则有$\varepsilon_t = (T_f/T_w)^n$,加热气体时$n$取为0.55,冷却时$n$取为0。通常式(4-224)称为Sieder-Tate(希德-台特)公式。

以上介绍了管内湍流强迫对流换热计算的常用经验公式，下面简介管内层流换热的关联式。在实际工程换热设备中，层流状态的换热常常处于管道的入口段。对于层流换热，Sieder 与 Tate 提出了常壁温层流换热的关联式为

$$Nu_f = 1.86 \left(Pe_f \frac{d}{l} \right)^{\frac{1}{3}} \left(\frac{\mu_f}{\mu_w} \right)^{0.14} \tag{4-225}$$

式中，Pe 为贝克来（Peclet）数，其定义为

$$Pe = Pr \cdot Re \tag{4-226}$$

式（4-225）的适用范围为：$Re_f < 2200$，$Pr = 0.5 \sim 17000$，$\mu_f/\mu_w = 0.044 \sim 9.8$，$Pe_f \frac{d}{l} > 10$；如果 $Pe_f \frac{d}{l} < 10$ 时则可采用 Hausen（豪森）给出的公式[40]计算，即

$$Nu_f = 3.66 + \frac{0.0668 Pe_f \frac{d}{l}}{1 + 0.04 \left(Pe_f \frac{d}{l} \right)^{\frac{2}{3}}} \left(\frac{\mu_f}{\mu_w} \right)^{0.14} \tag{4-227}$$

当雷诺数在 $2200 \sim 10^4$ 之间时，流动处于从层流向湍流过渡的区域，在这个区域内的换热公式具体如下[41]。

（1）气体。当 $0.6 < Pr_f < 1.5$，$0.5 < \frac{T_f}{T_w} < 1.5$，$2300 < Re_f < 10^4$ 时

$$Nu_f = 0.0214 (Re_f^{0.8} - 100) Pr_f^{0.4} \left[1 + \left(\frac{d}{l} \right)^{\frac{2}{3}} \right] \left(\frac{T_f}{T_w} \right)^{0.45} \tag{4-228}$$

（2）液体。当 $1.5 < Pr_f < 500$，$0.05 < \frac{Pr_f}{Pr_w} < 20$，$2300 < Re_f < 10^4$ 时

$$Nu_f = 0.012 (Re_f^{0.87} - 280) Pr_f^{0.4} \left[1 + \left(\frac{d}{l} \right)^{\frac{2}{3}} \right] \left(\frac{Pr_f}{Pr_w} \right)^{0.11} \tag{4-229}$$

应该指出，上述两式与实验数据间的偏差在 20% 以内。

4.5.4　外部流动强迫对流换热时的实验关联式

外部流动强迫对流换热问题涉及面很广，本节仅介绍两种情况：一种是横掠单管的换热问题，另一种是横掠管束的换热问题。

1. 横掠单管换热的实验关联式

这里所谓横掠单管流动就是指流体沿着垂直于圆管轴线方向流过圆管表面的流动过程。流体绕圆柱的流动已在流体力学基础课程中讲过，其流动图案如图 4-9 所示，对此可作如下定性的说明：大约在圆管的前半周，壁面附近的流体压力沿程递降（即 $dp/dx < 0$），相应的主流速度沿程递增（即 $du/dx > 0$）。在

圆管的后半周，沿程压力递增（即 $dp/dx > 0$），主流速度递减（即 $du/dx < 0$）。在沿程压力增加的区域内，流体只能依靠它自身的动量减小来克服压力的增长而向前运动。当壁面上某一点的速度变化率$(du/dy)_w$ 等于零时，随后便会产生与流动方向相反的回流，如图 4-9b 所示，这一转折点称为绕流脱体的起点（又称分离点）[24]，分离点后$(du/dy) < 0$，流体产生旋涡。当然，分离点的位置与 Re 数有关，对于圆管来讲，$Re < 1.4 \times 10^5$ 时边界层为层流，分离点在 $\varphi = 80° \sim 85°$ 的范围内；当 $Re \geqslant 1.4 \times 10^5$ 时边界层发生转捩，边界层先由层流状态变为湍流，然后发生边界层分离。由于湍流边界层中流体动能大于层流，因此湍流时分离点推后到 $\varphi \approx 140°$ 左右。绕圆柱时边界层的发展和分离等特征决定了外掠圆管的换热特征，图 4-10 给出了恒定热流的边界条件下局部 Nu 的值随角度 φ 与 Re 数的变化曲线。由该图看出，从前驻点开始，随着层流边界层的增厚，Nu_φ 的值将随 φ 增加而减小，在 $\varphi \approx 80°$ 处它达到了最小值；随后因边界层分离，出现了涡漩，加强了扰动而使 Nu_φ 值回升。对于高 Re 数情况，由于边界层在分离以前已发展为湍流流动，因此 Nu_φ 值出现了两次回升：一次发生在由层流转变为湍流，另一次是由于湍流边界层发生了分离。

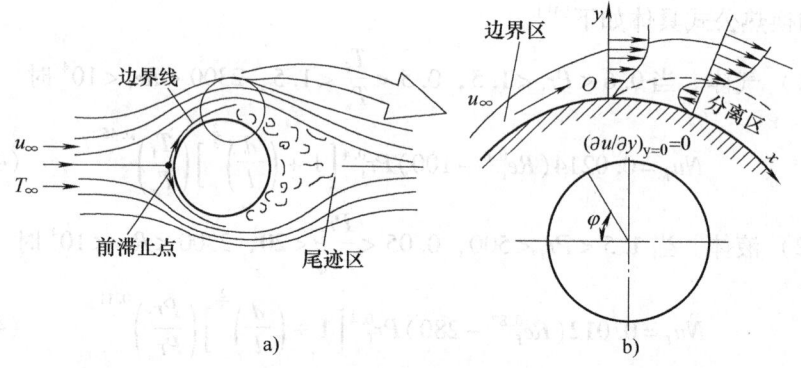

图 4-9　流体横掠圆管的流动

应该指出，在工程计算中人们最关心的往往是沿管周边的对流换热平均表面传热系数 $\bar{\alpha}$ 以及对应的平均努塞尔数 $\overline{Nu}$，下面介绍由 Hilpert、Knudsen 和 Katz 等人根据大量实验数据而归纳出的公式[42]，即

$$\overline{Nu_d} \equiv \frac{\bar{\alpha} d}{\lambda} = c(Re_d)^n (Pr)^{\frac{1}{3}} \tag{4-230}$$

式中，c 与 n 由表 4-1 给出；雷诺数 Re_d 中的特征速度取为来流速度 u_∞；定性温度为 $(T_w + T_\infty)/2$；特征长度为管子外径。

表 4-1 式(4-230)中的 c 与 n 值

Re_d	c	n
0.4 ~ 4	0.989	0.330
4 ~ 40	0.911	0.385
40 ~ 4000	0.683	0.466
$4\times10^3 \sim 4\times10^4$	0.193	0.618
$4\times10^4 \sim 4\times10^5$	0.027	0.805

2. 横掠管束换热的实验关联式

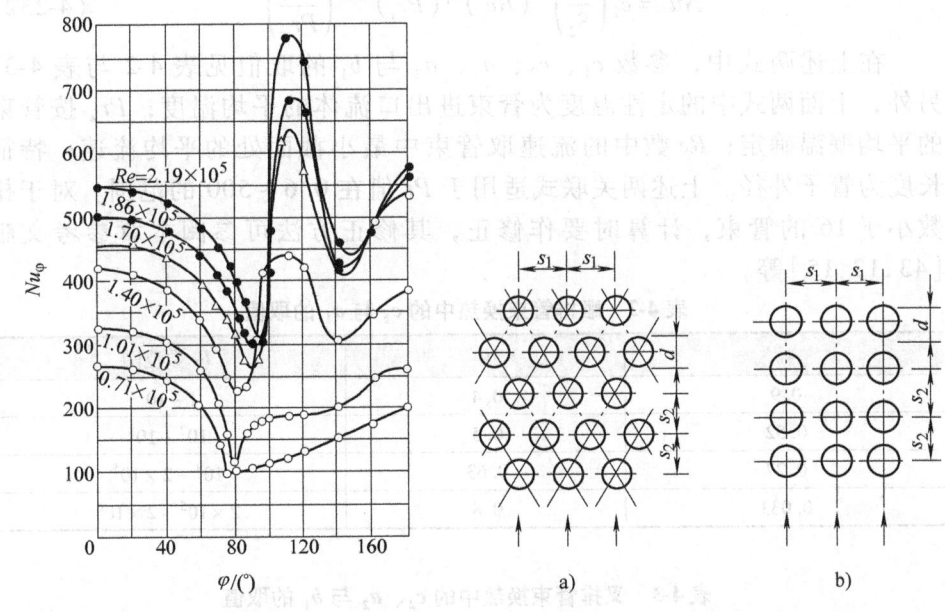

图 4-10 横掠圆管时局部 Nu 的值
随角 φ 的变化

图 4-11 顺排和叉排管束
a) 叉排 b) 顺排

外掠管束换热在各类管式换热器、锅炉和暖风器等专用换热设备中广为采用。在管束中,各排管的流动特性在很大程度上取决于管子排列的形式,常见的有两种管排形式(见图 4-11):一种为顺排,另一种为叉排。流体绕过顺排与叉排管束时的流动状态差异很大,叉排时流体在管间交替收缩与扩张的弯曲通道中流动,而顺排时则流道相对比较平直,所以叉排时流体的扰动较好,换热比顺排时强。然而,叉排管束的阻力损失大于顺排。因此,对换热设备的设计而言,正确选择管子的排列方式及参数是结构设计时一个重要问题。大量的实验研究表明:管束前几排管对流传热的平均表面传热系数 $\overline{\alpha}$ 是不相同的,大约从第 3 排开始平均表面传热系数才趋于一致。通常在来流湍流度不大时，叉排管束第 1 排的放热约为第 3 排管及其以后各排管的 60%，而第 2 排管约为 70%；对于顺排管束则第 1 排的放热量约为第 3 排管的 60%，而第 2 排管约为 90%。本章参考文献[43]对流体外掠管束的传热进行了系统的归纳总结，其相关的重要关联式有：

（1）顺排管束。当总排数≥16 时

$$\overline{Nu_\mathrm{f}} = c_1 (Re_\mathrm{f})^{a_1} (Pr_\mathrm{f})^{0.36} \left(\frac{Pr_\mathrm{f}}{Pr_\mathrm{w}}\right)^{0.25} \quad (4\text{-}231)$$

（2）叉排管束。当总排数≥16 时

$$\overline{Nu_\mathrm{f}} = c_2 \left(\frac{S_1}{S_2}\right)^{a_2} (Re_\mathrm{f})^{b_1} (Pr_\mathrm{f})^{0.36} \left(\frac{Pr_\mathrm{f}}{Pr_\mathrm{w}}\right)^{0.25} \quad (4\text{-}232)$$

在上述两式中，参数 c_1、c_2、a_1、a_2 与 b_1 的取值见表 4-2 与表 4-3。另外，上面两式中的定性温度为管束进出口流体的平均温度；Pr_w 按管束的平均壁温确定；Re 数中的流速取管束中最小截面处的平均流速；特征长度为管子外径。上述两关联式适用于 Pr 值在 0.6~500 的范围。对于排数小于 16 的管束，计算时要作修正，其修正方法可参阅本章参考文献[43,13,15]等。

表 4-2 顺排管束换热中的 c_1 与 a_1 的取值

c_1	a_1	Re 数范围
0.9	0.4	$1 \sim 10^2$
0.52	0.5	$10^2 \sim 10^3$
0.27	0.63	$10^3 \sim 2 \times 10^5$
0.033	0.8	$2 \times 10^5 \sim 2 \times 10^6$

表 4-3 叉排管束换热中的 c_2、a_2 与 b_1 的取值

c_2	a_2	b_1	Re 数范围
1.04	0	0.4	$1 \sim 5 \times 10^2$
0.71	0	0.5	$5 \times 10^2 \sim 10^3$
0.35	0.2	0.6	$10^3 \sim 2 \times 10^5$（当 $s_1/s_2 \leqslant 2$ 时）
0.40	0	0.6	$10^3 \sim 2 \times 10^5$（当 $s_1/s_2 > 2$ 时）
0.031	0.2	0.8	$2 \times 10^5 \sim 2 \times 10^6$

4.6 无限大空间与有限空间自然对流换热的分析

自然对流换热（又称自由对流换热）因流体所处空间的大小可分为两类，一类是流体处在很大的空间中，这时边界层的发展不受限制和干扰，如室内供

暖散热器对空气的换热，建筑物墙表面的换热或架空的热力管道向周围空气的传热等。因空间大，自由流动不受干扰，称为无限空间自然对流换热。另一类是流体封闭在一个小空间内自由流动，如双层玻璃窗中的空气层，这时边界层无法自由发展，称为有限空间的自由对流换热。

4.6.1 竖壁恒壁温条件下层流边界层方程组的相似解

在自然对流中起主要作用的是浮升力，正是这个力维持着这一流动。考虑热竖壁引起的自然换热问题，选取图 4-12 所示的坐标系，因此 y 方向动量方程根据量级分析完全可以略去不计，在 x 方向的动量方程中，注意到体积力 $F_x = -\rho g$，并略去主流方向的二阶导数，于是有

$$u\frac{\partial u}{\partial x} + v\frac{\partial u}{\partial y} = -g - \frac{1}{\rho}\frac{\partial p}{\partial x} + \frac{\mu}{\rho}\frac{\partial^2 u}{\partial y^2} \quad (4\text{-}233)$$

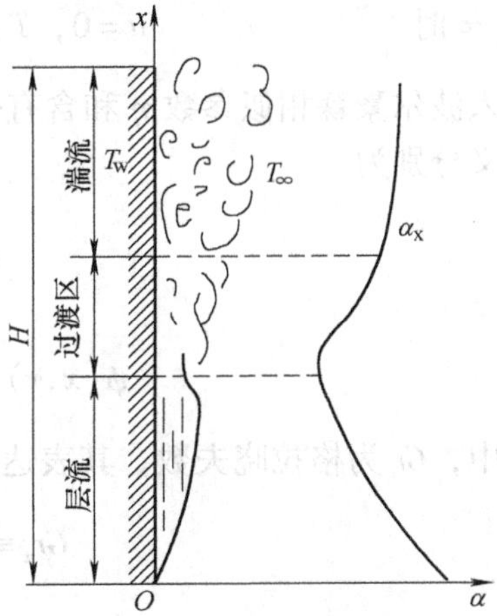

注意到沿竖壁的压力梯度是由于高度变化引起的，因此有

$$\frac{\partial p}{\partial x} = -\rho_\infty g \quad (4\text{-}234)$$

图 4-12 竖壁自然对流时坐标系的选取

将式(4-234)代入式(4-233)后得到

$$u\frac{\partial u}{\partial x} + v\frac{\partial u}{\partial y} = \frac{g}{\rho}(\rho_\infty - \rho) + \frac{\mu}{\rho}\frac{\partial^2 u}{\partial y^2} \quad (4\text{-}235)$$

引入流体的体膨胀系数 α_V，其定义为

$$\alpha_V = \frac{1}{v}\left(\frac{\partial v}{\partial T}\right)_p \approx \frac{1}{v_\infty}\left(\frac{v - v_\infty}{T - T_\infty}\right) = \rho_\infty \left(\frac{\frac{1}{\rho} - \frac{1}{\rho_\infty}}{T - T_\infty}\right) \quad (4\text{-}236)$$

式中，$v = 1/\rho$；于是有

$$\rho_\infty - \rho = \rho\alpha_V(T - T_\infty) \quad (4\text{-}237)$$

考虑式(4-237)，于是式(4-235)变为

$$u\frac{\partial u}{\partial x} + v\frac{\partial u}{\partial y} = g\alpha_V(T_\infty - T) + \frac{\mu}{\rho}\frac{\partial^2 u}{\partial y^2} \quad (4\text{-}238)$$

这就是沿竖壁自然对流时边界层动量方程的微分形式，它与强迫流动的动量方程相比多出等号右侧的第 1 项，即浮升力项。实际上这一项是体积力与压力梯度两部分的组合，而且这一项中含有温度 T。

对于边界层中的能量方程，如果再略去粘性耗散项则式(4-45)此时可退化为

$$u\frac{\partial T}{\partial x} + v\frac{\partial T}{\partial y} = \beta\frac{\partial^2 T}{\partial y^2} \qquad (4\text{-}239)$$

于是式(4-46)、式(4-239)与式(4-238)便构成了二维不可压缩、浮升力驱动的层流边界层基本方程组。对于等温竖壁面其边界条件为

$y = 0$ 时 $\qquad u = 0,\ v = 0,\ T = T_w \qquad (4\text{-}240)$

$y = \infty$ 时 $\qquad u = 0,\ T = T_\infty,\ \dfrac{\partial u}{\partial y} = 0,\ \dfrac{\partial T}{\partial y} = 0 \qquad (4\text{-}241)$

引入波尔豪森相似参数 η 和含有一个未知函数 $f(\eta)$ 的流函数 $\psi(x,y)$，它们的定义分别为

$$\eta = \frac{y}{x}\left(\frac{Gr_x}{4}\right)^{\frac{1}{4}} \qquad (4\text{-}242)$$

$$\psi(x,y) = f(\eta)\left[4\frac{\mu}{\rho}\left(\frac{Gr_x}{4}\right)^{\frac{1}{4}}\right] \qquad (4\text{-}243)$$

式中，Gr 为格拉晓夫数，其表达式为

$$Gr_x \equiv \frac{g\alpha_V(T_w - T_\infty)x^3}{\left(\dfrac{\mu}{\rho}\right)^2} \qquad (4\text{-}244)$$

由不可压缩流的流函数 ψ 的定义

$$u = \frac{\partial \psi}{\partial y},\ v = -\frac{\partial \psi}{\partial x} \qquad (4\text{-}245)$$

于是可推出

$$\left.\begin{aligned} u &= \frac{2\mu}{\rho x}(Gr_x)^{\frac{1}{2}}f' \\ v &= \frac{\mu}{\rho x}\left(\frac{Gr_x}{4}\right)^{\frac{1}{4}}(\eta f' - 3f) \end{aligned}\right\} \qquad (4\text{-}246)$$

再定义无量纲温度 θ，其表达式为

$$\theta \equiv \frac{T - T_\infty}{T_w - T_\infty} \qquad (4\text{-}247)$$

于是借助于上述诸式，式(4-238)与式(4-239)可变为

$$\left.\begin{aligned} f''' + 3ff'' - 2(f')^2 + \theta &= 0 \\ \theta'' + 3Pr f\theta' &= 0 \end{aligned}\right\} \qquad (4\text{-}248)$$

式中，撇号表示对 η 的微分。这时，边界条件式(4-240)变为

$$\left.\begin{aligned} \eta = 0\ \text{时} &\quad f = 0,\ f' = 0,\ \theta = 1 \\ \eta = \infty\ \text{时} &\quad f' \to 0,\ \theta \to 0 \end{aligned}\right\} \qquad (4\text{-}249)$$

本章参考文献[44]获得了方程组式(4-248)以及在边界条件式(4-249)时的数值解，图4-13a与图4-13b分别给出该情况下的速度分布与温度分布。

第4章 对流换热过程的数学描述以及强迫与自然对流换热的分析

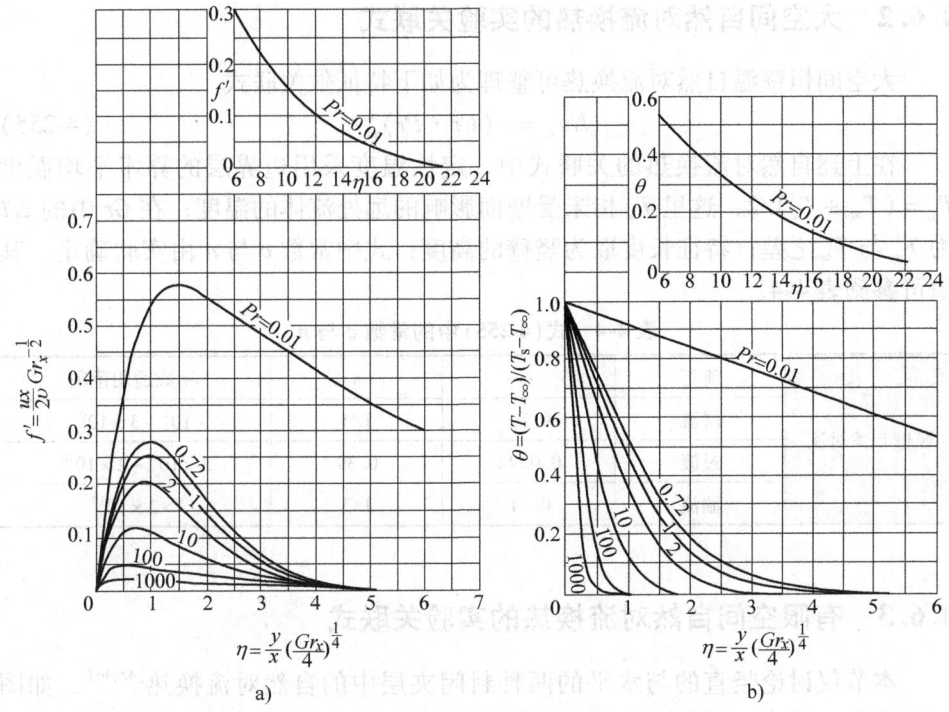

图 4-13 自然对流层流边界层内的速度与温度分布

获得了温度分布之后便可确定局部热流密度。在壁面上由于流体的速度为零，因此只能依靠导热实现传热，所以

$$q_w = -\lambda \left.\frac{\partial T}{\partial y}\right|_{y=0} = -\frac{\lambda}{x}(T_w - T_\infty)\left(\frac{Gr_x}{4}\right)^{\frac{1}{4}}\left.\frac{d\theta}{d\eta}\right|_{\eta=0} \quad (4\text{-}250)$$

上述能量需通过对流带走，因此有

$$q_w = \alpha(T_w - T_\infty) \quad (4\text{-}251)$$

联立式(4-250)与式(4-251)，并注意到局部努塞尔数的定义，则有

$$Nu_x = \frac{\alpha x}{\lambda} = -\left(\frac{Gr_x}{4}\right)^{\frac{1}{4}}\left.\frac{d\theta}{d\eta}\right|_{\eta=0} \quad (4\text{-}252)$$

由图 4-13b 可以看出，在壁面的温度曲线的斜率与流体的 Pr 数有关，不妨令

$$f(Pr) = -\left.\frac{d\theta}{d\eta}\right|_{\eta=0} \quad (4\text{-}253)$$

于是式(4-252)可变为

$$Nu_x = f(Pr)\left(\frac{Gr_x}{4}\right)^{\frac{1}{4}} \quad (4\text{-}254)$$

4.6.2 大空间自然对流换热的实验关联式

大空间恒壁温自然对流换热可整理为如下特征数关联式

$$Nu_m = c(Gr \cdot Pr)_m^n \qquad (4\text{-}255)$$

在上述自然对流换热的关联式中,定性温度采用边界层的算术平均温度 $T_m = (T_\infty + T_w)/2$,这里 T_∞ 指未受壁面影响的远处流体的温度;在 Gr 中的 ΔT 为 T_w 与 T_∞ 之差;特征长度取为竖壁的高度;式中常数 c 与 n 由实验确定,其值可参阅表 4-4。

表 4-4 式(4-255)中的常数 c 与 n

	流态	c	n	Gr 数适用范围
竖壁自然对流	层流	0.59	1/4	$10^4 \sim 3 \times 10^9$
	过渡	0.0292	0.39	$3 \times 10^9 \sim 2 \times 10^{10}$
	湍流	0.11	1/3	$> 2 \times 10^{10}$

4.6.3 有限空间自然对流换热的实验关联式

本节仅讨论竖直的与水平的两种封闭夹层中的自然对流换热[45,46],如图 4-14 所示。竖直、倾斜或水平的矩形夹层是有限空间自然对流换热问题中最典型的一类,它可以用牛顿冷却公式或者大平壁导热公式计算其热流密度,即

$$q_w = \bar{\alpha}(T_1 - T_2) = (Nu_\delta)\frac{\lambda}{\delta}(T_1 - T_2) = \frac{\lambda_e}{\delta}(T_1 - T_2) \qquad (4\text{-}256)$$

式中,$\bar{\alpha}$ 为平均表面传热系数;λ_e 为流体的当量热导率,显然有

$$\lambda_e = \lambda Nu_\delta \qquad (4\text{-}257)$$

对于竖夹层(见图 4-14a),通常人们认为当夹层的厚度与高度之比即 $\delta/h > 0.3$ 时,则冷热两壁的自由流动边界层将不会相互干扰,于是夹层的换热便可按无限大空间自然对流换热问题处理;如果 $\delta/h \leqslant 0.3$ 时,由于靠近热壁的流体向上运动而靠近冷壁的流体向下运动,冷热两股流动的边界层将相互作用,在一段距离内形成环流,因此,在整个夹层内可能形成若干个这样的环流,正是由于环流的存在使夹层的传热系数变大。对于竖立空气

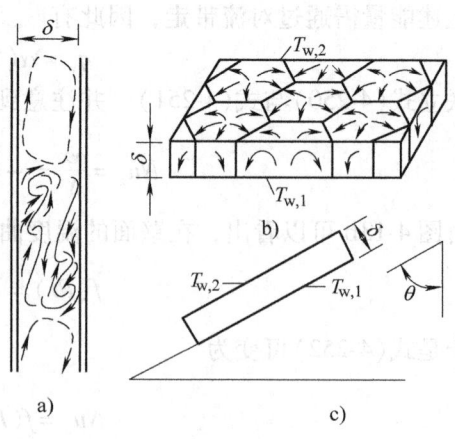

图 4-14 三种夹层的自然对流

夹层，在恒壁温的边界条件下本章参考文献[45,47]给出如下两个实验关联式：

(1) 当 $2 < \dfrac{h}{\delta} < 10$、$Pr < 10^5$、$Ra_\delta < 10^{10}$ 时，则有

$$\overline{Nu_\delta} = 0.22 \left(\dfrac{Pr}{0.2+Pr} Ra_\delta\right)^{0.28} \left(\dfrac{\delta}{h}\right)^{\frac{1}{4}} \qquad (4\text{-}258)$$

(2) 当 $1 < \dfrac{h}{\delta} < 2$、$10^{-3} < Pr < 10^5$、$10^3 < (Ra_\delta Pr)/(0.2+Pr)$ 时，有

$$\overline{Nu_\delta} = 0.18 \left(\dfrac{Pr}{0.2+Pr} Ra_\delta\right)^{0.29} \qquad (4\text{-}259)$$

式中，Ra_δ 称为 Rayleigh(瑞利)数，其定义式为

$$Ra_\delta = Gr_\delta Pr = \dfrac{g\alpha_V(T_w - T_\infty)\delta^3}{\beta \dfrac{\mu}{\rho}} \qquad (4\text{-}260)$$

对长高比 (h/δ) 值较大的情况，本章参考文献[48]给出了如下两个实验关联式：

(1) 当 $10 < \left(\dfrac{h}{\delta}\right) < 40$、$1 < Pr < 2 \times 10^4$、$10^4 < Ra_\delta < 10^7$ 时，则

$$\overline{Nu_\delta} = 0.42 \, (Ra_\delta)^{\frac{1}{4}} (Pr)^{0.012} \left(\dfrac{\delta}{h}\right)^{0.3} \qquad (4\text{-}261)$$

(2) 当 $1 < \left(\dfrac{h}{\delta}\right) < 40$、$1 < Pr < 20$、$10^6 < Ra_\delta < 10^9$ 时，则

$$\overline{Nu_\delta} = 0.046 \, (Ra_\delta)^{\frac{1}{3}} \qquad (4\text{-}262)$$

对于水平夹层，热面在下(即图 4-14b 中的 $T_{w1} > T_{w2}$)是发生自然对流的基本条件。如果以夹层厚度为特征尺寸的 $Ra_\delta < 1700$，浮升力尚不足以克服流体的粘性力，因此没有对流发生，热量传递仅依靠导热方式进行。但当 $1700 < Ra_\delta < 5 \times 10^4$ 时，将出现很有规律的六边形蜂窝状环流，常称其为 Benard 蜂窝。当 Ra_δ 数更大时，有规律的蜂窝瞬间消失，流动呈现出湍流状态。水平空气夹层自然对流的关联式为

$$\overline{Nu_\delta} = c \, (Ra_\delta)^b \qquad (4\text{-}263)$$

式中，常数 c 与 b 的取值由表 4-5 决定。

表 4-5　式(4-263)中的常数 c 与 b

c	b	适用条件
0.059	0.4	$1700 < Ra_\delta < 7000$，$0.5 < Pr < 2$
0.212	1/4	$7000 < Ra_\delta < 3.2 \times 10^5$，$0.5 < Pr < 2$
0.061	1/3	$Ra_\delta > 3.2 \times 10^5$，$0.5 < Pr < 2$

4.7 高速流动下的对流换热分析与实验关联式

工程中常会遇到在高速流动下的对流换热问题,例如燃气与涡轮叶片间的换热[49,50],火箭发动机中燃气与喷管壁面间的换热,航天飞机或人造卫星返回地球经过稠密大气层时与大气间的换热等[25]。高速流动下,粘性耗散效应已不容忽视,它所导致的流体温度变化使得流体的物性参数也发生了变化,在换热计算时必须予以考虑。另外,因为流体密度的变化所以有必要考虑流体的可压缩性;在流场中如果出现激波,则边界层与激波的相互干扰和作用使得该换热问题的分析更为复杂。本节将对上述问题进行简要的讨论与介绍。

4.7.1 粘性耗散时平壁层流边界层的换热分析

为了便于分析,这里仍考虑不可压缩流动的边界层问题。粘性耗散的边界层,其连续方程、动量方程和能量方程的表达式分别为

$$\frac{\partial u}{\partial x} + \frac{\partial v}{\partial y} = 0 \tag{4-264}$$

$$u\frac{\partial u}{\partial x} + v\frac{\partial u}{\partial y} = \frac{\mu}{\rho}\frac{\partial^2 u}{\partial y^2} \tag{4-265}$$

$$u\frac{\partial T}{\partial x} + v\frac{\partial T}{\partial y} = \beta\frac{\partial^2 T}{\partial y^2} + \frac{\mu}{\rho c_p}\left(\frac{\partial u}{\partial y}\right)^2 \tag{4-266}$$

相应的边界条件为

$y = 0$ 时 $\quad u = 0, \quad v = 0, \quad T = T_w \tag{4-267}$

$y = \infty$ 时 $\quad u = u_\infty, \quad T = T_\infty \tag{4-268}$

在这种情况下,动量方程与能量方程可以分别独立求解。仿照本书4.3节的做法,引进相似变量 η 以及无量纲流函数 f 可得到关于 f 的常微分方程,即

$$2f''' + ff'' = 0 \tag{4-269}$$

式中,$f'' = \mathrm{d}^2 f/\mathrm{d}\eta^2$;$f''' = \mathrm{d}^3 f/\mathrm{d}\eta^3$;$f = f(\eta)$。这里 η 与 f 的定义分别见式(4-51)与式(4-53)。

因为 $T = T(\eta)$,于是式(4-266)变为一个常微分方程,即

$$T'' + \frac{u_\infty^2}{c_p}Pr(f'')^2 + \frac{1}{2}Pr f T' = 0 \tag{4-270}$$

现在定义一个新的因变量 $\theta(\eta)$,其定义式为

$$\theta(\eta) = \frac{T - T_\infty}{\dfrac{u_\infty^2}{2c_p}} \tag{4-271}$$

于是,式(4-270)变为一个线性的常微分方程,即

$$(\theta)'' + f\frac{Pr}{2}(\theta)' + 2Pr(f'')^2 = 0 \tag{4-272}$$

或者

$$(\theta)'' + f\frac{Pr}{2}(\theta)' + EcPr(f'')^2 = 0 \tag{4-273}$$

式中，Ec 为 Eckert（埃克特）数，即

$$Ec = \frac{u_\infty^2}{c_p(T_w - T_\infty)} \tag{4-274}$$

容易得出上式的一般解为[20,14]

$$\theta = \theta_{aw} + \left[\frac{T_w - T_\infty}{\dfrac{u_\infty^2}{2c_p}} - \theta_{aw}(0)\right](1 - \theta^*) \tag{4-275}$$

或者

$$\theta(\eta) = \left[1 - \frac{1}{2}EcPr\theta_{aw}(0)\right]\theta_1(\eta) + \frac{Ec}{2}\theta_{aw}(\eta) \tag{4-276}$$

式中

$$\theta_1 = \frac{\int_\eta^\infty [f''(\eta)]^{Pr} d\eta}{\int_0^\infty [f''(\eta)]^{Pr} d\eta} = \theta_1(\eta) \tag{4-277}$$

$\theta_{aw}(0)$ 与 θ^* 分别由式(4-278)与式(4-75)定出。

$$\theta_{aw}(0) = \theta_{aw}(\eta)\Big|_{\eta=0} = \int_0^\infty \left\{\frac{\int_0^\eta \exp\left[\int_0^\eta f\frac{Pr}{2}d\eta\right]2Pr(f'')^2 d\eta}{\exp\left[\int_0^\eta f\frac{Pr}{2}d\eta\right]}\right\} d\eta \tag{4-278}$$

注意到

$$\theta_{aw}(0) = \frac{T_{aw} - T_\infty}{\dfrac{u_\infty^2}{2c_p}} \tag{4-279}$$

或

$$T_{aw} = T_\infty + \theta_{aw}(0)\frac{u_\infty^2}{2c_p} \tag{4-280}$$

显然，式(4-278)的数值积分很易得到。又由傅里叶定律，得壁面热流密度为

$$q_w = -\lambda\left(\frac{\partial T}{\partial y}\right)\Big|_{y=0} = -\lambda(T_w - T_\infty)\left(\frac{\partial \theta}{\partial y}\right)\Big|_{y=0}$$

$$= -\lambda\theta_1'(0)(T_w - T_{aw})\sqrt{\frac{\rho u_\infty}{\mu x}} \tag{4-281}$$

注意到，在 $0.6 \leqslant Pr \leqslant 10$ 的范围内有

$$\theta_1'(0) \approx -0.332(Pr)^{\frac{1}{3}} \tag{4-282}$$

于是将式(4-282)代入式(4-281)后得

$$q_w = \lambda (T_w - T_{aw}) \frac{0.332 (Pr)^{\frac{1}{3}}}{\sqrt{\frac{\mu x}{\rho u_\infty}}} \qquad (4\text{-}283)$$

如果以温差$(T_w - T_{aw})$为基准定义存在粘性耗散时的传热系数，即

$$\alpha = \frac{q_w}{T_w - T_{aw}} \qquad (4\text{-}284)$$

于是，将上述两式联立便可得到

$$\alpha = \lambda \frac{0.332 (Pr)^{\frac{1}{3}}}{\sqrt{\frac{\mu x}{\rho u_\infty}}} \qquad (4\text{-}285)$$

显然，由上式便可得到局部Nu为

$$Nu_x = \frac{\alpha x}{\lambda} = 0.332 (Re_x)^{\frac{1}{2}} (Pr)^{\frac{1}{3}} \qquad (4\text{-}286)$$

由上面讨论可以看出，在计算考虑粘性耗散的对流换热时首先要由式(4-280)计算出T_{aw}，引进温度恢复系数γ，即

$$\gamma = \frac{T_{aw} - T_\infty}{T_0 - T_\infty} = \frac{T_{aw} - T_\infty}{u_\infty^2 / (2c_p)} \qquad (4\text{-}287)$$

式中，T_0为总温。

比较式(4-280)与式(4-287)显然有

$$\gamma = \theta_{aw}(0) \qquad (4\text{-}288)$$

另外，由式(4-284)可以看出：壁面与流体之间热量传递的大小和方向并不取决于壁面的实际温度T_w与流体主流温度T_∞的相对大小，而是取决于T_w与T_{aw}之间的相对大小。下面分三种情况讨论。

（1）当$T_w > T_{aw}$时，热流由壁面流向流体。

（2）当$T_w = T_{aw}$时，尽管这时T_w大于流体主流温度，但是由于粘性耗散产生的摩擦热使得近壁处流体的温度T_{aw}等于壁面温度T_w，因此壁面与流体间没有热量交换。

（3）当$T_w < T_{aw}$时，壁面温度T_w虽然高于流体的主流温度，但是近壁处流体的温度T_{aw}已高于T_w，因此流体既要向壁面传热，也要向主流处传热。

4.7.2 实验关联式

由前面分析表明，高速流动换热时的牛顿冷却公式为

$$q_w = \alpha(T_w - T_{aw}) \qquad (4\text{-}289)$$

式中，α为高速流动换热时的平均表面传热系数。考虑到沿壁面法向，边界层

内气体温度的变化显著，将引起气体物性的变化，因此计算时一般应予考虑。本章参考文献[51]推荐采用以下参考温度

$$T^* = T_\infty + \frac{1}{2}(T_w - T_\infty) + 0.22(T_{aw} - T_\infty) \qquad (4\text{-}290)$$

式(4-290)既考虑了壁温 T_w 和来流温度 T_∞ 的影响，又考虑了气流马赫数 Ma 的影响。只要物性按这个温度取值，就可以继续使用常物性的计算公式。借助于上述分析，本章参考文献[46]推荐以下关联式。

1. 高速气流掠过平板

（1）层流状态。分两种情况：

1）当 $Re_x^* < 5 \times 10^5$ 时，有如下关联式

$$(St_x^*)(Pr^*)^{\frac{2}{3}} = \frac{Nu_x^*}{Re_x^* Pr^*}(Pr^*)^{\frac{2}{3}} = 0.322(Re_x^*)^{-\frac{1}{2}} \qquad (4\text{-}291)$$

或

$$Nu_x^* = 0.322(Re_x^*)^{\frac{1}{2}}(Pr^*)^{\frac{1}{3}} \qquad (4\text{-}292)$$

2）当 $Re_x^* < 5 \times 10^5$ 时，有如下关联式

$$Nu^* = 0.664(Re_x^*)^{\frac{1}{2}}(Pr^*)^{\frac{1}{3}} \qquad (4\text{-}293)$$

（2）湍流状态。分以下几种情况：

1）当 $5 \times 10^5 < Re_x^* < 10^7$ 时，有如下关联式

$$Nu_x^* = 0.0296(Re_x^*)^{\frac{4}{5}}(Pr^*)^{\frac{1}{3}} \qquad (4\text{-}294)$$

2）当 $10^7 < Re_x^* < 10^9$ 时，有如下关联式

$$Nu_x^* = 0.185 Re_x^*(Pr^*)^{\frac{1}{3}}(\lg Re_x^*)^{-2.584} \qquad (4\text{-}295)$$

3）当 $5 \times 10^5 < Re_x^* < 10^7$ 时，有如下关联式

$$St^*(Pr^*)^{\frac{2}{3}} = 0.037(Re^*)^{-\frac{1}{5}} \qquad (4\text{-}296)$$

4）当 $10^7 < Re_x^* < 10^9$ 时，有如下关联式

$$St^*(Pr^*)^{\frac{2}{3}} = 0.277(\lg Re^*)^{-2.584} \qquad (4\text{-}297)$$

2. 锥体绕流

（1）层流状态。有如下实验关联式

$$Nu_x^* = 0.575(Re_x^*)^{\frac{1}{2}}(Pr^*)^{\frac{1}{3}} \qquad (4\text{-}298)$$

（2）湍流状态。有如下实验关联式

$$Nu_x^* = 0.0292(Re_x^*)^{\frac{4}{5}}(Pr^*)^{\frac{1}{3}} \qquad (4\text{-}299)$$

3. 圆管内的高亚声速流动

$$Nu^* = 0.021(Re^*)^{0.8}(Pr^*)^{0.43} \qquad (4\text{-}300)$$

式中特征尺寸为圆管的内直径，流速取进、出口流速的平均值。

4. 温度恢复系数 γ 的估算式

$$\text{层流} \qquad \gamma = (Pr^*)^{\frac{1}{2}} \qquad (4\text{-}301)$$

$$\text{湍流} \qquad \gamma = (Pr^*)^{\frac{1}{3}} \qquad (4\text{-}302)$$

应该指出：式(4-291)~式(4-302)中所有标有"*"号的量均表示可以用式(4-290)所规定的参考温度确定的物性值。

习 题

4-1 对于油、空气及液态金属，分别有 $Pr \gg 1$，$Pr \approx 1$ 以及 $Pr \ll 1$，试根据外掠等温平板的层流边界层流动，大致画出上述三种流体边界层中速度分布与温度分布的图像。从图中能否区分出 δ 与 δ_t 的相对大小呢？

4-2 沿平板层流强迫对流时，局部表面传热系数 α 与流动方向上的距离 x 之间有 $\alpha = c/\sqrt{x}$ 的关系。问题：

① 试推导从平板前缘($x=0$)到某个 x 位置的平均表面传热系数 $\bar{\alpha}$ 与 x 的关系，以及平均和局部传热系数的比值。

② 湍流流动时，上述关系变为 $\alpha = c/\sqrt[5]{x}$，请给出这时平均表面传热系数 $\bar{\alpha}$ 与 x 的关系以及平均和局部传热系数的比值。

4-3 对于流体外掠平板的流动，试用量级分析法从动量方程出发推出边界层厚度与局部雷诺数 Re_x 有如下变化关系：

$$\frac{\delta}{x} \sim \frac{1}{\sqrt{Re_x}}$$

4-4 对流换热问题完整的数学描述应该包括哪些内容？既然对大多数实际工程中的对流换热问题尚无法获取精确解，那么建立对流换热问题的数学描述有什么意义？

4-5 管内湍流强迫对流传热时，流速增加一倍，其他条件不变时，对流传热表面传热系数 α 将如何变化？管径缩小一半而流速等其他条件均不变时 α 将如何变化？如果管径缩小一半而体积流量等其他条件不变时，α 将如何变化？

4-6 假设速度边界层内速度呈线性分布或者二次多项式分布，试推导边界层厚度分布的表达式。

4-7 理论分析表明，外流湍流流动时，从壁面到离壁面的距离为 $y = 5\mu/(\rho\sqrt{\tau_w/\rho})$ 的位置为湍流边界层粘性底层的厚度。问题：

① 试计算距板的前缘 1.5m 处空气粘性底层的厚度值。已知流速为 72m/s，定性温度为 -30℃。

② 由于粘性底层非常薄，因此速度分布通常可以近似按线性分布考虑，试求速度梯度的大小？

4-8 常压下 20℃ 的氦气以 3m/s 的速度流过宽 1m、长 1.3m 的平板，板温保持 100℃ 恒定，试计算板与氦气间的平均摩擦系数和平均表面传热系数。

4-9 试推导一维非稳态导热问题的积分方程，并针对半无限大物体的第一类边界条件 ($T_w = $ 常数)，假设一个适宜的温度分布函数(例如二次或三次多项式)，确定其中的待定常数，并从中得出温度分布。

4-10 液态金属是一类特殊的流体，它的热扩散率大大高于动量扩散率，因此其速度边界层相对很薄，而热边界层相对很厚以至于可以采用一个适当的近似。例如，假定在整个热边界层内的速度分布是均匀的，即有 $\left.\dfrac{u}{u_\infty}\right|_{y<\delta_t}=1$，试以此为出发点推导以下问题：

① 液态金属的速度边界层厚度与温度边界层厚度之比。

② 边界层内的温度分布。

③ 沿平板的局部对流换热关联式。

4-11 实测外掠极度粗糙表面时，得到对流换热局部 Nu 的关联式，可表述为 $Nu_x = 0.04Re_x^{0.9}Pr^{\frac{1}{3}}$，试求该情况下平均与局部表面传热系数之比。

4-12 水以 0.025kg/s 的质量流量在长 3.5m，直径为 120mm 的圆管内流动。如果水的进、出口温度分别为 4℃ 和 36℃，试按纯强迫对流换热计算管的内壁温度。

4-13 飞机的机翼可近似地看成一块置于平行气流中的长 2.5m 的平板，飞机的飞行速度为 400km/h，空气压强为 0.7×10^5Pa，空气温度为 -10℃，机翼顶面吸收的太阳辐射为 800W/m²，而其自身辐射略而不计。试确定处于稳态时机翼的温度（假设温度是均匀的）? 如果考虑机翼的本身辐射，问此时温度是升高还是降低? 为什么?

4-14 温度为 25℃，速度为 10m/s 的冷却空气掠过一块电子线路板的表面，距板的前缘 120mm 处有一块 4mm×4mm 的芯片，芯片前方存在的扰动导致了换热增强。假定适用的关联式为 $Nu_x = 0.04Re_x^{0.85}Pr^{0.33}$；如果假定该芯片的耗散功率等于 30mW，试估算出它的表面温度。

4-15 内径为 25mm 的圆管内水流的平均速度是 0.8m/s，管外以恒热流加热，每米长度的热功率为 2kW。假如水的入口温度是 40℃，经过 5m 长的距离加热之后问题：

① 平均表面传热系数多大?

② 在常压下，出口截面是否会出现局部汽化?

4-16 管外包有一层热绝缘材料并假设该材料的外表面温度保持为常数，讨论该管道的管内对流换热问题：

① 试证明有如下关系成立，即

$$\dfrac{T_{fi}-T_w}{T_{fo}-T_w}=\exp\left[-\dfrac{kA}{q_m c_p}\right]$$

式中，T_{fi}、T_{fo} 与 T_w 分别表示流体的进、出口温度与绝热材料的外表面温度；k 为总传热系数（它包含了管内对流与绝热层导热两个环节）。

② 由问题①出发，是否可以把这个关系式推广到以管外对流环境为边界条件的管内对流换热问题?

4-17 竖立放置的电子线路板为 15cm×15cm，其耗散功率为 5W，它的反面绝热，正面与 25℃ 的空气对流换热。现假定表面热流密度恒定，试求该线路板的最高温度及其最高温度所处的位置? 如果假定表面温度恒定，问此时温度应为多少?

4-18 一个水平封闭夹层，其上、下表面的间距 $\delta=14$mm，夹层内是压强为 1.013×10^5Pa 的空气。设一个表面的温度为 90℃，另一个表面温度为 30℃，试计算热表面在冷表面之上以及热表面在冷表面之下这两种情况时，通过单位面积夹层的传热量。

4-19 考虑高度为 18km 的一架飞机以马赫数 $Ma=3$ 的速度飞行。假设该飞机有一半径为 30cm 的半球形机头,如果希望机头温度维持 80℃,采用内部冷却时,在滞止点必须传走多少热通量? 作为一种很好的近似,假定空气穿过脱体正激波,然后速度等熵地在滞止点处降为零,于是滞止点附近的流动便可近似于绕球体的低速流动,请用这一近似模型完成上述计算。

参 考 文 献

[1] Carslaw H S, Jaeger J C. Conduction of Heat in Solids[M]. New York: Oxford University Press, 1959.

[2] Arpaci V S. Conduction Heat Transfer[M]. Mass: Addison-Wesley, 1966.

[3] Bird R B, Stewart W E, Lightfoot E N. Transport Phenomena[M]. New York: Wiley, 1960.

[4] Patankar S V. Numerical Heat Transfer and Fluid Flow[M]. New York: Hemisphere/McGraw-Hill, 1980.

[5] 章熙民,任泽霈,梅飞鸣,等. 传热学[M]. 2 版. 北京:中国建筑工业出版社,1985.

[6] 南京航空学院,西北工业大学,北京航空学院. 传热学[M]. 北京:国防工业出版社,1982.

[7] Batchelor G K. An Introduction to Fluid Dynamics[M]. New York: Cambridge University Press, 1967.

[8] Landau L D, Lifshitz E M. Fluid Mechanics[M]. New York: Pergamon, 1959.

[9] 王保国,刘淑艳,黄伟光. 气体动力学[M]. 北京:北京理工大学出版社,等,2005.

[10] Prandtl L, Tietjens O G. Fundamentals of Hydro-and Aerodynamics[M]. New York: Dover, 1957.

[11] Schlichting H. Boundary Layer Theory[M]. 7th ed. New York: McGraw-Hill, 1979.

[12] 顾毓珍. 湍流传热导论[M]. 上海:上海科学技术出版社,1964.

[13] 杨世铭,陶文铨. 传热学[M]. 3 版. 北京:高等教育出版社,1998.

[14] 王启杰. 对流传热传质分析[M]. 西安:西安交通大学出版社,1991.

[15] 戴锅生. 传热学[M]. 2 版. 北京:高等教育出版社,1999.

[16] 赵镇南. 传热学[M]. 北京:高等教育出版社,2002.

[17] Blasius H. Grenzschichten in Flussigkeiten mit kleiner reibung[J]. [s. l.]: Z Math Phys, 1908(In NACA TM 1256).

[18] Pohlhausen E. Der Wärmeaustausch Zwischen Festen Körpern und Flüssigkeiten mit kleiner Reibung und kleiner Wärmeleitung[J]. Z. Angew. Math. Mech., 1921, Vol. 1: 115.

[19] Churchill S W, et al. Correlations for Laminar Forced Convection with uniform heating in flow over a plate and in developing and fully developed flow in a tube[J]. Journal Heat Transfer, 1973: 95.

[20] Kays W M, Crawford M E. Convective heat transfer and mass transfer[M]. 2nd ed. New York: McGraw-Hill, 1980.

[21] Tennekes H, Lumley J L. A first course in turbulence. Mass: MIT Press, 1972.

[22] Batchelor G K. The theory of homogeneous turbulence[M]. New York: Cambridge University, 1967.

[23] Launder B E, Spalding D B. Mathematical models of turbulence[M]. New York: Academic Press, 1972.

[24] 周光坰, 严宗毅, 许世雄, 等. 流体力学[M]. 2版. 北京: 高等教育出版社, 2000.

[25] 王保国, 黄伟光. 高超声速气动热力学[M]. 北京: 科学出版社, 2008.

[26] 蔡树棠, 刘宇陆. 湍流理论[M]. 上海: 上海交通大学出版社, 1993.

[27] Hinze J O. Turbulence[M]. 2nd ed. New York: McGraw-Hill, 1975.

[28] 谢多夫. 力学中的相似方法与量纲理论[M]. 北京: 科学出版社, 1988.

[29] 王丰. 相似理论及其在传热学中的应用[M]. 北京: 高等教育出版社, 1990.

[30] ПМ 诺吉德. 相似理论及因次理论[M]. 北京: 国防工业出版社, 1963.

[31] АБ 列兹尼亚科夫. 相似方法[M]. 北京: 科学出版社, 1964.

[32] 程尚谟, 季中. 相似理论及其在热工和化工中的应用[M]. 武汉: 华中理工大学出版社, 1990.

[33] 沈自求. 相似理论及其在化工上的应用[M]. 北京: 高等教育出版社, 1959.

[34] 中国科学院数学所数理统计组. 回归分析方法[M]. 北京: 科学出版社, 1974.

[35] 冯士雍. 回归分析方法[M]. 北京: 科学出版社, 1985.

[36] Fox R W, McDonald A T. Introduction to Fluid Mechanics[M]. 2nd ed. New York: Wiley, 1978.

[37] 陈懋章. 粘性流体动力学理论及紊流工程计算[M]. 北京: 北京航空学院出版社, 1986.

[38] Rohsenow W M, Hartnett J P. Handbook of Heat Transfer[M]. New York: McGraw-Hill, 1972.

[39] Petukhov B S. Advances in Heat Transfer[M]. New York: Academic Press, 1970.

[40] Hausen H. Darste Iiung des Warmeuberganges in Rohren durch verallgemeinerte potenzbeziehungen[J]. Zeitschr. Ver. Deut. Ing. Beihefte Verfahrenstechnik, 1943, 4: 91-98.

[41] McAdams W H. Heat Transmission[M]. 3rd ed. New York: McGraw-Hill, 1954.

[42] Hilpert R. Warmeabgabe von geheizen drahten und rohren[J]. Forsh. Gebiete Ingenieurw, 1933, 4: 215-244.

[43] 茹卡乌斯卡斯 A A. 换热器内的对流传热[M]. 马昌文, 居滋泉, 肖宏才, 译. 北京: 科学出版社, 1986.

[44] Ostrach S. An analysis of laminar free convection flow and heat transfer about a flat plate parallel to the direction of the generating body force[J]. NACA Report 1111, 1953.

[45] Incropera F P, DeWitt D P. Introduction to heat transfer[M]. 3rd ed. New York: John

Wiley & Sons, 1996.
[46] Holman J P. Heat transfer[M]. 8th ed. New York: McGraw-Hill, 1997.
[47] Catton I. Natural convection in enclosures[C]. Proc. 6th International Heat Transfer Conference. Toronto: [s.n.], 1978.
[48] MacGregor R K, Emery A P. Free convection through vertical plane layers: moderate and high Prandtl number fluids[J]. J. Heat Transfer, 1969, 91: 391.
[49] 鲍里先柯. 发动机气体动力学[M]. 李正荣, 王甲升, 译. 北京: 国防工业出版社, 1966.
[50] 王保国, 黄虹宾. 叶轮机械跨声速及亚声速流场的计算方法[M]. 北京: 国防工业出版社, 2000.
[51] Eckert ERG, Drake R M. Analysis of heat and mass transfer[M]. New York: McGraw-Hill, 1972.

第5章

高换热速率、有相变的对流换热现象及其基本规律研究

沸腾和凝结都属于换热速率极高的传热方式，两者都是伴随相变化的对流换热过程，而且潜热的作用都十分重要。由于沸腾和凝结都涉及流体的运动，因此它们都属于对流模式的传热形式。所谓沸腾传热就是加热液体的表面及表面周围的温度升高形成蒸气相，使热量由表面传入液体的现象。按照沸腾液体的温度可分为：①饱和沸腾；②过冷沸腾或者表面沸腾；按照沸腾液体的流动与循环方式又可分为：①自然对流沸腾或池内沸腾；②强迫对流沸腾或流动沸腾。当蒸气的温度降低到该压力所对应的饱和温度以下时便发生凝结，释放潜热，同时从汽态转变成液态。凝结的形式可分为两种：一种是膜状凝结，另一种是珠状凝结。凝结与沸腾换热广泛应用于各种冷凝器和蒸发器中，例如，动力循环中水蒸气的沸腾和冷凝，制冷空调与热泵机组中工质的冷凝和蒸发等。近年来，相变换热在高技术领域中的位置愈来愈重要，如微电子元件中采用微槽道相变换热技术；再如在航天器的热控制以及低温超导应用研究中也都采用了多种方式的相变换热技术。本章在讨论两种相变换热机理的基础上介绍了相关的计算方法；另外，对相变换热的强化技术本章也作了简要介绍。

5.1 相变换热的基本概念与凝结换热的概述

5.1.1 相变换热的基本概念以及相关的特征数

凝结传热和沸腾传热时，流体在传热面上流动，因此它们属于对流传热现象，这时相变换热中的热流方程仍然可以用牛顿冷却公式予以表达，即

$$q = \alpha \Delta T \tag{5-1}$$

式中，ΔT 为对流传热的温差；沸腾时，$\Delta T = T_w - T_s$；凝结时，$\Delta T = T_s - T_w$（T_s 与 T_w 分别是相应压强下的饱和液或者饱和汽的温度与壁面温度）。

显然凝结传热和沸腾传热计算的关键仍是确定对流传热表面传热系数 α。应当指出：相变换热过程的物理机理是非常复杂的，影响因素多而且与单相换热有很大不同，再加上壁面状态很难给出一个准确的定量描述，迄今为止，人们对相变换热的物理机理尚未完全了解与掌握，尤其是沸腾换热问题，所以还没有一套既能适用沸腾换热又能够用于凝结换热的普适控制方程组，以实验为主的研究方法始终在这个领域中占据主导地位[1~10]○。当前在相变换热领域内的研究工作主要集中在对各主要影响因素的深入分析，特别是考虑表面材质的种类、厚度、表面粗糙度、晶体结构、表面氧化等因素对表面换热的影响。

量纲分析法是寻找相似特征数以及特征数方程的重要手段之一，按照相似理论可以把所考虑的所有影响因素以某种合理的方式组合成少数几个无量纲特征数，并从整体上把它们看做综合变量。这样不仅使问题的自变量数目大大减少，而且对扩大实验结果的应用范围极有益处。借助于量纲分析方法，可以找出影响相变换热过程表面传热系数的几个最主要的无量纲量，可概括成如下的表达式，即

$$Nu \equiv \frac{\alpha l}{\lambda} = f(Ar, Ja, Pr, Bo) \tag{5-2}$$

式中，Ar、Ja、Pr 和 Bo 分别表示阿基米德(Archimedes)数，雅各布(Jakob)数，普朗特数(Prandtl)和邦德(Bond)数，其定义式分别为

$$Ar \equiv \frac{g\rho_1(\rho_1 - \rho_v)L^3}{\mu_1^2} \tag{5-3}$$

$$Ja \equiv \frac{c_p(T_w - T_\infty)}{r} \tag{5-4}$$

$$Bo \equiv \frac{g(\rho_1 - \rho_v)}{\gamma} \tag{5-5}$$

式中，ρ_1、ρ_v 分别代表饱和液与饱和蒸气的密度；r 为沸腾液态的汽化热；γ 为液态与饱和蒸气界面上的表面张力。显然 Ja 数表示了相变流体显热与汽化热之比，而 Bo 数表示了重力场体积力与表面张力之比。

5.1.2 凝结换热概述

当饱和蒸气与温度比它低的表面接触时蒸气就会在壁面上发生凝结过程。凝结的形式有两种。

(1) 如果凝结液体能很好地润湿壁面，它就在壁面上形成连续的液膜，这种凝结形式称为膜状凝结。膜状凝结时，壁面总被一层液膜覆盖着，凝结放

○ 该数字对应本章参考文献的序号，下同。

出的相变潜热必须穿过液膜才能传到冷表面上,这层液膜是膜状凝结换热的主要热阻。

(2) 如果凝结液不能很好地润湿壁面,这时凝结液在壁面上形成一个个的小液珠,这种凝结形式称为珠状凝结。大大小小的液珠的直径从微米到毫米量级,并且以近似球状散布在壁面上。珠状凝结时蒸气可以与壁面直接接触,部分蒸气在小液珠表面凝结,使液珠变大;部分蒸气在固体表面上凝结成小液珠。

大量的实验测量表明[11,12]:珠状凝结的传热系数为同样情况下膜状凝结时传热系数的 2~10 倍,例如在通常大气压下水蒸气珠状凝结时传热系数约为 $4\times10^4 \sim 1\times10^5 \text{W}/(\text{m}^2 \cdot \text{K})$,而膜状凝结时约为 $6\times10^3 \sim 1\times10^4 \text{W}/(\text{m}^2 \cdot \text{K})$。正由于珠状凝结的传热系数较高,因此工程上人们力图用珠状凝结来代替膜状凝结使传热强化。

蒸气在冷表面上究竟形成哪一种凝结形态,归根结底取决于凝液的表面张力和它对表面附着力的相对大小。若前者较大则形成珠状凝结,反之形成膜状凝结。凝结形态的工程控制方法一直为人们所关注。

5.2 层流与湍流膜状凝结换热的分析

5.2.1 纯净饱和蒸气沿竖壁作层流膜状凝结流动时的分析解

1916 年,努塞尔(Nusselt)根据连续液膜的层流换热机理首次给出了层流膜状凝结问题的分析解[13]。在分析求解中,他紧紧抓住了竖壁层流膜状凝结时传热的阻力主要来自液膜层(很薄)的导热这一问题的关键,并进行了以下四点假设。

(1) 假设液膜为层流流动,且物性参数不变。

(2) 假设气体是单一组分的纯蒸气,物性参数不变,不含其他杂质,而且蒸气处于均一的温度并等于饱和蒸气的温度 T_s;正是由于蒸气中没有温度梯度,因此对交界面(即液体与蒸气的交界面)仅能依靠凝结来传热,而不是依靠蒸气的热传导,换句话说便是相变发生在汽-液交界面上。

(3) 液体与蒸气交界面上的切应力假设可以忽略,在这种情况下液膜表面 $\dfrac{\partial u}{\partial y}\Big|_{y=\delta}=0$,于是根据这一假设以及(2)中关于蒸气温度均匀的假设,便不需要考虑蒸气的速度边界层或热边界层,也就是说可以假定蒸气无宏观速度,可以认为蒸气是静止的。

(4) 在凝结液中由于对流引起的动量和能量的传输假设都可以忽略,显热由于液膜中速度很低，这一假定是合理的。根据这一假定，液膜沿 y 方向的传热（见图 5-1）只能依靠热传导进行，在这种情况下液膜内温度的分布呈线性。

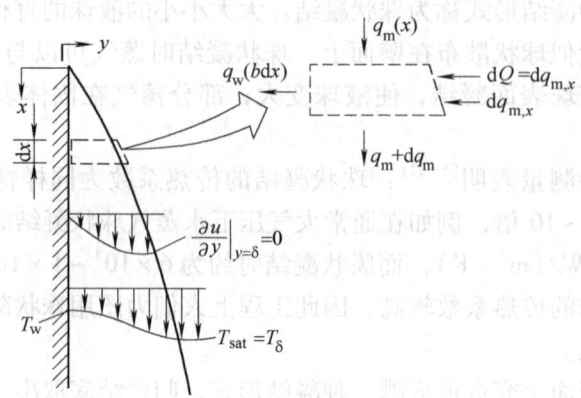

图 5-1 膜状凝结换热分析的边界条件及微元体分析

根据上述假定，竖壁层流膜状凝结换热可以利用式(4-46)、式(4-47)以及式(4-72)来描述，在考虑了重力的影响之后，液膜内基本方程组变为

$$\frac{\partial u}{\partial x} + \frac{\partial v}{\partial y} = 0 \tag{5-6}$$

$$\rho_l \left(u \frac{\partial u}{\partial x} + v \frac{\partial u}{\partial y} \right) = -\frac{dp}{dx} + \rho_l g + \mu_l \frac{\partial^2 u}{\partial y^2} \tag{5-7}$$

$$u \frac{\partial T}{\partial x} + v \frac{\partial T}{\partial y} = \beta \frac{\partial^2 T}{\partial y^2} \tag{5-8}$$

式中，下标 l 表示液相；dp/dx 为液膜在 x 方向的压强梯度，它可以用 $y=\delta$ 处液膜表面蒸气的压强梯度计算。将动量方程应用于蒸气并以 ρ_v 表示蒸气的密度，如果考虑前面的假设(3)与(4)便可得到

$$\frac{dp}{dx} = \rho_v g \tag{5-9}$$

由假设(3)则式(5-7)可变为

$$\mu_l \frac{d^2 u}{dy^2} + \rho_l g - \frac{dp}{dx} = 0 \tag{5-10}$$

将式(5-9)代入式(5-10)中后可得

$$\mu_l \frac{d^2 u}{dy^2} + (\rho_l - \rho_v) g = 0 \tag{5-11}$$

由假设(4)则式(5-8)可变为

$$\frac{d^2 T}{dy^2} = 0 \tag{5-12}$$

边界条件为

$y = 0$ 时
$$u = 0, \quad T = T_w \tag{5-13}$$

$y = \delta$ 时
$$\left.\frac{du}{dy}\right|_{y=\delta} = 0, \quad T = T_\delta = T_s \tag{5-14}$$

将式(5-11)积分两次并利用边界条件式(5-13)与式(5-14)便得到凝结液膜内的速度分布函数，即

$$u(y) = \frac{g(\rho_1 - \rho_v)\delta^2}{\mu_1}\left[\frac{y}{\delta} - \frac{1}{2}\left(\frac{y}{\delta}\right)^2\right] = \frac{g(\rho_1 - \rho_v)}{\mu_1}\left(\delta y - \frac{1}{2}y^2\right) \tag{5-15}$$

利用上面得到的速度剖面沿 y 方向积分便可得到竖壁 x 位置处 1m 宽壁面上的凝结液的流量 $\dot{m}(x)$，即

$$\dot{m}(x) = \int_0^{\delta(x)} \rho_1 u(y) dy = \frac{g\rho_1(\rho_1 - \rho_v)\delta^3}{3\mu_1} \tag{5-16}$$

对其微分便有

$$d\dot{m}(x) = \frac{g\rho_1(\rho_1 - \rho_v)\delta^2}{3\mu_1} d\delta \tag{5-17}$$

由凝液微元体的能量平衡及假设(4)便可得到

$$r d\dot{m} = \lambda_1 \frac{T_s - T_w}{\delta} dx \tag{5-18}$$

将式(5-17)代入式(5-18)中，然后再采用分离积分便可得到壁面任意 x 处的液膜厚度 $\delta(x)$ 为

$$\delta(x) = \left[\frac{4\lambda_1 \mu_1 (T_s - T_w) x}{g\rho_1(\rho_1 - \rho_v) r}\right]^{\frac{1}{4}} \tag{5-19}$$

式(5-19)使用了 $x = 0$ 时取 $\delta = 0$ 的约定。另外，在汽液交界面上释放的汽化热是通过厚度为 δ 的液膜以及导热方式传至冷表面的，于是还有

$$dq(x) = \alpha(x)(T_s - T_w) dx = \lambda_1 \frac{T_s - T_w}{\delta(x)} dx \tag{5-20}$$

显然有
$$\alpha(x) = \frac{\lambda_1}{\delta(x)} \tag{5-21}$$

所以
$$\alpha(x) = \left[\frac{g\lambda_1^3 \rho_1(\rho_1 - \rho_v) r}{4\mu_1(T_s - T_w) x}\right]^{\frac{1}{4}} \tag{5-22}$$

式中，$\alpha(x)$ 常简记为 α；借助于式(5-20)与式(5-19)又可得

$$Nu(x) \equiv \frac{\alpha x}{\lambda_1} = \left[\frac{g\rho_1(\rho_1 - \rho_v) r x^3}{4\mu_1 \lambda_1 (T_s - T_w)}\right]^{\frac{1}{4}} \tag{5-23}$$

在式(5-22)与式(5-23)中 r 为汽化热，α 为局部表面传热系数。式(5-22)表明层流膜状凝结时局部表面传热系数 $\alpha(x)$ 沿壁面呈 $x^{-\frac{1}{4}}$ 规律变化。若冷凝温差

等于常数，于是沿竖壁积分便可得到高 L 的整个壁面上的平均表面传热系数 $\bar{\alpha}_L$，即

$$\bar{\alpha}_L = \frac{1}{L}\int_0^L \alpha(x)\,\mathrm{d}x = 0.943\left[\frac{g\lambda_1^3\rho_1(\rho_1-\rho_v)r}{\mu_1(T_s-T_w)L}\right]^{\frac{1}{4}} \tag{5-24}$$

上式常称为沿竖壁的努塞尔理论分析解。实践中人们已发现，利用上式算出的数值比大部分层流膜状凝结的实验结果大约要低20%[14]，因此本章参考文献[15]建议修正式(5-23)中的汽化热 r 为 r'，计算式为

$$r' = r + 0.68c_{pl}(T_s - T_w) \tag{5-25}$$

另外，许多《传热学》教材中对于竖管或者竖壁还推荐用如下表达式取代式(5-24)，即[16~22]

$$\bar{\alpha}_L = 1.13\left[\frac{g\lambda_1^3\rho_1(\rho_1-\rho_v)r}{\mu_1(T_s-T_w)L}\right]^{\frac{1}{4}} \tag{5-26}$$

此外，本章参考文献[23]指出在雅各布数 $Ja < 0.1$ 且普朗特数 Pr 取在 1~100 范围时，式(5-24)的计算误差可以低于3%。

5.2.2 层流膜状凝结液膜的雷诺数与广义努塞尔理论解

首先，引入凝结液膜的雷诺数 Re 的表达式，即

$$Re \equiv \frac{d_e u_m}{\mu_1/\rho_1} \tag{5-27}$$

式中，d_e 为液膜的当量直径；u_m 为液膜横截面上的平均流速。

如图5-2所示，当液膜宽度为 b 时，润湿周长 $\approx b$，于是 $d_e = 4\delta$，注意到 $\dot{m} = \rho_1 u_m \delta$，式(5-27)变为

$$Re \equiv \frac{4\dot{m}}{\mu_1} \tag{5-28}$$

因此，$\dot{m}$ 乘以汽化热 r 便等于整个竖壁(高为 l，宽为1m)的换热量，故有

$$\alpha(T_s - T_w)l = r\dot{m} \tag{5-29}$$

由式(5-28)与式(5-29)消去 $\dot{m}$ 后得到

$$Re = \frac{4\alpha l(T_s - T_w)}{\mu_1 r} \tag{5-30}$$

另外式(5-24)还可以推广到沿水平圆管，甚至沿球体外表面的膜状凝结，这些情况下的平均表面传热系数在一些文献里也常写为[24~26]

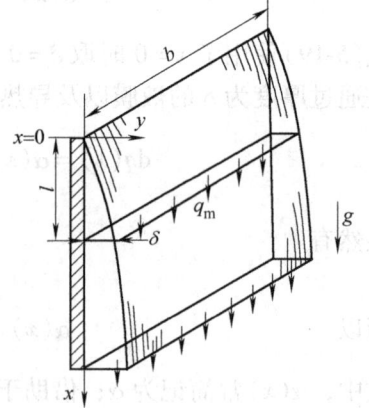

图5-2 竖壁上层流液膜的质量流量

$$\overline{\alpha}_d = c\left[\frac{g\lambda_1^3\rho_1(\rho_1-\rho_v)r'}{\mu_1(T_s-T_w)d}\right]^{\frac{1}{4}} \tag{5-31}$$

式中，r'式(5-25)定义；d 为圆管或球体的直径；c 为常数，当沿圆管时 c 取为 0.729；当沿球体时 c 取为 0.826。因此，式(5-31)又可称为广义努塞尔公式。

5.2.3 湍流膜状凝结换热

实验结果表明[16]，液膜由层流转变为湍流的临界雷诺数 Re_c 对竖板、竖管或倾斜板可定为 1800，而对于水平管应定为 3600；对于竖壁，当 $Re > Re_c$ 时膜层的流态为湍流，例如蒸气沿竖壁凝结换热，当竖壁足够长时，则壁的上部保持为层流，而壁的下部逐渐转变为湍流，整个竖壁将分成层流段与湍流段。在湍流液膜中，通过膜层的热量除靠近壁面极薄的层流底层仍依靠导热方式传递外，在底层以外的区域湍流传递是主要的传递方式。这时的换热要比层流时大得多，图 5-3 上的实验数据也说明了这一点。沿竖壁整个壁面的平均表面传热系数可以按下式求出

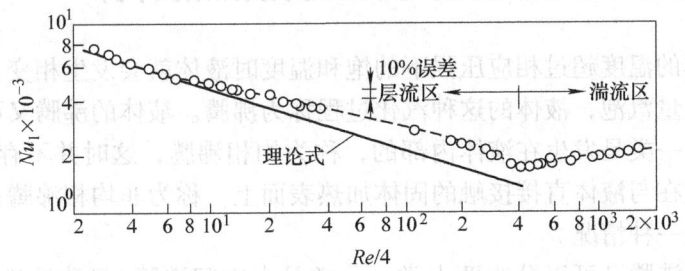

图 5-3　沿竖壁膜状凝结的理论解与实验值的比较

$$\overline{\alpha} = \overline{\alpha}_l\frac{x_c}{L} + \overline{\alpha}_t\left(1-\frac{x_c}{L}\right) \tag{5-32}$$

式中，$\overline{\alpha}_l$ 与 $\overline{\alpha}_t$ 分别为层流段和湍流段的平均传热系数；x_c 为层流变为湍流时的转捩点的 x 坐标值；L 为竖壁的高度。竖壁湍流液膜段的平均表面传热系数 $\overline{\alpha}_t$ 可用下式计算[1,27]

$$Co = \frac{Re}{8750+58Pr^{-0.5}(Re^{0.75}-253)} \tag{5-33}$$

式中，Re 由式(5-30)确定；Co 为凝结(condensation)准则，其大小反映了凝结换热的强弱，其表达式为

$$Co \equiv \alpha\left(\frac{g\rho_1^2\lambda_1^3}{\mu_1^2}\right)^{-\frac{1}{3}} = \alpha\left(\frac{\mu_1^2}{g\rho_1^2\lambda_1^3}\right)^{\frac{1}{3}} \tag{5-34}$$

式(5-34)中的各物理量，除凝结热(凝结潜热)r 以饱和蒸气温度 T_s 作为定性

温度外,其余物理量均以膜层平均温度 $T_m = (T_s + T_w)/2$ 作为定性温度。

另外,本章参考文献[28]中按照式(5-32)所规定的原则整理并得到了以下实验关联式,它可以用于整个竖壁壁面平均表面传热系数的计算,其表达式为

$$Nu = (Ga)^{\frac{1}{3}} \frac{Re}{58(Pr_s)^{-\frac{1}{2}}\left(\frac{Pr_w}{Pr_s}\right)^{\frac{1}{4}}(Re^{\frac{3}{4}} - 253) + 9200} \quad (5\text{-}35)$$

式中,Ga 为伽里略(Galileo)数;Nu 为努塞尔数;它们分别为

$$Ga \equiv \frac{gl^3}{(\mu/\rho)^2}, \quad Nu \equiv \frac{\alpha l}{\lambda} \quad (5\text{-}36)$$

在式(5-35)中凝结液的物理量除 Pr_w 用壁温作为定性温度之外,其余物理量的定性温度均为饱和蒸气温度 T_s;特征数 Nu 与 Re 的特性尺度均是指竖壁的高度。

5.3 沸腾换热现象的概述及沸腾换热的计算

当液体的温度超过相应压强下的饱和温度时液体就会发生相变,往往还伴随着产生大量汽泡,液体的这种汽化过程称为沸腾。液体的沸腾又可分为两种基本类型:一类是发生在液体内部的,称为均相沸腾,这时并不存在加热面;另一类发生在与液体直接接触的固体加热表面上,称为非均相沸腾;传热学中主要研究后一种情况。

非均相沸腾又可以分为两大类:一类是大空间沸腾(又称池沸腾),另一类是有限空间内的强迫对流沸腾。按液体的主体温度又可将沸腾现象分为饱和沸腾和过冷沸腾。在一定的压强下,当液体的主体温度等于其相应的饱和温度 T_s,并且加热壁面的温度 T_w 高于饱和温度 T_s 时所发生的沸腾称为饱和沸腾;在过冷(或局部)沸腾时,液体的温度低于饱和温度,与液体直接接触的固体表面上所形成的汽泡最后还是要在液体中凝结。相反,饱和沸腾时由于液体的温度超过饱和温度,因此固体表面上形成的汽泡会在浮升力的推动下穿过液体最后从自由表面上逸出。

本节将着重讨论大空间饱和沸腾并简单介绍强迫对流沸腾的情况。

5.3.1 大空间沸腾换热曲线

在大容器内,随着加热面温度 T_w 与相应压强下液体饱和温度 T_s 之差 ΔT 的增加,可观察到如图 5-4 所示的五种典型的沸腾状态。以大气压下的水为例,开始时由于壁面过热度 $\Delta T = T_w - T_s$ 很小($\Delta T < 5°C$),加热面上不产生汽

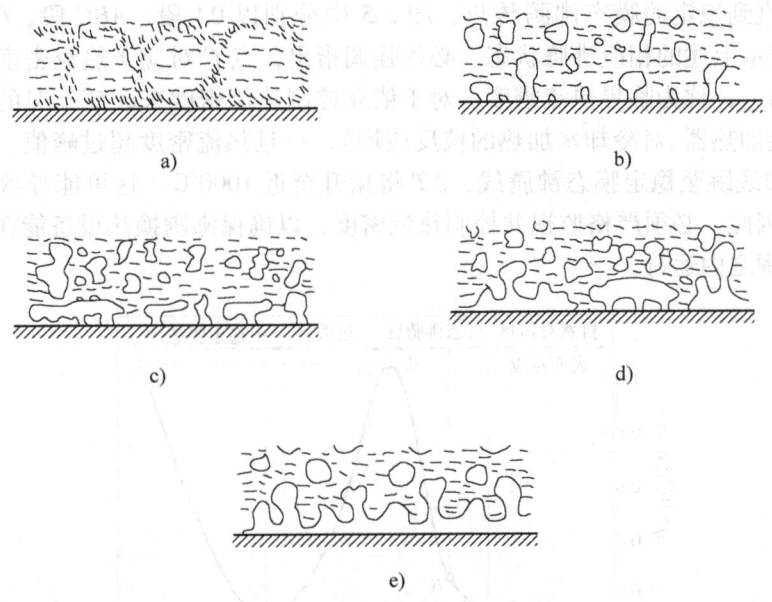

图 5-4 五种典型的沸腾状态

a) 自然对流 b) 核态沸腾 c) 临界点的沸腾 d) 过渡区 e) 稳定膜态沸腾

泡,这时被加热面加热的液体向上浮,形成了图 5-4a 所示的自然对流,液面发生表面蒸发。随着壁面过热度的进一步增加,加热面上开始出现汽泡,产生了如图 5-4b 所示的核态沸腾,且伴随着壁面过热度的增加,沸腾愈来愈旺,汽泡扰动更大,沸腾传热系数急剧增大。当壁面过热度大到某一程度(ΔT 约 20℃)时,汽泡来不及脱离加热面而开始连成不稳定的汽膜,即由核态沸腾开始向膜态沸腾过渡,出现临界点。这时的热流密度称为临界热流密度 q_c,如图 5-4c 所示。随着过热度的继续增加,加热面上仍然产生不稳定的汽膜。此时一方面汽膜的面积不大,另一方面汽膜有时会破裂被新的汽泡代替,因此加热面上时而汽泡,时而汽膜。随着过热度的增加,汽膜的稳定度增加,沸腾处于由核态沸腾向膜态沸腾转变的过渡区,如图 5-4d 所示。随着过热度 ΔT 继续增加(约为 120~150℃),加热面将产生稳定的汽膜,而进入了图 5-4e 所示的稳定膜态沸腾状态。当过热度 ΔT 超过 300℃ 之后,加热面与液体间的辐射传热增加[28],与汽膜导热一起形成稳定的膜态沸腾传热,且随着壁温 T_w 的增加,沸腾传热系数增加。这种膜态沸腾与膜状凝结相比,共同之处是热量传递都是通过膜层进行,但前者的膜层为汽膜,后者为液膜,汽膜热阻较大,故膜态沸腾表面传热系数要比膜状凝结小。另外,不同状态沸腾的传热规律也不一样。图 5-5 给出了在通常大气压力下水在大容器内的加热面上被加热时的沸腾曲线。随着 ΔT 的增加,先后发生自然对流传热、核态沸腾传热、过渡区沸腾传热,直到稳定的膜态沸腾传热,图 5-5 中分别以 OA 段、ABC 段、CD 段与 DE 段表示上述的相应沸腾状态。必须强调指出,点 C 对应于热流密度的极值即 $q_c = q_{max}$,称为临界热流密度。对于依靠控制热流密度来改变工况的加热设备(如电加热器、对冷却水加热的核反应堆),一旦热流密度超过峰值,工况将沿 q_{max} 虚线跳至稳定膜态沸腾线,ΔT 将猛升至近 1000℃,这可能导致设备的烧毁。因此,必须严格监视并控制热流密度,以确保沸腾换热设备能在安全工作的范围之内运行。

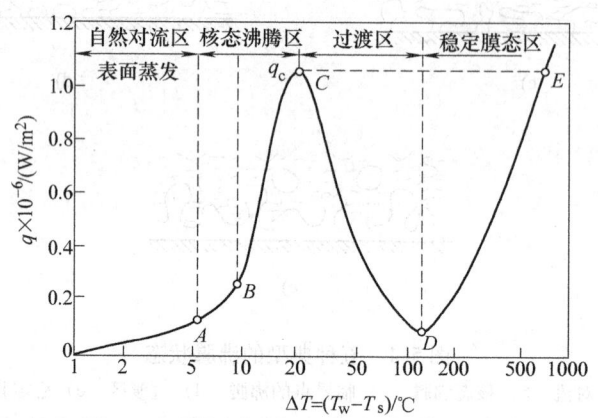

图 5-5 大气压力下饱和水在水平加热面上沸腾的典型曲线

5.3.2 汽泡的成核与长大的初步分析

何时开始沸腾这与汽泡的生成密切相关,它是研究沸腾换热的第一个问题。因此,研究单个汽泡的成核、长大、脱离和萎缩,以及汽泡群在脱离加热面时所形成的流体热力学与流体动力学问题便构成了研究沸腾传热过程的一个重要分支,人们常称该分支为汽泡动力学。目前,尽管单纯从汽泡动力学出发尚难以建立沸腾换热定量计算的关系式,但它对揭示沸腾现象的本质以及理解影响沸腾过程的因素仍具有重要的意义。

单个汽泡的成长过程可分为以下几个阶段:

(1) 汽核生成——这是满足热力学平衡与力学平衡的小汽泡形成过程。

(2) 初期长大——在汽核刚刚生成的一段时间内,汽泡的长大受到惯性效应与表面张力效应的支配。开始时汽泡长大的速率很小,但随着汽泡的增大,表面张力的作用变弱,汽泡长大的速率增加。

(3) 中期长大——在汽泡加速长大的中期阶段,传热的影响变得越来越大,而惯性效应的影响开始减小。

(4) 长大的终止期——当长大过程进入终止期后,周围液体的传热强度便成为支配因素，汽液交界面上的蒸发加剧。

（5）可能的萎缩——如果汽泡在长大的过程中碰到冷液体，则会发生萎缩。

事实上，上述各阶段不能截然分开，它们是相互影响的。对上述过程中的主要问题下面分两方面予以介绍。

1. 汽泡存在的条件

沸腾过程是在液体内部形成汽相的过程。开始出现汽相的过程称之为汽泡的成核过程，它要求液体有一定的过热度。从热力学的观点来看，过热液体存在上限[29,30]，借助于 p-v 状态图可由条件 $(\partial p/\partial v)_T = 0$ 就可求得液体能维持过热的最大限度。描述过热蒸气的最简单的状态方程可表示为

$$\left(p + \frac{a}{v^2 p^n}\right)(v - b) = RT \tag{5-37}$$

式中，p 为压强；v 为比体积，即 $1/\rho$；T 为热力学温度；R 为气体常数，a 与 b 分别为常数。

当指数 $n = 0$ 时，式(5-37)即为范德瓦尔(Van der Waals)状态方程；当 $n = 1$ 时则为伯塞洛特(Berthelot)状态方程。值得注意的是，由式(5-37)与条件

$$(\partial p/\partial v)_T = 0 \tag{5-38}$$

所求出的液体最大过热度具有如下特点：①与实验数据相比[31]，按范德瓦尔状态方程算出的结果偏低；而按伯塞洛特状态方程算出的比实验值高。②若取 $n = 1/2$ 计算，则计算结果与实验值较接近。人们常称 $n = 1/2$ 的状态方程为修正的伯塞洛特状态方程。

前面仅讨论了液体可能存在的最大过热度，下面进一步确定形成汽泡的条件。要使一个小汽泡在过热液体中能较长时间地存在，必须满足力学平衡、热力学温度平衡以及化学势相等。假定汽泡胚胎是球形的，为了克服汽液界面上表面张力的作用，汽泡内的蒸气压强 p_v 必须大于汽泡外的液体压强 p_l，由力学平衡得到

$$\Delta p \equiv p_v - p_l = \frac{2\sigma}{R_{min}} \tag{5-39}$$

式中，Δp 为汽侧压强与液侧压强之差；R_{min} 为最小的汽化核半径；σ 为蒸气与液体之间界面的表面张力。

式(5-39)常称为拉普拉斯(Laplace)方程，而 Δp 是一个很小的量，它可以近似地表为

$$\Delta p \approx \left(\frac{dp_s}{dT_s}\right)\Delta T \tag{5-40}$$

式中，ΔT 为换热表面温度与液体饱和温度之差。

热力学中的克劳修斯-克拉贝龙(Clausius-Clapeyron)方程(即饱和曲线上压力随温度的变化与饱和状态各参数间的关系)[30,31]为

$$\left(\frac{\mathrm{d}p_s}{\mathrm{d}T_s}\right) = \frac{r\rho_1\rho_v}{T_s(\rho_1-\rho_v)} \quad (5\text{-}41)$$

式中，r 为饱和温度下的汽化热。

当沸腾远离临界点时，$\rho_1 \gg \rho_v$，此时式(5-41)可简化为

$$\frac{\mathrm{d}p_s}{\mathrm{d}T_s} = \frac{r\rho_v}{T_s} \quad (5\text{-}42)$$

于是，由式(5-39)、式(5-40)与式(5-42)，加上汽泡热平衡条件 $T_v = T_1$ 之后便可得到平衡条件下汽泡半径与液体过热度的关系式，即

$$R_{\min} = \frac{2\sigma T_s}{r\rho_v(T_1-T_s)} \quad (5\text{-}43)$$

该式表明：①包围汽泡的液体必须过热，而且汽泡半径越小，所需要的过热度越大；②凡是曲率半径大于或等于 $R_{\min}$ 的初生汽泡核都能存在，并继续长大；③沸腾换热中，饱和温度 T_s 和过热度 (T_1-T_s) 都是具有重要影响的参数。

由热力学可知，形成汽泡胚胎所需的功应等于汽泡胚胎前后化学势之差。理论分析表明：形成汽泡胚胎的功和胚胎半径之间有如图5-6所示的关系，随着半径 R 的增加，开始时所需要的功是增加的，可是达到某一个临界半径 R_{cr} 之后，半径增加而形成汽泡所需的功反而减少，也就是说在半径 $R < R_{cr}$ 时，汽泡的半径是不会自发增大的。虽然当液体处于过热状态液体有可能由液相转变为汽相，但是它需要克服一定的势垒 L_{cr}（即临界功）后才可能实现。因此，可推出临界功 L_{cr} 为

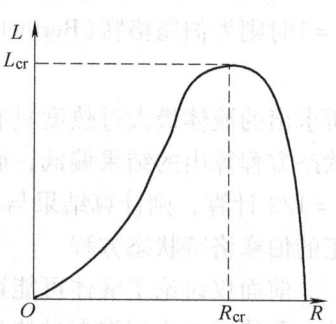

图5-6 形成汽泡胚胎的功与胚胎半径的关系

$$L_{cr} = \frac{16}{3}\frac{\pi\sigma T_s}{r^2\rho_v^2(\Delta T)^2} \quad (5\text{-}44)$$

式中，r 为汽化热；σ 为表面张力；ΔT 为液体的过热度。

式(5-44)清楚地表明：形成汽化核心所需的功 L_{cr} 与液体的过热度 ΔT 的平方成反比，液体的过热度越大，则形成汽泡的可能性越大。

2. 壁面上的成核过程及汽泡的脱离与浮升

换热表面上哪些地方具备形成汽泡的条件呢？前面已讲过，换热表面上过热度越大的液体，变为蒸气的倾向也就越强烈；但是仅有过热度还不是液体汽化的充分条件，还必须有汽-液两相的分界面，如图5-7所示，在换热表面上

凹缝内液体的过热度大，其中吸附的气体形成的相分界面，当两侧作用力平衡时就能形成汽泡而变成汽化核心。相关的研究表明[32~34]：汽泡只在加热表面上某些微小的凹坑和细微裂缝处成核，即能成为汽泡的胚胎。

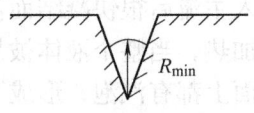

图 5-7　换热面上的汽化核

正如本章参考文献[35]所指出的，粗糙度的变化可以使表面传热系数多倍提高，这是因为粗糙的程度决定了有效的汽化核心数目的缘故。但是，粗糙度有一个限度，超过了这个限度范围，再加深粗糙面的低凹处也不会使换热强度变化，关于这个限度，通常认为凹处平均为 $5\sim10\mu m$ 为宜。有关汽化核心的问题，本章参考文献[36]给出了这方面更多的论述。

当汽泡在汽化核心生成之后，随着不断地加热，汽泡的体积将不断地增大。当汽泡长大到某一直径后，作用在汽泡上的浮力超过了汽泡对壁面的附着力时，汽泡就会脱离加热壁面向上浮升，这时汽泡的直径称为汽泡脱离直径。在汽泡浮升的过程中，周围的过热液体继续对它加热，使之直径继续增大。若液体的过热度足够高，则汽泡便可以一直浮升到液体自由表面，并冲破液体与气相混合。

理论分析与相关实验都表明：汽泡脱离直径的大小与液体润湿壁面的能力有关[37]。如图 5-8 所示，当润湿角（又称接触角）$\theta<90°$，表示液体能润湿壁面；$\theta>90°$，则液体不能润湿壁面。对于能润湿壁面的液体，生成的汽泡成球形，附着于壁面的面积较小，汽泡较容易脱离壁面，脱离直径也较小；相反，不能润湿壁面的液体，汽泡有较大的表面积附着于壁面，故不易脱离，脱离直径也较大。

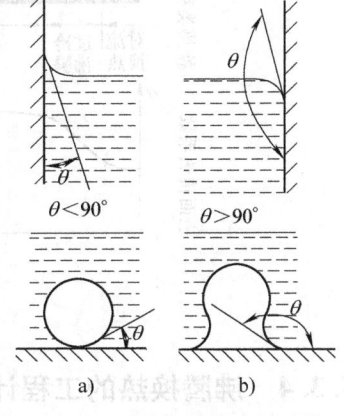

图 5-8　汽泡在壁面上的形状及各种润湿角

综上所述，在沸腾过程中，汽泡在加热面上不断地生成、长大、脱离和浮升，而远处较冷的液体不断地流向加热面，因此使得靠近壁面的微薄液体层处于剧烈的扰动状态，致使沸腾换热时表面传热系数远远大于无相变时对流换热的值。

5.3.3　有限空间内强迫对流沸腾换热简介

对于有限空间内的强迫对流沸腾换热（又称流动沸腾换热）问题，本书仅以管内沸腾为例介绍。图 5-9 给出了竖管内沸腾可能出现的流动类型以及换热类型。流入管内的未饱和液体由下而上流过被加热的竖管，当到达一定位置时壁面上开始出现汽泡，此时液体主流尚未达到饱和温度，处于过冷状态，汽泡进入主流后很快凝结而消失，因此这时的沸腾称为过冷沸腾。接着，流体继续被加热，当整个液体被加热到饱和温度时，壁面上产生的汽泡增多，整个流动截面上都有汽泡，形成了核态沸腾区。核态沸腾和过冷沸腾时的流动统称为泡状流。之后，随着汽泡数量的增多并且汽泡聚集成大块，泡状流转变成块状流。随着流体的流动和被加热，汽泡继续增多，致使管子中心形成汽芯（又称汽柱）而液体被排挤到壁面上，呈现环状液膜，称为环状流。此时，换热进入液膜对流沸腾区。环状液膜受热蒸发，逐渐减薄，最终液膜消失，全部变成蒸气，形成雾状流。这时湿蒸气直接与壁面接触，形成湿蒸气强迫对流传热。此刻表面传热系数急剧下降，管壁温度猛升，造成对安全的威胁。这种液膜消失、换热恶化的现象称为蒸干。之后，湿蒸气继续被加热，使工质最后进入干蒸气单相换热区，壁温将会有较大幅度的升高。本书因篇幅所限，对更多有关管内沸腾换热的问题不作叙述，读者可参阅本章参考文献[38-40]。

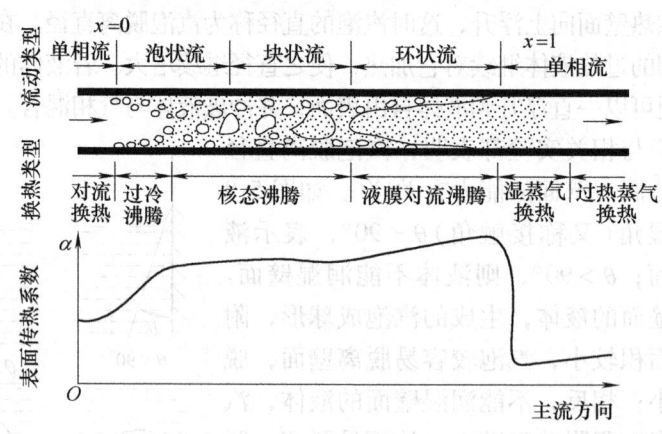

图 5-9　竖管管内沸腾

5.3.4　沸腾换热的工程计算

1. 大空间饱和核态沸腾换热

对于水在 $1\times10^5 \sim 4\times10^6$ Pa 压强下大空间内饱和沸腾时的表面传热系数 α，通常采用米海耶夫推荐的公式，其表达式为

$$\alpha = 0.1224(\Delta T)^{2.33} p^{0.5} \tag{5-45}$$

式中，α 为沸腾换热的表面传热系数；ΔT 为壁面过热度；p 为沸腾绝对压强。

因热流密度 $q = \alpha\Delta T$，代入上式得到

$$\alpha = 0.5335 q^{0.7} p^{0.15} \tag{5-46}$$

式中，q 为热流密度。

另外，描述大空间饱和核态沸腾换热时，罗森诺（Rohsenow）通过对大量

实验数据进行整理，得出如下关联式[41]

$$q_w = r\mu_1 \left[\frac{g(\rho_1 - \rho_v)}{\sigma}\right]^{\frac{1}{2}} \left[\frac{c_{p,1}(T_w - T_s)}{rc_{wl}(Pr)_1^n}\right]^3 \quad (5\text{-}47)$$

式中，ρ_1 与 ρ_v 分别为饱和液与饱和气的密度；$c_{p,1}$ 为沸腾液体的比定压热容；r 为沸腾液体的汽化热；σ 为液体与饱和蒸气界面上的表面张力，其值可由表 5-1 查出；$(Pr)_1$ 为饱和液体的普朗特数；n 为经验指数，对于水，则 $n=1$，对于其他液体，则 $n=1.7$；c_{wl} 为经验常数，其值可由表 5-2 查出。

表 5-1 各种液体的表面张力 σ 值

液 体	饱和温度 T_s/℃	$\sigma \times 10^3/(\text{N} \cdot \text{m}^{-1})$
水	0	75.6
	20	72.7
	40	69.6
	60	66.2
	80	62.6
	100	58.9
	150	48.7
	200	37.7
	250	26.2
	300	14.4
	350	3.8
	370	0.5
钠	881.1	11.2
钾	766	62.7
苯	80	27.7
酒精	78.3	21.9
氟利昂 11	44.4	8.5

表 5-2 各种表面-液体组合的 c_{wl} 值

表面-液体组合	c_{wl}	表面-液体组合	c_{wl}
水-铜	0.013	乙醇-铬	0.027
水-铂	0.013	水-金刚砂磨光的铜	0.0128
水-黄铜	0.006	正戊烷-金刚砂磨光的铜	0.0154
正丁醇-铜	0.00305	四氯化碳-金刚砂磨光的铜	0.0070
异丙醇-铜	0.00225	水-磨光的不锈钢	0.0080
正戊烷-铬	0.015	水-化学腐蚀的不锈钢	0.0133
苯-铬	0.010	水-机械磨光的不锈钢	0.0132

2. 大空间沸腾换热的临界热流密度

在许多工程应用中,沸腾过程中所给定的是热流密度而不是表面温度。为了防止加热部件的损坏,特别是在核电站中,锅炉里由放射性燃料产生的热流密度通常是给定的,为了避免严重事故,工程师们必须谨慎地保持这个热流密度值低于临界热流密度 q_{max}。本章参考文献[42]给出了 q_{max} 半经验的推荐公式,即

$$q_{max} = \frac{\pi}{24} r (\rho_v)^{\frac{1}{2}} [g\sigma(\rho_l - \rho_v)]^{\frac{1}{4}} \tag{5-48}$$

式中,r 与 σ 分别为液体的汽化热和界面上的表面张力。应该指出的是,σ 与 r 都随压强有明显的变化[43],所以临界热流密度 q_{max} 的数值也随压强发生较强烈的改变。

3. 大空间膜态沸腾换热的关联式

在一般工业应用领域中遇到膜态沸腾的场合不太多,但是在低温工程中,尤其是超低温制冷,低温液体的储存与运输中膜态沸腾的研究具有重要的意义。膜态沸腾的一个重要特点就是和加热表面的状况没有关系,因为这时沸腾发生在汽与液的交界面,而不是加热表面上,这使膜态沸腾在机理上与膜状凝结颇为相似。特别值得注意的是,在发生膜态沸腾时加热表面的温度相对已经很高,理应计入热辐射分量的作用。辐射部分的热量将导致汽膜变厚,而且对流与辐射两部分的热量并非简单地线性叠加,本章参考文献[44]建议用如下关于 α 的超越方程计算比时总传热系数

$$(\alpha)^{\frac{4}{3}} = (\alpha_c)^{\frac{4}{3}} + \alpha_r (\alpha)^{\frac{1}{3}} \tag{5-49}$$

式中,对流传热表面传热系数 α_c 与有效辐射系数 α_r 分别为

$$\alpha_c = 0.62 \left[\frac{(r + 0.4 c_{p,v} \Delta T) g \rho_v \lambda_v^3 (\rho_l - \rho_v)}{\mu_v D \Delta T} \right]^{\frac{1}{4}} \tag{5-50}$$

$$\alpha_r = \frac{\varepsilon \sigma_b [(T_w)^4 - (T_s)^4]}{\Delta T} \tag{5-51}$$

$$\Delta T \equiv T_w - T_s \tag{5-52}$$

式中,r 为汽化热;ε 为加热壁面的黑度(又称辐射系数);σ_b 为斯忒藩-玻尔兹曼常数;D 为管子外径;$(r + 0.4 c_{p,v} \Delta T)$ 为有效汽化热,它考虑了蒸气过热对 r 的修正;ρ_l 和 r 按 T_s 时选取,其余物性按 $T_m = (T_w + T_s)/2$ 时选定;

值得注意的是,式(5-49)为超越方程,可以采用试凑法进行求解。

5.4 相变换热的强化技术及热管技术简介

5.4.1 沸腾换热的强化

沸腾换热的强化通常可包括池沸腾与流动沸腾换热的强化、临界热负荷的提高以及设备和系统安全保障等方面的内容。其中核态池沸腾与流动沸腾的强化问题一直是传热学中最重要的研究领域之一。从核态沸腾的形成机理中可知，强化沸腾换热的主要着眼点是想办法增强汽泡在沸腾表面上的形成以及脱离加热面的可能性，设法增强加热面上薄液膜的蒸发能力。与单相对流强化技术一样，经常采用的技术可分为被动式强化技术与主动式强化技术两大类。被动式强化方法包括人工粗糙表面、喷涂不润湿的涂层、在液体中加入添加剂等；典型的主动式强化技术有机械振动、外加电磁场或者超声波等。20世纪30年代雅各布(Jakob)在人工粗糙表面强化沸腾换热的实验研究方面取得很好的成果，实验结果表明：粗糙表面上沸腾换热的表面传热系数可达非粗糙表面上的250%；在管内沸腾方面，其强化多采用内肋管技术。例如，在制冷机的干式蒸发器中广泛采用的这类内肋管，其强化沸腾的效果较同样直径光管的传热系数提高了一倍以上。关于沸腾强化技术方面更详细的论述，本书因篇幅所限不作介绍，读者可参阅相关的资料，例如本章参考文献[8,10,45]等。

5.4.2 凝结换热的强化

凝结换热强化技术中最引人注目的是球状凝结。许多实验表明：球状凝结是同一种介质在各种对流换热方式中具有最高传热系数的一种，例如水蒸气珠状凝结的传热系数要比膜状凝结高出10倍以上。应该指出，尽管在实验室条件下短时间内能够获得某一种介质的球状凝结，但是要使它能在工程中获得广泛应用仍然是件不易的事。因此，发展低成本及较实用的球状凝结技术仍然是凝结强化研究领域的重要课题之一。

目前，在工业设备中广泛采用的是膜状凝结，提高膜状凝结的表面传热系数始终为人们所关注。多年来，针对各类有机蒸气，特别是制冷剂的冷凝换热强化一直是人们关注的中心。从膜状凝结的机理上看，提高膜状凝结传热效果的关键在于设法让液膜变薄，同时及时将凝结液排走，避免凝结液的积存，也就是说，使液膜层的导热热阻尽可能减小。凝结器的管子也可以做成如图5-10所示的形状，即可产生Gregorig

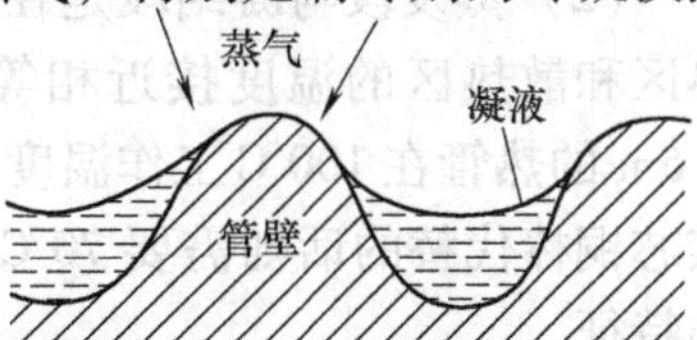

图5-10 具有Gregorig效应的凝结表面外形

效应。因凝结主要发生在凸边顶部,因而它是利用凝结液的表面张力把液膜拉向壁表面沟槽的凹部并且顺沟槽迅速排走,而在凸起的脊背部留下的液膜非常薄,于是脊部具有很高的表面传热系数,尽管沟槽底部的表面传热系数较低,但总体算来平均的表面传热系数仍大大超过光管。采用这一技术,可使水蒸气凝结换热的表面传热系数达到 $5 \times 10^4 \sim 7 \times 10^4 \mathrm{W/(m^2 \cdot K)}$。

5.4.3 热管技术

热管是1964年左右才付诸实用的一种具有极高传热性能的元件,它最早是用于卫星的温度控制,以后便广泛用于一般工业甚至日常生活[46~53]。这种装置是通过沸腾与凝结两个相反的相变过程把热量从热端传输到冷端。所谓热端是热管的加热区,即蒸发段。图5-11给出了热管结构的原理示意图,其中,1为热管的加热区(又称蒸发段),2为蒸气输送段(又称绝热区),3为热管散热区(又称凝结段);在热管的加热区可以用热流体,也可以通过热辐射进行外部加热,工质被加热蒸发后经热管中心部分流向冷端。工质在冷凝段放出潜热,凝结为液

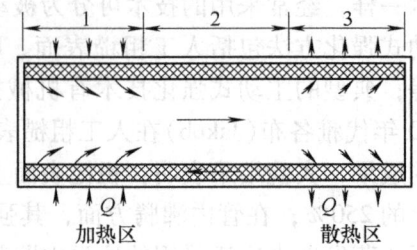

图5-11 热管结构及工作原理

体,借助管芯毛细力的作用,液体重新返回蒸发段再蒸发,如此便形成了一个闭合循环。热管的工作原理是沸腾与凝结这两种相变换热过程的巧妙结合。因沸腾和凝结换热都是在饱和温度下进行的,并且还具有很高的表面传热系数。应该指出:早在20世纪80年代初,以马同泽先生为代表的中国工程热物理界在热管技术方面已作出了较大的贡献,本章参考文献[47]反映了这方面的部分成果。

热管技术具有如下几个特点:

(1) 传热能力极强。有关文献分析表明:一根内径为21mm、外径为25mm,蒸发段和冷凝段各为1m长的碳钢热管,其传热能力要比一根长2m、直径为25mm的紫铜棒的传热能力大1500倍左右。

(2) 蒸发段与凝结段是在同一根管内,两者之间几乎没有压力差,故加热区和散热区的温度接近相等,整个热管趋于等温。例如,直径13mm、长0.6m的热管在100℃工作温度下,输送200W能量只有0.5℃的温降;若采用实芯铜棒代替的话则需要70℃的温差。因此,温差小是热管的一个非常显著的特征。

(3) 根据工作液临界温度的不同,采用不同的工作液,可以使热管在相当广的温度范围内工作。表5-3给出了部分热管工质的基本参数。

表 5-3 常用热管工质的稳定工作范围

工质	沸点/K	工作温度/K	工质	沸点/K	工作温度/K
氦	4.2	2.0~4.2	甲醇	337.8	283~410
氢	20.3	15~30	乙醇	351.7	273~410
氖	77.3	70~115	水	373.2	303~500
甲烷	111.7	100~170	汞	629.8	520~920
氨	239.7	210~340	钾	1049	770~1270
R21	282.1	170~400	钠	1156	870~1470
丙酮	329.7	273~400	银	2450	2070~2570

（4）结构简单，无运动部件，工作可靠。

关于热管方面更多的介绍与应用本书因篇幅所限不多作叙述，读者可查阅相关的文献，例如本章参考文献[46,47,50,53-55]等。

习 题

5-1 设饱和水蒸气在高度 $l=1.5\text{m}$ 的竖管外表面上作层流膜状凝结。水蒸气压强为 $p=2.5\times10^5\text{Pa}$，管子表面温度为 123℃，试用努塞尔分析解计算距管顶 0.1m、0.2m、0.4m、0.6m 以及 1.0m 处的液膜厚度和局部表面传热系数。

5-2 0.1Mpa 的水蒸气在宽 250mm、高 500mm 的竖平板表面上凝结。若得到 30kg/h 的凝液流量，板面温度应该保持多少？

5-3 压强为 $p=1.013\times10^5\text{Pa}$ 的水蒸气在高 1.22m 的竖直平壁上膜状凝结，平均表面传热系数为 $4542\text{W}/(\text{m}^2\cdot\text{K})$，试求平壁表面的温度？

5-4 用一根长 1m 水平管凝结 $1.013\times10^5\text{Pa}$ 的饱和蒸汽，管外表面温度为 70℃，要使凝结水量达到 125kg/h，试求管径为多少？

5-5 如图 5-12 所示，容器底部温度为 T_w（这里 $T_w<T_s$）并且保持恒定；假定容器侧壁绝热并且蒸汽在凝结过程中压强保持不变，试推导凝结过程中每一时刻底部液膜厚度 δ 的计算式。

5-6 在机械抛光的不锈钢制容器中，压强为 0.1MPa，水处于沸腾状态，容器内壁的温度为 105.56℃，试求沸腾换热的表面传热系数和热流密度。

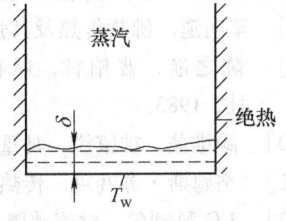

图 5-12 习题 5-5 附图

5-7 常压条件下，在黄铜容器中以 $0.7\text{MW}/\text{m}^2$ 的恒定热流密度加热水，试求加热表面的温度？

5-8 试将罗森诺(Rohsenow)给出的关联式(式(5-47))改写成用无量纲特征数表达的形式。

5-9 直径为 5cm 的电加热铜棒被用来产生压强为 $3.61\times10^5\text{Pa}$ 的饱和水蒸气。当铜棒表面温度高于饱和温度 5℃时，问需要多长的铜棒才能维持 90kg/h 的产汽率？

5-10 一铜制平底锅底部的受热面直径为30cm,要使其在1.013×10^5Pa的大气压下沸腾并且每小时能产生2.3kg饱和水蒸气,试确定锅底干净时其与水接触面的温度。

5-11 试计算月球上水在10^5Pa以及10×10^5Pa的压强下作大容器饱和沸腾时核态沸腾的最大热流密度是多少?它比地球上相应数值小多少?(月球上的重力加速度为地球的1/6)

5-12 当液体在一定压强下作大容器饱和沸腾时,欲使沸腾换热的表面传热系数α增加10倍,温差$(T_w - T_s)$应增加多少倍?如果同一液体在圆管内作单相湍流强迫对流传热(认为湍流流动为充分发展时),为使α提高10倍,问流速应该增加多少倍?为维持流体的流动,这时所消耗的功率将增加多少倍呢?(假设物性参数为常数)

5-13* 宇宙空间是一个巨大的近似真空的环境,在海拔800km的高空,气压约为10^{-9}Torr(1Torr=1mmHg=133.32Pa);海拔2100kM高空的气压约为10^{-11}Torr。正是由于航天器大多是在超高真空中飞行,因此就出现了一系列新的物理现象[56]。另外,当载人飞船以7.9km/s的第一宇宙速度飞行时,地球对飞船的引力被高速飞行的惯性离心力所抵消,飞船内的一切物体都处在失重状态[57]。请问在微重力状态下,本书5.2节所讲的层流与湍流膜状凝结换热分析中,液膜内的基本方程组会有什么变化呢?

参考文献

[1] Incropera F P, DeWitt D P. Fundamentals of heat and mass transfer[M]. New York: John Wiley & Sons, 2002.

[2] 陈学俊,陈立勋,周芳德. 气液两相流与传热基础[M]. 北京:科学出版社,1995.

[3] 林宗虎,王树众,王栋. 气液两相流和沸腾传热[M]. 西安:西安交通大学出版社,2003.

[4] 鲁钟琪. 两相流与沸腾传热[M]. 北京:清华大学出版社,2002.

[5] 施明恒,甘永平,马重芳. 沸腾和凝结[M]. 北京:高等教育出版社,1995.

[6] 林瑞泰. 沸腾换热[M]. 北京:科学出版社,1988.

[7] 徐济鋆. 沸腾传热和气液两相流[M]. 北京:原子能出版社,2001.

[8] 辛明道. 沸腾传热及其强化[M]. 重庆:重庆大学出版社,1987.

[9] 陈之航,曹柏林,赵在三. 气液双相流动和传热[M]. 北京:机械工业出版社,1983.

[10] 顾维藻,神家锐,马重芳. 强化传热[M]. 北京:科学出版社,1990.

[11] 杰姆斯·苏赛克. 传热学:下册[M]. 俞佐平,译. 北京:人民教育出版社,1981.

[12] J G 科利尔. 对流沸腾和凝结[M]. 魏先英,译. 北京:科学出版社,1982.

[13] Nusselt W. Die oberflachencondenstation des wasserdampfes[J]. VDI, 1916, 60: 541-569.

[14] Rohsenow W M. Film condensation. In Rohsenow W M, Hartneet J P. Handbook of Heat Transfer[M]. New York: McGraw-Hill, 1973.

[15] Rohsenow W M. Heat transfer and temperature distribution in laminar film condensation[J]. J. Heat Transfer, 1956, 78: 1645-1648.

[16] D 皮兹, L 西索姆. 传热学[M]. 2 版. 葛新石, 译. 北京：科学出版社, 2002.
[17] 杨世铭, 陶文铨. 传热学[M]. 3 版. 北京：高等教育出版社, 1998.
[18] 章熙民, 梅飞鸣, 任泽霈, 等. 传热学[M]. 2 版. 北京：中国建筑工业出版社, 1985.
[19] 戴锅生. 传热学[M]. 2 版. 北京：高等教育出版社, 1999.
[20] 赵镇南. 传热学[M]. 北京：高等教育出版社, 2002.
[21] 姚仲鹏, 王瑞君. 传热学[M]. 2 版. 北京：北京理工大学出版社, 2003.
[22] 罗棣庵. 传热应用与分析[M]. 北京：清华大学出版社, 1990.
[23] Sparrow E M, Gregg J L. A boundary layer treatment of laminar film condensation[J]. J. Heat Transfer, 1959, 81: 13-23.
[24] Dhir V K, Lienhard J H. Laminar film condensation on plane and axisymmetric bodies in nonuniform gravity[J]. ASME J. Heat Transfer, 1971, 93: 97-100.
[25] Popiel C O, Boguslawski L. Heat transfer by laminar condensation on sphere surfaces[J]. Int. J. Heat Mass Transfer, 1979, 18(1): 486-488.
[26] Sukhatme S P, Jagadish B S, Prabhakaran P. Film condensation on single horizontal enhanced condenser tubes[J]. ASME J. Heat Transfer, 1990, 112(1): 229-234.
[27] 章熙民, 任泽霈, 梅飞鸣. 传热学[M]. 4 版. 北京：中国建筑工业出版社, 2001.
[28] White F M. Heat transfer[M]. Mass: Addison-Wesley, 1984.
[29] Keenan J H. Thermodynamics[M]. New York: John Wiley & Sons, 1957.
[30] Holman J P. Thermodynamics[M]. 4th ed. New York: McGraw-Hill, 1988.
[31] 王竹溪. 热力学[M]. 北京：人民教育出版社, 1955.
[32] Clark H B, Strenge P S, Westwater J W. Active sites for nucleate boiling[J]. Chem. Engng. Prog. 1959, 29: 103.
[33] А М 库捷波夫, Л С 斯捷尔曼, Н Г 司求申. 蒸汽形成时的流体动力学和热交换[M]. 北京：水利电力出版社, 1983.
[34] Labuntzov D A. Heat exchange at bubble boiling of liquids[J]. Thermal Energy(in Russian), 1959, 12: 19-26.
[35] В П 伊萨琴科. 传热学[M]. 王丰, 等译. 北京：高等教育出版社, 1987.
[36] Thomas F I, James P H. Advance in heat transfer[M]. New York: Academic Press, 1964.
[37] Hsu Y Y, Graham R W. Transport processes in boiling and two-phase systems[M]. New York: McGraw-Hill, 1976.
[38] 巴特沃思 D, 休伊特 G F. 两相流与传热[M]. 陈学俊, 译. 北京：原子能出版社, 1985.
[39] Collier J G, Thome J R. Convective boiling and condensation[M]. 3rd ed. Oxford: Clarendon Press, 1994.
[40] Darabi J, Salehi M, Saeedi M H. Review of available correlations for prediction of flow boiling heat transfer in smooth and augmented tubes[J]. ASHRAE Trans, 1995, 101: 965-975.

[41] Rohsenow W M, Hartneet J P, Ganic E N. Handbook of heat transfer[M]. New York: McGraw-Hill, 1985.

[42] Zuber N. On the stability of boiling heat transfer[J]. Trans. ASME, 1958, 80(3): 711-716.

[43] 钱滨江,伍贻文,常家芳. 简明传热手册[M]. 北京:高等教育出版社,1983.

[44] Bromley L A. Heat transfer in stable film boiling[J]. Chem. Eng. Prog., 1950, 46: 221.

[45] 林宗虎. 强化传热及其工程应用[M]. 北京:机械工业出版社,1987.

[46] 闵桂荣. 卫星热控制技术[M]. 北京:宇航出版社,1991.

[47] 马同泽,侯增祺,吴文铣. 热管[M]. 北京:科学出版社,1983.

[48] 池田义雄,伊藤谨司,槌田昭. 实用热管技术[M]. 商政宗,译. 北京:化学工业出版社,1988.

[49] 吴存真,刘光铎. 热管在热能工程中的应用[M]. 北京:水利电力出版社,1993.

[50] 庄骏,张红. 热管技术及其工程应用[M]. 北京:化学工业出版社,2000.

[51] 黄向盈. 热管与热管换热器设计基础[M]. 北京:中国铁道出版社,1995.

[52] 庄骏,徐通明,石寿椿. 热管与热管换热器[M]. 上海:上海交通大学出版社,1989.

[53] 李寒亭,华诚生. 热管设计与应用[M]. 北京:化学工业出版社,1987.

[54] Faghri A. Heat pipe science and technology[M]. Washington, D. C.: Taylor & Francis, 1995.

[55] Shafii M B, Faghri A, Zhang Y. Thermal modeling of unlooped and looped pulsating heat pipe[J]. J. Heat Transfer, 2001, 123: 1159-1172.

[56] 王保国,黄伟光. 高超声速气动热力学[M]. 北京:科学出版社,2008.

[57] 王保国,王新泉,刘淑艳,霍然. 安全人机工程学[M]. 北京:机械工业出版社,2007.

第 6 章

热辐射的物理基础与相关的计算方法

前几章着重介绍了导热和对流换热这两种热量传递的基本方式，它们的共同特点是两种热能传递方式都与物体内的温度梯度相联系，而且都必须保证换热物体之间的直接接触。从机理上来讲，导热与对流都是研究由于物体的宏观运动和微观粒子热运动所引起的热能传递，这与热辐射所关注的对象很不相同。热辐射是热量传递的第三种基本方式，本章将首先扼要讲述热辐射的物理基础，其中包括五个基本的定律，随后介绍黑体、灰体和实际物体的热辐射，最后讨论表面之间辐射热交换的具体计算方法。

6.1 热辐射的基本概念及基本特点

从物理本质上讲，热辐射与其他所有各种辐射一样都是电磁波传递能量的现象。它们之间内在的区别是导致发射电磁波的激励方式不同，而外在表现是发射的波长不一样，吸收该电磁波后所引起的效应也不相同。热辐射是物体内部微观粒子的热运动所激发出来的电磁波能量，任何绝对零度以上的物体总是不断地向外发射热辐射能量，同时也不停地吸收周围物体投射过来的辐射能。所谓辐射热交换是指物体发射和吸收后总的净效果。这个过程包含了从发射到吸收两次转变能量的过程，即发射时从热力学能转变成电磁波能，吸收时则电磁波能重新转换成内能[1~7]⊖。

热辐射具有一般辐射现象的共性，例如各种电磁波都以光速在空间传播，其速率、波长和频率满足如下关系

$$c = f\lambda \tag{6-1}$$

式中，c 为电磁波的传播速率，在真空中 $c = 3 \times 10^8 \text{m/s}$；$f$ 为频率；λ 为波长（μm，$1\mu\text{m} = 10^{-6}\text{m}$）。

图 6-1 给出了以波长为坐标的全波段电磁波辐射波谱。除了短波段的

⊖ 该数字对应本章参考文献的序号，下同。

γ射线，X射线和部分紫外线以及长波段的无线电波之外，中间部分大致从 $0.1\mu m$ 到 $100\mu m$ 的区段是传热学所感兴趣的波长范围，这波段的电磁波辐射又称为热辐射，它包括一部分紫外线、全部可见光和大部分红外线。红外波段又可按波长分为三段：近红外线、中红外线以及远红外线；概括起来红外线的波长范围在 $0.76\sim1000\mu m$ 之间。波长在 $1mm\sim1m$ 之间的电磁波称为微波，微波可以穿过塑料、玻璃及陶瓷制品，但却会被像水那样具有极性分子的物体吸收，因此用微波加热各类食品是一种比较理想的加热手段。波长大于 $1m$ 的电磁波则广泛用于无线电技术中。在工程上，如果辐射体的温度在 2000K 以下，则这时热辐射主要是红外辐射，可见光能量所占的比例很少，通常可略去不计。因此，为方便起见，除特殊说明外，以后论及的热辐射都是指红外线。

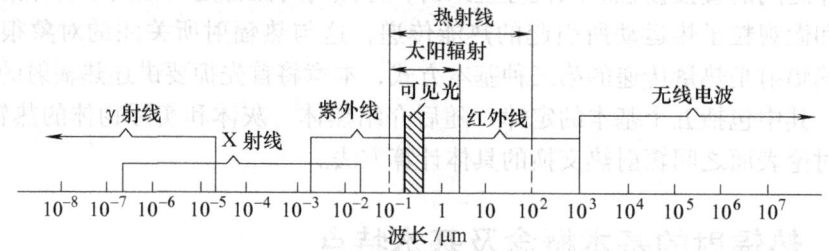

图 6-1　电磁波谱

6.1.1　吸收比、反射比与透射比

当热射线投射到物体时，遵循着可见光的规律，其中部分被物体吸收，部分被反射，其余部分能量透过物体，如图 6-2 所示。设投射到物体上的全波长范围的总能量为 Q，并用 Q_α，Q_ρ 和 Q_τ 分别表示吸收、反射和穿透过物体的能量，由能量守恒定律有

$$Q = Q_\alpha + Q_\rho + Q_\tau \tag{6-2}$$

或者

$$1 = \frac{Q_\alpha}{Q} + \frac{Q_\rho}{Q} + \frac{Q_\tau}{Q} = \alpha + \rho + \tau \tag{6-3}$$

上式右侧最后一式子各项依次称为该物体对投入辐射的吸收比、反射比和透射比。辐射能投射到物体表面后的反射现象也与可见光一样有镜面反射与漫反射之分，如图 6-3 所示。当表面的粗糙度较小，表面的不平整尺寸小于投入辐射的波长时便形成镜面辐射（如图 6-3a 所示），此时入射角 θ_1 等于反射角 θ_2。当表面的不平整尺寸大于投入辐射的波

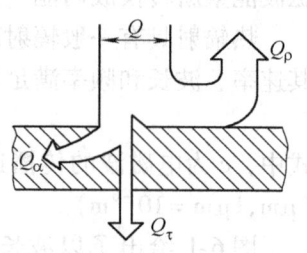

图 6-2　物体对热辐射的吸收、反射与穿透

长时便形成漫反射(如图 6-3b 所示)。

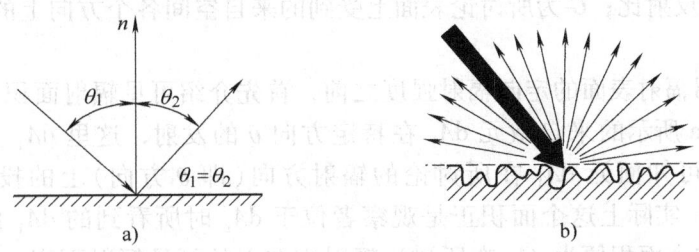

图 6-3 镜面反射与漫反射
a) 镜面反射 b) 漫反射

如果物体能全部吸收外来射线,也就是说 $\alpha = 1$,则该物体称为绝对黑体(简称黑体);把反射比 $\rho = 1$ 的物体称为镜体(当为漫反射时称为绝对白体);把透射比 $\tau = 1$ 的物体称为绝对透明体(简称为透明体)。当然,在自然界和工程应用中完全符合理想要求的黑体、白体和透明体并不存在,但是与它们很相像的物体却是有的,例如磨光的金子反射比几乎为 0.98,煤炱的吸收比可达到 0.96,而常温下空气对热射线呈现出透明的性质。

6.1.2 光谱辐射力、辐射力与定向辐射强度

光谱辐射力又称单色辐射力,它表示单位时间内物体单位表面积在 λ 到 $\lambda + d\lambda$ 波长范围内向半球空间所发射的辐射能量,用符号 E_λ 表示(其单位为 W/m^3),其数学表达式为

$$E_\lambda = \frac{d\Phi_\lambda}{dAd\lambda} \tag{6-4}$$

式中,Φ_λ 为辐射能量,A 为表面积;另外,人们还把单位时间内物体的单位辐射面积上向外界(半球空间)发射的全部波长的辐射能称为半球向总辐射力(简称为辐射力),记作 E(单位为 W/m^2)。它实际上是物体辐射的总能流密度,它与光谱辐射力间有如下关系

$$E = \int_0^\infty E_\lambda(\lambda) d\lambda \tag{6-5}$$

应指出的是,在相同温度下以黑体的辐射力 E_b 为最大,而实际物体的辐射力为

$$E = \varepsilon E_b \tag{6-6}$$

式中,ε 为物体的发射率;E_b 为相同温度下黑体的辐射力。

物体表面除了向外界发出发射辐射外,其他物体投射到该物体表面上的投射辐射还有部分被反射,因此发射辐射与反射辐射之和便称为有效辐射(radiosity),记作 B,其表达式为

$$B = E + \rho G \tag{6-7}$$

式中，ρ 为反射比；G 为所讨论表面上受到的来自空间各个方向上的辐射热流密度。

在介绍辐射表面的定向辐射强度之前，首先介绍可见辐射面积和立体角。讨论图 6-4a 所示的来自微元 dA_1 在特定方向 θ 的发射，这里 dA_1 为辐射源；由图 6-4b 可知面元 dA_1 在所讨论的辐射方向（即 θ 方向）上的投影面积为 $(dA_1)\cos\theta$；实际上这个面积正是观察者位于 dA_n 时所看到的 dA_1 面的面积，也就是说这个面积便为 dA_1 在所讨论辐射方向上的可见辐射面积。图 6-4c 给出了球面坐标系 (r,θ,φ)，图 6-4d 给出了球坐标系原点位于 dA_1 面上时 dA_n 面所对应的立体角。显然由球面几何学并注意到图 6-5 所示的几何关系，于是 dA_n 所对应的立体角为

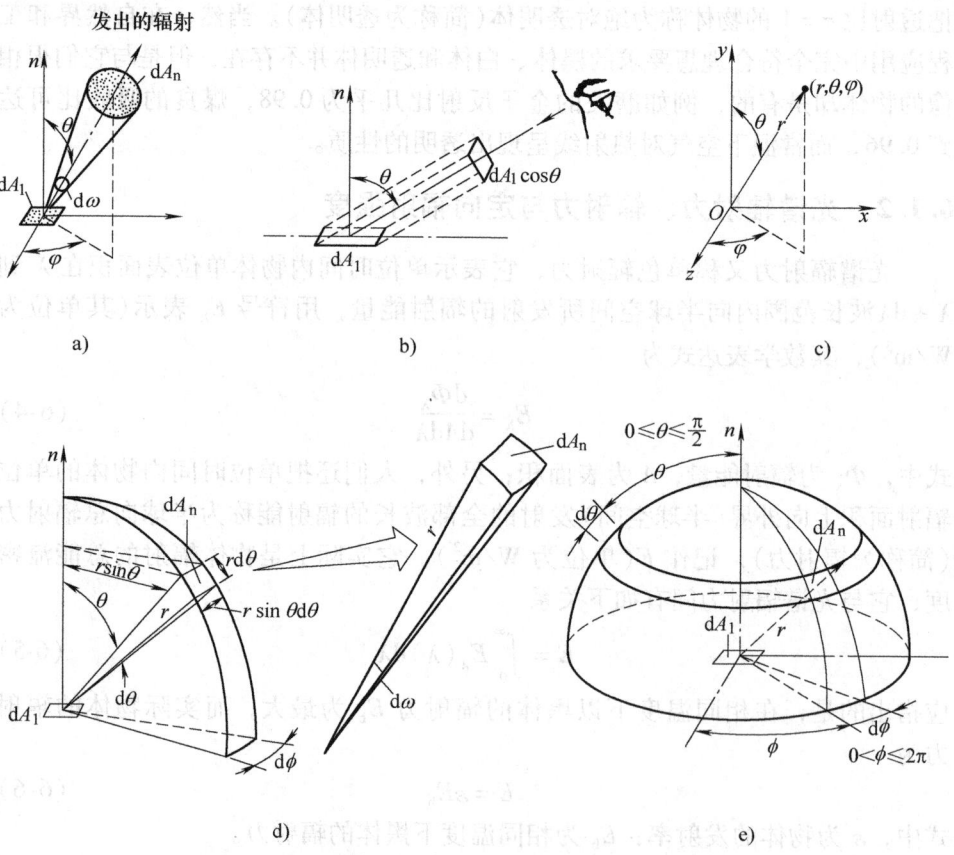

图 6-4 球面坐标系以及立体角与可见辐射面积的定义
a) 辐射源 dA_1 b) dA_1 的可见辐射面积 c) 球面坐标系 d) dA_n 所对应的立体角 e) 立体角

$$d\omega = \frac{dA_n}{r^2} = \frac{rd\theta \times r\sin\theta d\varphi}{r^2} = \sin\theta d\theta d\varphi \qquad (6\text{-}8)$$

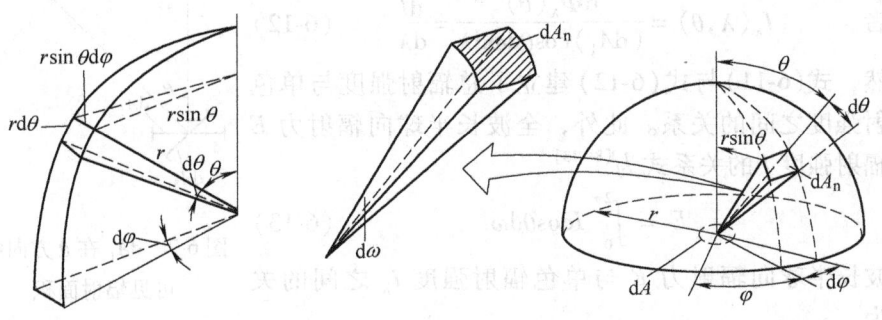

图 6-5　计算微元立体角的几何关系

图 6-6 中的 dA_1 表示能够发射辐射能的微元面积，它向其上半球空间发射辐射能，并且发射一般是面向所有方向的。由 dA_1 发射的定向辐射强度 I 定义为：dA_1 在一个特定方向 p 上每单位立体角以及 dA_1 在垂直于 r 方向的每单位投影面积所发射的辐射能（单位：$W/(m^2 \cdot sr)$），其数学表达式为

$$I(\theta) = \frac{d\Phi(\theta)}{(\cos\theta dA_1)d\omega} \qquad (6\text{-}9)$$

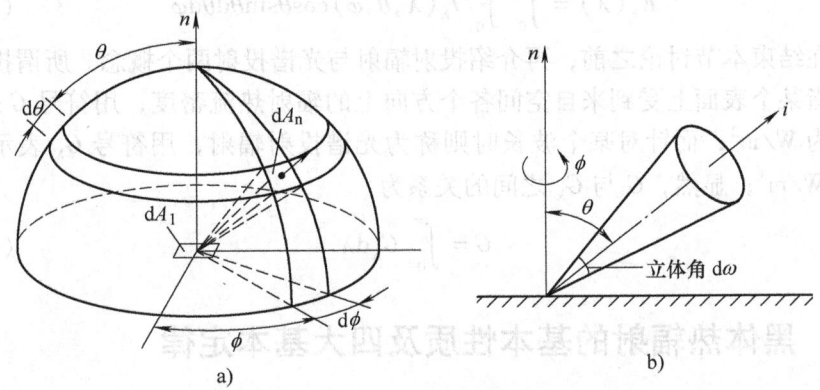

图 6-6　定向辐射强度

式中，$d\Phi$ 为单位时间内离开某一表面的单位面积在 θ 方向上包含在立体角 $d\omega$ 内的辐射能；$d\omega$ 为立体角；角 θ 为方向 p 在球坐标系中的 θ 坐标。由图 6-7 所示，表面积 dA_1 在 p 方向上的可见面积为

$$dA_n = (dA_1)\cos\theta \qquad (6\text{-}10)$$

以上所讨论的定向辐射强度 $I(\theta)$ 是关于总辐射能的（即包含全部波长的辐射能）；而对于波长为 λ 的单色辐射强度则为 I_λ，于是 I 与 I_λ 的关系便为

$$I(\theta) = \int_0^\infty I_\lambda \mathrm{d}\lambda \qquad (6\text{-}11)$$

或者
$$I_\lambda(\lambda,\theta) = \frac{\mathrm{d}\Phi_\lambda(\theta)}{(\mathrm{d}A_1)\cos\theta\mathrm{d}\omega\mathrm{d}\lambda} = \frac{\mathrm{d}I}{\mathrm{d}\lambda} \qquad (6\text{-}12)$$

显然,式(6-11)与式(6-12)建立了总辐射强度与单色辐射强度之间的关系。此外,全波长半球向辐射力 E 与辐射强度 I 的关系式为[8~13]

$$E = \int_0^{2\pi} I\cos\theta\mathrm{d}\omega \qquad (6\text{-}13)$$

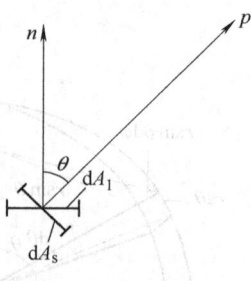

图 6-7 $\mathrm{d}A_1$ 在 θ 方向的可见辐射面积

全波长半球向辐射力 E 与单色辐射强度 I_λ 之间的关系为

$$\begin{aligned} E &= \int_0^{2\pi}\left[\int_0^\infty I_\lambda\cos\theta\mathrm{d}\lambda\right]\mathrm{d}\omega \\ &= \int_0^\infty\int_0^{2\pi}\int_0^{\frac{\pi}{2}} I_\lambda(\lambda,\theta,\varphi)\cos\theta\sin\theta\mathrm{d}\theta\mathrm{d}\varphi\mathrm{d}\lambda \qquad (6\text{-}14) \\ &= \int_0^\infty E_\lambda(\lambda)\mathrm{d}\lambda \end{aligned}$$

式中,$E_\lambda(\lambda)$ 为光谱半球向发射力,即

$$E_\lambda(\lambda) = \int_0^{2\pi}\int_0^{\frac{\pi}{2}} I_\lambda(\lambda,\theta,\varphi)\cos\theta\sin\theta\mathrm{d}\theta\mathrm{d}\varphi \qquad (6\text{-}15)$$

在结束本节讨论之前,再介绍投射辐射与光谱投射两个概念。所谓投射辐射是指某个表面上受到来自空间各个方向上的辐射热流密度,用符号 G 表示,单位为 $\mathrm{W/m^2}$;而针对某个波长时则称为光谱投射辐射,用符号 G_λ 表示,单位为 $\mathrm{W/m^3}$;显然,G 与 G_λ 之间的关系为

$$G = \int_0^\infty G_\lambda\mathrm{d}\lambda \qquad (6\text{-}16)$$

6.2 黑体热辐射的基本性质及四大基本定律

黑体是一种理想化的物体表面,它具有如下性质:
(1) 黑体的吸收比为 1,它将全部吸收来自任何方向、具有任意波长的投射辐射,既不反射,也不透过。
(2) 黑体是漫射表面,即黑体的定向辐射强度与方向无关。
(3) 在给定的温度下,黑体的辐射力是所有物体中最大的。

6.2.1 普朗克定律

1901 年普朗克(M. Planck)在量子理论的基础上得到了黑体光谱辐射力 $E_{b\lambda}$

与波长 λ 以及温度 T 间的函数关系[1]，即

$$E_{b\lambda}(\lambda, T) = \frac{c_1}{\lambda^5 \left[\exp\left(\frac{c_2}{\lambda T}\right) - 1\right]} \quad (6\text{-}17)$$

式中，λ 为波长(μm)；T 为辐射表面的热力学温度(K)；c_1 与 c_2 分别为普朗克第一辐射常量与第二辐射常量，即 $c_1 = 3.742 \times 10^8 \text{W} \cdot \mu m^4/m^2 = 3.742 \times 10^{-16} \text{W} \cdot m^2$，$c_2 = 1.439 \times 10^4 \mu m \cdot K = 1.439 \times 10^{-2} m \cdot K$。

图 6-8 给出了黑体光谱辐射力 $E_{b\lambda}$ 与波长 λ 以及温度 T 间的关系曲线。

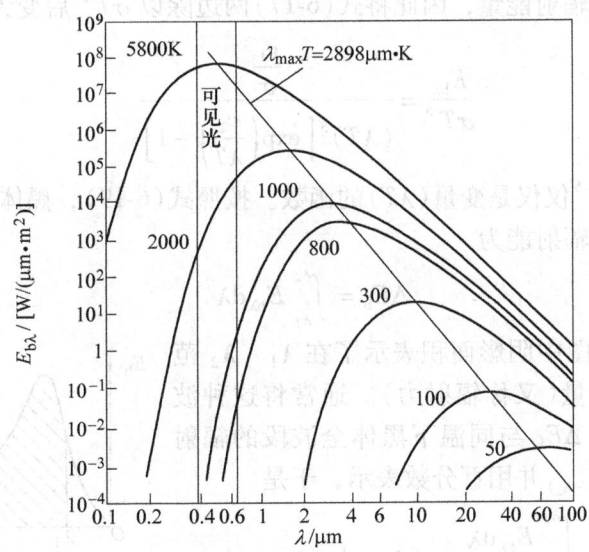

图 6-8 黑体光谱辐射力 $E_{b\lambda}$ 与 λ 和 T 的变化曲线

6.2.2 维恩位移定律

普朗克定律揭示了黑体的光谱辐射力存在峰值，把不同温度下的峰值点连接起来的那条线满足

$$\lambda_{\max} T = 2898 \mu m \cdot K = 0.2898 cm \cdot K \quad (6\text{-}18)$$

这就是维恩(Wien)位移定律，它是维恩借助于热力学原理导出的，图 6-8 中的细实线上的点都符合式(6-18)所定义的关系。当然，也可以将式(6-17)对 λ 求导数并令其等于零，也可以推出式(6-18)。

6.2.3 斯忒藩-玻耳兹曼定律

斯忒藩-玻耳兹曼定律在本书的第 1 章中已作过介绍，这里再给出它的表达式，即

$$E_b(T) = \int_0^\infty E_{b\lambda} d\lambda = \int_0^\infty \frac{c_1}{\lambda^5 \left[\exp\left(\frac{c_2}{\lambda T}\right) - 1\right]} d\lambda = \sigma T^4 \qquad (6\text{-}19)$$

式中，σ 为黑体辐射常数，称为斯忒藩-玻耳兹曼常量，其值为 5.67×10^{-8} W/$(m^2 \cdot K^4)$，为便于计算式(6-19)又可写为

$$E_b(T) = c_b \left(\frac{T}{100}\right)^4 \qquad (6\text{-}20)$$

式中，$c_b = 5.67$ W/$m^2 \cdot K^4$；E_b 的单位为 W/m^2；工程上有时需要计算某一波段范围内黑体的辐射能量，因此将式(6-17)两边除以 σT^5 后变为

$$\frac{E_{b\lambda}}{\sigma T^5} = \frac{\frac{c_1}{\sigma}}{(\lambda T)^5 \left[\exp\left(\frac{c_2}{\lambda T}\right) - 1\right]} \qquad (6\text{-}21)$$

上式表明 $E_{b\lambda}/\sigma T^5$ 仅仅是变量(λT)的函数。按照式(6-19)，黑体在波长 $\lambda_1 \sim \lambda_2$ 区段所发射出的辐射能为

$$\Delta E_b = \int_{\lambda_1}^{\lambda_2} E_{b\lambda} d\lambda \qquad (6\text{-}22)$$

如图 6-9 所示，图中阴影面积表示了在 $\lambda_1 \sim \lambda_2$ 范围内黑体辐射能量(又称辐射力)。通常将这种波段区间的辐射能 ΔE_b 与同温下黑体全波段的辐射力之比记作 $F_{b(\lambda_1 \sim \lambda_2)}$ 并用百分数表示，于是

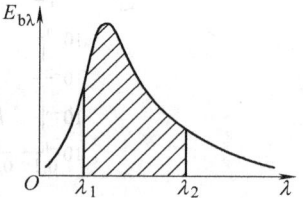

图 6-9 黑体的波段辐射力

$$F_{b(\lambda_1 \sim \lambda_2)} = \frac{\int_{\lambda_1}^{\lambda_2} E_{b\lambda} d\lambda}{\int_0^\infty E_{b\lambda} d\lambda} = \frac{1}{\sigma T^4} \int_{\lambda_1}^{\lambda_2} E_{b\lambda} d\lambda$$

$$= \frac{1}{\sigma T^4} \int_0^{\lambda_2} E_{b\lambda} d\lambda - \frac{1}{\sigma T^4} \int_0^{\lambda_1} E_{b\lambda} d\lambda \qquad (6\text{-}23)$$

$$\equiv F_{b(0 \sim \lambda_2)} - F_{b(0 \sim \lambda_1)}$$

式中，$F_{b(0 \sim \lambda_2)}$ 与 $F_{b(0 \sim \lambda_1)}$ 分别为函数 $F_{b(0 \sim \lambda)}$ 在波长从 $0 \sim \lambda_2$ 和从 $0 \sim \lambda_1$ 的值，这里 $F_{b(0 \sim \lambda)}$ 的定义式为

$$F_{b(0 \sim \lambda)} = \frac{\int_0^\lambda E_{b\lambda} d\lambda}{\sigma T^4} = \int_0^{\lambda T} \frac{E_{b\lambda}}{\sigma T^5} d(\lambda T) \equiv f(\lambda T) \qquad (6\text{-}24)$$

式中，$f(\lambda T)$ 为黑体辐射函数。为便于计算，本书黑体辐射函数已制成了表格(见表 6-1)。

表 6-1 黑体辐射函数表

$\lambda T/(\mu m \cdot K)$	$F_{b(0\sim\lambda)}(\%)$	$\lambda T/(\mu m \cdot K)$	$F_{b(0\sim\lambda)}(\%)$
1000	0.0323	6500	77.66
1100	0.0916	7000	80.83
1200	0.214	7500	83.46
1300	0.434	8000	85.64
1400	0.782	8500	87.47
1500	1.290	9000	89.07
1600	1.979	9500	90.32
1700	2.862	10000	91.43
1800	3.946	12000	94.51
1900	5.225	14000	96.29
2000	6.690	16000	97.38
2200	10.11	18000	98.08
2400	14.05	20000	98.56
2600	18.34	22000	98.89
2800	22.82	24000	99.12
3000	27.36	26000	99.30
3200	31.85	28000	99.43
3400	36.21	30000	99.53
3600	40.40	35000	99.70
3800	44.38	40000	99.79
4000	48.13	45000	99.85
4200	51.64	50000	99.89
4400	54.92	55000	99.92
4600	57.96	60000	99.94
4800	60.79	70000	99.96
5000	63.41	80000	99.97
5500	69.12	90000	99.98
6000	73.81	100000	99.99

6.2.4 兰贝特余弦定律

为了叙述兰贝特(Lambert)定律首先引进符号 $I(\theta)$，它表示与辐射面的法向成角 θ 方向上的定向辐射强度，参照式(6-4)，则定向辐射强度 $I(\theta)$ 定义为

$$I(\theta) = \frac{\mathrm{d}\Phi(\theta)}{(\cos\theta)\mathrm{d}A\mathrm{d}\omega} \quad (6-25)$$

式中，dA 为辐射源微元面积。理论上可以证明，黑体辐射的定向辐射强度与方向无关，也就是说在半球空间的各个方向上的定向辐射强度相等，即

$$I(\theta_1) = I(\theta_2) = \cdots = I = 常量 \quad (6-26)$$

定向辐射强度与方向无关的规律便称为兰贝特定律。黑体辐射是符合兰贝特定律的。对于服从兰贝特定律的辐射，由式(6-25)与式(6-26)推出

$$\frac{d\Phi(\theta)}{dAd\omega} = I\cos\theta \tag{6-27}$$

上式表明：由单位辐射面积发出的辐射能，落到空间不同方向的单位立体角内的能量并不相等，其值正比于夹角 θ 的余弦，因此兰贝特定律又称为余弦定律。这里 θ 是所选定的方向与辐射面的法线方向的夹角。显然，对于服从兰贝特定律的辐射，其定向辐射强度 I 和辐射力 E 之间在数值上存在着简单的倍数关系。事实上，将式(6-27)两边乘以 $d\omega$ 并使用式(6-8)，积分便得(注意这里整个半球空间所张的立体角是 2π 弧度)：

$$E = \int_{\omega=0}^{2\pi} \frac{d\Phi}{dA} = \int_{\varphi=0}^{2\pi} \left[\int_{\theta=0}^{\frac{\pi}{2}} I\sin\theta\cos\theta d\theta \right] d\varphi = \pi I \tag{6-28}$$

至此，本书已经讨论了黑体辐射方面的四个基本定律，现作小结。黑体辐射的辐射力 $E_b(T)$ 是由斯忒藩-玻耳兹曼定律所规定，其辐射力正比于热力学温度的四次方；黑体辐射能量按波长分布，光谱辐射力 $E_{b\lambda}(\lambda,T)$ 服从普朗克定律，而定向辐射强度 $I(\theta)$ 按空间方向分布，服从兰贝特定律；黑体的单色辐射力有峰值，与该峰值相对应的波长 λ_m 可由维恩位移定律确定，即随着温度的升高，λ_m 向波长短的方向移动。

6.3 实际表面的辐射与吸收特性以及相关定律

6.3.1 发射率、光谱发射率、定向发射率

实际物体(这里指的是固体和液体)的辐射特性和吸收特性不同于黑体。实际物体的单色辐射力随着波长和温度的变化时往往是不规则的，并不遵守普朗克定律。图 6-10 给出了某一实际物体的单色辐射力以及同温度下黑体的单色辐射力随波长的变化曲线。显然，曲线下的面积分别表示了各自辐射力的大小。引进半球空间内的平均发射率(emissivity)(又称半球总发射率，简称发射率)ε，它表示实际物体表面的全波长半球向辐射力与同温度下黑体的总辐射力之比，其表达式为

$$\varepsilon(T) \equiv \frac{E}{E_b} = \frac{\int_0^\infty \varepsilon_\lambda(\lambda,T) E_{b\lambda}(\lambda,T) d\lambda}{E_b(T)} \tag{6-29}$$

式中，$E_{b\lambda}(\lambda,T)$ 为黑体光谱辐射力，由式(6-17)定义；$E_b(T)$ 为黑体的总辐射力；$\varepsilon_\lambda(\lambda,T)$ 为该实际物体的半球向光谱发射率(简称光谱发射率)，它表示实际物体的

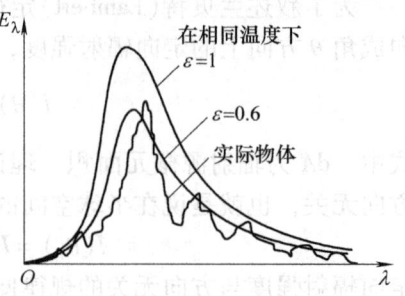

图 6-10 实际物体的光谱辐射力

半球向光谱辐射力与同温度黑体相同波长时的光谱辐射力之比,其数学表达式为

$$\varepsilon_\lambda(\lambda,T) \equiv \frac{E_\lambda(\lambda,T)}{E_{b\lambda}(\lambda,T)} \tag{6-30}$$

式中,$E_\lambda(\lambda,T)$ 为实际物体的光谱辐射力。

另外,全波定向发射率(简称定向发射率)$\varepsilon_\theta(\theta,T)$ 定义为实际物体表面在空间指定方向上的定向辐射强度 $I(\theta,T)$ 与相同温度下黑体表面在同一个方位上的定向辐射强度 $I_b(T)$ 之比,即

$$\varepsilon_\theta(\theta,T) \equiv \frac{I(\theta,T)}{I_b(\theta,T)} \tag{6-31}$$

图 6-11 给出了七种实际物体的定向发射率 ε_θ 随方向 θ 变化的极坐标图,图中曲线 1~7 分别表示融冰、玻璃、粘土、氧化亚铜、铋、铝青铜、铁这七种材料。从图中可以看出,各种金属导体在 θ 角低于 $40°\sim50°$ 范围时,基本上遵守兰贝特定律,即表现为等辐射强度。一旦超出此范围,定向发射率就快速增大,但当 θ 角接近 90° 时又会迅速衰减;当 $\theta=90°$ 时降为零。对于非金属材料,从 $\theta=0°\sim60°$ 的范围内,定向发射率基本上不变;当 θ 超过 60° 以后,$\varepsilon(\theta)$ 的减小便有所明显;当 $\theta=90°$ 时 ε 降为零。应该指出,尽管实际的导体或非导体材料在整个半球空间里都不能严格地被看做漫射表面,但是它们的半球向总发射率与法向发射率的相对比值变化有限(例如,对导体,这个比值不会超过 1.0~1.3;对于非导体,则仅在 0.93~1.0 范围内变化),因此对绝大多数实际工程材料来说,假设半球向发射率近似等于法向发射率还是合理的,即

$$\varepsilon \approx \varepsilon_n \tag{6-32}$$

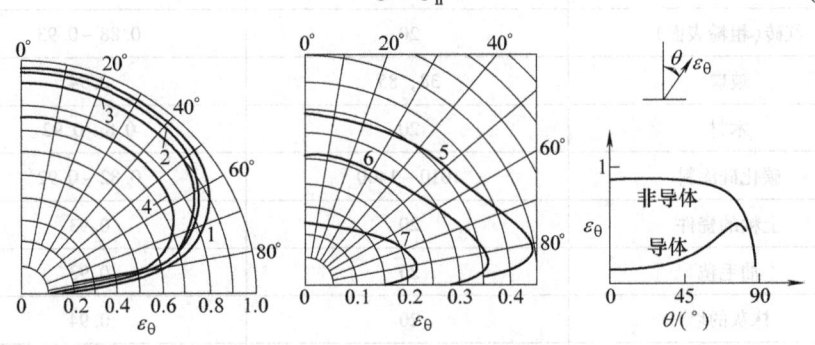

图 6-11 实际物体的定向发射率随方向的变化
1—融冰 2—玻璃 3—粘土 4—氧化亚铜 5—铋 6—铝青铜 7—铁

表 6-2 给出了常用材料表面的法向发射率,可供工程计算时查阅。

表 6-2 常用材料表面的法向发射率

材料类别和表面状况	温度/℃	法向发射率 ε_n
磨光的铬	150	0.058
铬镍合金	52~1034	0.64~0.76
灰色、氧化的铅	38	0.28
镀锌的铁皮	38	0.23
具有光滑的氧化层表皮的钢板	20	0.82
氧化的钢	200~600	0.8
磨光的铁	400~1000	0.14~0.38
氧化的铁	125~525	0.78~0.82
磨光的铜	20	0.03
氧化的铜	50	0.6~0.7
磨光的黄铜	38	0.05
无光泽的黄铜	38	0.22
磨光的铝	50~500	0.04~0.06
严重氧化的铝	50~500	0.2~0.3
磨光的金	200~600	0.02~0.03
磨光的银	200~600	0.02~0.03
石棉纸	40~400	0.94~0.93
耐火砖	500~1000	0.8~0.9
红砖(粗糙表面)	20	0.88~0.93
玻璃	38,85	0.94
木材	20	0.8~0.92
碳化硅涂料	1010~1400	0.82~0.92
上釉的瓷件	20	0.93
油毛毡	20	0.93
抹灰的墙	20	0.94
锅炉炉渣	0~1000	0.97~0.70
各种颜色的油漆	100	0.92~0.96
雪		0.8
水(厚度大于0.1mm)	0~100	0.96

6.3.2 吸收率、单色吸收率、单色定向吸收率

通常，单位时间内从外界辐射到物体单位表面积上的全波长总能量 G 称为该物体的投入辐射。如果被该物体吸收的部分为 G_α 时，则 G_α/G 便称为该物体的吸收率(又称吸收比)，并记作 α，其表达式为

$$\alpha = \frac{G_\alpha}{G} \tag{6-33}$$

式中，G 可由式(6-16)给出。若投入辐射是 λ 到 $(\lambda+\mathrm{d}\lambda)$ 波段内的辐射能量，即单色投入辐射的能量 G_λ，且被吸收的部分为 $(G_\lambda)_\alpha$，于是

$$\alpha_\lambda = \frac{(G_\lambda)_\alpha}{G_\lambda} \tag{6-34}$$

式中，α_λ 为物体的半球向单色吸收率(简称单色吸收率)，又称光谱吸收率。显然，借助于式(6-33)及式(6-34)便可得到吸收率 α 与单色吸收率 α_λ 间的关系，即

$$\alpha = \frac{\int_0^\infty \alpha_\lambda G_\lambda \mathrm{d}\lambda}{\int_0^\infty G_\lambda \mathrm{d}\lambda} \tag{6-35}$$

如果投入辐射为单色定向投入辐射的能量 $(G_\lambda)_\theta$，被物体吸收的部分为 $(G_\lambda)_{\theta,\alpha}$，于是便可以定义出单色定向吸收率 $(\alpha_\lambda)_\theta$，又称为光谱吸收比，即

$$(\alpha_\lambda)_\theta = \frac{(G_\lambda)_{\theta,\alpha}}{(G_\lambda)_\theta} \tag{6-36}$$

如果用下标 1 与 2 分别代表吸收表面与投射辐射源，并注意到式(6-30)，于是式(6-35)可变为

$$\alpha_1 = \frac{\int_0^\infty \alpha_\lambda(\lambda, T_1)\varepsilon_\lambda(\lambda, T_2)E_{b\lambda}(\lambda, T_2)\mathrm{d}\lambda}{\int_0^\infty \varepsilon_\lambda(\lambda, T_2)E_{b\lambda}(\lambda, T_2)\mathrm{d}\lambda} \tag{6-37}$$

如果投射源是黑体时，则式(6-37)可简化为

$$\alpha_1 = \frac{\int_0^\infty \alpha_\lambda(\lambda, T_1)E_{b\lambda}(\lambda, T_2)\mathrm{d}\lambda}{\int_0^\infty E_{b\lambda}(\lambda, T_2)\mathrm{d}\lambda}$$

$$= \frac{\int_0^\infty \alpha_\lambda(\lambda, T_1)E_{b\lambda}(\lambda, T_2)\mathrm{d}\lambda}{\sigma T_2^4} \tag{6-38}$$

6.3.3 基尔霍夫定律

考察两块相距很近的平行平板，发现从一块板出发的辐射能全部落到另一

块板上,如图6-12所示。若板1为黑体表面,其辐射力、吸收比和表面温度分别为E_b、α_b和T_1,这时$\alpha_b=1$;板2为任意物体的表面,其辐射力、吸收比和表面温度分别为E、α和T_2;首先,考虑板2自身单位面积在单位时间内发射出的能量E,这份能量投射在黑体表面1上时被全部吸收。同时,黑体表面1所辐射出的能量为E_b,这份能量落到板2上时只被吸收了αE_b,其余部分$(1-\alpha)E_b$被反射回板1并被黑体表面1全部吸收。因此,对于板2来讲,支出与吸收的差额即为两板间辐射换热的热流密度q,其表达式为

$$q = E - \alpha E_b \tag{6-39}$$

当体系处于$T_1=T_2$的状态即处于热平衡时,则式(6-39)中$q=0$,于是有

$$\frac{E}{\alpha} = E_b \tag{6-40}$$

把这种关系推广到任意物体时,则有

$$\frac{E_1}{\alpha_1} = \frac{E_2}{\alpha_2} = \cdots = \frac{E}{\alpha} = E_b \tag{6-41}$$

式(6-40)又可改写为

$$\alpha(T) = \frac{E}{E_b} = \varepsilon(T) \tag{6-42}$$

这里,式(6-41)与式(6-42)便是基尔霍夫(Kirchhoff)定律的两种数学表达式。显然,式(6-41)可表述为:在热平衡条件下并且投入辐射为黑体辐射时,任何物体的辐射力与同温度下自身的吸收比的比值,恒等于同温度下黑体的辐射力。而式(6-42)则可简述为:在热平衡条件下并且投入辐射为黑体辐射时,任何物体的吸收比等于同温度下该物体的发射率。有关基尔霍夫定律的更多叙述可参阅本章参考文献[7]等。

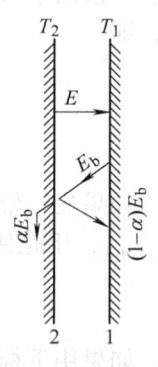

图6-12 平行平壁间的辐射换热

6.4 漫发射与漫反射表面之间的辐射换热以及角系数的计算

6.4.1 第一类角系数的定义以及角系数间的互换性

首先,讨论一对无限小表面dA_i与dA_j之间的辐射换热,如图6-13所示。这两个表面的法矢量分别为n_i与n_j,法线n_i和n_j与两面元中心连线的夹角分别为β_i和β_j,中心连线长度为r;设法线的方向余弦为l、m和n,并且两面元dA_i与dA_j中心的坐标为(x_i,y_i,z_i)与(x_j,y_j,z_j)时,则

$$r^2 = (x_j - x_i)^2 + (y_j - y_i)^2 + (z_j - z_i)^2 \quad (6\text{-}43)$$

$$\cos\beta_i = \frac{l_i(x_j - x_i) + m_i(y_j - y_i) + n_i(z_j - z_i)}{r} \quad (6\text{-}44)$$

$$\cos\beta_j = \frac{l_j(x_i - x_j) + m_j(y_i - y_j) + n_j(z_i - z_j)}{r} \quad (6\text{-}45)$$

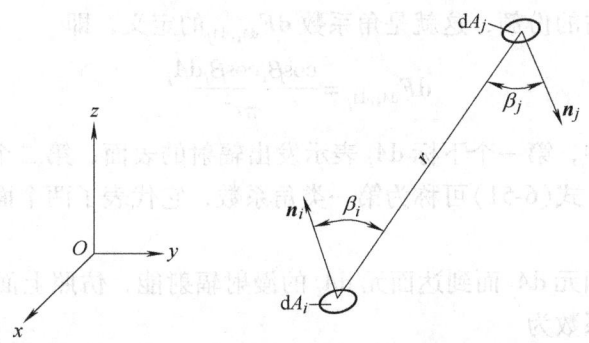

图 6-13 两个微面之间进行辐射交换时的相对位置

仿照式(6-9)，可以得到在微元 dA_j 的方向上离开 dA_i 的辐射能，它可表示为

$$I_i dA_i \cos\beta_i d\omega \quad (6\text{-}46)$$

式中，$d\omega$ 是从 dA_i 观察 dA_j 时面元 dA_j 所张的立体角。由几何关系得

$$d\omega = \frac{dA_j \cos\beta_j}{r^2} \quad (6\text{-}47)$$

下面引入漫射表面与灰体表面的概念。所谓漫辐射，又称各向同性辐射，这时物体发射的辐射强度与方向无关。所谓漫反射是指反射辐射强度与方向无关。因此，既是漫辐射，又是漫反射的表面便称为漫射表面。显然，黑体表面为无反射辐射，只有漫发射的表面；而白体只有漫反射，没有漫发射；黑体与白体为特殊的漫射表面。黑体是漫辐射表面，它服从兰贝特定律。另外，所谓灰体指的是物体的光谱吸收比与波长无关。对于灰体，无论投入辐射是否来自黑体，也不论该物体是否处于热平衡条件，其吸收比恒等于同温度下的发射率，这是灰体所具有的重要特点，在辐射换热问题的研究中，它使辐射的计算发生了实质性的简化。令 B_i 为面元 dA_i 上的有效辐射，因此对于任何一种漫辐射则有

$$I_i = \frac{B_i}{\pi} \quad (6\text{-}48)$$

将式(6-47)代入式(6-46)并利用式(6-48)消去 I_i 后得

$$\frac{B_i\cos\beta_i\cos\beta_j \mathrm{d}A_i \mathrm{d}A_j}{\pi r^2} \tag{6-49}$$

另外，在所有方向上离开 $\mathrm{d}A_i$ 的辐射能等于

$$B_i \mathrm{d}A_i \tag{6-50}$$

于是，式(6-49)与式(6-50)之比便表示了离开微元 $\mathrm{d}A_i$ 的辐射能中投射到 $\mathrm{d}A_j$ 上的辐射能所占的份额，这就是角系数 $\mathrm{d}F_{\mathrm{d}A_i,\mathrm{d}A_j}$ 的定义，即

$$\mathrm{d}F_{\mathrm{d}A_i,\mathrm{d}A_j} = \frac{\cos\beta_i\cos\beta_j \mathrm{d}A_j}{\pi r^2} \tag{6-51}$$

在角系数符号中，第一个下标 $\mathrm{d}A_i$ 表示发出辐射的表面，第二个下标 $\mathrm{d}A_j$ 表示被投射的表面。式(6-51)可称为第一类角系数，它代表了两个面元之间的辐射交换。

对于离开面元 $\mathrm{d}A_j$ 而到达面元 $\mathrm{d}A_i$ 的漫射辐射能，仿照上面的推导可得到这时的辐射角系数为

$$\mathrm{d}F_{\mathrm{d}A_j,\mathrm{d}A_i} = \frac{\cos\beta_i\cos\beta_j \mathrm{d}A_i}{\pi r^2} \tag{6-52}$$

比较式(6-51)与式(6-52)得

$$\mathrm{d}A_i \mathrm{d}F_{\mathrm{d}A_i,\mathrm{d}A_j} = \mathrm{d}A_j \mathrm{d}F_{\mathrm{d}A_j,\mathrm{d}A_i} \tag{6-53}$$

这就是两微元表面间角系数的相对性(又称互换性)表达式。

6.4.2 第二类角系数的定义与环路积分计算

下面讨论无限微面元 $\mathrm{d}A_i$ 与有限表面 A_j 间进行漫辐射交换时的角系数。如图 6-14 所示，在 A_j 表面上取一个微面元 $\mathrm{d}A_j$，于是从 $\mathrm{d}A_i$ 出发而到达 $\mathrm{d}A_j$ 的辐射能由式(6-49)给出。因此，从 $\mathrm{d}A_i$ 出发而到达组成 A_j 所有面元的辐射能可通过如下的积分得到，即

$$B_i \mathrm{d}A_i \int_{A_j} \frac{\cos\beta_i\cos\beta_j \mathrm{d}A_j}{\pi r^2} \tag{6-54}$$

上式中，$B_i \mathrm{d}A_i$ 项在积分号之外是由于该项与 A_j 无关。另外，离开 $\mathrm{d}A_i$ 向所有方向射出的辐射能通量已由式(6-50)给出，式(6-54)与式(6-50)之比就是角系数 $F_{\mathrm{d}A_i,A_j}$，它可以称为第二类角系数，代表了面元与面之间的辐射交换，即

$$F_{\mathrm{d}A_i,A_j} = \int_{A_j} \frac{\cos\beta_i\cos\beta_j \mathrm{d}A_j}{\pi r^2} \tag{6-55}$$

由高等数学知道，面积分变为环路积分可借助于斯托克斯(Stokes)定理进行。该定理指出：对于一个面积为 A，边界曲线为 C 的表面，则有

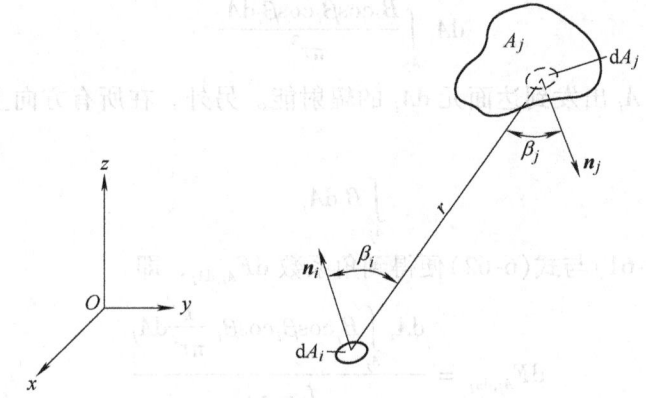

图 6-14 微面元 dA_i 与有限表面 A_j 间进行辐射交换时的相对位置

$$\oint_C Pdx + Qdy + Rdz = \int_A \left[l\left(\frac{\partial R}{\partial y} - \frac{\partial Q}{\partial z}\right) + m\left(\frac{\partial P}{\partial z} - \frac{\partial R}{\partial x}\right) + n\left(\frac{\partial Q}{\partial x} - \frac{\partial P}{\partial y}\right) \right] dA \tag{6-56}$$

或者

$$\oint_C \boldsymbol{a} \cdot d\boldsymbol{c} = \int_A (\nabla \times \boldsymbol{a}) \cdot d\boldsymbol{A} \tag{6-57}$$

式中

$$\boldsymbol{a} \equiv P\boldsymbol{i} + Q\boldsymbol{j} + R\boldsymbol{k}, \quad d\boldsymbol{A} \equiv (l\boldsymbol{i} + m\boldsymbol{j} + n\boldsymbol{k})dA \tag{6-58}$$

式中，P、Q、R 为二阶可微函数，l、m 和 n 是面 A 上面元 dA 的方向余弦，并且 C 与 A 的方向取右手系。由式(6-56)则式(6-55)可以变为

$$F_{dA_i,A_j} = l_i \oint_{C_j} \frac{(z_j - z_i)dy_j - (y_j - y_i)dz_j}{2\pi r^2} + m_i \oint_{C_j} \frac{(x_j - x_i)dz_j - (z_j - z_i)dx_j}{2\pi r^2} +$$
$$n_i \oint_{C_j} \frac{(y_j - y_i)dx_j - (x_j - x_i)dy_j}{2\pi r^2} \tag{6-59}$$

显然，上式的积分是沿着面 A_j 的边界曲线 C_j 进行的，(x_j, y_j, z_j) 是曲线 C_j 上任一点的坐标，在积分过程中这些值是变量；dA_i 与 C_j 上任一点之间的距离为 r，其表达式与式(6-43)类似，而 (x_i, y_i, z_i) 与 (l_i, m_i, n_i) 分别是 dA_i 的位置坐标与 dA_i 的方向余弦，积分时这些量是固定不变的。因此，式(6-59)便是面元 dA_i 与有限表面 A_j 之间进行辐射交换时角系数的环路积分表达式，它与式(6-55)（面积分表达式）相比，数值计算就十分简便了。

下面推导 A_j 对 dA_i 的辐射交换角系数。只要注意到从 A_j 上任取一个面元 dA_j，考虑它发到 dA_i 上的辐射能，即

$$\frac{B_j \cos\beta_i \cos\beta_j dA_i dA_j}{\pi r^2} \tag{6-60}$$

然后，将上式在 A_j 上积分，可得

$$dA_i \int_{A_j} \frac{B_j \cos\beta_i \cos\beta_j dA_j}{\pi r^2} \tag{6-61}$$

上式就是从面 A_j 出发到达面元 dA_i 的辐射能。另外，在所有方向上离开 A_j 的辐射能为

$$\int_{A_j} B_j dA_j \tag{6-62}$$

于是，由式(6-61)与式(6-62)便得到角系数 dF_{A_j, dA_i}，即

$$dF_{A_j, dA_i} = \frac{dA_i \int_{A_j} B_j \cos\beta_i \cos\beta_j \frac{1}{\pi r^2} dA_j}{\int_{A_j} B_j dA_j} \tag{6-63}$$

现假定参加辐射交换的各表面上的有效辐射是均匀的，显然只有在此条件下，式(6-63)才能变为

$$dF_{A_j, dA_i} = \frac{(dA_i) B_j \int_{A_j} \frac{\cos\beta_i \cos\beta_j}{\pi r^2} dA_j}{B_j A_j} = \frac{dA_i}{A_j} \int_{A_j} \frac{\cos\beta_i \cos\beta_j}{\pi r^2} dA_j \tag{6-64}$$

比较式(6-55)与式(6-64)便有

$$A_j dF_{A_j, dA_i} = (dA_i) F_{dA_i, A_j} \tag{6-65}$$

值得注意的是，上式成立的条件是，参与辐射交换的有限表面 A_j 上的有效辐射沿此表面均匀分布。显然，这一条件对于等温黑体表面是严格满足的；当不是黑体表面时，这一条件将不同程度地得不到满足。所以，式(6-65)所表达的角系数间的互换性是个有条件的等式。

6.4.3 第三类角系数的定义与环路积分计算

第三类角系数乃是指两个有限表面 A_i 与 A_j 间辐射交换时的角系数，如图 6-15 所示。

在 A_i 面上任取一面元 dA_i，自 dA_i 出发而到达表面 A_j 的辐射能由式(6-54)给出，于是从面 A_i 出发而到达面 A_j 的辐射能应为

$$\iint_{A_i A_j} \frac{B_i \cos\beta_i \cos\beta_j dA_i dA_j}{\pi r^2} \tag{6-66}$$

相应地，在所有方向上离开表面 A_i 的全部辐射能为

$$\int_{A_i} B_i dA_i \tag{6-67}$$

于是，由上述两式便得到角系数 F_{A_i, A_j} 为

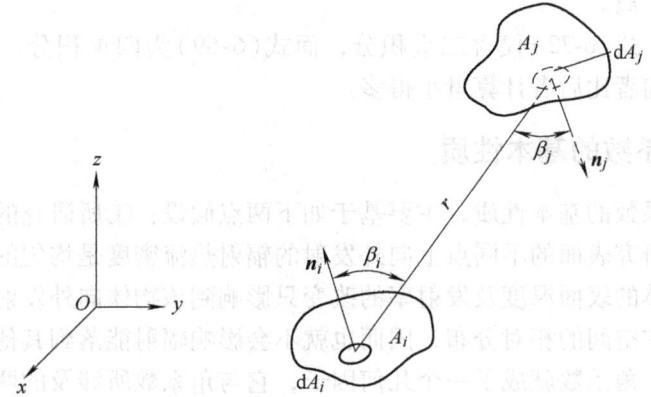

图 6-15 两个有限表面进行辐射交换时的相对位置

$$F_{A_i,A_j} = \frac{\int_{A_i}\int_{A_j} B_i \cos\beta_i \cos\beta_j \frac{1}{\pi r^2} dA_i dA_j}{\int_{A_i} B_i dA_i} \tag{6-68}$$

如果假定 B_i 在面 A_i 上均匀分布，则此时式(6-68)可简化为

$$F_{A_i,A_j} = \frac{1}{A_i} \int_{A_i}\int_{A_j} \frac{\cos\beta_i \cos\beta_j}{\pi r^2} dA_i dA_j \tag{6-69}$$

另外，类似地可推出由面 A_j 出发而到达 A_i 的辐射能，并可相应地定义出角系数 F_{A_j,A_i}；如果假定 B_j 在面 A_j 上均匀分布，则 F_{A_j,A_i} 便可表示为

$$F_{A_j,A_i} = \frac{1}{A_j} \int_{A_i}\int_{A_j} \frac{\cos\beta_i \cos\beta_j}{\pi r^2} dA_i dA_j \tag{6-70}$$

比较式(6-69)与式(6-70)便有

$$A_i F_{A_i,A_j} = A_j F_{A_j,A_i} \tag{6-71}$$

应该指出，角系数的概念是在假定表面为漫灰表面，并且假定表面温度均匀，有效辐射也均匀的前提下提出的，显然只有当面 A_i 与面 A_j 上的有效辐射都是均匀分布时，式(6-71)才能严格成立。另外，由式(6-69)或式(6-70)可知，要计算两个有限表面之间的角系数时，需要计算一个二重的面积分，换言之，也就是要计算通常意义下的四重积分。因此，为简化计算，多采用斯托克斯定理将式(6-69)的面积分变成沿环路积分的形式，所以可得到

$$F_{A_i,A_j} = \frac{1}{2\pi A_i} \oint_{C_i} \oint_{C_j} (\ln r dx_i dx_j + \ln r dy_i dy_j + \ln r dz_i dz_j) \tag{6-72}$$

式中，C_i 与 C_j 分别为面 A_i 与面 A_j 的边界线；r 为分别处在线 C_i 与线 C_j 上的

两点之间的距离。

很显然,式(6-72)仅含二重积分,而式(6-69)为四重积分,因此在完成数值计算时前者比后者计算量小得多。

6.4.4 角系数的基本性质

讨论角系数的基本性质,主要基于如下两点假设:①所研究的表面是漫射的;②在所研究表面的不同点上向外发射的辐射热流密度是均匀的。在这两个假设下,物体的表面温度及发射率的改变只影响到该物体向外发射的辐射能大小而不影响在空间的相对分布,因而也就不会影响辐射能落到其他表面上的百分数。所以,角系数就成了一个几何因子,它与角系数所涉及的两个表面的温度及发射率没有关系。

角系数有如下三点性质。

1. 角系数的互换性

互换性又称为相对性,可直接由式(6-53)、式(6-65)与式(6-71)给出,它们适用于任何漫射表面。利用这一性质,可方便地利用已知的一个角系数求相对应的另一个角系数。

2. 角系数的完整性

对于由 n 个表面组成的封闭系统,根据能量守恒定律可知,任何一个表面发出的总辐射能必定会全部落到组成封闭系统的表面(其中包括该表面)上。如图6-16所示,任意一个表面 i 被其他$(n-1)$个表面包围着并形成了一个封闭系统,因此任一表面 i 对其他表面的角系数之间存在着下列关系

$$F_{i,1} + F_{i,2} + \cdots + F_{i,j} + \cdots + F_{i,n} = \sum_{j=1}^{n} F_{i,j} = 1 \tag{6-73}$$

这就是角系数完整性的数学表达式。

3. 角系数的可加性

角系数的可加性又称为分解性。如图6-17所示,若把表面2分成 $2a$ 和 $2b$ 两部分,那么表面1对表面2的角系数可以写为

$$F_{1,2} = F_{1,2a} + F_{1,2b} \tag{6-74}$$

注意,在利用角系数可加性时,只能对角系数符号的第二个下标进行叠加。通常,可证明有如下不等式成立

$$F_{2,1} \neq F_{2a,1} + F_{2b,1} \tag{6-75}$$

还可以证明有

$$A_2 F_{2,1} = A_{2a} F_{2a,1} + A_{2b} F_{2b,1} \tag{6-76}$$

式中,A_2、A_{2a} 与 A_{2b} 为相应的表面面积。

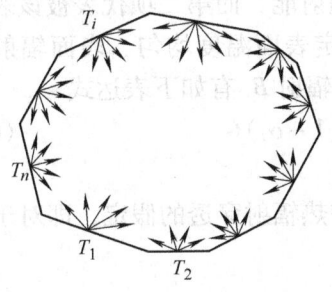
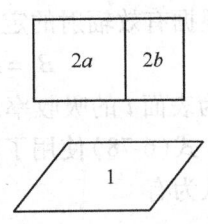

图 6-16　封闭系统中角系数的完整性

图 6-17　角系数的可加性

6.5* 封闭系统中灰体表面间的辐射换热计算

本节分析基于如下几点假设：
（1）所有的表面是灰表面。
（2）所有的反射都是漫反射。
（3）每个表面的温度是均匀的。
（4）所有表面都是不透明的。
（5）在封闭系统内充满的气体是透明的。
（6）所有的发射是漫射的。

6.5.1 有效辐射能及其计算

热辐射是物体以电磁波方式向外界传递能量的过程。黑体系统辐射换热计算的关键是求角系数；对于灰体系统其辐射换热的计算要比黑体系统复杂得多，这是由于一方面，灰体表面的吸收比小于1，投入到灰体表面上辐射能的吸收不是一次完成的，要经过多次反射；另一方面，由一个灰体表面向外发射出去的辐射能除了其自身的辐射力（以后简称为自身辐射）之外还应包括被反射的辐射能。因此，为避免辐射换热计算时出现多次吸收与反射的复杂性，引入有效辐射的概念。

首先，将单位时间内投射到单位表面积上的总辐射能定义为投入辐射能（简称为投入辐射），记作 G；再将单位时间内离开单位表面积的总辐射能定义为该表面的有效辐射能（简称为有效辐射）记作 B（见图 6-18）。因此有

$$B = \varepsilon\sigma T^4 + \rho G \quad (6-77)$$

式中，ε 为表面的发射率；ρ 为表面的反射率。

图 6-18　有效辐射 B

式(6-77)右边第一项代表该表面发射的辐射能,而第二项代表被该表面反射的辐射能。这里仍然假定 B 是漫分布。假定表面温度均匀、表面辐射特性为常数,根据有效辐射的定义,表面 i 的有效辐射 B_i 有如下表达式

$$B_i = E_i + \rho_i G_i = \varepsilon_i E_{bi} + (1-\alpha_i) G_i \qquad (6\text{-}78)$$

式中,α_i 为表面 i 的吸收率。

显然,式(6-78)使用了固体与液体不允许热辐射穿透的假定,即对于固体和液体,认为有

$$\alpha + \rho = 1 \qquad (6\text{-}79)$$

此外,对于漫射的灰体表面当然有

$$\alpha = \varepsilon \qquad (6\text{-}80)$$

于是,式(6-79)代入式(6-80),可得

$$\varepsilon + \rho = 1 \qquad (6\text{-}81)$$

应该指出,式(6-78)中的 B_i 可以用辐射探测仪进行测量,它是可测到的单位表面积上的辐射功率(单位为 W/m²)。另外,从表面 i 的内部观察,表面 i 净损失的热流量 Q_i 等于它所发射的辐射能与投射到它上面并被它吸收的辐射能之差,即

$$\frac{Q_i}{A_i} = q_i = E_i - \alpha_i G_i = \varepsilon_i \sigma T_i^4 - \alpha_i G_i \qquad (6\text{-}82)$$

从表面 i 的外部观察,其能量收支差额应等于有效辐射 B_i 与投入辐射 G_i 之差,即

$$\frac{Q_i}{A_i} = q_i = B_i - G_i \qquad (6\text{-}83)$$

由式(6-82)与式(6-83)消去 G_i 并注意使用灰体条件式(6-80)便得到

$$\begin{aligned} B_i &= \frac{E_i}{\alpha_i} - \frac{1-\alpha_i}{\alpha_i} q_i = \frac{E_i}{\varepsilon_i} - \frac{1-\varepsilon_i}{\varepsilon_i} q_i = E_{bi} - \frac{1-\varepsilon_i}{\varepsilon_i} q_i \\ &= \sigma T_i^4 - \frac{1-\varepsilon_i}{\varepsilon_i} q_i = \sigma T_i^4 - \frac{1-\varepsilon_i}{\varepsilon_i} \frac{Q_i}{A_i} \end{aligned} \qquad (6\text{-}84)$$

或者

$$\frac{Q_i}{A_i} = q_i = \frac{\varepsilon_i}{1-\varepsilon_i}(\sigma T_i^4 - B_i) \qquad (6\text{-}85)$$

应注意,式中 Q_i 以向外界的净放热量为正值。显然,为了确定表面温度给定时该表面上的热流量,需要确定该表面上的有效辐射 B_i;由式(6-78)并注意式(6-79)与式(6-80),则有

$$B_i = \varepsilon_i \sigma T_i^4 + (1-\varepsilon_i) G_i \qquad (6\text{-}86)$$

考察一个封闭腔,它含 n 个表面,对任一表面 i 有式(6-86)成立。引入角系数 F_{A_i, A_j},则投入辐射 G_i 为

$$G_i = \sum_{j=1}^{n} (B_j F_{A_i,A_j}) \qquad (6\text{-}87)$$

因此，式(6-86)变为

$$B_i = \varepsilon_i \sigma T_i^4 + (1 - \varepsilon_i) \sum_{j=1}^{n} (B_j F_{A_i,A_j}) \quad (1 \le i \le n) \qquad (6\text{-}88)$$

上式又可写为

$$\begin{bmatrix} \left(\dfrac{1}{\varepsilon_1} - \dfrac{(1-\varepsilon_1)}{\varepsilon_1}F_{1,1}\right) & \dfrac{(1-\varepsilon_1)}{\varepsilon_1}F_{1,2} & \dfrac{(1-\varepsilon_1)}{\varepsilon_1}F_{1,3} & \cdots & \dfrac{(1-\varepsilon_1)}{\varepsilon_1}F_{1,n} \\ \dfrac{(\varepsilon_2-1)}{\varepsilon_2}F_{2,1} & \left(\dfrac{1}{\varepsilon_2} - \dfrac{(1-\varepsilon_2)}{\varepsilon_2}F_{2,2}\right) & \dfrac{(\varepsilon_2-1)}{\varepsilon_2}F_{2,3} & \cdots & \dfrac{(\varepsilon_2-1)}{\varepsilon_2}F_{2,n} \\ \vdots & \vdots & \vdots & & \vdots \\ \dfrac{(\varepsilon_n-1)}{\varepsilon_n}F_{n,1} & \dfrac{(\varepsilon_n-1)}{\varepsilon_n}F_{n,2} & \dfrac{\varepsilon_n-1}{\varepsilon_n}F_{n,3} & \cdots & \left(\dfrac{1}{\varepsilon_n} - \dfrac{(1-\varepsilon_n)}{\varepsilon_n}F_{n,n}\right) \end{bmatrix}$$

$$\times \begin{bmatrix} B_1 \\ B_2 \\ \vdots \\ B_n \end{bmatrix} = \begin{bmatrix} \sigma T_1^4 \\ \sigma T_2^4 \\ \vdots \\ \sigma T_n^4 \end{bmatrix} \qquad (6\text{-}89)$$

又可简写为

$$\sum_{j=1}^{n} (\chi_{ij} B_j) = Y_i \quad (1 \le i \le n) \qquad (6\text{-}90)$$

式中

$$\chi_{ij} = \dfrac{\delta_{ij} - (1-\varepsilon_i) F_{A_i,A_j}}{\varepsilon_i} \qquad (6\text{-}91)$$

$$Y_i = \sigma T_i^4 \qquad (6\text{-}92)$$

这里 δ_{ij} 为克罗内克(Kronecker)算符。引入 χ 矩阵，其表达式为

$$\chi = \begin{bmatrix} \chi_{11} & \chi_{12} & \cdots & \chi_{1n} \\ \chi_{21} & \chi_{22} & \cdots & \chi_{2n} \\ \vdots & \vdots & & \vdots \\ \chi_{n1} & \chi_{n2} & \cdots & \chi_{nn} \end{bmatrix} \qquad (6\text{-}93)$$

令 $\tilde{Z} = \chi^{-1}$，即

$$\tilde{Z} \equiv \chi^{-1} \equiv \begin{bmatrix} \tilde{z}_{11} & \tilde{z}_{12} & \cdots & \tilde{z}_{1n} \\ \tilde{z}_{21} & \tilde{z}_{22} & \cdots & \tilde{z}_{2n} \\ \vdots & \vdots & & \vdots \\ \tilde{z}_{n1} & \tilde{z}_{n2} & \cdots & \tilde{z}_{nn} \end{bmatrix} \qquad (6\text{-}94)$$

于是有
$$B_i = \sum_{j=1}^{n} (\tilde{Z}_{ij} Y_j) = \sum_{j=1}^{n} (\sigma \tilde{Z}_{ij} T_j^4) \quad (1 \leqslant i \leqslant n) \tag{6-95}$$

将上式代到式(6-85)便得到热流量的表达式，即

$$\frac{Q_i}{A_i} = \sum_{j=1}^{n} (\sigma \Lambda_{ij} T_j^4) \quad (1 \leqslant i \leqslant n) \tag{6-96}$$

式中
$$\Lambda_{ij} = \frac{\varepsilon_i}{1 - \varepsilon_i} (\delta_{ij} - \tilde{Z}_{ij}) \tag{6-97}$$

6.5.2 表面辐射热阻及辐射换热网络

对于灰体表面 i，式(6-84)可整理为

$$Q_i = \frac{E_{bi} - B_i}{\dfrac{1 - \varepsilon_i}{\varepsilon_i A_i}} \tag{6-98}$$

式中，$\dfrac{1 - \varepsilon_i}{\varepsilon_i A_i}$ 为 i 表面的表面辐射热阻；如果将 $E_{bi} - B_i$ 看做电势，则 Q_i 便可当做电工学中的电流。

考察由灰表面组成的封闭辐射系统(封闭空腔)内各表面相互间的辐射能交换。由投射辐射的定义，表面 i 的投射辐射 G_i 可根据空腔内所有表面的有效辐射来计算。包括 i 表面在内的所有表面，投射到 i 表面上的总辐射为

$$A_i G_i = \sum_{j=1}^{n} (A_j B_j F_{A_j, A_i}) \tag{6-99}$$

于是
$$G_i = \sum_{j=1}^{n} \left(\frac{A_j B_j F_{A_j, A_i}}{A_i} \right) = \sum_{j=1}^{n} \left(\frac{A_i B_j F_{A_i, A_j}}{A_i} \right) = \sum_{j=1}^{n} (B_j F_{A_i, A_j}) \tag{6-100}$$

将上式代入式(6-83)得

$$Q_i = \sum_{j=1}^{n} \left[A_i (B_i - B_j) F_{A_i, A_j} \right] \tag{6-101}$$

由式(6-98)与式(6-101)两式消去 Q_i 便得

$$\frac{E_{bi} - B_i}{\dfrac{1 - \varepsilon_i}{\varepsilon_i A_i}} = \sum_{j=1}^{n} \frac{B_i - B_j}{(A_i F_{A_i, A_j})^{-1}} \tag{6-102}$$

式中，$\dfrac{1}{A_i F_{A_i, A_j}}$ 为 i 表面的空间辐射热阻。

图 6-19 给出了辐射换热的两种基本热阻单元网络。

由两个表面构成的封闭系统的辐射换热

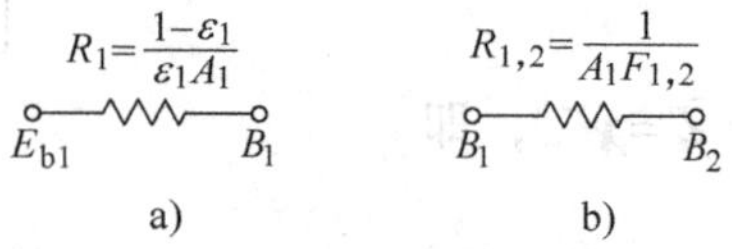

图 6-19 辐射换热的两种基本热阻单元网络
a) 表面辐射热阻单元网络
b) 空间辐射热阻单元网络

是表面间辐射换热问题中最简单的情况。如图 6-20a 所示，从表面 1 传出的净辐射能流 Q_1 必定等于传给表面 2 的净辐射能流 $-Q_2$，也就是说 $Q_1 = -Q_2 = Q_{1,2}$；图 6-20b 给出了该问题的辐射传热网络图，容易得到表面 1 与表面 2 间的辐射换热量为

$$Q_{1,2} = \frac{E_{b1} - E_{b2}}{\dfrac{1-\varepsilon_1}{\varepsilon_1 A_1} + \dfrac{1}{A_1 F_{1,2}} + \dfrac{1-\varepsilon_2}{\varepsilon_2 A_2}} = Q_1 = -Q_2 \qquad (6\text{-}103)$$

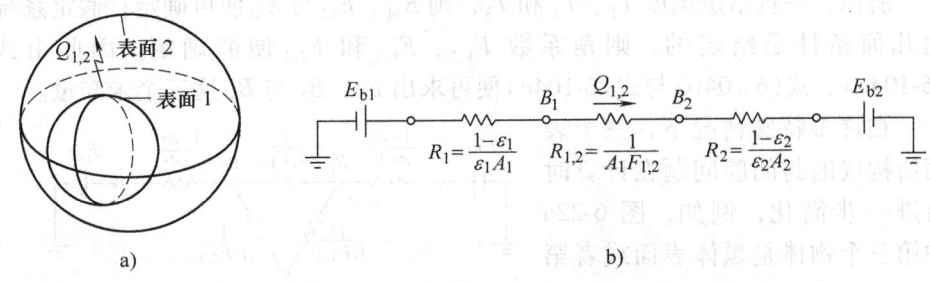

图 6-20　两漫射灰体表面构成的封闭腔
a) 系统示意图　b) 辐射换热网络图

6.5.3　三灰体表面封闭腔的辐射传热

图 6-21 给出了三个灰体表面所组成的封闭体系及其该体系的辐射网络。根据电学中的基尔霍夫(Kirchhoff)节点电流方程，流入每个有效辐射节点的热流之代数和必定为零，因此，三个有效辐射节点的方程如下。

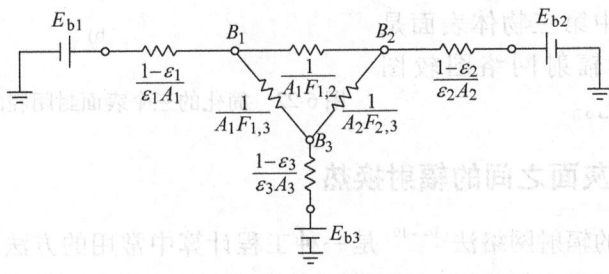

图 6-21　三个封闭灰表面的辐射网络

（1）1 节点方程为

$$\frac{E_{b1} - B_1}{\dfrac{1-\varepsilon_1}{\varepsilon_1 A_1}} + \frac{B_2 - B_1}{\dfrac{1}{A_1 F_{1,2}}} + \frac{B_3 - B_1}{\dfrac{1}{A_1 F_{1,3}}} = 0 \qquad (6\text{-}104\text{a})$$

（2）2 节点方程为

$$\frac{E_{b2}-B_2}{\dfrac{1-\varepsilon_2}{\varepsilon_2 A_2}}+\frac{B_1-B_2}{\dfrac{1}{A_1 F_{1,2}}}+\frac{B_3-B_2}{\dfrac{1}{A_2 F_{2,3}}}=0 \qquad (6\text{-}104\text{b})$$

(3) 3 节点方程为

$$\frac{E_{b3}-B_3}{\dfrac{1-\varepsilon_3}{\varepsilon_3 A_3}}+\frac{B_1-B_3}{\dfrac{1}{A_1 F_{1,3}}}+\frac{B_2-B_3}{\dfrac{1}{A_2 F_{2,3}}}=0 \qquad (6\text{-}104\text{c})$$

所以，一旦给定温度 T_1、T_2 和 T_3，则 E_{b1}、E_{b2} 与 E_{b3} 便可确定；假定系统的几何条件是给定的，则角系数 $F_{1,2}$、$F_{1,3}$ 和 $F_{2,3}$ 便能确定，因此由式(6-104a)、式(6-104b) 与式(6-104c) 便可求出 B_1、B_2 与 B_3 这三个未知量。

在许多特殊情况下，三个表面所构成的封闭腔问题在计算时可进一步简化，例如，图 6-22a 中第三个物体是黑体表面或者第三个物体较其他两个表面相比具有非常大的面积时，因 $B_3=E_{b3}$，于是辐射网络图较图 6-21 简化许多。相应地在求解方程组时也由三个未知量变成了只含 B_1 与 B_2 这两个未知变量，所以在 E_{b3} 已知的条件下只要求解式(6-104a) 与式(6-104b) 两个方程就可以了。再如图 6-22b 中第三物体表面是绝热壁时，其辐射网络图较图 6-21 也大为简化。

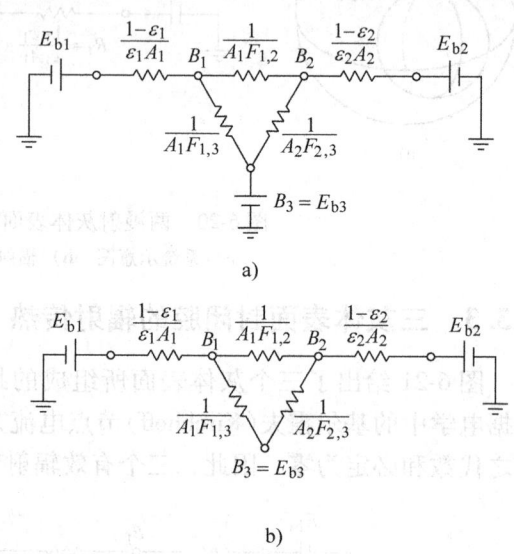

图 6-22 简化的三个表面封闭腔的辐射网络图

6.5.4 几个灰面之间的辐射换热

前面介绍的辐射网络法[14~19]是一种工程计算中常用的方法，它可以推广到由多个灰体所组成的系统。用辐射网络法求解该系统辐射换热问题的大体步骤如下：

(1) 分析这些灰体表面是否组成封闭系统。如果没有封闭时则要做假想面使之构成封闭系统。

(2) 分析系统中哪些表面间有辐射换热。

(3) 画出辐射网络图。

(4) 根据电学中的基尔霍夫定律写出关于各节点 B_i 的方程。

(5) 计算出各表面的辐射力 E_{bi} 和角系数 $F_{Ai,Aj}$。

(6) 求解节点方程组得到各表面上的有效辐射能 B_i。

(7) 由 $Q_i = \dfrac{E_{bi} - B_i}{\dfrac{1-\varepsilon_i}{\varepsilon_i A_i}}$ 或者 $Q_i = \sum\limits_{j=1}^{n} Q_{i,j}\left(Q_{i,j} = \dfrac{B_i - B_j}{\dfrac{1}{A_i F_{A_i,A_j}}}\right)$ 计算出各表面的总

辐射换热的热流量(又称净辐射换热量)，即 Q_i 的值。

事实上，对于由几个灰表面构成的封闭系统，假定其中每一个表面都是等温的，并假定所有的角系数 F_{A_i,A_j}(以下简记为 $F_{i,j}$)已知，于是第 i 个表面的有效辐射 B_i 便可表达为

$$B_i = \rho_i G_i + \varepsilon_i E_{bi} = (1-\varepsilon_i)G_i + \varepsilon_i E_{bi} \tag{6-105}$$

第 i 个表面的投入辐射 G_i，根据定义，它是单位时间到达 i 表面单位面积的辐射能，即

$$G_i = \frac{1}{A_i}\sum_{j=1}^{n}(A_j F_{j,i} B_j)$$

由互换性关系 $A_j F_{j,i} = A_i F_{i,j}$，于是投入辐射又可以写为

$$G_i = \sum_{j=1}^{n}(F_{i,j} B_j)$$

将上式代入式(6-105)后得到

$$B_i = \left[(1-\varepsilon_i)\sum_{j=1}^{n}(F_{i,j} B_j)\right] + \varepsilon_i E_{bi} \quad (i = 1,2,\cdots,n) \tag{6-106}$$

式(6-106)是关于 $B_1, B_2, \cdots, B_n$ 的代数方程组，它含 n 个方程并且有 n 个未知量，故可以用直接解法或迭代法进行求解。显然，一旦 B_i 求出则 Q_i 便能得到，即

$$\frac{Q_i}{A_i} = q_i = \frac{\varepsilon_i}{1-\varepsilon_i}(E_{bi} - B_i) \tag{6-107}$$

6.6* 气体辐射及其计算方法

6.6.1 辐射性气体及其特点

分析气体与某个换热表面间的辐射换热，要比前几节讨论的情况复杂得多。很多常见的气体，如氢、氧、氮和干空气等，对热辐射来说，除温度很高的情况之外都可以认为是完全透明的。然而，另外一些常见气体，如水蒸气、二氧化碳、硫和氮的氧化物以及差不多所有的有机蒸气都是热辐射的吸收体和发射体。这种既可以吸收与发射热辐射，也可以散射的气体称为辐射性气体。显然，燃烧产物属于辐射性气体。气体辐射与固体辐射相比，有如下特点：

(1) 在高温条件下，对于单原子的气体和某些双原子气体(如 O_2, N_2, H_2 等)工程上通常认为是既不辐射也不吸收辐射的透明介质。多原子气体，尤其是高温烟气中的二氧化碳、水蒸气、二氧化硫等则具有可观的辐射与吸收能力，在炉内换热中占有重要的地位。

(2) 气体与固体不同，它没有反射性，因此，式(6-3)此时变为

$$\alpha + \tau = 1 \tag{6-108}$$

因此，如果气体的吸收率越高，则气体的穿透率就愈小。

(3) 通常固体表面的辐射与吸收频谱是连续的，而气体则是间断的。也就是说气体只能辐射与吸收某些频带内的能量。图 6-23 给出了厚度不是无限大的气体的辐射与吸收光谱。为了更突出气体的这一特点，图中还给出了黑体以及灰体的辐射光谱和吸收光谱。图中有阴影线的部分是气体能够辐射和吸收的波长范围。

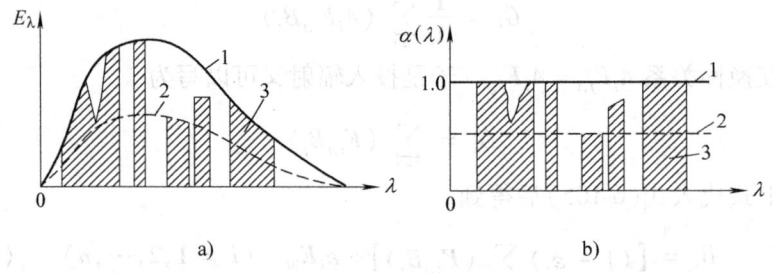

图 6-23 黑体、灰体与气体的辐射光谱以及吸收光谱
1—黑体 2—灰体 3—气体

表 6-3 给出了二氧化碳及水蒸气的辐射与吸收的三个主要光带。可以发现，它们有部分光带是重叠的。正是由于气体的选择性吸收，所以不管气体层有多厚，总有一定波长范围的辐射能可以穿透气体。

表 6-3 二氧化碳、水蒸气的辐射与吸收光带

光 带	二氧化碳		水 蒸 气	
	波长范围/μm	带宽/μm	波长范围/μm	带宽/μm
第一光带	2.64~2.84	0.20	2.24~3.37	1.13
第二光带	4.01~4.80	0.79	4.80~8.50	3.70
第三光带	12.50~16.50	4.00	12.0~25.0	13.0

(4) 固体的辐射与吸收是在很薄的表面层内进行的，而气体的辐射与吸收则是在整个气体容积中进行的。当辐射能投射到气体界面上时，就会穿过界面进入气体层。当处于吸收频带内的辐射线穿过气体层时，沿途被气体吸收而

使辐射强度不断减弱(如图 6-24 所示,图中 $I_{\lambda,0}$、$I_{\lambda,x}$ 与 $I_{\lambda,L}$ 分别代表 $I_\lambda(0)$、$I_\lambda(x)$ 和 $I_\lambda(L)$;L 为气体层的厚度),其减弱程度又取决于射线沿途所遇到的气体分子数目;遇到的分子数越多,则被吸收的辐射能也就越多,辐射强度被减弱得也就越多。而气体分子的数目又与气体的温度 T、气体的分压力 p 以及射线穿过空间的平均行程(这里指 L)有关,于是吸收比 α_λ 为

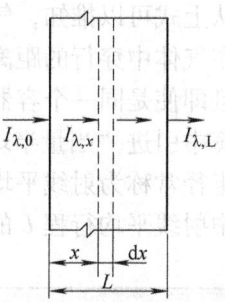

$$\alpha_\lambda = f(T, p, L) \tag{6-109}$$

有关的实验表明[7,6]:射线穿过辐射性气体时,辐射强度的改变正比于当地辐射强度的大小及气体层的厚度,因此可写为

图 6-24 单色射线穿过气体层时的减弱

$$dI_\lambda(x) = -K_\lambda(x) I_\lambda(x) dx \tag{6-110}$$

式中,K_λ 为光谱减弱系数(又称单色减弱系数,也称为单色衰减系数),它等于单色体积吸收系数与单色散射系数之和。另外,它的大小取决于气体的种类、密度与波长。当气体的温度与压强为常数时,则 K_λ 不变,于是积分式(6-110)便得到

$$I_\lambda(L) = I_\lambda(0) e^{-k_\lambda L} \tag{6-111}$$

式中,L 为气体层的厚度。

式(6-111)表明:光谱辐射在气体中穿行时辐射强度按指数规律衰减。该式常称为布格尔(Bouguer)定律,又称为贝尔(Beer)定律。另外,由气体的吸收率定义,则 α_λ 有

$$\alpha_{\lambda,g} = 1 - \tau_{\lambda,g} = \frac{I_\lambda(0) - I_\lambda(L)}{I_\lambda(0)} = 1 - e^{-K_\lambda L} \tag{6-112}$$

而气体的单色透射比(又称透射率)τ_λ 为

$$\tau_\lambda = \frac{I_\lambda(L)}{I_\lambda(0)} = e^{-k_\lambda L} \tag{6-113}$$

将基尔霍夫定律应用于光谱辐射,即可知气体的单色发射率应等于单色吸收率,即

$$\varepsilon_{\lambda,g} = \alpha_{\lambda,g} = 1 - e^{-K_\lambda L} \tag{6-114}$$

工程计算中最关心的是确定气体在所有光带范围内辐射能的总和,这个总和便是气体的辐射力 E_g,它可以由实验测定。按照发射率的定义,显然气体的发射率就是辐射力 E_g 与同温度下黑体辐射力之比,即

$$\varepsilon_g = \frac{E_g}{E_b} = \frac{\int_0^\infty E_{g\lambda}(\lambda) d\lambda}{\sigma T_g^4} = \frac{\int_0^\infty \varepsilon_{\lambda,g} E_{b\lambda} d\lambda}{\sigma T_g^4} = \frac{\int_0^\infty (1 - e^{-K_\lambda L}) E_{b\lambda} d\lambda}{\sigma T_g^4} \tag{6-115}$$

从上式可以推知，气体的发射率将取决于气体的种类、温度和压强以及热射线在气体中穿行的距离。由于气体没有确定的形状，它是随着容器而变化的，而且即使是同一个容器，壁面不同位置对应的射线行程也不一样。为此，工程计算中引进"当量半球"的概念（参阅本章参考文献[9-10]），这种当量半球的半径常称为射线平均行程，所以工程中常用它度量 L，表6-4给出了常用容器中射线平均行程 L 的计算方法，可供计算时查用。

表 6-4 气体辐射的射线平均行程

形状及对应的表面		特征尺寸	射线平均行程
球，对整个球内表面		直径 d	$0.65d$
无限长圆柱，对圆柱凸表面		直径 d	$0.95d$
半无限长圆柱	对底面中心	直径 d	$0.90d$
	对整个底面	直径 d	$0.65d$
高度等于直径的圆柱	对底面中心	直径 d	$0.17d$
	对整个表面	直径 d	$0.60d$
高度等于直径两倍的圆柱	对端面的辐射	直径 d	$0.60d$
	对圆柱内凹表面	直径 d	$0.76d$
	对整个内表面	直径 d	$0.73d$
无限大平板中的气体夹层，对一面上的微元面或两边界面		板间距 H	$1.8H$
正立方体，对整个内表面		边长 a	$0.66a$
围绕无限长管束的气体对单根圆管道	顺排，正方形 $S=2d$	直径 d	$3.5(S-d)$
	叉排，等边三角形 $S=2d$	管中心距 S	$3.8(S-d)$
	$S=3d$		$3.0(S-d)$
任意形状		体积/表面积	$3.6V/A$

6.6.2 辐射性气体的能量方程

此处仍然讨论能参与辐射交换并且流动的可压缩流体。由于流体内部辐射场的存在，使得经典的动量守恒方程与能量守恒方程有了变化，主要表现在：

（1）增加了一种以辐射能形式向流体内或外传递能量的方式。

（2）除了流体具有分子能之外，还含有辐射能。

（3）辐射压力张量将使通常流体的动压力张量增大。

此外，仍假设流体是连续介质并且处于局部热力学平衡态中。于是，可压缩流的能量方程为

$$\rho c_V \frac{\mathrm{d}T}{\mathrm{d}t} = -\nabla \cdot \boldsymbol{q} - p\nabla \cdot \boldsymbol{V} + \boldsymbol{\Phi} \qquad (6\text{-}116)$$

式中，V 是流体的速度矢量；q 是由于流体内部存在温度梯度而引起的热流密度矢量（又称热流矢）；Φ 为耗散函数。

在式（6-116）中，左边表示流体的内能对时间的变化率；而右边项（$-\nabla \cdot q$）是加给流体的净热量，$p\nabla \cdot V$ 是流体对外所做的可逆压缩功；而 Φ 项表示对流体所做的不可逆功，这部分功是由于流体的粘性所引入的耗散项。式（6-116）与通常适用于非辐射流体的方程在表面形式上好像没有什么差别，但唯一不同之点在于此式中的热流矢量 q 的含义不同。对于非辐射流体 q 是由傅里叶导热定律表达的，即

$$q = -\lambda \nabla T \tag{6-117}$$

式中，λ 为流体的热导率；而这里针对的是能够吸收、发散和散射辐射能的流体，因此，这时 q 所包含的除导热的热流密度外还必须有辐射热流密度，将这个辐射热流密度矢量用 q_R 表示，于是式（6-116）中的 q 应该表达为[20,6]

$$q = -\lambda \nabla T + q_R \tag{6-118}$$

将式（6-118）代入式（6-116）后得

$$\rho c_V \frac{dT}{dt} = \nabla \cdot (\lambda \nabla T) + \Phi - p\nabla \cdot V - \nabla \cdot q_R \tag{6-119}$$

这里应指出的是，许多讲述辐射传热的教材中都给出了通过辐射热流方程与辐射传递方程计算 q_R 的具体方法（例如本章参考文献[2-6]等），本书因篇幅所限仅介绍其中的一部分。另外，式（6-119）所给出的形式在本质上是与式（4-21）相一致的，关于这点读者应格外注意。

6.6.3 辐射性气体与外壳间的辐射换热

如图 6-25 所示，考察有 n 个漫射灰面组成的封闭腔，假定各表面温度均匀一致，各表面的温度值分别为 $T_1, T_2, \cdots, T_n$。封闭腔内充满着温度为 T_g 且均匀分布的吸收、反射性气体。对于任意表面 A_i，其辐射热平衡关系为

$$dQ_{\lambda,i} = A_i dq_{\lambda,i} = (dB_{\lambda,i} - dG_{\lambda,i}) dA_i \tag{6-120}$$

式中，$G_{\lambda,i}$ 为 A_i 单位面积的单色投射辐射；$dB_{\lambda,i}$ 为 A_i 单位表面积在 λ 与 $\lambda + d\lambda$ 的波长间隔内的有效辐射，它是由本身辐射与反射辐射所组成，即

$$dB_{\lambda,i} = \varepsilon_{\lambda,i} E_{\lambda b,i} d\lambda + \rho_{\lambda,i} dG_{\lambda,i} \tag{6-121}$$

式（6-121）的获得使用了式（6-79）。于是，从式（6-120）与式（6-121）两式中消去 $dG_{\lambda,i}$ 后得

$$\frac{dQ_{\lambda,i}}{A_i} = dq_{\lambda,i} = \frac{\varepsilon_{\lambda,i}}{1 - \varepsilon_{\lambda,i}} (E_{\lambda b,i} d\lambda - dB_{\lambda,i}) \tag{6-122}$$

如图 6-26 所示，在 A_i 表面和 A_j 表面上各任取两个微元面积 dA_i 和 dA_j，其间距为 s。首先，推导热辐射传

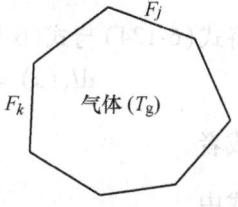

图 6-25 由 n 个表面组成的封闭腔

递方程。

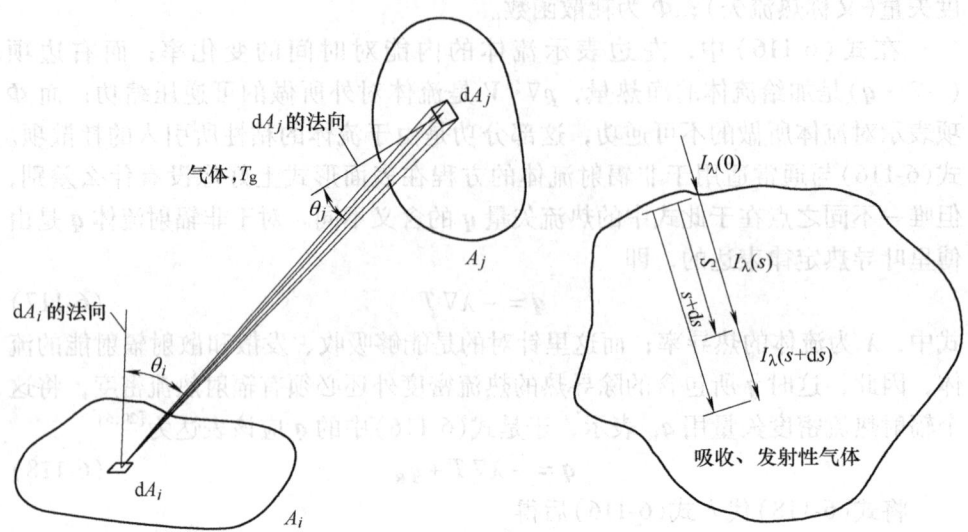

图 6-26 两个漫灰面间充满着辐射性气体时的辐射交换

图 6-27 辐射传递方程的推导

假设有一束射线（见图 6-27）在具有辐射性的气体中穿过，为了简化，这里只考虑气体的吸收与发射，而忽略了它的散射作用。令边界处的辐射强度为 $I_\lambda(0)$，穿过气体时由于沿途气体的吸收与发射，在距离 s 处的辐射强度为 $I_\lambda(s)$，在 $(s+ds)$ 处变为 $I_\lambda(s+ds)$；显然，在忽略气体的散射作用时，$I_\lambda(s+ds)$ 应等于 $I_\lambda(s)$ 与 ds 距离内气体的吸收 $dI_{\lambda,\alpha}$ 与发射 $dI_{\lambda,e}$ 之和，即

$$I_\lambda(s+ds) = I_\lambda(s) + dI_{\lambda,\alpha} + dI_{\lambda,e} \tag{6-123}$$

由式(6-110)并且代入 $K_\lambda = a_\lambda$（这里 a_λ 为单色体积吸收系数），可得到

$$dI_{\lambda,\alpha} = -a_\lambda(s) I_\lambda(s) ds \tag{6-124}$$

而 $dI_{\lambda,e}$ 是由于介质的发射而引起辐射强度的增大，因而可推出有下式成立，即

$$dI_{\lambda,e} = a_\lambda(s) I_{\lambda b}(s) ds \tag{6-125}$$

将式(6-124)与式(6-125)代入式(6-123)中便得到

$$dI_\lambda(s) = I_\lambda(s+ds) - I_\lambda(s) = a_\lambda(s)[I_{\lambda b}(s) - I_\lambda(s)] ds \tag{6-126}$$

或者

$$\frac{dI_\lambda}{d\chi_\lambda} + I_\lambda(\chi_\lambda) = I_{\lambda b}(\chi_\lambda) \tag{6-127}$$

式中

$$d\chi_\lambda \equiv a_\lambda(s) ds \tag{6-128}$$

式(6-127)就是吸收、发射性气体中的辐射传递微分方程（又称辐射传输方程或辐射输运方程）。显然，它是一阶线性微分方程，利用积分因子法容易获得其一

般解，其积分形式为

$$I_\lambda(\chi_\lambda) = I_\lambda(0)\exp(-\chi_\lambda) + \int_0^{\chi_\lambda} I_{\lambda b}\exp[-(\chi_\lambda - \chi_\lambda^*)]d\chi_\lambda^* \quad (6\text{-}129)$$

式中，χ_λ^* 为完成积分时的中间变量。

由式(6-129)(辐射传递方程)可知，离开微元面 dA_j 并透过气体层 s 后到达 dA_i 的单色辐射强度 $I_{\lambda,(dj,di)}(\chi)$ 为

$$I_{\lambda,(dj,di)}(\chi_\lambda) = I_\lambda(0)\exp(-\chi_\lambda) + \int_0^{\chi_\lambda} I_{\lambda b,g}\exp[-(\chi_\lambda - \chi_\lambda^*)]d\chi_\lambda^* \quad (6\text{-}130)$$

式中

$$\chi_\lambda = \int_0^s a_\lambda(s^*)ds^* \quad (6\text{-}131)$$

χ_λ 又可称为路径 s 上气体的光学厚度[17,21~24]。由于气体的温度假定为均匀分布，所以单色体积吸收系数 a_λ 为常数，则有 $\chi_\lambda = a_\lambda s$，于是式(6-130)变为

$$I_{\lambda,(dj,di)}(a_\lambda s) = I_\lambda(0)\exp(-a_\lambda s) + I_{\lambda b,g}[1 - \exp(-a_\lambda s)] \quad (6\text{-}132)$$

引入气体沿路径 s 的定向单色透射率 $\tau_\lambda(s) = \exp(-a_\lambda s)$ 与定向单色吸收率 $\alpha_\lambda(s) = 1 - \exp(-a_\lambda s)$，这里 a_λ 为单色体积吸收系数；于是式(6-132)变为

$$I_{\lambda,(dj,di)}(a_\lambda s) = I_\lambda(0)\tau_\lambda(s) + I_{\lambda b,g}\alpha_\lambda(s) \quad (6\text{-}133)$$

因此，由 dA_j 面元发射的透过辐射性气体并投射到 dA_i 面元的单色能量为

$$dG_{\lambda,(dj,di)}dA_i = I_{\lambda,(dj,di)}(a_\lambda s)dA_i\cos\theta_i d\omega_i d\lambda \quad (6\text{-}134)$$

注意到

$$d\omega_i = \frac{\cos\theta_j dA_j}{s^2} \quad (6\text{-}135)$$

并将式(6-133)代入式(6-134)后得

$$dG_{\lambda,(dj,di)}dA_i = [\tau_\lambda(s)dB_{\lambda,j} + \alpha_\lambda(s)E_{\lambda b,g}d\lambda]\frac{\cos\theta_i\cos\theta_j dA_i dA_j}{\pi s^2} \quad (6\text{-}136)$$

在式(6-136)的推导中，使用了 A_i 与 A_j 面皆为漫射面的假定并且使用了如下两式

$$I_\lambda(0) = \frac{dB_{\lambda,j}}{\pi d\lambda} \quad (6\text{-}137)$$

$$I_{\lambda b,g} = \frac{E_{\lambda b,g}}{\pi} \quad (6\text{-}138)$$

式中，$B_{\lambda,j}$ 为表面 A_j 的单色有效辐射。因此，式(6-136)在 A_i 面与 A_j 面上积分便得到由面 A_j 向面 A_i 投射的单色辐射能为

$$A_i dG_{\lambda,(j,i)} = \int_{A_i}\int_{A_j}[\tau_\lambda(s)dB_{\lambda,j} + \alpha_\lambda(s)E_{\lambda b,g}d\lambda]\frac{\cos\theta_i\cos\theta_j}{\pi s^2}dA_j dA_i \quad (6\text{-}139)$$

假设表面 A_j 上的有效辐射均匀分布，而且气体层的温度也是均匀的，于是式(6-139)又可简化为

$$A_i \mathrm{d}G_{\lambda,(j,i)} = \mathrm{d}B_{\lambda,j} \iint_{A_i A_j} \frac{\tau_\lambda(s)\cos\theta_i\cos\theta_j}{\pi s^2} \mathrm{d}A_j \mathrm{d}A_i +$$

$$(E_{\lambda b,g}\mathrm{d}\lambda) \iint_{A_i A_j} \frac{\alpha_\lambda(s)\cos\theta_i\cos\theta_j}{\pi s^2} \mathrm{d}A_j \mathrm{d}A_i \quad (6-140)$$

上式右边第一项是离开表面 A_j 透过气体层而到达表面 A_i 的单色能量；第二项是由等温气体层发射并到达表面 A_i 的单色能量。引入平均透射率 $\bar{\tau}_{\lambda,(j,i)}$ 的概念，有

$$\bar{\tau}_{\lambda,(j,i)} = \frac{1}{A_j F_{j,i}} \iint_{A_i A_j} \frac{\tau_\lambda(s)\cos\theta_i\cos\theta_j}{\pi s^2} \mathrm{d}A_j \mathrm{d}A_i \quad (6-141)$$

式中，$F_{j,i}$ 为中间介质透明时由表面 A_j 到表面 A_i 的角系数，即

$$F_{j,i} = \frac{1}{A_j} \iint_{A_j A_i} \frac{\cos\theta_j\cos\theta_i}{\pi s^2} \mathrm{d}A_j \mathrm{d}A_i \quad (6-142)$$

同样，也引入平均吸收率 $\bar{\alpha}_{\lambda,(j,i)}$，即

$$\bar{\alpha}_{\lambda,(j,i)} = \frac{1}{A_j F_{j,i}} \iint_{A_i A_j} \frac{\alpha_\lambda(s)\cos\theta_i\cos\theta_j}{\pi s^2} \mathrm{d}A_j \mathrm{d}A_i \quad (6-143)$$

注意到 $\alpha_\lambda(s) = 1 - \tau_\lambda(s)$，因此还有

$$\bar{\alpha}_{\lambda,(j,i)} = 1 - \bar{\tau}_{\lambda,(j,i)} \quad (6-144)$$

由式(6-141)，同样会有

$$\bar{\tau}_{\lambda,(i,j)} = \frac{1}{A_i F_{i,j}} \iint_{A_j A_i} \frac{\tau_\lambda(s)\cos\theta_j\cos\theta_i}{\pi s^2} \mathrm{d}A_i \mathrm{d}A_j \quad (6-145)$$

比较式(6-141)与式(6-145)便有

$$A_j F_{j,i} \bar{\tau}_{\lambda,(j,i)} = A_i F_{i,j} \bar{\tau}_{\lambda,(i,j)}$$

注意到角系数的互换性，于是上式变为

$$\bar{\tau}_{\lambda,(j,i)} = \bar{\tau}_{\lambda,(i,j)} \quad (6-146)$$

同理可得

$$\bar{\alpha}_{\lambda,(j,i)} = \bar{\alpha}_{\lambda,(i,j)} \quad (6-147)$$

在引用了几何平均透射率与几何平均吸收率之后，式(6-140)变为

$$A_i \mathrm{d}G_{\lambda,(j,i)} = (\mathrm{d}B_{\lambda,j}) A_j F_{j,i} \bar{\tau}_{\lambda,(j,i)} + (E_{\lambda b,g}\mathrm{d}\lambda) A_j F_{j,i} \bar{\alpha}_{\lambda,(j,i)} \quad (6-148)$$

以上仅讨论了封闭腔内表面 A_j 对 A_i 面的单色投射辐射，利用式(6-148)可以写出封闭腔内所有 n 个表面对 A_i 的单色投射辐射，记为 $\mathrm{d}G_{\lambda,i}$，因此有

$$A_i \mathrm{d}G_{\lambda,i} = \sum_{j=1}^{n} \left[(\mathrm{d}B_{\lambda,j}) A_j F_{j,i} \bar{\tau}_{\lambda,(j,i)} + (E_{\lambda b,g}\mathrm{d}\lambda) A_j F_{j,i} \bar{\alpha}_{\lambda,(j,i)} \right] \quad (6-149)$$

利用角系数的互换性，(即 $A_j F_{j,i} = A_i F_{i,j}$)，则式(6-149)又可变为

$$\mathrm{d}G_{\lambda,i} = \sum_{j=1}^{n} \left[(\mathrm{d}B_{\lambda,j}) F_{i,j} \bar{\tau}_{\lambda,(j,i)} + (E_{\lambda b,g}\mathrm{d}\lambda) F_{i,j} \bar{\alpha}_{\lambda,(j,i)} \right] \quad (6-150)$$

将式(6-150)代入式(6-120)消去 $\mathrm{d}G_{\lambda,i}$ 后得

$$dq_{\lambda,i} = dB_{\lambda,i} - \sum_{j=1}^{n} \left[(dB_{\lambda,j}) F_{i,j} \bar{\tau}_{\lambda,(j,i)} + (E_{\lambda b,g} d\lambda) F_{i,j} \bar{\alpha}_{\lambda,(j,i)} \right] \quad (6\text{-}151)$$

由式(6-146)与式(6-147)，则式(6-151)又可以写为

$$dq_{\lambda,i} = dB_{\lambda,i} - \sum_{j=1}^{n} \left[(dB_{\lambda,j}) F_{i,j} \bar{\tau}_{\lambda,(i,j)} + (E_{\lambda b,g} d\lambda) F_{i,j} \bar{\alpha}_{\lambda,(i,j)} \right] \quad (6\text{-}152)$$

显然，式(6-122)与式(6-152)都是单色辐射的 q、B 与 E 三者间的关系式，将两式组合消去有效辐射项后便可得到表面净热流 $dq_{\lambda,i}$ 与表面温度(相应的 $E_{\lambda b,i}$)以及气体温度(相应的 $E_{\lambda b,g}$)之间的关系式

$$\sum_{j=1}^{n} \left[\frac{\delta_{ij}}{\varepsilon_{\lambda,j}} - F_{i,j} \frac{1 - \varepsilon_{\lambda,j}}{\varepsilon_{\lambda,j}} \bar{\tau}_{\lambda,(i,j)} \right] dq_{\lambda,j}$$
$$= \sum_{j=1}^{n} \left[(\delta_{ij} - F_{i,j} \bar{\tau}_{\lambda,(i,j)}) E_{\lambda b,j} d\lambda - F_{i,j} \bar{\alpha}_{\lambda,(i,j)} E_{\lambda b,g} d\lambda \right] (i = 1, 2, \cdots, n) \quad (6\text{-}153)$$

式中，δ_{ij} 是克朗内克(Kronecker)符号，值得注意的是，式(6-153)仅是针对 A_i 面的，如果封闭腔是有 n 个表面组成时，则可列出 n 个方程。所以若气体的温度已知，各个表面的温度已知时，便可通过求解这 n 个方程所组成的方程组求出各表面的净辐射热流；反之，如果气体的温度已知，各表面的净热流已知，也可以求出各表面的温度。

上面研究的封闭腔内的辐射交换仅是按照单色能量进行分析的，注意到气体的发射与吸收对波长有很大的选择性，所以在计算全辐射热流时应在各有关波段内对波长进行积分。通常可以把气体辐射光谱分为若干个光带，假设带宽为 $\Delta\lambda$，于是将式(6-153)对波长积分便得

$$\int_{\Delta\lambda} \sum_{j=1}^{n} \left[\frac{\delta_{ij}}{\varepsilon_{\lambda,j}} - F_{i,j} \frac{1 - \varepsilon_{\lambda,j}}{\varepsilon_{\lambda,j}} \bar{\tau}_{\lambda,(i,j)} \right] dq_{\lambda,j}$$
$$= \int_{\Delta\lambda} \sum_{j=1}^{n} \left[(\delta_{ij} - F_{i,j} \bar{\tau}_{\lambda,(i,j)}) E_{\lambda b,j} - F_{i,j} \bar{\alpha}_{\lambda,(i,j)} E_{\lambda b,g} \right] d\lambda \quad (6\text{-}154)$$

显然，当带宽 $\Delta\lambda$ 很窄时，则 $dq_{\lambda,j}$、$\varepsilon_{\lambda,j}$、$\bar{\tau}_{\lambda,(i,j)}$、$\bar{\alpha}_{\lambda,(i,j)}$、$E_{\lambda b,j}$ 以及 $E_{\lambda b,g}$ 等参数便可以取为在 $\Delta\lambda$ 范围内的平均值并且当做常数处理，此时式(6-154)便能够进一步简化，本书因篇幅所限不再作深入讨论。

最后，再讨论一下具有吸收与发射性气体内微元体的辐射热平衡方程。如图 6-28 所示，在气体中只考虑辐射效

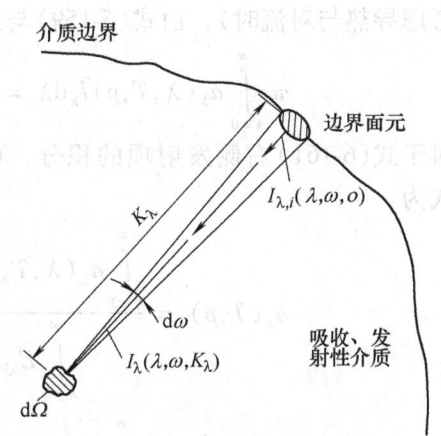

图 6-28 具有吸收与发射性气体内的微元体辐射热平衡

应，在稳定的情况下，微元气体 $d\Omega$ 吸收来自周围各方向和各波长的投射辐射能，应等于它所发射的辐射能。沿 ω 方向上微元体 $d\Omega$ 所吸收的单色辐射能为

$$dQ_{\lambda,\alpha}^* = a_\lambda(d\Omega) I_\lambda(\omega,\chi_\lambda) d\Omega d\lambda d\omega \qquad (6\text{-}155)$$

式中，$I_\lambda(\omega,\chi_\lambda)$ 是在 ω 方向上、光学厚度为 χ_λ 处的单色投射强度，其值可由辐射传递方程式(6-129)确定。于是，来自四周所有方向的投射辐射被微元气体 $d\Omega$ 吸收的单色能量为 $dQ_{\lambda,\alpha}$，即

$$dQ_{\lambda,\alpha} = \int_{\omega=0}^{4\pi} dQ_{\lambda,\alpha}^* = a_\lambda(d\Omega) d\Omega d\lambda \int_{\omega=0}^{4\pi} I_\lambda(\omega,\chi_\lambda) d\omega \qquad (6\text{-}156)$$

引入微元体 $d\Omega$ 的平均投射强度 $\tilde{I}_\lambda$，其表达式为

$$\tilde{I}_\lambda \equiv \frac{1}{4\pi} \int_{\omega=0}^{4\pi} I_\lambda(\omega,\chi_\lambda) d\omega \qquad (6\text{-}157)$$

将式(6-157)代入式(6-156)中可得到

$$dQ_{\lambda,\alpha} = 4\pi \tilde{I}_\lambda a_\lambda(d\Omega) d\Omega d\lambda \qquad (6\text{-}158)$$

于是，将式(6-158)对全波长积分便可得到微元气体 $d\Omega$ 所吸收的全波长能量 dQ_α 为

$$dQ_\alpha = \int_{\lambda=0}^{\infty} dQ_{\lambda,\alpha} = (4\pi d\Omega) \int_{\lambda=0}^{\infty} a_\lambda(d\Omega) \tilde{I}_\lambda d\lambda \qquad (6\text{-}159)$$

另外，微元气体 $d\Omega$ 所发射的全波长能量 dQ_e 为

$$dQ_e = \int_{\lambda=0}^{\infty} dQ_{\lambda,e} = (4 d\Omega) \int_{\lambda=0}^{\infty} a_\lambda(d\Omega) E_{\lambda b}(\lambda,T) d\lambda \qquad (6\text{-}160)$$

在辐射热平衡的条件下，对于所考察的气体微元体 $d\Omega$ 应该有 $dQ_\alpha = dQ_e$（当不考虑导热与对流时），由式(6-159)与式(6-160)则有

$$\pi \int_{\lambda=0}^{\infty} a_\lambda(\lambda,T,p) \tilde{I}_\lambda d\lambda = \int_{\lambda=0}^{\infty} a_\lambda(\lambda,T,p) E_{\lambda b}(\lambda,T) d\lambda \qquad (6\text{-}161)$$

对于式(6-161)右侧发射项的积分，可以引入一个平均吸收系数 $\tilde{a}_p$，其表达式为

$$\tilde{a}_p(T,p) = \frac{\int_{\lambda=0}^{\infty} a_\lambda(\lambda,T,p) E_{\lambda b}(\lambda,T) d\lambda}{\int_{\lambda=0}^{\infty} E_{\lambda b}(\lambda,T) d\lambda} \qquad (6\text{-}162)$$

$$= \frac{\int_{\lambda=0}^{\infty} a_\lambda(\lambda,T,p) E_{\lambda b}(\lambda,T) d\lambda}{\sigma T^4}$$

式中，$\tilde{a}_p$ 常称为普朗克(Planck)平均吸收系数。于是式(6-161)此时可写为

$$\sigma T^4 = \frac{\pi}{\tilde{a}_p(T,p)} \int_{\lambda=0}^{\infty} a_\lambda(\lambda,T,p)\tilde{I}_\lambda d\lambda \qquad (6-163)$$

式(6-163)就是针对具有吸收、发射性气体的微元体内气体参数所服从的辐射热平衡方程，用它可以确定该气体的温度。

以上讨论的是气体微元体内相关参数所遵循的方程，这里再扼要叙述一下气体与黑体外壳之间辐射换热的计算。在气体的发射率 ε_g 与吸收率 α_g 确定之后，气体与黑体外壳之间辐射换热的计算十分简单。这时只要把气体的自身辐射 $\varepsilon_g E_{b,g}$（气体的温度为 T_g）减去气体的吸收辐射 $\alpha_g E_{b,w}$（外壳壁温为 T_w）便得到了气体与外壳间换热的热流密度 q，即

$$q = \varepsilon_g E_{b,g} - \alpha_g E_{b,w} = \sigma(\varepsilon_g T_g^4 - \alpha_g T_w^4) \qquad (6-164)$$

如果外壳壁不是黑体，则可当做发射率为 ε_w 的灰体考虑。对于灰体表面便有 $\varepsilon_w = \alpha_w$ 的关系。这时气体辐射到外壳壁上的能量 $\varepsilon_g \sigma T_g^4$ 仅有 $\varepsilon_w(\varepsilon_g \sigma T_g^4)$ 被外壳壁所吸收，剩下的 $(1-\varepsilon_w)(\varepsilon_g \sigma T_g^4)$ 将反射回气体；然而，这部分能量气体自身仅能吸收 $\alpha_g'[(1-\varepsilon_w)(\varepsilon_g \sigma T_g^4)]$，而剩下的 $(1-\alpha_g')[(1-\varepsilon_w)(\varepsilon_g \sigma T_g^4)]$ 又将再投射到外壳壁；外壳将再次吸收 $\varepsilon_w(1-\alpha_g')[(1-\varepsilon_w)(\varepsilon_g \sigma T_g^4)]$……如此反复地进行吸收与反射，于是灰体外壳从气体辐射中吸收的总热量为

$$Q_1 = A\varepsilon_w(\varepsilon_g \sigma T_g^4)[1 + (1-\alpha_g')(1-\varepsilon_w) + (1-\alpha_g')^2(1-\varepsilon_w)^2 + \cdots]$$

$$(6-165)$$

类似地有，气体从灰体外壳辐射中吸收的总热量为

$$Q_2 = A\alpha_g(\varepsilon_w \sigma T_w^4)[1 + (1-\alpha_g)(1-\varepsilon_w) + (1-\alpha_g)^2(1-\varepsilon_w)^2 + \cdots]$$

$$(6-166)$$

在上面两式中，A 为面积；α_g 与 α_g' 虽然都是气体的吸收率，但它们之间有区别，前者是对来自壁面辐射（其壁面温度为 T_w）的吸收率，后者是对来自气体自身辐射（其气体温度为 T_g）的吸收率，因此气体与灰体外壳间的辐射换热应是式(6-165)与式(6-166)之差，即

$$q = \frac{Q_1 - Q_2}{A} \qquad (6-167)$$

如果各取式(6-165)与式(6-166)两式中的第一项，则有

$$q = \frac{Q_1 - Q_2}{A} = \varepsilon_w \sigma(\varepsilon_g T_g^4 - \alpha_g T_w^4) \qquad (6-168)$$

工程计算中常用外壳壁的有效发射率 ε_w' 取代式(6-168)中的 ε_w，以修正由于略去式(6-165)与式(6-166)两式的第二项以后各项所带来的误差。ε_w' 取值在

ε_w 与 1 之间，在工程计算中，通常可取

$$\varepsilon'_w = \frac{1}{2}(1 + \varepsilon_w) \quad (当 \varepsilon_w > 0.8 \text{ 时}) \tag{6-169}$$

6.7 火焰辐射

燃料燃烧生成的火焰可分为三大类：不发光火焰、半发光火焰以及发光火焰。气体燃料（如天然气）燃烧和低挥发分的固体燃料（如无烟煤）在充分燃烧时所生成的火焰呈透明蓝色，其主要成分是二氧化碳和水蒸气。这种火焰属于不发光火焰。不发光火焰的辐射特性与上节讲的气体辐射接近，并可以按气体辐射进行计算。但是绝大多数燃料在燃烧时会产生发光火焰，例如煤油灯的火焰呈淡红色或橙黄色。这种颜色来自碳氢燃料（烃）在燃烧过程中出现的高温细小炭粒（直径大约只有 0.2μm），或者煤粉燃烧物中包含的灰粒（直径大约 25μm），或重油燃烧物中含有的沥青质焦结颗粒（直径可达 50~200μm）。可以认为，火焰之所以会发光是因为火焰中具有烃的热分解产物、炽热的烟渣、煤屑、焦粒和飞灰等固体或者液体的悬浮颗粒的缘故。较大的微粒对于射线是不透明的，相当于在火焰中存在着许多小黑体，使火焰明显地接近黑体的辐射力，而很小的微粒（约为 0.025μm）对于射线是不透明的，所以火焰的实际黑度可能各不相同，而且相差很远[25~33]。

半发光火焰或发光火焰通常统称为火炬，其特点是伴随有燃烧过程。一方面，由于燃烧温度的分布不均匀，给火焰温度的确定造成困难；另一方面也由于火焰辐射主要取决于其中所含微粒的辐射，而这些微粒的数量和尺寸大小又受燃烧种类、燃烧方法、燃烧速率、燃烧空间的形状和大小以及燃烧所需的空气量或富氧成分等诸多因素的影响。所以，除了纯经验的近似取值外，借助于仪器的实测确定火焰的黑度往往是需要的[34~37]。

值得注意的是，碳氢化合物燃烧时形成的烟粒在可见光和红外区域内发射连续光谱，其辐射通常能达到气态燃烧产物的 2~3 倍。在通常碳氢燃料的火焰中，烟粒的直径不超过 0.3μm，烟粒的形状可以是球形，或聚集成团，有时呈长丝状。用探头收集烟粒时，会引起烟粒的聚集，同时也会改变它的辐射性质。实验表明[37]，在典型的气态扩散火焰中，烟粒的含量（体积分数）很低大约是 $10^{-8} \sim 10^{-6}$，这时的散射效应与吸收效应相比可以省略。当射线穿过含有悬浮烟粒的透明气体时，能量的衰减可以只考虑吸收系数的作用。衰减规律仍符合布格尔（Bouguer）定律（参见式(6-111)），即

$$I_\lambda(s) = I_\lambda(0)\exp(-a_\lambda s) \tag{6-170}$$

式中，s 为气体层厚度。

在等温情况下，单色发射率为

$$\varepsilon_\lambda = 1 - \exp(-a_\lambda L) \tag{6-171}$$

式中，L 为射线的平均行程长度。

大量的实验研究表明，烟粒的单色吸收系数的经验公式可以表述为

$$a_\lambda = \frac{ck}{\lambda^{m(\lambda)}} \tag{6-172}$$

式中，c 为烟粒的含量（用体积分数表示）；k 是常数；$m(\lambda)$ 为波长 λ 的函数。

图 6-29 给出了两种烟粒的 $m(\lambda)$ 与 λ 的实验曲线（图中实线为拟合曲线，○与◇为实验值）。在一些文献中建议对于 $\lambda > 0.8\mu m$ 的红外区域，m 可以近似取为 0.95。

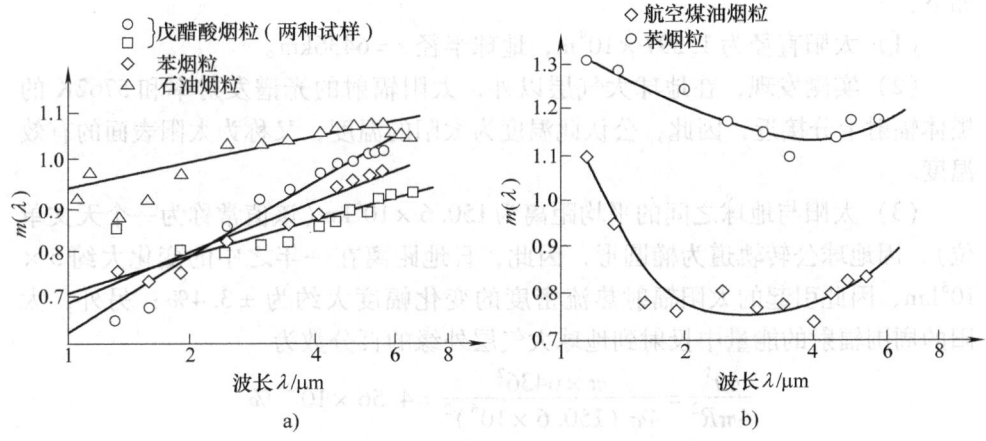

图 6-29　$m(\lambda)$ 随波长 λ 变化的实验曲线

燃烧产物中除了烟粒悬浮体外，燃气中还包含二氧化碳和水蒸气等具有辐射性质的气体。为了简化，仅考虑烟粒、二氧化碳和水蒸气的辐射，对更多的辐射组分亦可类似处理。当射线穿过气体-烟粒层时，局部辐射强度的衰减决定于所有单色体积吸收系数之和，这时的单色发射率为

$$\varepsilon_\lambda = a_\lambda = 1 - e^{-(a_{\lambda C} + a_{\lambda H} + a_{\lambda S})L}$$

式中，下标 C、H 与 S 分别表示 CO_2、H_2O 和烟粒；L 为火焰射线的平均行程。

于是，对于均匀的气体层在行程 L 上对所有波长积分便得到全发射率 ε，即

$$\begin{aligned}
\varepsilon &= \frac{1}{\sigma T^4} \int_0^\infty E_{\lambda b}[1 - e^{-(a_{\lambda C} + a_{\lambda H} + a_{\lambda S})L}]d\lambda \\
&= \frac{1}{\sigma T^4} \int_0^\infty E_{\lambda b}[1 - (1-\varepsilon_{\lambda C})(1-\varepsilon_{\lambda H})(1-\varepsilon_{\lambda S})]d\lambda \\
&= \frac{1}{\sigma T^4} \int_0^\infty E_{\lambda b}(\varepsilon_{\lambda C} + \varepsilon_{\lambda H} + \varepsilon_{\lambda S} - \varepsilon_{\lambda C}\varepsilon_{\lambda H} - \varepsilon_{\lambda C}\varepsilon_{\lambda S} - \varepsilon_{\lambda H}\varepsilon_{\lambda S} + \varepsilon_{\lambda C}\varepsilon_{\lambda H}\varepsilon_{\lambda S})d\lambda
\end{aligned} \tag{6-173}$$

除了烟粒以外，还有一些物质，如煤在燃烧时火焰中含有灰组分，火箭发动机排气中还含有液态氧化铝颗粒等，这些也都会对辐射换热带来影响。本章参考文献[38,39]记录了此方面的研究，本书因篇幅所限不再介绍。

6.8 太阳辐射

太阳能是自然界中可供人们利用的巨大能源。太阳辐射对于地球上所有的生命都十分重要。通过光合作用，太阳辐射可以提供人们所需要的食物、纤维制品和燃料。另外，通过热的作用和光电过程，太阳辐射还具有潜力来满足工业用热和发电以及空间取暖的需要。关于太阳辐射的术语和相关的基本数据如下：

（1）太阳直径为 1.397×10^9 m，地球半径 $r = 6436$ km。

（2）实测发现，在地球大气层以外，太阳辐射的光谱发射率和 5762K 的黑体辐射十分接近，因此，公认此温度为太阳的温度，又称为太阳表面的有效温度。

（3）太阳与地球之间的平均距离为 150.6×10^6 km（该值常称为一个天文单位），因地球公转轨道为椭圆形，因此，日地距离在一年之中的变化大约 5×10^5 km，因此引起的太阳辐射热流密度的变化幅度大约为 $\pm 3.4\%$；另外，太阳的周围辐射的能量中投射到地球大气层外缘的百分数为

$$\frac{\pi r^2}{4\pi R^2} = \frac{\pi \times 6436^2}{4\pi (150.6 \times 10^6)^2} = 4.56 \times 10^{-8} \%$$

如果把太阳当做黑体，其直径为 1.397×10^9 m，表面积 $A_s = 6.131 \times 10^{18}$ m^2，表面的有效温度为 5762K，于是太阳向周围辐射的能量为

$$\sigma A_s T^4 = (5.67 \times 10^{-8} \times 6.131 \times 10^{18} \times 5762^4) \text{W} = 3.832 \times 10^{26} \text{W}$$

到达地球大气层外缘的能量为

$$3.832 \times 10^{26} \text{W} \times 4.56 \times 10^{-8} \% = 17.48 \times 10^{16} \text{W}$$

该数值折算到垂直于射线方向每单位表面积的辐射能应为

$$17.48 \times 10^{16} \text{W}/[\pi \times (6436 \times 10^3)^2] \text{m}^2 = 1343 \text{ W/m}^2$$

（4）太阳辐射的光谱分布如图 6-30 所示。99% 以上的太阳辐射能量位于 $0.2 \sim 3\mu$m 的短波区域，最强光谱辐射在 0.5μm 附近，处于可见光的青光（$0.48 \sim 0.51\mu$m）波段。太阳辐射能中，紫外线部分（$\lambda < 0.38\mu$m）占 8.7%，可见光部分（0.38μm $\leq \lambda \leq 0.76\mu$m）占 43.0%，红外线部分（$\lambda > 0.76\mu$m）占 48.3%；其最大单色辐射力的波长 $\lambda_m \approx 0.5\mu$m；太阳送达到地球范围的总辐射功率 17.48×10^{16} W，这个数量是目前人类消费能源总量的 $5 \times 10^4 \sim 6 \times 10^4$ 倍。另外，由于地球的自转和绕太阳的公转，以及地球大气层对太阳辐射

的吸收和散射，使得真正到达地球表面的太阳辐射能在一年中甚至一天中都在变化。以北纬 40°地区的晴天为例，在最冷的 1 月，按 24h 进行平均，其平均辐射热流密度仅为 140.6W/m²，全天总辐射量约为 12142kJ/m²；在辐射最强的 6 月，相应的上述数字分别为 383 W/m² 与 33077kJ/m²。

（5）大气层的存在，一方面对太阳辐射起到阻挡作用，即由于大气中的尘埃粒子和水蒸气、二氧化碳气体等对太阳辐射具有一定的反射和吸收能力，使得真正到达地球表面的太阳辐射通量至少减弱

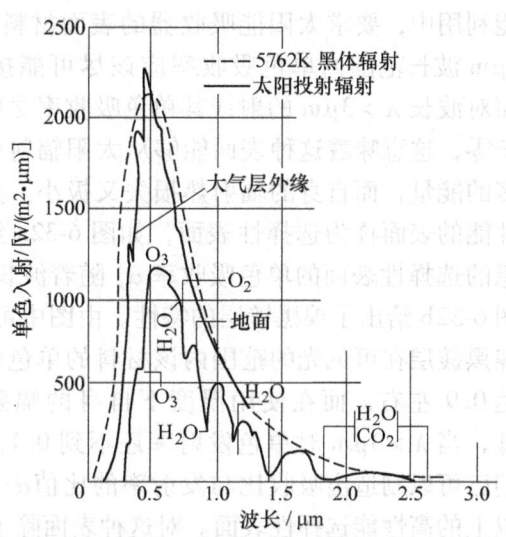

图 6-30　太阳辐射的光谱分布

20%～30%左右。另一方面，大气层中的臭氧（O_3）使人类和所有生物免受紫外线的伤害。值得注意的是，甲烷、氮氧化物和氯氟烃等（例如飞机、汽车的发动机燃烧过程中产生的排气含有 NO_x；再如灭火剂和制冷工质多为氯氟烃）是破坏臭氧层的物质之一，如果将这些物质过多地排放到大气中，则大气的臭氧层将会被破坏。

当太阳辐射穿过地球表面的大气层时，其辐射强度的大小及光谱与方向的分布有了明显的变化。这种变化是由于大气成分对太阳辐射的吸收和散射所造成的。大气中臭氧（O_3）对紫外线有着强烈的吸收作用，并使 $0.3\mu m$ 以下的短波辐射射线完全衰减；在可见光的区域内，O_3 和 O_2 也能吸收其中的一部分；另外，水蒸气对近红外线和远红外线也有吸收作用。再有，到达地面的太阳能几乎集中在 $0.3\sim3\mu m$ 波长的范围内，在整个太阳光谱范围内，大气中的灰尘和悬浮微粒对辐射能有连续吸收的作用。

太阳辐射的实测资料表明，当地球位于和太阳的平均距离上时，在大气层外缘并与太阳射线相垂直的单位表面所接受到的太阳辐射能约为 1353W/m²，该值称为太阳常数并且用 S_o 表示，于是处在大气层外缘水平面上每单位面积的太阳投射能量 $G_{s,o}$ 为（见图 6-31）

$$G_{s,o} = S_o f \cos\theta \tag{6-174}$$

式中，f 为对地球绕太阳运行轨道并非圆形而作的修正系数，$f = 0.97\sim1.03$；θ 为太阳射线与水平面法线间的夹角（又称为天顶角）。

值得注意的是，太阳辐射能主要集中在 $0.3\sim3\mu m$ 的波长范围内，在太阳

能利用中，要求太阳能吸收器的表面材料在 0.3～3μm 波长范围内单色吸收率应该尽可能接近于 1，而对波长 $\lambda > 3$μm 的射线其单色吸收率尽可能接近于零，这意味着这种表面能够从太阳辐射中吸收较多的能量，而自身的辐射热损失又极小。具有上述性能的表面称为选择性表面，如图 6-32a 给出了理想的选择性表面的单色吸收率 α_λ 随着波长的变化，图 6-32b 给出了镍黑镀层的特性。由图中可以看出，镍黑镀层在可见光的范围内该材料的单色吸收率可达 0.9 左右，而在使用温度下自身的辐射力却很低，当 $\lambda > 3$μm 时单色发射率还不到 0.1。目前人们已可以制造出吸收比与发射率的比值 α/ε 高达 13

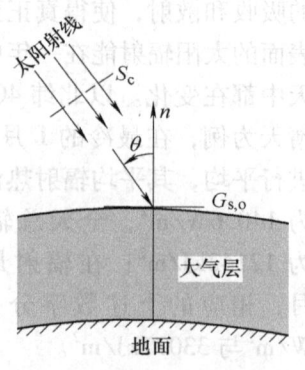

图 6-31 大气层外缘太阳辐射的示意图

以上的高性能选择性表面。对这种表面除了太阳能热利用之外也广泛应用于人造卫星、宇宙飞船和航天飞机的热控制装置中[40,41]。

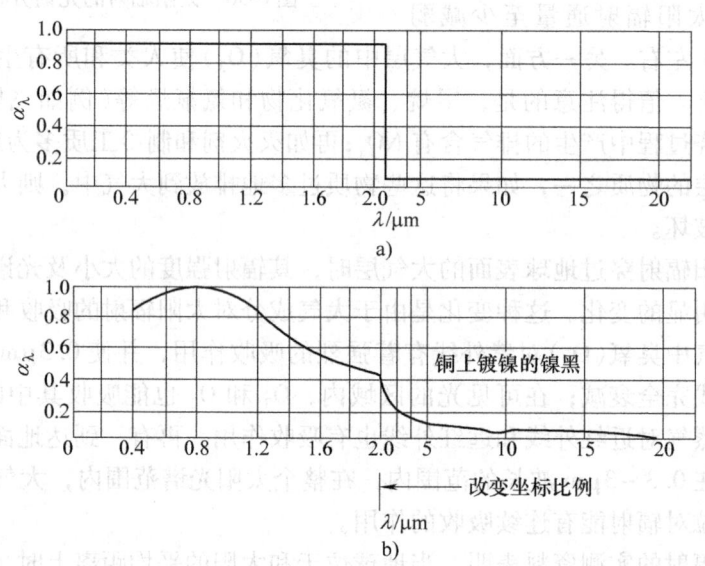

图 6-32 选择性表面的 α_λ 随波长的变化
a）理想情况 b）镍黑镀层

另外，大气层外宇宙空间的温度约为 4K 左右，因此它是个理想的冷源，但大气层阻碍了地面物体直接向太空的辐射散热。然而，在 8～13μm 的波段内，大气中所含 CO_2、H_2O 的吸收率很小，透射率较大，而且常温物体的辐射能量恰好集中在这个波段，因此，大气层对这个特定波段的辐射具有相对很高的透明度。

因篇幅所限，关于太阳辐射和太阳能工程方面更多的内容本书不多作介绍，读者可以参阅本章参考文献[42,43]等。另外，本章参考文献[44,45]等给出了有关太阳辐射以及热辐射传输方程、辐射能量方程等方面的详细讲述。尤其是热辐射传输方程的数值计算过程，本章参考文献[44,46]中作了较细致的讨论。本章参考文献[47,48,49]则分别给出了较为实用、有效的计算大气辐射传输的算法，这些算法分别编制了三种软件，即 LOWTRAN7 软件（由 Kneizys 等人编制[47]）、MODTRAN 软件（由 Berk 等人编制[48]）与 DISORT 软件（由 Stamnes 等人编制[49]，它是基于 Discrete Ordinate Method（常被译作"离散坐标法"））。这三种软件目前在国际上应用广泛，能有效地完成大气辐射传输过程的数值计算。

习 题

6-1 漫射表面的面积 $A = 4\text{cm}^2$，它的半球向辐射力 $E = 5 \times 10^4 \text{W/m}^2$，试求表面法线方向和 45°角方向上的定向总辐射力。

6-2 如果把太阳表面近似地看为 $T = 5800\text{K}$ 的黑体，试确定太阳发出的辐射能中可见光所占的百分数（可见光的波长范围可取 $0.38 \sim 0.76\mu\text{m}$）。

6-3 在一空间飞行物的外壳上有一块向阳的漫射面板，板背面可认为是绝热的，向阳面得到的太阳投射辐射 $G = 1300\text{W/m}^2$，如果该表面的光谱发射率为：$0 \leq \lambda \leq 2\mu\text{m}$ 时，$\varepsilon(\lambda) = 0.5$；$\lambda > 2\mu\text{m}$ 时，则 $\varepsilon(\lambda) = 0.2$；试确定当该板表面温度处于稳态时的温度值（为简化计算，假设太阳的辐射能均集中在 $0 \sim 2\mu\text{m}$ 之内）。

6-4 试求 5762K、3000K、1000K 的黑体在 $0.5\mu\text{m}$、$2\mu\text{m}$、$4\mu\text{m}$ 时的光谱辐射力，并予以相互比较。

6-5 如果把地球看做黑体表面，把太阳看成是 $T = 5800\text{K}$ 的黑体，试估算地球表面的温度。已知地球直径为 $1.29 \times 10^7 \text{m}$，太阳直径为 $1.39 \times 10^9 \text{m}$，两者相距 $1.5 \times 10^{11}\text{m}$，地球对太空的辐射可视为对 0K 黑体空间的辐射。

6-6 试求 5762K、3000K、1000K 温度下黑体的红外辐射（波长为 $0.76 \sim 100\mu\text{m}$）占总辐射力的比例。

6-7 一种厚度为 3mm 的玻璃能够透过 $0.3 \sim 2.7\mu\text{m}$ 波段辐射能的 87%，对其余波段的能量则完全不透明。试求该种玻璃对来自 5762K 的太阳辐射和 300K 的黑体辐射的透射比。

6-8 有一漫射表面，温度 $T = 1500\text{K}$，已知其单色发射率 ε_λ 随波长的变化如图 6-33 所示，试计算表面的全波长总发射率 ε 与辐射力 E。

6-9 已知一表面的光谱吸收比与波长的关系，如图 6-34a 所示。在某一瞬间，测得该表面温度为 1100K，投入辐射 G_λ 按波长的分布如图 6-34b 所示。试计算：

① 单位表面积所吸收的辐射能。

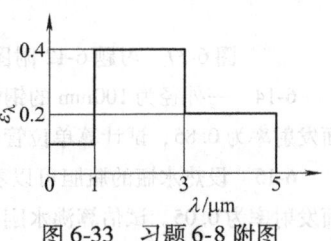

图 6-33 习题 6-8 附图

② 该表面的发射率及辐射力。

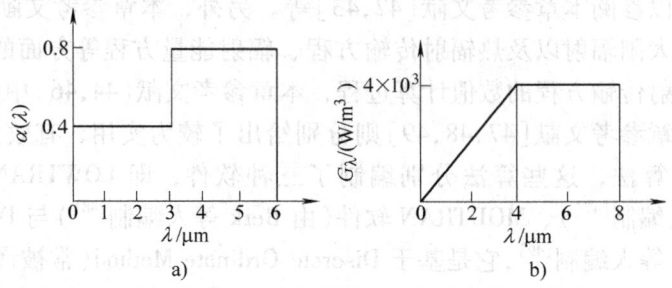

图 6-34 习题 6-9 附图

6-10 如图 6-35 所示的两个微小面积分别为 $1.5 \times 10^{-4} \mathrm{~m}^2$ 和 $2.5 \times 10^{-4} \mathrm{~m}^2$，两者相距 0.6m，与法线方向的夹角分别是 $60°$ 与 $30°$，试求它们之间的角系数 $F_{1,2}$。

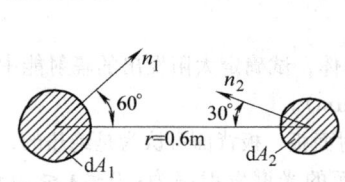

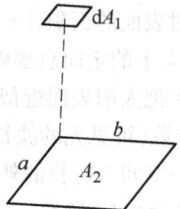

图 6-35 习题 6-10 附图　　　　图 6-36 习题 6-11 附图

6-11 如图 6-36 所示，试写出微元面 dA_1 对 A_2 面的角系数 F_{dA_1,A_2} 的表达式。

6-12 如图 6-37 所示，问角系数间 $A_1F_{1,4}$ 是否等于 $A_2F_{2,3}$？为什么？

6-13 如图 6-38 所示，一管状电加热器内表面温度为 900K，$\varepsilon = 1$，试计算从加热表面投射到圆盘上的总辐射能。

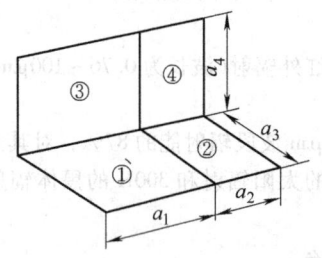

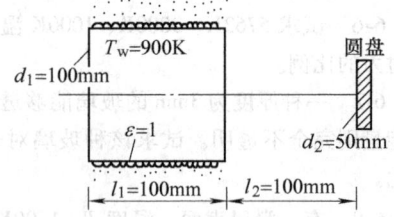

图 6-37 习题 6-12 附图　　　　图 6-38 习题 6-13 附图

6-14 一外径为 100mm 的钢管横穿过室温为 27℃ 的大房间，管外壁温度为 100℃，表面发射率为 0.85，试计算单位管长上的热损失。

6-15 设热水瓶的瓶胆可以看做直径为 10cm、高 26cm 的圆柱体，其夹层抽真空，表面发射率为 0.05。试估算沸水刚冲入水瓶后，初始时刻水温的平均下降速率（夹层两壁温可以近似地取为 100℃ 与 20℃）。

6-16 有一长、宽、高分别为5m、3.5m和3m的房间,地板的温度为27℃,天花板的温度为13℃,四周墙壁都是绝热的。如果房间内各墙壁的法向发射率均为0.8,试计算地板、天花板的净辐射换热量以及四周墙壁的温度。

6-17 一空间飞行器的散热装置向0K的宇宙环境以辐射方式散失飞行器运行中内部产生的热量。如果该散热装置表面的最高允许温度为2500K,发射率为 $\varepsilon = 0.8$,试确定所允许的最大散热功率。

6-18 试用 FORTRAN 语言或 C 语言编制一个能求解 n 个表面组成的封闭空腔内辐射换热的计算机程序,使该程序具有同时处理已知壁温及辐射换热量的两类表面,并同时可输出:

① 各个表面的有效辐射。
② 输出辐射换热的热流密度(已知表面的温度)。
③ 输出表面的温度(已知表面的辐射换热的热流密度)。

利用所编程序求解图 6-39 所示的 8 个表面组成的封闭腔的辐射换热问题。已知条件见表 6-5。

表 6-5 习题 6-18 的已知条件

表面	1	2	3	4	5	6	7	8
T/K	400	500	400	700	800	700		
q							0	0
ε	0.6	0.6	0.6	0.2	0.2	0.2		
角系数 $F_{i,j}$								
i \ j	1	2	3	4	5	6	7	8
1	0	0	0	0.42	0.20	0.05	0.29	0.04
2	0	0	0	0.20	0.42	0.20	0.09	0.09
3	0	0	0	0.05	0.20	0.42	0.04	0.29
4	0.42	0.20	0.05	0	0	0	0.29	0.04
5	0.20	0.42	0.20	0	0	0	0.09	0.09
6	0.05	0.20	0.42	0	0	0	0.04	0.29
7	0.29	0.09	0.04	0.29	0.09	0.04	0	0.16
8	0.04	0.09	0.29	0.04	0.09	0.29	0.16	0

6-19 一个燃气轮机的燃烧室可以近似地视为内径为 0.4m 的一根长管道。燃气压力为 10^5Pa,温度为 1100℃;燃烧室壁温为 500℃。CO_2 与水蒸气的摩尔分数各为 0.15,燃烧室壁面可近似地作为黑体处理。试计算燃烧室与燃气间的辐射换热量。

6-20 有一圆柱形一端开口的空腔体,直径和高度均为 100mm,表面温度 $T_1 = 327$℃,发射率 $\varepsilon_1 = 0.75$;将此腔体放置在大房间中,房间表面温度 $T_2 = 27$℃。试计算通过腔体开口的辐射热损失并画出辐射网络图。

6-21 在太空中飞行的人造卫星的外壳向阳表面受到太阳辐射,其投射辐射 $G = 1360 \text{W/m}^2$,背面绝热。如果把太空视为 0K 的空间,卫星外壳分别按下述三种情况进行假设:

① 发射率 $\varepsilon = 0.3$ 的漫灰表面。

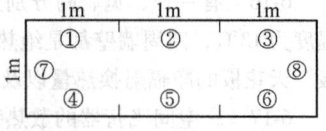

图 6-39 习题 6-18 附图

② 单色发射率 $\varepsilon_\lambda = 0.1$(当 $0 \le \lambda \le 3\mu m$ 时);$\varepsilon_\lambda = 0.5$(当 $\lambda > 3\mu m$ 时)。

③ 单色发射率 $\varepsilon_\lambda = 0.5$(当 $0 \le \lambda \le 3\mu m$ 时);$\varepsilon_\lambda = 0.1$(当 $\lambda > 3\mu m$ 时)。

试计算卫星外壳表面的平衡温度各为多少?(为简化计算,假设太阳辐射能集中在 $0 \sim 3\mu m$ 之内)。

6-22 一个太阳能收集器是由一个绝热的黑表面,其上覆盖一块玻璃板构成。这块玻璃板具有如下特性:

① $0 < \lambda < 2.5\mu m$:$\varepsilon = 0.1$,$\rho = 0$,$\tau = 0.9$。

② $2.5\mu m < \lambda < \infty$:$\varepsilon = 0.95$,$\rho = 0.05$,$\tau = 0$。

假设太阳的辐射强度为 700W/m^2,并且波长 λ 全部都在 $2.5\mu m$ 以下,忽略对流的影响,假定环境温度为 $35°C$ 时,试求黑表面的辐射平衡温度。

6-23 辐射制冷现象[50,51]既可以给农作物带来危害,也可以在建筑物的降温空调方面为人类造福。只要注意使用在波长为 $8 \sim 13\mu m$ 波段时具有高发射率的特点,并适当地选择辐射涂层便可达到这个目的。对于如图 6-40 所示的理想涂层的光谱发射率,当环境空气温度 $T_f = 5°C$,表面自然对流的表面传热系数为 $2.3\text{W}/(\text{m}^2 \cdot \text{K})$ 时,假设深秋晴朗的夜晚天空温度为 $-30°C$,试计算具有上述理想性能表面的温度。

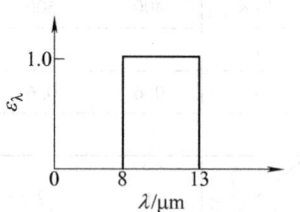

图 6-40 习题 6-23 附图

6-24 离地球表面高度为 3000km 处,气体的密度为 $7.5 \times 10^{-16} \text{kg/m}^3$。初步计算表明:当气压降至 10^{-5}mmHg($1\text{mmHg} = 133.3\text{Pa}$)以下时,则气体的热传导与对流换热便可忽略不计。因此,宇宙空间超真空的特点,决定了航天器在宇宙空间中与外部环境的热交换几乎完全以辐射的形式进行[44,45]。随着空间技术的发展,航天器的功耗愈来愈大,请分析为什么宇宙(它是一个极低温度的热汇(heat sink,又常称为热沉))将成为未来航天器散热的最大障碍呢?

6-25* 辐射换热过程在物理机制上不同于导热与对流换热,它不依赖于物体之间或者物体与流体之间的直接接触,而是通过电磁波或光(量)子的形式传递能量。只要介质是部分吸收性的,电磁波就会穿透或散射,其传递便属于衰减型。另外,局部地区的辐射能量不仅取决于当地的物性与温度,而且还与远处的物性、温度等有关。当考虑远处以及沿射线方向上物性、温度的影响时,热辐射传递方程(见式(6-129))就会出现带指数衰减型的积分项。显然,在热辐射传递方程中有两个未知数(一个是局部光谱辐射强度 I_λ,另一个是温度分布 T),因此辐射换热数值计算时便需要两个方程(一个是热辐射传递方程,另一个是考虑辐射热流密度矢量后的能量方程)间进行耦合求解[52~54]。请给出这两个方程的具体形式。

6-26* 吸收、发射、散射介质的辐射传递方程是一个微分-积分型方程。对于非灰体、三维问题，它有六个自变量：三个空间坐标、二个角坐标和一个波长。通常，它是个非线性方程，只有数值求解。在求解辐射传递方程时，根据物理问题的特点常对方程进行必要的简化。请分别给出：①忽略散射时，②对高温稀薄介质忽略衰减时，③忽略介质本身辐射时，热辐射传递方程的三种简化形式。

6-27* 令 ω 为立体角，它是由纬度角（又称天顶角）θ 与经度角（又称圆周角）φ 所确定，其关系式是

$$d\omega = \sin\theta d\theta d\varphi \tag{1}$$

令所考虑辐射传递方向上的单位矢量为 e，并将 $e\omega$ 记作 $\boldsymbol{\omega}$。令 $I_\lambda(s,\boldsymbol{\omega})$ 表示在具有发射、吸收、散射介质内，位于 s 处沿 $\boldsymbol{\omega}$ 方向入射的投射光谱辐射强度，这里 s 为辐射能量传递的路径（弧长）。于是，当辐射线沿 e 方向在具有发射、吸收、散射性的气体介质中传输时，其辐射传递方程为

$$\frac{\partial I_\lambda(s,\boldsymbol{\omega})}{\partial s} = -\beta_\lambda(s)I_\lambda(s,\boldsymbol{\omega}) + \tilde{S}_\lambda(s,\boldsymbol{\omega}) \tag{2}$$

或者将 $I_\lambda(s,\boldsymbol{\omega})$、$\beta_\lambda(s)$ 与 $\tilde{S}_\lambda(s,\boldsymbol{\omega})$ 简记为 I_λ、β_λ 与 $\tilde{S}_\lambda$ 后，则式(2)又可写为

$$e \cdot \nabla I_\lambda = \frac{\boldsymbol{\omega}}{|\boldsymbol{\omega}|} \cdot \nabla I_\lambda = -\beta_\lambda I_\lambda + \tilde{S}_\lambda \tag{3}$$

上述两式中，$\beta_\lambda(s)$ 为光谱衰减系数，其定义同式(6-110)中 K_λ 的含义；$\tilde{S}_\lambda(s,\boldsymbol{\omega})$ 为辐射源函数，其表达式为

$$\tilde{S}_\lambda(s,\boldsymbol{\omega}) = K_{a\lambda}(s)I_{b\lambda}(s) + \frac{\sigma_{s\lambda}(s)}{4\pi}\int_{4\pi} I_\lambda(s,\boldsymbol{\omega})\Phi_\lambda(\boldsymbol{\omega}_i,\boldsymbol{\omega})d\omega_i \tag{4}$$

式中，$K_{a\lambda}(s)$ 为光谱吸收系数；$\sigma_{s\lambda}(s)$ 与 $\Phi_\lambda(\boldsymbol{\omega}_i,\boldsymbol{\omega})$ 分别为光谱散射系数与光谱散射相函数；$I_{b\lambda}(s)$ 为黑体光谱辐射强度。

显然，式(3)在数值计算中是非常重要的表达形式。另外，令 $q_{R\lambda}$ 与 q_R 分别表示光谱辐射热流密度矢量与辐射热流密度矢量即式(6-118)中的 q_R，它们的表达式分别为

$$\nabla \cdot \boldsymbol{q}_{R\lambda} = K_{a\lambda}(s)[4\pi I_{b\lambda}(s) - \tilde{G}_\lambda(s)] \tag{5}$$

$$\nabla \cdot \boldsymbol{q}_R = \int_0^\infty (\nabla \cdot \boldsymbol{q}_{R\lambda})d\lambda \tag{6}$$

或者

$$\boldsymbol{q}_R = \int_0^\infty \boldsymbol{q}_{R\lambda}d\lambda \tag{7}$$

式中，$\tilde{G}_\lambda(s)$ 的表达式为

$$\tilde{G}_\lambda(s) = \int_{4\pi} I_\lambda(s,\boldsymbol{\omega})d\omega \tag{8}$$

请利用上述公式，用 FORTRAN 语言或者 C 语言编制在两个无限大平行等温灰表面之间充满着吸收、发射介质（假定介质是非散射的）时，当不考虑辐射与导热耦合换热而仅考虑辐射时计算 q_R 的程序。

参 考 文 献

[1] Planck M. The theory of heat radiation[M]. New York: Dover Publications, 1959.

[2] Kreith F. Radiation heat transfer[M]. Scranton: International Textbook, 1962.
[3] Hottel H C, Sarofim S F. Radiative transfer[M]. New York: McGraw-Hill. 1967.
[4] Chandrasekher S, Radiative transfer[M]. New York: Dover Publications, 1960.
[5] Eckert ERG, Drake R M. Heat and mass transfer[M]. New York: McGraw-Hill, 1959.
[6] Sparrow E M, Cess R D. Radiation heat transfer[M]. New York: McGraw-hill, 1978.
[7] Siegel R, Howell J R. Thermal radiation heat transfer [M]. New York: McGrall-Hill, 1981.
[8] 章熙民,任泽霈,梅飞鸣. 传热学[M]. 4版. 北京:中国建筑工业出版社,2001.
[9] 杨世铭,陶文铨. 传热学[M]. 3版. 北京:高等教育出版社,1998.
[10] 戴锅生. 传热学[M]. 2版. 北京:高等教育出版社,1999.
[11] 赵镇南. 传热学[M]. 北京:高等教育出版社,2002.
[12] 陆大有. 工程辐射传热[M]. 北京:国防工业出版社,1988.
[13] 卞伯绘. 辐射传热[M]. 北京:清华大学出版社,1992.
[14] Oppenheim A K. Radiation analysis by the network method[J]. Transactions of the ASME, 1956, 78: 725-735.
[15] 杨贤荣,马庆芳. 辐射换热角系数手册[M]. 北京:国防工业出版社,1982.
[16] Karlekar B V, Desmond R M. Engineering heat transfer[M]. New York: West Publishing, 1977.
[17] 陈钟颀. 传热学专题讲座[M]. 北京:高等教育出版社,1989.
[18] 余其铮. 辐射换热基础[M]. 北京:高等教育出版社,1990.
[19] 钱滨江,伍贻文,常家芳,等. 简明传热手册[M]. 北京:高等教育出版社,1983.
[20] Rohsenow W M, Choi H. Heat mass and momentum transfer[M]. New Jersey: Prentice-Hall, 1961.
[21] 朱长青,郑际睿. 传热学[M]. 西安:西北工业大学出版社,1964.
[22] 朱谷君. 工程传热传质学[M]. 北京:航空工业出版社,1989.
[23] Stone J M. Radiation and optics[M]. New York: McGraw-Hill, 1963.
[24] McAdams W H. Heat transmission[M]. 3rd ed. New York: McGraw-Hill, 1954.
[25] Kanury A M. 燃烧导论[M]. 庄逢辰,等译. 长沙:国防科学技术大学出版社,1981.
[26] Classman. 燃烧学[M]. 赵惠富,等译. 北京:科学出版社,1983.
[27] 韩昭沧. 燃料与燃烧[M]. 北京:冶金工业出版社,1984.
[28] 范维澄,王清安,张人杰,霍然. 火灾科学导论[M]. 武汉:湖北科学技术出版社,1993.
[29] Beer J M. 燃烧空气动力学[M]. 陈熙,译. 北京:科学出版社,1979.
[30] 张松寿. 工程燃烧学[M]. 上海:上海交通大学出版社,1987.
[31] 傅维标,卫景彬. 燃烧物理学基础[M]. 北京:机械工业出版社,1984.
[32] 许晋源,徐通模. 燃烧学[M]. 北京:机械工业出版社,1980.
[33] 傅维标,张永廉,王清安. 燃烧学[M]. 北京:高等教育出版社,1989.
[34] 霍然. 工程燃烧概论[M]. 合肥:中国科学技术大学出版社,2001.

[35] 朱德忠. 热物理测量技术[M]. 北京：清华大学出版社，1990.
[36] 葛绍岩，那鸿悦. 热辐射性质及其测量[M]. 北京：科学出版社，1989.
[37] 廖光煊，王喜世，秦俊. 热灾害实验诊断方法[M]. 合肥：中国科学技术大学出版社，2003.
[38] Sarofim A F, Hottel H C. Radiative transfer in combustion chambers: influence of alternative fuels[C]// Sixth Int. Heat Transfer Conf: Vol. 6 Toronto：[s. n.]1978.
[39] Williams J J, Dudley D P. The radiative contribution to heat transfer in metalized propellant exhausts[C]// Fifth Symp. Thermophys. Properties. Boston：AsME，1970.
[40] 葛新石，龚堡，俞善庆. 太阳能利用中的光谱选择性涂层[M]. 北京：科学出版社，1980.
[41] 闵桂荣. 卫星热控制技术[M]. 北京：宇航出版社，1991.
[42] Kleith F, Kleider J F. Principles of solar engineering[M]. Washington：Hemisphere Publishing Corporation，1978.
[43] 葛新石，龚堡，陆维德. 太阳能工程——原理和应用[M]. 北京：科学出版社，1988.
[44] Modest M F. Radiative Heat Transfer [M]. 2nd ed. New York：Academic Press，2003
[45] Siegel R, Howell J R. Thermal Radiation Heat Transfer [M]. 4th ed. New York：Hemisphere Publishing Corporation，2003
[46] 卞伯绘. 辐射换热的分析与计算[M]. 北京：清华大学出版社，1988.
[47] Kneizys F X, Shettle E P et al. User's Guide to LOWTRAN7[R]. [s. l.]：AFGL-TR-88-0177，1988.
[48] Berk A, Bernstein L S, Robertson D C. MODTRAN：A Moderate Resolution Model for LOWTRAN7 [R]. [s. l.]：AFGL-TR-89-0122，1989.
[49] Stamnes K, Tsay S C, Wiscombe W, et al. Numerically Stable Algorithm for Discrete Ordinate Method Radiative Transfer in Multiple Scattering and Emitting Layered Media[J]. Applied Optics，1988，27(12)：2502-2509.
[50] Sayigh A A M. Salar energy engineering[M]. New York：Academic Press，1977.
[51] Duffie J A, Beckman W A. Solar energy thermal processes[M]. New York：Wiley，1974.
[52] 王保国，王新泉，刘淑艳，霍然. 安全人机工程学[M]. 北京：机械工业出版社，2007.
[53] 王保国，刘淑艳，黄伟光. 气体动力学[M]. 北京：北京理工大学出版社，等，2005.
[54] 王保国，黄伟光. 高超声速气动热力学[M]. 北京：科学出版社，2008.

第7章

复合换热的分析与计算

前面几章分别讨论了导热、对流传热和辐射传热的基本规律和基本算法。在实际工程中，如各种热交换器（又称换热器）的传热过程，往往是两种或三种基本热量传递方式同时起作用的换热过程，即复合换热。本章将首先引入总传热过程（简称传热过程）、总传热系数（简称传热系数）的概念，然后分析与计算几种典型复合换热的问题，最后扼要介绍增强或减弱热量传递过程的原理与手段。

7.1 总传热过程、总传热系数以及定性温度

所谓总传热过程（又简称为传热过程），是指热量由固体壁一侧的热流体，通过固体壁，传递给另一侧冷流体的过程，如图7-1所示。回收余热的废气通过管壁将热量传给水或空气的过程以及冲天炉内热量穿过炉衬传给保护炉衬的冷却水的过程都是实例。在这里传热过程包括了几个串联的环节：

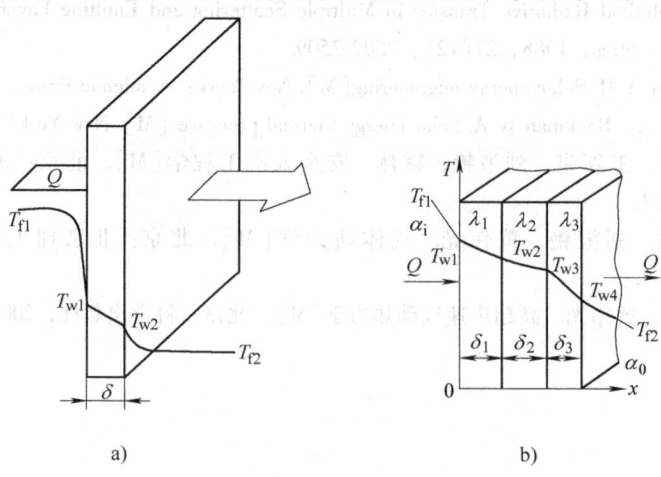

图7-1 通过平壁的传热过程分析

(1) 从热流体到高温侧壁面的热量传递。

(2) 穿过固体壁面的导热,这里固体壁可能为单层(如图 7-1a 所示),也可能为多层(如图 7-1b 所示)。

(3) 从低温壁面到冷流体的热量传递。总传热过程的基本方程已由式(1-12)给出,即

$$Q = kA(T_{f1} - T_{f2}) = Ak\Delta T \tag{7-1}$$

式中,Q 为传热量;A 为传热面积;T_{f1} 与 T_{f2} 分别为壁面两侧流体的温度;ΔT 为温度差;k 为总传热系数(W/(m²·℃)),即单位温度差($\Delta T = 1$℃)、单位换热面积($A = 1$m²)时的热流量,它是表征总传热过程强弱的标尺;总传热过程越强,则传热系数越大,反之,则越弱。因此总传热系数的确定是传热过程计算的关键[1~6]⊖。

另外,在确定总传热系数 k 的过程中,必然要涉及传热过程所包含的几个基本传热环节,在这些环节中表面传热系数与材料热导率的取值往往取决于定性温度,它是传热过程计算中必须要关注的。本书在前面几章的研究中,已结合各个热量传递基本方式给出了相应的传热公式及相应系数(如表面传热系数或材料热导率)取值时的定性温度,此处不再赘述。

7.2 对流与导热的复合换热分析

在实际问题中,只要流体与固体同时存在并且有温度差时,则导热与对流便必然会同时存在。导热存在于固体内部,而对流则存在于固体表面。在许多情况下需要考虑热导率随温度的变化,因此固体内外表面的不同温度将影响着热导率的取值。另一方面正如本书第 4 章所指出的,膜对流的换热系数(或称表面换热系数,又可简称膜系数)α 是依赖于平均膜温度(或平均温度)T_m 定性的,其定义为

$$T_m = \frac{T_w + T_f}{2} \tag{7-2}$$

式中,T_w 与 T_f 分别为壁面温度与流体温度。

这里 T_m 为定性温度。然而在对流与导热同时发生的复合换热问题中,表面温度 T_w 与膜对流表面换热系数 α 通常都是未知的。因此,在表面温度和膜系数都不知道的情况下,这时的复合换热的计算便只能用试凑法(或称迭代方法)。下面通过一些具体例子说明试凑方法的相应细节。

⊖ 该数字对应本章参考文献的序号,下同。

7.2.1 平壁、圆筒壁中的传热

如图 7-1b 所示的三层大平壁,其左右最外侧分别有热、冷流体流过(其流体温度分别为 T_{f1} 与 T_{f2}),此时热流体通过三个固体壁面将热量传给冷流体。因此,该热传递过程由两个对流过程及三个导热过程串联组成,在稳态传热情况下,各个传热环节的传热方程为

$$\left.\begin{array}{l} q_{i-1} = \alpha_i (T_{f1} - T_{w1}) \\ q_{1-2} = \dfrac{\lambda_1}{\delta_1}(T_{w1} - T_{w2}) \\ q_{2-3} = \dfrac{\lambda_2}{\delta_2}(T_{w2} - T_{w3}) \\ q_{3-4} = \dfrac{\lambda_3}{\delta_3}(T_{w3} - T_{w4}) \\ q_{4-0} = \alpha_0 (T_{w4} - T_{f2}) \end{array}\right\} \quad (7\text{-}3)$$

当传热过程处于稳态时,上式诸 q 均相等并取为 q,于是由上面五式中消去 T_{w1}、T_{w2}、T_{w3} 与 T_{w4} 后得到

$$q = \frac{Q}{A} = \frac{T_{f1} - T_{f2}}{\dfrac{1}{\alpha_i} + \dfrac{\delta_1}{\lambda_1} + \dfrac{\delta_2}{\lambda_2} + \dfrac{\delta_3}{\lambda_3} + \dfrac{1}{\alpha_0}} = k(T_{f1} - T_{f2}) \quad (7\text{-}4)$$

这时传热系数 k 为

$$k = \frac{1}{\dfrac{1}{\alpha_i} + \dfrac{\delta_1}{\lambda_1} + \dfrac{\delta_2}{\lambda_2} + \dfrac{\delta_3}{\lambda_3} + \dfrac{1}{\alpha_0}} \quad (7\text{-}5)$$

上式中如果诸层的热导率为温度的函数时,则温度应取为平均值,因此这些系数的确定也需要用试凑法进行。

对于图 7-2 所示的三层圆筒壁,内层与外层表面有热流体与冷流体(温度分别为 T_{f1} 与 T_{f0})流过;各层的半径与热导率分别为 r_1、r_2、r_3、r_4 与 λ_1、λ_2、λ_3,内外侧的表面传热系数分别为 α_i 与 α_0,于是仿照前面平壁的处理方法便得到

$$Q = \frac{T_{f1} - T_{f0}}{\dfrac{1}{(2\pi l r_1)\alpha_i} + \dfrac{\ln\left(\dfrac{r_2}{r_1}\right)}{(2\pi l)\lambda_1} + \dfrac{\ln\left(\dfrac{r_3}{r_2}\right)}{(2\pi l)\lambda_2} + \dfrac{\ln\left(\dfrac{r_4}{r_3}\right)}{(2\pi l)\lambda_3} + \dfrac{1}{(2\pi l r_4)\alpha_0}}$$

$$= k(2\pi r_4 l)(T_{f1} - T_{f0}) \quad (7\text{-}6)$$

式中,l 为圆筒长。

显然，在不同半径 r 处的热流密度并不相等。但是在稳态情况下通过长度为 l 的圆筒壁的导热热流量或对流热流量是恒定的。在这种情况下传热系数 k 为

$$k = \cfrac{1}{\cfrac{r_4}{\alpha_1 r_1} + \cfrac{r_4 \ln\left(\cfrac{r_2}{r_1}\right)}{\lambda_1} + \cfrac{r_4 \ln\left(\cfrac{r_3}{r_2}\right)}{\lambda_2} + \cfrac{r_4 \ln\left(\cfrac{r_4}{r_3}\right)}{\lambda_3} + \cfrac{1}{\alpha_0}} \tag{7-7}$$

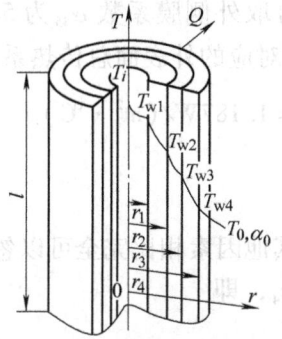

图 7-2　三层圆筒壁的传热过程

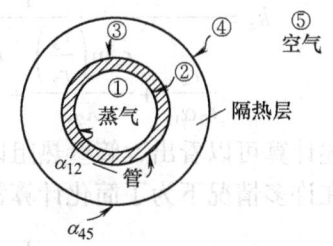

图 7-3　例 7-1 中管道示意图

7.2.2　球壁中的传热

类似地又可得到三层球壁的传热，即

$$Q = \frac{T_{f1} - T_{f0}}{\cfrac{1}{(4\pi r_1^2)\alpha_1} + \cfrac{(r_1)^{-1} - (r_2)^{-1}}{4\pi \lambda_1} + \cfrac{(r_2)^{-1} - (r_3)^{-1}}{4\pi \lambda_2} + \cfrac{(r_3)^{-1} - (r_4)^{-1}}{4\pi \lambda_3} + \cfrac{1}{(4\pi r_4^2)\alpha_0}} \tag{7-8}$$

下面以图 7-3 中所示带有保温层的暖气管道为例具体说明试凑迭代方法的细节。为了明确起见，图 7-3 中给出了所讨论的管道形状和重要部位的代码，并注意膜系数（如 α_{12}、α_{45}）的下标。

[**例 7-1**]　在一大厂房内有一条外径 D_3 为 168mm 的水蒸气输送管道，其内径 D_2 为 154mm；管外有热保温层，其外径 D_4 为 244mm，隔热保温材料含 85% 的氧化镁（热导率 $\lambda = 0.069\text{W}/(\text{m} \cdot \text{℃})$）；蒸气的压力为 $27.58 \times 10^5 \text{Pa}$，温度为 316℃并以 5.08m/s 的速度流过蒸气管道；令蒸气管材料的热导率 $\lambda = 46.7 \text{W}/(\text{m} \cdot \text{℃})$。如果该管道水平放置在空气温度为 21℃ 的厂房室内，试求隔热层的外表面温度、总传热系数以及每米管长的热损失。

解：由题意，$T_1 = 316℃ = 589\text{K}$，$T_5 = 21℃ = 294\text{K}$，蒸气的 $\rho = 10.83 \text{kg/m}^3$，蒸气的 $\lambda = 0.044 \text{W}/(\text{m} \cdot \text{℃})$，于是可算出此时蒸气的 $Pr = 1.12$。另外由流速 $v = 5.08 \text{m/s}$ 以及 $d_2 = 0.154\text{m}$，可算出蒸气流动的 $Re = 4.15 \times 10^5$；流动

为湍流，由式(4-223)可算出此时

$$Nu = 0.023Re^{0.8}Pr^{0.3} = 742.5$$

由上述得到强迫对流时的努塞尔数，便得到管内表面的膜系数 α_{12} 为：

$$\alpha_{12} = Nu\frac{0.044}{d_2} = 742.5 \times \frac{0.044}{0.154}\text{W}/(\text{m}^2 \cdot \text{℃}) = 212.93\text{W}/(\text{m}^2 \cdot \text{℃})$$

这一系数与表面温度 T_2 无关，因此在下面的计算中可视为常数。

为了计算外表面温度 T_4 的初始假设值，可取外侧膜系数 α_{45} 为 $5.678\text{W}/(\text{m}^2 \cdot \text{℃})$，于是利用式(7-7)便可算出图 7-3 所对应的外表面总传热系数 k_4：

$$k_4 = \frac{1}{\dfrac{r_4}{r_2\alpha_{12}} + \dfrac{r_4\ln\left(\dfrac{r_3}{r_2}\right)}{\lambda_{23}} + \dfrac{r_4\ln\left(\dfrac{r_4}{r_3}\right)}{\lambda_{34}} + \dfrac{1}{\alpha_{45}}} = 1.187\text{W}/(\text{m}^2 \cdot \text{℃})$$

由上述计算可以看出，管壁热阻以及内侧膜同其他因素相比完全可以忽略，因此，在许多情况下为了简化计算常用下式计算 k_4，即

$$k_4 \approx \frac{1}{\dfrac{r_4\ln\left(\dfrac{r_4}{r_3}\right)}{\lambda_{34}} + \dfrac{1}{\alpha_{45}}} \tag{7-9}$$

在求出了 k_4 后，可借助于下式，即

$$\alpha_{45}(T_4 - T_5) = k_4(T_1 - T_5) \tag{7-10}$$

算得 $T_4 = 83℃$；利用此 T_4 值便可计算自由对流的膜系数 α_{45}，其过程为：$\Delta T = T_4 - T_5 = (83 - 21)℃ = 62℃$，并算出此时隔热层外侧空气的 Pr 为 0.702，而这时蒸气的热导率 $\lambda = 0.0282\text{W}/(\text{m} \cdot \text{℃})$；然后便可由式(4-244)算出这时的 Gr 值为 0.905×10^8，因此便能由式(4-255)算出 Nu 数为 46.9；因此有

$$\alpha_{45} = Nu\frac{0.0282}{D_4} = \left(46.9 \times \frac{0.0282}{0.244}\right)\text{W}/(\text{m}^2 \cdot \text{℃}) = 5.16\text{W}/(\text{m}^2 \cdot \text{℃})$$

现在，又可仿照前面的做法计算出 k_4 值，得到 $k_4 = 1.170\text{W}/(\text{m}^2 \cdot \text{℃})$；然后再由式(7-10)算得此时的 T_4 为 85℃。显然，这时的 T_4 值与初始的 83℃ 已足够接近了，因此便可以认为 $T_4 = 85℃$ 为所求的结果并以该值为初设值再作最后一次迭代便得到最终的结果，即

$$Gr = 0.937 \times 10^8$$

$$Gr \times Pr = 0.658 \times 10^8$$

$$Nu = 47.2$$

$$\alpha_{45} = 5.45\text{W}/(\text{m}^2 \cdot \text{℃})$$

$$k_4 = 1.175\text{W}/(\text{m}^2 \cdot \text{℃})$$

$$T_4 = 85℃$$

于是每米管长的热损失为

$$\frac{Q}{l} = \frac{2\pi r_4 l}{l} k_4 (T_1 - T_5) = [3.14 \times 0.244 \times 1.175 \times (316 - 21)] \text{W/m} = 265.5 \text{W/m}$$

7.3 导热与辐射的复合换热分析

热控制问题(即有人或无人驾驶的宇宙飞船、航天飞机或人造卫星内的温度控制问题)是现代航天技术中最关注的重要问题之一。在宇宙飞船内有内、外两方面的热源输入热量。内热源包括电发生热和代谢发生热,外热源包括太阳和行星体等的热辐射。当受到这种净增的热量时,便需要某些散热手段以保持所要求的热控制。在外层空间中,最好的散热方式是热辐射。为达此目的,已研究与发展了空间散热辐射器,典型的空间辐射器形状[7]如图7-4所示。宇宙飞船的内发生热,通过循环冷却剂传输给辐射器。冷却剂在管内循环(通常为并联循环),管子上附凸翅(又称作直肋)。热由冷却剂传给凸翅,并以辐射方式向周围散失。凸翅表面可能受到像太阳这样的辐射源的外来辐射。现在的问题是:给出一个辐射凸翅,已知其几何尺寸(见图7-4b),如保持已知的根部温度(即管子的温度),当受到一定的外来辐射时,求凸翅向周围散失的热量。该问题又可描述(如图7-4b所示的凸翅模型)为:长度为l、等厚度为δ的直肋,其一端保持已知温度T_0,另一端的条件为$dT/dx = 0$;直肋材料的热导

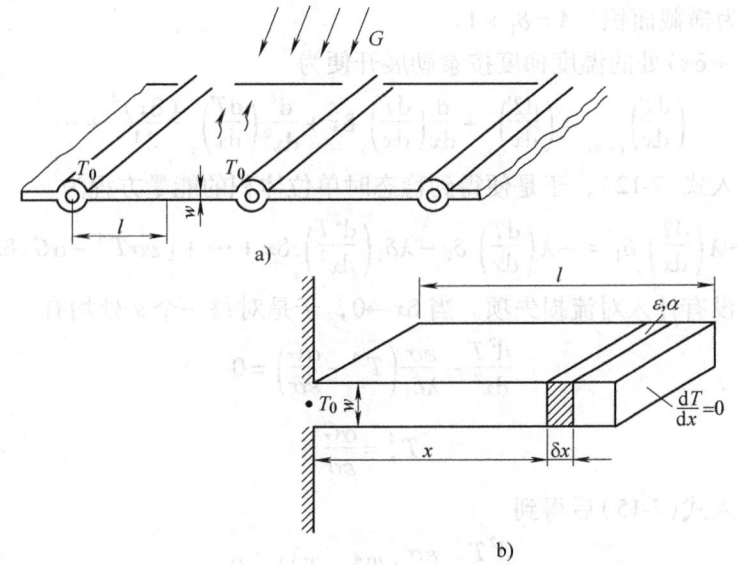

图7-4 空间散热辐射器

率为 λ，其暴露表面的总发射率为 ε；表面暴露在外来辐射 G 中，显示出的总吸收率为 α；因为这种辐射器通常构成宇宙飞船外壳的主要部分，并且直肋仅有一个表面可认为是有源辐射表面，仿照本书第 2.4 节类似的推导方法可应用于此。若取直肋的热传导为一维，如图 7-5 所示，在坐标 x 处取体积元 δx，对该体积元在稳态时列出能量守恒方程，于是有

$$q_1 = q_2 + q_3 \tag{7-11}$$

式中，q_1 为 x 处以传导方式进入体积元的热量；q_2 为在 $(x+\delta x)$ 处以传导方式传出体积元的热量；q_3 为在 x 与 $(x+\mathrm{d}x)$ 之间以热辐射方式传出的热量。

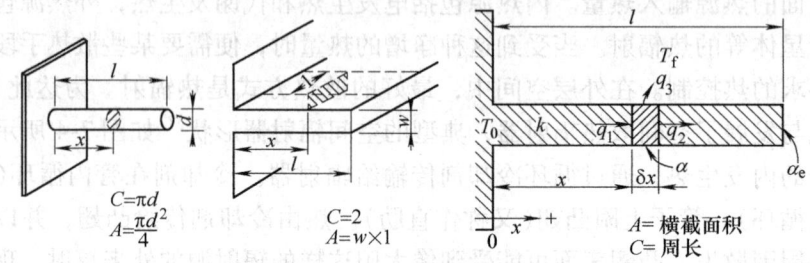

图 7-5 等厚度直肋传热分析

根据傅里叶定律和热辐射的概念，上式可写为

$$-\lambda A\left(\frac{\mathrm{d}T}{\mathrm{d}x}\right)_x = -\lambda A\left(\frac{\mathrm{d}T}{\mathrm{d}x}\right)_{x+\delta x} + [\varepsilon\sigma T^4 - \alpha G]\delta x \tag{7-12}$$

式中，A 为横截面积，$A = \delta_1 \times 1$。

将 $(x+\delta x)$ 处的温度梯度按泰勒展开便为

$$\left(\frac{\mathrm{d}T}{\mathrm{d}x}\right)_{x+\delta x} = \left(\frac{\mathrm{d}T}{\mathrm{d}x}\right)_x + \frac{\mathrm{d}}{\mathrm{d}x}\left(\frac{\mathrm{d}T}{\mathrm{d}x}\right)_x \delta x + \frac{\mathrm{d}^2}{\mathrm{d}x^2}\left(\frac{\mathrm{d}T}{\mathrm{d}x}\right)_x \frac{(\delta x)^2}{2!} + \cdots \tag{7-13}$$

将上式代入式(7-12)，于是便得到稳态时单位体积的能量方程为

$$-\lambda\left(\frac{\mathrm{d}T}{\mathrm{d}x}\right)_x \delta_1 = -\lambda\left(\frac{\mathrm{d}T}{\mathrm{d}x}\right)_x \delta_1 - \lambda\delta_1\left(\frac{\mathrm{d}^2 T}{\mathrm{d}x^2}\right)_x \delta x + \cdots + [\varepsilon\sigma T^4 - \alpha G]\delta x \tag{7-14}$$

注意这里没有计入对流损失项。当 $\delta x \to 0$，于是对每一个 x 处均有

$$\frac{\mathrm{d}^2 T}{\mathrm{d}x^2} - \frac{\varepsilon\sigma}{\lambda\delta_1}\left(T^4 - \frac{\alpha G}{\varepsilon\sigma}\right) = 0 \tag{7-15}$$

令[8]

$$T_s^4 = \frac{\alpha G}{\varepsilon\sigma} \tag{7-16}$$

将上式代入式(7-15)后得到

$$\frac{\mathrm{d}^2 T}{\mathrm{d}x^2} - \frac{\varepsilon\sigma}{\lambda\delta_1}(T^4 - T_s^4) = 0 \tag{7-17}$$

引入无量纲变量 θ，θ_s，ξ 与 λ_1，其定义为

$$\theta \equiv \frac{T}{T_0}, \quad \theta_s \equiv \frac{T_s}{T_0}, \quad \xi \equiv \frac{x}{l}, \quad \lambda_1 \equiv \frac{\varepsilon \sigma T_0^3 l^2}{\lambda_1 \delta_1} \tag{7-18}$$

将这些量代入式(7-17)便得到

$$\frac{d^2\theta}{d\xi^2} - \lambda_1(\theta^4 - \theta_s^4) = 0 \tag{7-19}$$

相应的边界条件为

当 $\xi = 0$ 时　　　　　$T = T_0, \quad \theta = 1$

当 $\xi = 1$ 时　　　　　$\dfrac{dT}{dx} = 0, \quad \dfrac{d\theta}{d\xi} = 0$　　　　　　(7-20)

显然，式(7-19)的一次积分为

$$\frac{d\theta}{d\xi} = -\sqrt{\frac{2}{5}\lambda_1(\theta^5 - 5\theta\theta_s^4) + C} \tag{7-21}$$

式中，C 为积分常数。于是，直肋的散热量为

$$q = -\lambda \delta_1 \left(\frac{dT}{dx}\right)_{x=0} = -\frac{\lambda \delta_1 T_0}{l}\left(\frac{d\theta}{d\xi}\right)_{\xi=0} \tag{7-22}$$

7.4　辐射与对流的复合换热分析

在受迫对流情况下，若温度较高，辐射将起重要作用[9,10]（如大型锅炉膛和高温烟气换热器等）。在温度较低时，辐射的作用一般忽略不计。但对于自然对流，即使是中等温度甚至较低温度，辐射的作用也不能忽略[11,12]。在太阳能集热器中，复合换热是重要的。另外，在核反应堆中，释热元件的壁面要有冷却剂进行强迫对流冷却，因此，壁面的温度分布便取决于表面辐射和对流换热过程。正是由于释热元件的最高温度是一个重要的设计参数，所以在计算中必须要考虑辐射与对流的复合传热问题。如图 7-6 所示，管内有非辐射性质的介质流动，管壁有电加热造成了均匀的热流密度 q_w，管外壁面绝热，在这些条件下分析管壁温度沿轴向的分布。

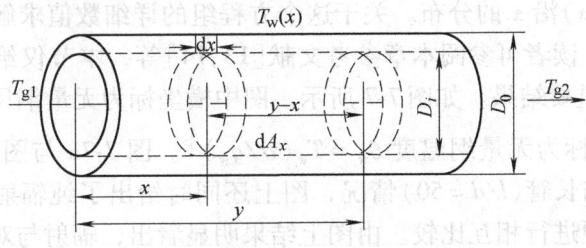

图 7-6　加热管内的辐射与对流复合传热

为简单起见,首先略去管壁的导热作用,认为管壁温度的分布主要由流体与管壁之间的对流换热以及管壁的辐射换热来决定。令流体的进出口温度为 T_{g1},流体与管壁之间对流换热的表面传热系数 α 为常数,圆管进口与出口两端的环境温度分别为 $T_{\alpha 1}$ 与 $T_{\alpha 2}$;令管壁为黑表面。在距进口为 x 处取微元环面 $\mathrm{d}A_x(\mathrm{d}A_x = 2\pi r\mathrm{d}x)$,于是传入该微元环面的热流为

$$Q_1 = (2\pi r\mathrm{d}x)q_w + \int_0^l \sigma T_w^4(y)(\mathrm{d}F_{\mathrm{d}y,\mathrm{d}x})(|y-x|)2\pi r\mathrm{d}y + \pi r^2 \sigma T_{\alpha 1}^4 F_{\mathrm{d}x,1}(x) + \pi r^2 \sigma T_{\alpha 2}^4 F_{\mathrm{d}x,2}(l-x) \tag{7-23}$$

式中,$\mathrm{d}F_{\mathrm{d}y,\mathrm{d}x}$ 以及 $F_{\mathrm{d}x,1}(x)$ 与 $F_{\mathrm{d}x,2}(l-x)$ 均为相应的角系数。上述式中右边第一项是管壁供给的热流;第二项是管壁对微元环面 $\mathrm{d}A_x$ 以辐射方式投射的热流;第三项是进口端(这里视为黑圆盘)对微元环面 $\mathrm{d}A_x$ 的投射热流,而 $F_{\mathrm{d}x,1}(x)$ 为 x 处环形面元对管道进口的角系数;第四项是出口端的投射热流,而 $F_{\mathrm{d}x,2}(l-x)$ 为环形面元对管道出口的角系数。由微元环面 $\mathrm{d}A_x$ 传出的热流 Q_2 为

$$Q_2 = \alpha[T_w(x) - T_g(x)](2\pi r\mathrm{d}x) + \sigma T_w^4(x)(2\pi r\mathrm{d}x) \tag{7-24}$$

对于稳态过程,其能量平衡方程可由 $Q_1 = Q_2$ 得到,即

$$\alpha[T_w(x) - T_g(x)] + \sigma T_w^4(x)$$
$$= q_w + \frac{\left[\int_0^l \sigma T_w^4(y)(\mathrm{d}F_{\mathrm{d}y,\mathrm{d}x})(|y-x|)\mathrm{d}y\right]}{\mathrm{d}x} + \sigma T_{\alpha 1}^4 F_{\mathrm{d}x,1}(x) + \sigma T_{\alpha 2}^4 F_{\mathrm{d}x,2}(l-x)$$
$$\tag{7-25}$$

在式(7-25)中包含 $T_w(x)$ 与 $T_g(x)$ 两个未知函数,因此需要引入另一个方程,即流体的热平衡方程

$$\alpha[T_w(x) - T_g(x)] = \rho_g u_g c_{p,g}\left(\frac{r}{2}\right)\frac{\mathrm{d}T_g(x)}{\mathrm{d}x} \tag{7-26}$$

式中,ρ_g、u_g 与 $c_{p,g}$ 分别为流体的密度、平均流速和比定压热容。

由式(7-25)与式(7-26)便构成该复合换热问题的主要方程组,由此便能求出 $T_w(x)$ 与 $T_g(x)$ 沿 x 的分布。关于这个方程组的详细数值求解过程,本书因篇幅所限从略,读者可参阅本章参考文献[13,14]等,本节仅给出本章参考文献[13]提供的重要结果。如图 7-7 所示,图中横坐标为无量纲尺寸 x/d(d 为圆管直径),纵坐标为无量纲温度 $\theta_w = T_w(\sigma/q_w)^{\frac{1}{4}}$。图 7-7a 与图 7-7b 分别表示短管($l/d=5$)与长管($l/d=50$)情况,图上还同时给出了纯辐射与纯对流时的壁温分布,以便进行相互比较。由图上结果明显看出,辐射与对流复合传热时的壁面总是低于纯辐射或者纯对流换热时的壁温。对于短管,因管壁易于对两端环境辐射散热,因此沿整个管的长度上纯辐射的壁温低于纯对流的壁温;对

于长管，则相反，几乎沿整个管的长度上纯对流的壁温低于纯辐射时的壁温。此外，长管的中间段上，复合传热与纯对流换热时的壁温十分接近，在该区域辐射的作用很小；对短管，即使在管的中间区域，辐射的作用也是较显著的。

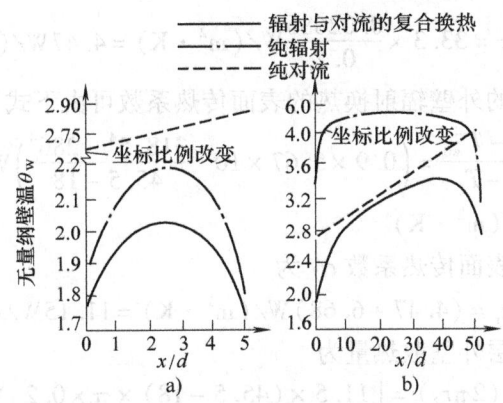

图 7-7 辐射与对流复合换热时的管壁温度分布
a) 短管($l/d=5$) b) 长管($l/d=50$)

[**例 7-2**] 一条热流体管道从大房间通过，该管道为钢管，内径 $d_1 = 135\mathrm{mm}$，壁厚 2.5mm，外包保温层厚度为 30mm，该保温材料的热导率 $\lambda = 0.11\mathrm{W/(m \cdot K)}$。已知管道内热流体的平均温度 $T_{f1} = 163℃$，热流体与内管道间的对流换热的表面传热系数 $\alpha_1 = 25.3\mathrm{W/(m^2 \cdot K)}$；大房间内温度为 $T_f = 18℃$，周围墙壁温度 $T_{w0} = 13℃$；为了减少管道的散热，管道保温层外表有两种不同的处理方案：①刷白漆，其 $\varepsilon = 0.9$；②外包薄铝皮，$\varepsilon = 0.1$。试比较两种情况下管道总传热系数以及每米长度上管道的散热量。

解：依题意，这是个自然对流与辐射换热并存的复合换热问题，确定保温层外壁温度 T_{w2} 是关键，可以采用试凑迭代法。

对于第①种情况，保温层外表刷白漆，$\varepsilon = 0.9$；首先假定 $T_{w2} = 45.5℃$，则定性温度

$$T_m = \frac{T_{w2} + T_f}{2} = \frac{45.5 + 18}{2}℃ = 31.7℃，按 T_m 查得空气物性数据为：$$

$\nu = 16.17 \times 10^{-6}\mathrm{m^2/s}$；$\lambda = 0.02686\mathrm{W/(m \cdot K)}$；普朗特数 $Pr = 0.70$；体积膨胀系数 $\alpha = 1/T = 1/(273.1 + 31.7) = 3.28 \times 10^{-3}/K$；管道有保温层时，外侧直径 $d_2 = 0.2\mathrm{m}$。

$$Gr \cdot Pr = \frac{g\alpha \Delta T d^3}{\nu^2}Pr = \frac{9.81 \times 3.28 \times 10^{-3} \times (45.5 - 18) \times 0.2^3}{(16.17 \times 10^{-6})^2} \times 0.70$$

$$= 2.707 \times 10^7 \times 0.7 = 1.895 \times 10^7$$

考虑到水平管常壁温条件下的自然对流换热的关联，当 $Gr \cdot Pr = 1.895 \times 10^7$

时属于自然对流湍流状态,因此选用

$$Nu = 0.125(Gr \cdot Pr)^{\frac{1}{3}} = 0.125 \times (1.895 \times 10^7)^{\frac{1}{3}} = 33.3$$

所以外壁自然对流换热表面传热系数 α_c 为

$$\alpha_c = Nu \frac{\lambda}{d} = 33.3 \times \frac{0.02686}{0.2} W/(m^2 \cdot K) = 4.47 W/(m^2 \cdot K)$$

另外,管道保温层的外壁辐射换热的表面传热系数可由下式算出:

$$\alpha_r = \varepsilon\sigma \frac{T_{w2}^4 - T_{w0}^4}{T_w - T_f} = \left(0.9 \times 5.67 \times 10^{-8} \frac{318.5^4 - 286^4}{45.5 - 18}\right) W/(m^2 \cdot K)$$
$$= 6.68 W/(m^2 \cdot K)$$

于是,复合换热的表面传热系数 α_2 为

$$\alpha_2 = \alpha_c + \alpha_r = (4.47 + 6.68) W/(m^2 \cdot K) = 11.15 W/(m^2 \cdot K)$$

所以每米管道保温层外壁散热量为

$$q_2 = \alpha_2(T_{w2} - T_f) \times (2\pi r_2) = [11.5 \times (45.5 - 18) \times \pi \times 0.2] W/m = 192.7 W/m$$

因此,利用 q_2 便可以计算保温层内壁的温度 T_{w1},即(注意 $d_1 = (135 + 2.5 \times 2) mm = 140 mm = 0.14 m$)

$$T_{w1} = q_2\left(\frac{1}{2\pi\lambda} \ln \frac{d_2}{d_1}\right) + T_{w2} = \left(192.7 \times \frac{1}{2\pi \times 0.11} \times \ln \frac{0.2}{0.14} + 45.5\right)℃ = 145℃$$

管内换热量 q_1 为

$$q_1 = \alpha_1(T_{f1} - T_{w1})\pi d_1 = [25.3 \times (163 - 145) \times \pi \times 0.135] W/m = 193.1 W/m$$

由于 q_1 与 q_2 相差甚少(仅 0.5%),于是原假定的 T_{w2} 是合理的。至此便可以进行管道散热量的计算了,每米管道散热量 q 为

$$q = \frac{q_1 + q_2}{2} = \frac{193 + 192.7}{2} W/m = 193 W/m$$

于是总传热系数 k 为

$$k = \frac{1}{\frac{1}{\alpha_1 \pi d_1} + \frac{1}{2\pi\lambda} \ln \frac{d_2}{d_1} + \frac{1}{\alpha_2 \pi d_2}}$$

$$= \frac{1}{\frac{1}{25.3 \times \pi \times 0.135} + \frac{1}{2\pi \times 0.11} \ln \frac{0.2}{0.14} + \frac{1}{11.15 \times \pi \times 0.2}} W/(m^2 \cdot K)$$

$$= 1.33 W/(m^2 \cdot K)$$

对于第 2 种情况,保温层外包薄铝皮,$\varepsilon = 0.1$。计算方法同上,计算结果如下:铝皮表面温度 $T_{w2} = 62.3℃$,自然对流换热表面传热系数 $\alpha_c = 5.17 W/(m^2 \cdot K)$,辐射换热表面传热系数 $\alpha_r = 0.762 W/(m^2 \cdot K)$;复合换热的表面传热系数 $\alpha_2 = \alpha_c + \alpha_r = 5.93 W/(m^2 \cdot K)$,总传热系数 $k = 1.14 W/(m^2 \cdot K)$;这时每米管道上的散热量 $q = 165.5 W/m$。

对于以上的计算，有几点需加以说明：

（1）本例题中的保温材料其性能较差，国家标准要求保温材料的热导率 $\lambda < 0.12 \text{W}/(\text{m} \cdot \text{K})$，本例题保温材料的热导率已接近上限。如果改用热导率较小的保温材料，如某岩棉材料等（$\lambda = 0.03 \sim 0.05 \text{W}/(\text{m} \cdot \text{K})$），则①、②两种情况的散热损失都会降低50%左右。另外，采用铝皮包管道后，其散热损失仍能比刷白漆低10%（例如当保温材料的 $\lambda = 0.04$ 时，用白漆处理的管道，其每米散热损失 $q = 88 \text{W/m}$，而用铝皮包管道时，$q = 79 \text{W/m}$）。由此可见采用较好的保温材料并降低管道外表面的辐射系数，是节约能源的有效措施之一。另外，T_f 与 T_{w0} 的高低也对复合换热表面的传热系数有较大的影响。

（2）上述计算已经表明，用发射率低的材料处理管道表面，可以显著的降低散热损失，在本例题两种情况下，每米管道散热量相差达到14%，其区别主要是降低辐射热损失。但从温度的对比中，铝皮表面的温度却要比白漆还高17℃，如果用手触摸这两种管道的表面时，一定会误认为用铝皮包保温层的效果不如用白漆的好。

7.5* 对流、导热与辐射的复合换热计算

7.5.1 复合换热时管内壁面温度的变化规律

在吸收-发射性介质内，往往涉及辐射、导热与对流的共同作用[15~17]，例如火箭喷管、高温燃烧室、激波和工业窑炉内的传热问题。

如图7-8所示，一圆管的管内壁为黑表面且有均匀的热流密度为 q_w 的流体流过，外表面则绝热。在气流由管内流动时，假设对流换热表面传热系数 α 沿着管长变化而管壁的热导率 λ 为定值；如果管壁的厚度很薄，则沿壁厚方向上的温度梯度可以略去不计，而仅考虑轴向的导热效应。在距管进口 x 处取一长度为 dx 的微元管壁，则因导热进入微元体的热量为

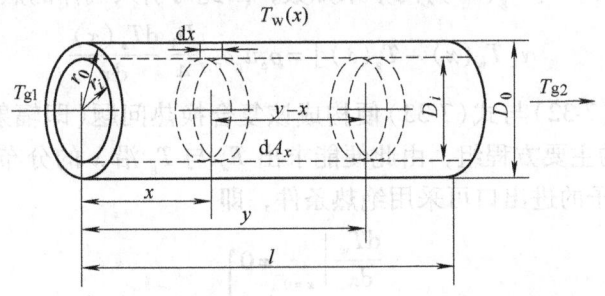

图7-8 圆管内存在着导热、对流与辐射共同作用时的传热分析

$$Q_{ci} = -\lambda \frac{\pi(D_0^2 - D_1^2)}{4} \frac{dT_w(x)}{dx} \tag{7-27}$$

因导热由微元体输出的热量为

$$Q_{co} = -\lambda \frac{\pi(D_0^2 - D_1^2)}{4} \left[\frac{dT_w(x)}{dx} + \frac{d^2 T_w(x)}{dx^2} dx \right] \tag{7-28}$$

式中，D_0 与 D_1 分别为圆管的外径与内径。因此，因导热使微元体所获得净热量为上述两式之差 ΔQ_c，即

$$\Delta Q_c = \lambda \frac{\pi(D_0^2 - D_1^2)}{4} \frac{d^2 T_w(x)}{dx^2} dx \tag{7-29}$$

在微元体的内表面 dA_x（$dA_x = \pi D_1 dx$）上，由于对流效应和辐射效应而引起的离开微元环面的热流 Q_2 为

$$\frac{Q_2}{\pi D_1 dx} = \alpha [T_w(x) - T_g(x)] + \sigma T_w^4(x) \tag{7-30}$$

而由于轴向导热效应、辐射效应以及均匀热流 q_w 而导致的输入微元环面的热量 Q_1 为

$$\frac{Q_1}{\pi D_1 dx} = q_w + \lambda \frac{D_0^2 - D_1^2}{4 D_1} \frac{d^2 T_w(x)}{dx^2} + \frac{\int_0^l \sigma T_w^4(y)(dF_{dy,dx})(|y-x|)dy}{dx}$$
$$+ \sigma T_{\alpha 1}^4 F_{dx,1}(x) + \sigma T_{\alpha 2}^4 F_{dx,2}(l-x) \tag{7-31}$$

式中，角系数 $F_{dx,1}(x)$ 与 $F_{dx,2}(x)$ 的定义同式(7-23)；对于稳态过程其能量平衡方程可由 $Q_1 = Q_2$ 得出，即

$$\alpha [T_w(x) - T_g(x)] + \sigma T_w^4(x)$$
$$= q_w + \lambda \frac{D_0^2 - D_1^2}{4 D_1} \frac{d^2 T_w(x)}{dx^2} + \frac{\int_0^l \sigma T_w^4(y)(dF_{dy,dx})(|y-x|)dy}{dx} + \sigma T_{\alpha 1}^4 F_{dx,1}(x)$$
$$+ \sigma T_{\alpha 2}^4 F_{dx,2}(l-x) \tag{7-32}$$

同样，这里 $T_w(x)$ 与 $T_g(x)$ 为两个未知数，因此可引入气体的热平衡方程为

$$\alpha [T_w(x) - T_g(x)] = \rho_g u_g c_{p,g} \frac{D_1}{4} \frac{dT_w(x)}{dx} \tag{7-33}$$

于是，式(7-32)与式(7-33)便构成该复合换热问题(即辐射、导热与对流共同作用时)的主要方程组，由此便能求出 T_w 与 T_g 沿 x 的分布。在求解该方程组时，对管子的进出口可采用绝热条件，即

$$\left. \begin{array}{r} \dfrac{dT_w}{dx} \bigg|_{x=0} = 0 \\ \dfrac{dT_w}{dx} \bigg|_{x=l} = 0 \end{array} \right\} \tag{7-34}$$

本章参考文献[14]给出了该问题的详细结果，读者可参考阅读。图7-9给出壁面温度沿 x 方向的分布曲线以及与其他换热情况的比较，显然这对进一步认识复合换热问题是十分有益的。

7.5.2 复合换热时气体的基本方程组

在一些高温换热设备中，工程上对管内有吸收-发射性气体的流动问题很感兴趣，因此，研究与讨论对流、导热与辐射复合换热过程中气体介质的基本方程组便十分必要。假设气体介质是具有常物性的灰气体[18~20]，并且是具有吸收-发射性的介质。在这种情况下，连续方程和动量方程仍具有式(4-6)与式(4-10)所给出的形式，而能量方程则必须考虑辐射项。这里以式(4-18)为例，在对流、导热与辐射共同存在的复合换热时，热通量矢量(简称热通量) q 变为

$$q = -\lambda \nabla T + q_r \tag{7-35}$$

式中，q_r 为辐射热流通量矢量(简称为辐射热通量)，该项可由辐射能量方程确定[11,18~20]。此时能量方程形式上与式(4-18)相同，即

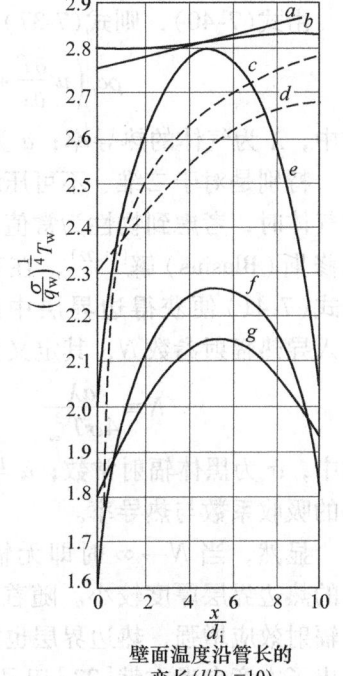

图7-9 壁面温度沿 x 方向的分布曲线以及与其他传热情况的比较

壁面温度沿管长的变长($l/D_1=10$)
a— 纯对流　b— 对流+导热
c— 纯对流　d— 对流+导热
e— 纯辐射　f— 辐射+对流
g— 辐射+导热+对流

$$\rho \frac{\mathrm{d}}{\mathrm{d}t}\left(e + \frac{V^2}{2}\right) = -\nabla \cdot q + \nabla \cdot (\boldsymbol{\sigma} \cdot \boldsymbol{V}) + \rho \boldsymbol{f} \cdot \boldsymbol{V} + q_v \tag{7-36}$$

式中，e、$\boldsymbol{\sigma}$、q_v、$\boldsymbol{f}$ 等变量的含义与式(4-18)同，而式中 q 由式(7-35)定义。作为特例，这里仅讨论二维、层流、定常流动时考虑辐射作用的边界层能量方程，在无内热源而且不计粘性耗散时温度边界层的能量方程为

$$\rho c_p\left(u\frac{\partial T}{\partial x} + v\frac{\partial T}{\partial y}\right) = \lambda \frac{\partial^2 T}{\partial y^2} - \frac{\partial (q_r)_x}{\partial y} \tag{7-37}$$

或者

$$u\frac{\partial T}{\partial x} + v\frac{\partial T}{\partial y} = \beta \frac{\partial^2 T}{\partial y^2} - \frac{1}{\rho c_p}\frac{\partial (q_r)_x}{\partial y} \tag{7-38}$$

式中，β 为热扩散率。借助于Rossland的近似式[12]，即

$$q(y) = -\frac{4}{3a}\frac{\mathrm{d}E_b}{\mathrm{d}y} \tag{7-39}$$

式中，a 为灰气体的吸收系数，E_b 为气体温度下的黑体辐射力。于是有

$$(q_r)_y = -\frac{16\sigma T^3}{3a}\frac{\partial T}{\partial y} \tag{7-40}$$

由式(7-40)，则式(7-37)变为

$$\rho c_p\left(u\frac{\partial T}{\partial x}+v\frac{\partial T}{\partial y}\right)=\frac{\partial}{\partial y}\left[\left(\lambda+\frac{16\sigma T^3}{3a}\right)\frac{\partial T}{\partial y}\right] \tag{7-41}$$

式中，λ 为气体的热导率；a 为气体的吸收系数；σ 为黑体辐射常数。

特别是对于二维、不可压缩、层流平板的边界层流动问题，当流动介质为灰气体时，考虑到物性为常值，因此边界层的速度分布仍满足流体力学中的布拉修斯(Blasius)解[21,22]，在获得速度后，由式(7-41)便获得边界层中的温度分布。引入导热辐射参数 N，其定义为

$$N\equiv\frac{a\lambda}{4\sigma T_\infty^3} \tag{7-42}$$

式中，σ 为黑体辐射常数；a 与 λ 分别为气体的吸收系数与热导率。

显然，当 $N\to\infty$ 时即无辐射效应，此时的热边界层厚度较小。随着 N 值的减小，则辐射效应增强，热边界层也加厚。图7-10给出了本章参考文献[23]记录的数值结果。值得注意的是，在这种特殊情况下，$N=10$ 时的温度与 $N\to\infty$（只考虑导热与对流作用）时的温度分布偏差在2%以内。

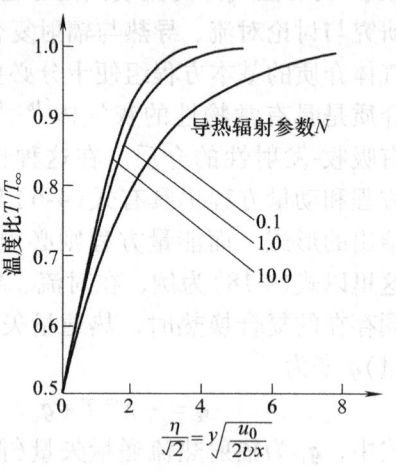

图7-10 平板层流边界层的温度分布

7.6 传热的增强或减弱

在工程问题中，有的场合要求增强传热过程，而有的场合则需要削弱。所谓增强传热，是指从分析影响传热的各种因素出发，采取一些技术措施提高换热设备单位传热面积的传热量，以达到降低动力消耗，节省金属材料，紧凑、轻便并且具有最佳的综合技术经济指标的目的。所谓减弱传热，是指采取隔热保温措施，降低换热设备的热损失，以达到节能与安全防护的目的。本节着重讨论增强传热的方法与措施，对减弱传热问题略作概述。

7.6.1 增强传热的方法与措施

从原则上讲，增强传热的方法主要是提高传热过程总的传热系数。传热系数是由传热过程中各项热阻决定的。由于一般换热设备的传热面都是金属薄

壁，壁的导热热阻很小，常可忽略。为简化分析，现以图 7-11 所示的平壁传热为例，可知在忽略 δ/λ 项后，传热系数 k 为

$$k = \frac{1}{\dfrac{1}{\alpha_1} + \dfrac{1}{\alpha_2}} = \frac{\alpha_1 \alpha_2}{\alpha_1 + \alpha_2} \quad (7\text{-}43)$$

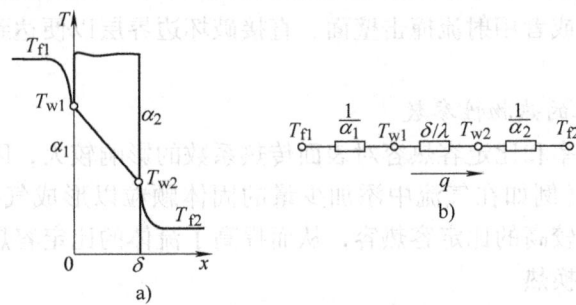

图 7-11 平壁传热的分析

注意到 $\alpha_1/(\alpha_1+\alpha_2)$ 或 $\alpha_2/(\alpha_1+\alpha_2)$ 都小于 1，因此由式(7-43)可推知 k 值将比 α_1 与 α_2 中最小的一个还要小，也就是说对 k 值影响最大的将是 α_1 与 α_2 中的较小者。因此当需要强化一个传热过程时，首先应当判断哪一个传热环节的分热阻最大，然后针对这个传热分热阻采取强化措施，例如对肋壁进行增强传热（当两侧的 α_1 与 α_2 相差较大时），只有在 α 较小的一侧加肋才能起增强传热的作用。

这里要指出的是，对于换热设备的金属管壁，虽然它的导热热阻可以略去，但当壁面上产生污垢层后（由于污垢的热导率很小），即使污垢层厚度不大，但会对传热过程也非常不利。例如 1mm 厚的水垢层相当于 40mm 厚的钢板热阻；1mm 的烟渣层相当于 400mm 厚的钢板热阻。再如汽轮机冷凝器中，通常管壁两侧的对流换热热阻在 $2 \times 10^{-4} \text{m}^2 \cdot \text{K/W}$ 以下，而水垢的热阻可达 $5 \times 10^{-4} \text{m}^2 \cdot \text{K/W}$。因此注意及时消除污垢是需要的。

国内外在换热器的设计以及强化传热的手段方面已经开展了广泛的研究[24~36]，其主要手段与方法大致可归纳成五个方面。

1. 扩展传热面

用扩展表面传热系数小的那一侧面作为强化传热的手段是广泛使用的一种强化传热的办法，例如对于肋壁、肋片管、波纹管、板翅式换热面等表面的扩展，使换热设备的传热系数增大，可获得高效[25,26,36]。

2. 改变流动的状况

通过增加流速、增强扰动、加入搅拌、采用旋流或喷射等强化传热的措施，达到增强传热的效果。

（1）增加流速可以改变流态，提高湍流度。对圆管内充分发展的湍流换

热(见式(4-222)或式(4-223))或外部流动强制对流换热(见式(4-230))的关联式可知,增大管内或管外流速对提高传热系数是十分显著的。

(2) 在管内或管外加进插入物(例如金属螺旋环、麻花铁、翼形物以及将传热面做成波纹状)等措施破坏流动边界层、增强扰动、增强传热的作用。

(3) 在流道进口安装涡流发生器以提高管内流动的旋转运动,用涡旋流动以强化传热;或者用射流撞击壁面、直接破坏边界层以便达到强化局部区域的传热作用。

3. 改变流体的热物性参数

流体的热导率和比定容热容对表面传热系数的影响较大,因此,在流体内加入一些添加剂(例如在气流中添加少量的固体颗粒以形成气-固悬浮系统),因固体颗粒具有较高的比定容热容,从而提高了流体的比定容热容和它的热容量,加强了表面换热。

4. 改变表面的状况

例如增加表面的粗糙度不仅对管内受迫流动的换热以及外掠平板流动的换热有利,而且对沸腾换热与凝结换热也有利。另外,改变表面的结构(例如在壁上挖沟槽或螺纹等)或者表面加涂层等也有利于增强传热过程。

5. 靠外力产生振荡、强化换热

产生振荡的办法大体上可分成三类:

(1) 用机械或电的办法使传热面或者流体产生振动。

(2) 施加声波或超声波,使流体交替地受到压缩和膨胀,以增加流体的脉动。

(3) 外加静电场,使得传热面附近电介质流体的混合作用加强,强化了对流换热。

最后还有必要指出的是,20世纪90年代以来微型(或微尺度)换热器(micro heat exchanger)迅速发展起来[37,38],例如测量水经过矩形微槽道(宽与深各为 $50\sim60\mu m$ 与 $287\sim376\mu m$,这些微槽是用硅蚀刻出来的)的流动与换热特性时发现,这时的热流密度最高竟达 $1309W/cm^2$,而且流体还表现出一些不同于普通槽道的特征。然而,这种换热器对污垢过于敏感,因此它要求使用非常纯净、不结垢的流体。事实上,各类换热设备都不同程度地面临表面结垢的问题,全世界每年因换热器表面结垢而导致的经济损失达几十亿元[39],因此应大力研究抑制污垢的措施。

[例7-3] 如图7-12所示,平行于壁面放置着一个对流-辐射板。已知气体与对流-辐射板之间对流换热的表面传热系数 α_p 等于气体与壁面之间的表面传热系数,均为 $75W/(m^2\cdot K)$;对流-辐射板表面的发射率等于壁表面的发射率,均为0.92;气体流过壁面以及流过对流-辐射板时的平均温度 $T_f=250℃$,如

果假设壁温维持 $T_w = 100℃$，试计算对流-辐射板对壁面的辐射热流密度（W/m²）以及与没有放置对流-辐射板时壁面的对流换热热密度的比值？（为简化计算，假设对流-辐射板背向壁的一侧为绝热面，不参与对流与辐射）。

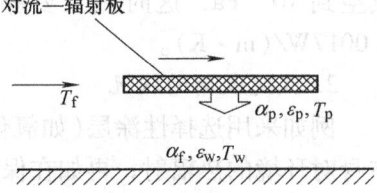

图 7-12　对流-辐射平板与壁面间的对流换热

解：在稳态下，对流-辐射板与气体之间的对流换热量应该等于它对壁的辐射热流密度，因此可以假定板处在 T_f 与 T_w 之间的某一平衡温度，令其为 T_p，于是每平方米辐射板上所接收的对流换热流密度为

$$q_c = \alpha_p (T_f - T_p) \tag{1}$$

它对壁面的辐射热流密度为

$$q_r = \varepsilon_p C_p \left[\left(\frac{T_p}{100}\right)^4 - \left(\frac{T_w}{100}\right)^4 \right] \tag{2}$$

在稳态时，则应有 $q_c = q_r$，代入已知数据便为

$$75 \times (250 - T_p) = 0.92 \times 5.67 \times \left[\left(\frac{273 + T_p}{100}\right)^4 - \left(\frac{273 + 100}{100}\right)^4 \right]$$

上式为关于 T_p 的隐函数，可以用简单迭代法进行求解，即先假定一个 T_p 值，然后由式（2）求出 q_r 值，而后由式（1）求出新的 T'_p 值，如果 T'_p 与 T_p 值相差不满足允差范围时，则用 T'_p 代替 T_p 值进行下一轮计算直至迭代收敛为止。最后求得 $T_p = 221.8℃$，这时算得 $q_r = 2118W/m^2$，$q_c = 2115W/m^2$，可见两者也很接近了。可算得这时壁面的对流换热密度为

$$q = \alpha(T_f - T_w) = [75 \times (250 - 100)]W/m^2 = 11250W/m^2$$

因此由于安装对流-辐射板使壁面的热流密度增加的百分数为

$$\frac{q_r}{q} = \frac{2118}{11250} \approx 19\%$$

7.6.2　减弱传热方法的简介

减弱传热主要是降低传热系数，减少热设备及其管道的热损失，主要有以下几种方法。

1. 覆盖热绝缘材料

常用的热绝缘材料有岩棉、珍珠岩、微孔硅酸钙等，它们的热导率在 $0.03 \sim 0.05 W/(m·K)$ 的范围内。目前还有一批新型的热绝缘材料，如泡沫热绝缘材料，其表观热导率可达 $0.02 \sim 0.05 W/(m·K)$；再如粒径 $d < 10\mu m$ 的超细粉末，在常压下，粉末减弱了对流与辐射的作用；如果把粉末层的压强抽

真空到 10^{-1} Pa，这时热主要靠辐射和固体颗粒接触传递，表观热导率达 0.0017W/(m·K)。

2. 改变表面的状况

例如采用选择性涂层（如氧化铜、镍黑等），增强对投射辐射的吸收，削弱本身对环境的热辐射；再如在保温材料表面或内部添加憎水剂，使其不吸湿也不受潮。

关于隔热保温技术，本书因篇幅所限不作详细介绍，读者可参阅本章参考文献[40-44]等。

习　题

7-1 普通碳钢管的内径为 19mm，外径为 24mm，内表面上的积垢热阻为 $0.0004 m^2 \cdot K/W$，外表面是清洁的。试计算以管子的外表面积为基准的总传热系数并且分析各项热阻在总热阻中所占的百分数。

7-2 炉墙上的石英玻璃厚度为 1cm，该玻璃可认为是半透明的，单色减弱系数为 $1 cm^{-1}$，折射率为 1.5，热导率为 1.5W/(m·K)。试分别计算表面温度取 800K 与 400K 时通过玻璃窗的总热流密度。

7-3 在一个温度为 18℃ 的车间内，放置着一个长、宽、高均为 2m 炉体，炉体表面温度为 50℃，试计算辐射表面传热系数与对流表面传热系数的比值？

7-4 对于二维、不可压缩、层流平板的边界层流动，现假定该问题的速度分布 $u(x,y)$ 与 $v(x,y)$ 已由求解 Blasius 方程的数值解获得了。在此基础上，从式出发，试用 FORTRAN 语言或 C 语言编制求解该方程温度场 $T(x,y)$ 的源程序，请完成一个自选算例并与图 7-9 的计算结果作比较。

7-5 热水在两根相同的管道内以相同的流速流动，管外分别采用空气冷却和水冷却。经过一段时间后，两管内产生相同厚度的水垢。试问水垢的产生对哪一根管道的传热系数影响大？为什么？

7-6* 在微尺度传热学中，当热作用瞬时间达到皮秒甚至飞秒量级时，就需要考虑松弛行为用波动导热理论来描述短时间内的传热问题。由波动理论，在热流矢量与温度梯度之间存在一个时间延迟，即

$$q(r,t+\tau) = -\lambda \nabla T(r,t) \quad \text{当} \tau > 0 \text{时} \tag{1}$$

这就是修正的 Fourier 公式。式中，τ 为时间延迟，它代表发生于微尺度下的声子碰撞所需的时间。假设延迟时间远小于瞬态过程的响应时间，即 $\tau \ll t$，则将式(1)作一阶 Taylor 级数近似展开后便为

$$q(r,t) + \tau \frac{\partial q(r,t)}{\partial t} \approx -\lambda \nabla T(r,t) \quad \text{当} \tau \ll t \text{时} \tag{2}$$

这就是 Cattaneo 与 Vernotte 于 1958 年提出的 CV 波模型。式中，松弛时间与热波速度间的关系为

$$\tau = \frac{\beta}{c^2} \tag{3}$$

式中，β 为热扩散率；c 为热波速度；τ 为时间延迟。

瞬态过程的能量方程为

$$\rho c_p \frac{\partial T(\boldsymbol{r},t)}{\partial t} = -\nabla \cdot \boldsymbol{q}(\boldsymbol{r},t) + Q(\boldsymbol{r},t) \tag{4}$$

由式(2)与式(4)便可得到波动型热传导方程，即

$$\rho c_p \left[\frac{\partial T}{\partial t} + \tau \frac{\partial^2 T}{\partial t^2} \right] = \nabla \cdot \lambda \nabla T(\boldsymbol{r},t) + Q(\boldsymbol{r},t) + \tau \frac{\partial Q(\boldsymbol{r},t)}{\partial t} \tag{5}$$

这是一个双曲型热传导方程，它具有普通波所具有的一系列特征，如反射、透射、分解、叠加、共振等，与传统的扩散型热传导方程不同。1996年，本章参考文献[45]记录了改进了的 CV 模型，提出了双相迟滞模型，即

$$\boldsymbol{q}(\boldsymbol{r},t+\tau_q) = -\lambda \nabla T(\boldsymbol{r},t+\tau_T) \tag{6}$$

式中，τ_T 为温度梯度的相延迟；τ_q 为热流矢量的相延迟。

类似于式(2)，则式(6)的一阶近似为

$$\boldsymbol{q}(\boldsymbol{r},t) + \tau_q \frac{\partial \boldsymbol{q}(\boldsymbol{r},t)}{\partial t} \approx -\lambda \left\{ \nabla T(\boldsymbol{r},t) + \tau_T \frac{\partial}{\partial t} [\nabla T(\boldsymbol{r},t)] \right\} \tag{7}$$

同样地，如果将式(7)与式(4)相结合便可得到新的瞬态热传导方程。

另外，当延迟时间足够长时，CV 模型与双相迟滞模型都会导致较大的误差。初步分析认为，这主要是由于上述两个模型都采用了一阶 Taylor 级数展开(因为此时 Taylor 展开的高阶项不再是小量)。较严格的做法应该从式(1)出发，并注意到此时瞬态能量方程变为

$$\rho c_p \frac{\partial T(\boldsymbol{r},t+\tau)}{\partial t} = -\nabla \cdot \boldsymbol{q}(\boldsymbol{r},t+\tau) + Q(\boldsymbol{r},t+\tau) \tag{8}$$

于是，由式(1)与式(8)结合便推出广义时间迟滞型热传导方程为

$$\rho c_p \frac{\partial T(\boldsymbol{r},t+\tau)}{\partial t} = \nabla \cdot \lambda \nabla T(\boldsymbol{r},t) + Q(\boldsymbol{r},t+\tau) \tag{9}$$

显然，延迟效应隐含在方程的表达式中。另外，对微尺度下的对流、辐射以及相变传热的研究都发现了一些与传统传热学大不相同的有趣现象[46~48]，因此引起人们高度的重视与兴趣，本书因篇幅所限不多介绍。

请回答下列问题并完成有关推导：

① 由式(4)与式(7)，试推出新的瞬态热传导方程。

② 为什么说式(9)(隐式方程)的求解要比式(5)困难得多呢？

7-7* 航天器再入大气层(例如阿波罗(Apollo)载人飞船返回舱以马赫数 $Ma_\infty = 36$ 返回大气层)时，在舱体前缘形成了很强的弓形脱体激波，激波后的气体温度高达 11000K 左右，而且波后气体处于化学非平衡态与热力学非平衡态，因此激波后流场的计算是流体力学的典型题目[49]，而且也是一个具有对流、热传导以及辐射换热联合作用的热安全方面的典型算例[50]。对于这样一个复杂的流场，许多人习惯用计算机软件(如 FLUENT, PHOENICS 等)处理。这时物面的条件往往要求输入物面温度或者物面热流率分布。从事计算流体力学的专业人员都清楚，在飞船方案论证阶段或者没有条件完成空中飞行或地面热实验的条件下，不可能恰当合理地给出飞船表面的温度，请问你认为此时应该如何给出边界条件呢？

参 考 文 献

[1] 章熙民，任泽霈，梅飞鸣. 传热学[M]. 4 版. 北京：中国建筑工业出版社，2001.
[2] 杨世铭. 传热学基础[M]. 2 版. 北京：高等教育出版社，2003.
[3] 钱滨江，伍贻文，常家芳，等. 简明传热手册[M]. 北京：高等教育出版社，1983.
[4] 朱长青，郑际睿. 传热学[M]. 西安：西北工业大学出版社，1964.
[5] 卞伯绘. 辐射换热的分析与计算[M]. 北京：清华大学出版社，1988.
[6] 朱谷君. 工程传热传质学[M]. 北京：航空工业出版社，1989.
[7] Mackay D B. Design of space power plants[M]. N. J.：Prentice Hall，1963.
[8] Chapman A J. Heat transfer[M]. New York：Macmillan，1974.
[9] Pai Shih-I. Radiation gas dynamics[M]. Berlin：Springer-Verlag，1966.
[10] Penner S S, Olfe D B. Radiation and reentry[M]. New York：Academic Press，1968.
[11] Siegel R, Howell J R. Thermal radiation heat transfer[M]. 2nd ed. New York：McGrall-Hill，1981.
[12] Sparrow E M, Cess R D. Radiation heat transfer[M]. New York：Hemisphere Publ.，1978.
[13] Perlmutter M, Siegel R. Heat transfer by combined forced convection and thermal radiation in a heated tube[J]. Heat Transfer, 1962, 84 (4)：301-311.
[14] Siegel R, Keshock E G. Wall temperatures in a tube with forced convection, internal radiation exchange, and axial wall heat conduction[R]. [s. l.]：NASA TN D-2116, 1964.
[15] Cess R D. The interaction of thermal radiation with conduction and convection heat transfer[C]// . Advances in Heat Transfer：Vol 1. New York：Academic Press，1964.
[16] Goldstein M E, Howell J R. Boundary condition for the diffusion solution of coupled conduction-radiation problems[R]. [s. l.] NASA TN D-4618, 1968.
[17] Viskanta R. Radiation transfer and interaction of convection with radiation heat transfer[C]// Advances in Heat Transfer：Vol 3. New York：Academic Press，1966.
[18] 余其铮. 辐射换热原理[M]. 哈尔滨：哈尔滨工业大学出版社，2000.
[19] 陆煜，程林. 传热原理与分析[M]. 北京：科学出版社，1997.
[20] 贾力，方肇洪，钱兴华. 高等传热学[M]. 北京：高等教育出版社，2003.
[21] Blasius H. Grenzschichten in flussigkeiten mit kleiner reibung[J]. [s. l.]：Z Math Phys，1908(In NACA TM 1256).
[22] Schlichting H. Boundary layer theory[M]. 7th ed. New York：McGraw-Hill，1978.
[23] Viskanta R, Grosh R J. Boundary layer in thermal radiation absorbing and emitting media. Int [J]. J. Heat Mass Transfer, 1962, 5：795-806.
[24] Webb R L. Principle of enhanced heat transfer[M]. New York：John Wiley & Sons，1994.
[25] Kays W M, London A L. Compact heat exchangers[M]. 3rd ed. New York：AcGraw-Hill，1993.
[26] 顾维藻，神家锐，马重芳. 强化传热[M]. 北京：科学出版社，1990.
[27] 靳明聪，程尚模，赵永湘. 换热器[M]. 北京：机械工业出版社，1989.

[28] 潘继红，田茂诚. 管壳式换热器的分析与计算[M]. 北京：科学出版社，1996.
[29] 陈长青，沈裕浩. 低温换热器[M]. 北京：机械工业出版社，1993.
[30] 毛希澜. 换热器设计[M]. 上海：上海科技出版社，1988.
[31] 尾花英朗，热交换器设计手册[M]. 徐宗权，译，北京：石油工业出版社，1981.
[32] 瓦洛宁. 高效率换热器[M]. 乐嘉渝，译. 北京：国防工业出版社，1981.
[33] 施林德尔 E U. 换热器设计手册[M]. 马庆芳，译. 北京：机械工业出版社，1987.
[34] 史美中，王中铮. 热交换器原理与设计[M]. 2版. 南京：东南大学出版社，1996.
[35] 王松汉. 板翅式换热器[M]. 北京：化学工业出版社，1984.
[36] 林宗虎. 强化传热及其工程应用. 北京：机械工业出版社，1985.
[37] Tien CL(田长霖)，Chen G. Challenges in microscale conductive and radiative heat transfer [J]. ASME J of Heat Transfer, 1994, 116: 799-807.
[38] Tien C L, Majumdar A, Gerner F M. Microscale energy transport[M]. New York: Taylor & Francis, 1998.
[39] 杨善让，徐志明. 换热设备的污垢与对策[M]. 北京：科学出版社，1995.
[40] Kreith F, Kerder J F. Principle of solar engineering[M]. New York: Hemisphere Publishing Corporation, 1978.
[41] 徐烈，方荣生，马庆芳. 绝热技术[M]. 北京：国防工业出版社，1990.
[42] 曾大斧，莫松涛. 工业设备和管道保温[M]. 北京：水利电力出版社，1983.
[43] 李景田，赵廷元. 管道与设备保温[M]. 北京：中国建筑工业出版社，1983.
[44] 刘民义. 火力发电厂绝热节能的分析[M]. 北京：中国电力出版社，1996.
[45] Tzou DY. Macro-to microscale heat transfer[M]. Taylor & Francis, 1996.
[46] Nakayama W. Forced convective/conductive conjugate heat transfer in microelectronic equipment[J]. Annual Review of Heat Transfer, 1997, 8: 1-45.
[47] Peterson G P, Duncan A B, Weichold MH. Experimental investigation of micro heat pipes in silicon wafers[J]. ASME Journal of Heat Transfer, 1993, 115: 751-756.
[48] Longtin JP, Tien CL. Microscale radiation phenomena. In Microscale Energy Transport [M]. New York: Taylor & Francis, 1998.
[49] 王保国，黄伟光. 高超声速气动热力学[M]. 北京：科学出版社，2007.
[50] 王保国，王新泉，刘淑艳，霍然. 安全人机工程学[M]. 北京：机械工业出版社，2007.

第8章

传质扩散现象及其基本规律的分析

在自然界和各种工业生产过程中，除存在着流体力学教材上广泛讨论的动量传递[1~5]⊖以及普通传热学教材中讨论的能量（或热量）传递[6~11]之外，还广泛存在着另一种质量传递的现象，例如食糖与盐块溶于水，污染物在空气或水中的弥撒以及水的蒸发等。一般讲，质量传递（又称质交换）远比动量传递与能量传递复杂得多。

在热量传递（又称热交换）的讨论中曾指出，温度差是热量传递的推动力，也就是说只要有温度差存在，就会发生热量的转移。与此类似，在两种或两种以上物质组成的二元或多元混合物中，如果存在浓度差，由于分子运动的随机性，物质的分子就会从浓度高处向浓度低处迁移，这种迁移称为浓度扩散（或简称为扩散），从而发生质量传递（或称质交换）。因此，浓度差是传质的推动力。另外，在流体力学基础课程中已讲过，动量传递（又称动量交换）是依靠作用在控制体上的体积力以及作用在控制体表面的表面应力，它服从控制体的动量守恒方程[2,12]。综上所述，动量传递、热量传递和质量传递（简称为三传）是自然界与各种工程技术中广泛存在的三种传递现象[13~17]，因此，在传热学课程中有必要概括地介绍质交换的基本规律。本章主要讲述扩散的基本定律——斐克（A. E. Fick）定律并阐明质交换的基本原理，从动量交换、热交换和质交换类比的角度去介绍有关质交换的基本计算方法，着重讨论气体之间以及气体与液态之间的质交换。

8.1 质扩散及其基本定律

8.1.1 基本概念

1. 浓度

由两种或两种以上物质组成的混合物中，各组分在混合物中所占的份量的

⊖ 该数字对应本章参考文献的序号，下同。

多少,习惯上称为浓度。浓度有多种表示方法,例如,质量分数、体积分数和摩尔分数等。本书主要介绍以下概念。

(1) 质量浓度。单位体积(m^3)中所含某组分 i 的质量,称为该组分的质量浓度,用符号 ρ_i 表示(kg/m^3);设有 A、B 两种物质组成的二元混合物,则

$$\rho_A = \frac{m_A}{V}; \qquad \rho_B = \frac{m_B}{V} \tag{8-1}$$

式中,m_A 与 m_B 分别为混合物体积 V 中组分 A 与 B 的质量(kg)。

(2) 质量分数。组分 i 的质量分数 ω_i 是该组分的质量浓度与混合物的总质量浓度之比,即

$$\omega_i = \frac{\rho_i}{\rho} \tag{8-2}$$

(3) 摩尔浓度。单位体积混合物中含某组分 i 的摩尔数,称为该组分的摩尔浓度,用符号 C_i 表示($kmol/m^3$ 或 mol/m^3);设有 A、B 两种物质组成的二元混合物,则有

$$C_A = \frac{n_A}{V}; \qquad C_B = \frac{n_B}{V} \tag{8-3}$$

式中,n_A 与 n_B 分别为在混合物总体积中组分 A 与 B 的摩尔数(kmol 或者 mol)。

对于混合气体,借助于理想气体的状态方程式,便可得到质量浓度、摩尔浓度以及组分的分压力与温度 T 之间的关系为

$$\rho_A = \frac{p_A}{R_A T} = \frac{M_A p_A}{R_m T}, \qquad \rho_B = \frac{p_B}{R_B T} = \frac{M_B p_B}{R_m T} \tag{8-4}$$

$$C_A = \frac{p_A}{R_m T}, \qquad C_B = \frac{p_B}{R_m T} \tag{8-5}$$

式中,R_i 表示组分 i 的气体常数(J/kg·K);R_m 为通用气体常数,$R_m = 8314$J/(kmol·K);M_i 表示组分 i 的摩尔质量(kg/mol);p_A 与 R_A 分别为混合物中组分 A 的分压力与组分 A 的气体常数。

2. 速度

多组分扩散系统中各组分的速度不同,混合物的速度由各组分的速度加以平均。多组分混合物的质量平均速度的定义为

$$v = \sum_{i=1}^{n} \left(\frac{\rho_i v_i}{\rho} \right) \tag{8-6}$$

式中,v_i 表示组分 i 相对于固定坐标系的绝对速度;v 为混合物的质量平均速度。

定义 $(v_i - v)$ 为组分 i 相对于质量平均速度的扩散速度。很显然,只有存在浓度梯度时,才有组分 i 相对于质量平均速度的扩散速度。

3. 通量

单位时间内通过垂直于浓度梯度方向的单位面积的质量叫质量通量（以下简称为通量）。由于传质过程通常伴随混合物的整体流动，所以通量可以用相对于固定坐标系来确定，也可以用相对于平均速度来确定，对于组分 i，相对于固定坐标系的通量称为该组分的净通量，相对于平均速度的通量叫分子扩散质量通量（用符号 j_i 来表示）。对于二元扩散系则有

$$j_A = \rho_A(v_A - v) = n_A - \rho_A v \tag{8-7}$$

$$j_B = \rho_B(v_B - v) = n_B - \rho_B v \tag{8-8}$$

式中
$$n_A = \rho_A v_A, \quad n_B = \rho_B v_B, \quad n = n_A + n_B = \rho v \tag{8-9}$$

式(8-9)中 n 代表混合物的总质量通量。注意，这里质量通量 j_A 与 j_B 是相对于速度为 v 的动坐标系而言的。

8.1.2 斐克第一定律与斐克第二定律

1. 斐克第一定律

在稳态扩散条件下，对于一个等温、等压（指总压力）的二元混合物系统，当混合物无整体运动且组分在 z 方向上存在着由浓度梯度引起的扩散时，则相对于质量平均速度的质量通量方程为

$$j_A = -D_{AB}\frac{\partial \rho_A}{\partial z}\mathbf{k} = -\rho D_{AB}\frac{\partial \omega_A}{\partial z}\mathbf{k} \tag{8-10}$$

式中，D_{AB} 为组分 A 通过组分 B 扩散的比例系数，常称为质量扩散率或者扩散系数；ω_A 的定义同式(8-2)。

显然，式(8-10)为定温、定压条件下，稳态二元扩散系给出的斐克第一定律的具体表达形式。

对于斐克第一定律，有三点说明：

（1）与导热的傅里叶定律一样，斐克定律也是作为一个纯经验性的假设提出的。对于气体，斐克定律可以用气体分子运动论近似地加以证明[18]；但对于液体和固体，迄今未见到理论上的证明。严格地讲，化学势的梯度才是导致质量扩散的真正原因，浓度梯度仅是化学势梯度的一个近似。不过，在一般场合下，这种近似已经足够精确[13,19~23]。

（2）在式(8-10)中，质量通量 j_A 的定义同式(8-7)，也就是说，它是相对于速度 v 的动参考坐标系而言的。

（3）式(8-10)所表达的斐克第一定律仅适用于混合物总压力和温度均匀且不存在其他化学势同时也无外力场的情况。对于总压力和温度不均匀时的扩散方程，本章参考文献[24]用不可逆过程热力学推出了这时的表达式，可供感兴趣者参考。

2. 斐克第二定律

在流体力学中，单组分流体的连续方程为

$$\frac{\partial \rho}{\partial t} + \nabla \cdot (\rho v) = 0 \tag{8-11}$$

对于多组分混合物中的每一组分（或称组元），可以用类似的办法导出该组分的连续方程[1]为

$$\frac{\partial \rho_A}{\partial t} + \nabla \cdot (\rho_A v_A) = \gamma_A \tag{8-12}$$

式中，γ_A 表示组分 A 的生成率（又称产生率），它可以理解为一种质量源；当 γ_A 为负值时，表示组分 A 存在着质量汇。

由式(8-9)，则式(8-12)可以写为

$$\frac{\partial \rho_A}{\partial t} + \nabla \cdot \boldsymbol{n}_A = \gamma_A \tag{8-13}$$

类似地，对组分 B 的连续方程为

$$\frac{\partial \rho_B}{\partial t} + \nabla \cdot \boldsymbol{n}_B = \gamma_B \tag{8-14}$$

对于由 A 与 B 组成的二元混合物，将式(8-13)与式(8-14)相加，便得到

$$\frac{\partial \rho}{\partial t} + \nabla \cdot (\rho v) = 0 \tag{8-15}$$

式(8-15)就是二元混合物的质量守恒方程，它与单一流体的连续方程在形式上完全相同，但是式中，ρ 为混合物的密度；v 为混合物局部质量平均速度。

将式(8-7)代入式(8-12)中消去 $\rho_A v_A$ 项后得

$$\frac{\partial \rho_A}{\partial t} + \nabla \cdot (j_A) + \nabla \cdot (\rho_A v) = \gamma_A \tag{8-16}$$

借助于斐克第一定律，上式又可以重新整理为

$$\frac{\partial \rho_A}{\partial t} + \nabla \cdot (\rho_A v) = \nabla \cdot (D_{AB} \nabla \rho_A) + \gamma_A \tag{8-17}$$

引入混合物局部摩尔平均速度 v^*，其定义为

$$v^* = \frac{\sum_i (C_i v_i)}{\sum_i C_i} = \frac{1}{C} \sum_i (C_i v_i) \tag{8-18}$$

式中，C_i 与 v_i 分别为组分 i 的摩尔浓度与该组分相对于某一静止参考坐标系的运动速度。于是，参照式(8-17)又可整理出用组分 i 的摩尔浓度表达的式子，即

$$\frac{\partial C_A}{\partial t} + \nabla \cdot (C_A v^*) = \nabla \cdot (D_{AB} \nabla C_A) + R_A \tag{8-19}$$

式中，v^* 由式(8-18)定义；R_A 表示单位体积中组分 A 的摩尔生成率。

显然，当混合物平均速度为零（即混合物无宏观运动）并且混合物无化学反应（即 R_A 为零）时，如果 D_{AB} 为常数，则式(8-19)可简化为

$$\frac{\partial C_A}{\partial t} = D_{AB} \nabla^2 C_A \tag{8-20}$$

上式称为扩散的斐克第二定律，有时也称扩散方程。值得注意的是，式(8-20)与非稳态导热方程（式(3-7)），有相同的形式。这表明，当混合物无宏观运动时，扩散与导热之间存在着类比关系。

8.1.3 斯蒂芬-麦克斯韦方程

对组分 i 来讲，引入以混合物局部摩尔平均速度为基准的通量有

$$j_i^* = \rho_i(v_i - v^*) \tag{8-21}$$

$$J_i^* = C_i(v_i - v^*) \tag{8-22}$$

式中，v^* 由式(8-18)定义，在多组分中组分 i 的扩散为

$$j_i = -D_{im} \nabla \rho_i \tag{8-23}$$

式中，D_{im} 为组分 i 对该混合物的有效扩散系数（也常称为当量扩散系数）。

由式(8-22)可推出

$$J_i^* = -D_{im} \nabla c_i \tag{8-24}$$

另外，在一个由 n 种理想气体组成的多元混合物中，当组分 i 沿 z 方向扩散时，由气体分子运动论可以推出[25]

$$\frac{\mathrm{d}Y_i}{\mathrm{d}z} = \sum_{\substack{j=1 \\ j \neq i}}^{n} \left[\frac{C_i C_j}{\left(\frac{p}{RT}\right)^2 D_{ij}} (v_j - v_i) \right] \tag{8-25}$$

式中，Y_i 为组分 i 的摩尔分数，即

$$Y_i = \frac{C_i}{C} \tag{8-26}$$

这就是著名的斯蒂芬-麦克斯韦(Stefan-Maxwell)方程。式中，D_{ij} 为组分 i 对组分 j 的二元扩散系数；p 与 T 分别为混合物的总压力与温度；R 为气体常数。注意到各组分摩尔分数之和等于1，即

$$\sum_{i=1}^{n} Y_i = 1 \tag{8-27}$$

8.2 对流传质过程的特征数以及三传的类比

8.2.1 对流传质分析中常用的特征数

与传热问题的分析相类似，在对流传质问题的分析时也常使用无量纲数，

常用的无量纲数有以下几种。

1. 雷诺(Reynolds)数 Re

雷诺数是表示流动特征的无量纲数,即

$$Re = \frac{\rho v L}{\mu} = \frac{vL}{\frac{\mu}{\rho}} \tag{8-28}$$

2. 施密特(Schmidt)数 Sc

施密特数是运动粘度(用 μ/ρ 表示)与扩散系数之比,即

$$Sc = \frac{\frac{\mu}{\rho}}{D_{AB}} = \frac{\mu}{\rho D_{AB}} \tag{8-29}$$

它表示了速度分布与浓度分布的相互关系,体现了流体的传质特性。它与传热中的普朗特数 Pr 相对应,也是一个物性准则。

3. 舍伍德(Sherwood)数

舍伍德数定义为

$$Sh = \frac{\alpha_D l}{D_{AB}} \tag{8-30}$$

式中,D_{AB} 为质扩散系数;l 为特征尺度;α_D 为对流传质系数,它与传热问题中的努塞尔数 Nu 相对应。值得注意的是,在传质中,α_D 是个待定的未知量。

4. 路易斯(Lewis)数

路易斯数为质扩散系数与热扩散率之比,即[26,27]

$$Le = \frac{D_{AB}}{\beta} = \frac{\rho c_p D_{AB}}{\lambda} = \frac{Pr}{Sc} \tag{8-31}$$

式中,β 对热扩散率,其定义同式(2-10)。有些教材(如本章参考文献[16,28,29,33])中将 β/D_{AB} 定义为路易斯数。本章参考文献[30]对传质过程的相关术语作过讨论,读者可进一步参考。

5. 传质斯坦顿(Stanton)数

传质斯坦顿数的定义为

$$St_D = \frac{Nu_D}{Re \cdot Sc} = \frac{\alpha_D}{v_\infty} \tag{8-32}$$

式中,v_∞ 为自由流动速度;Nu_D 为传质努塞尔数,也就是 Sh 数,即

$$Nu_D = Sh = \frac{\alpha_D L}{D_{AB}} \tag{8-33}$$

这里 α_D 为对流传质系数,显然 St_D 与传热斯坦顿数 $St = Nu/(Re \cdot Pr)$ 相对应。

6. 传质格拉晓夫(Grashof)数 Gr_D

分析自然对流传质问题时引入 Gr_D,其定义为

$$Gr_D = \frac{gl^3 \Delta\rho}{\rho\left(\dfrac{\mu}{\rho}\right)^2} \tag{8-34}$$

式中，μ 为动力粘度。

8.2.2 沿平壁的层流传质边界层

二维边界层流动的热量和质量交换方程组为

连续方程
$$\frac{\partial \rho}{\partial t} + \frac{\partial(\rho u)}{\partial x} + \frac{\partial(\rho v)}{\partial y} = 0 \tag{8-35}$$

运动方程（x 方向）
$$\rho \frac{\partial u}{\partial t} + \rho u \frac{\partial u}{\partial x} + \rho v \frac{\partial u}{\partial y} = -\frac{\partial p}{\partial x} + \frac{\partial}{\partial y}\left(\mu \frac{\partial u}{\partial y}\right) + \rho f_x \tag{8-36}$$

（y 方向）
$$\frac{\partial p}{\partial y} = 0 \tag{8-37}$$

能量方程
$$\rho\left(\frac{\partial H}{\partial t} + u \frac{\partial H}{\partial x} + v \frac{\partial H}{\partial y}\right) - \frac{\partial p}{\partial t} = \frac{\partial}{\partial y}\left(\lambda \frac{\partial T}{\partial y}\right) + \frac{\partial}{\partial y}\left(u\mu \frac{\partial u}{\partial y}\right) + \rho u f_x \tag{8-38}$$

组元 A 的连续方程为

$$\rho \frac{\partial \omega_A}{\partial t} + \rho u \frac{\partial \omega_A}{\partial x} + \rho v \frac{\partial \omega_A}{\partial y} + \frac{\partial j_{Ay}}{\partial y} = \Psi_A \tag{8-39}$$

式中，f_x 为体积力沿 x 方向的分量；H 为总焓；ω_A 为组分 A 的质量分数；Ψ_A 表示组分 A 的质量产生率（又称对应于组分 A 的源项）；j_{Ay} 可以表示为

$$j_{Ay} = -\rho D_{AB} \frac{\partial \omega_A}{\partial y} \tag{8-40}$$

对于稳态（定常）、不可压和常物性条件下的流动问题，上述层流边界层的动量传递、热量传递和质量传递的微分方程组又可简化成

连续方程
$$\frac{\partial u}{\partial x} + \frac{\partial v}{\partial y} = 0 \tag{8-41}$$

运动方程
$$u \frac{\partial u}{\partial x} + v \frac{\partial u}{\partial y} = \frac{\mu}{\rho} \frac{\partial^2 u}{\partial y^2} \tag{8-42}$$

能量方程
$$u \frac{\partial T}{\partial x} + v \frac{\partial T}{\partial y} = \beta \frac{\partial^2 T}{\partial y^2} \tag{8-43}$$

组分 A 的连续方程
$$u \frac{\partial \omega_A}{\partial x} + v \frac{\partial \omega_A}{\partial y} = D_{AB} \frac{\partial^2 \omega_A}{\partial y^2} \tag{8-44}$$

方程组的边界条件为

$$y = 0: u = 0, \quad v = v_w, \quad T = T_w, \quad \omega_A = \omega_{wA} \tag{8-45}$$

$$y = \infty: u = u_\infty, \quad T = T_\infty, \quad \omega_A = \omega_{\infty A} \tag{8-46}$$

式中，μ、β 和 D_{AB} 分别为动力粘度、热扩散率与组分 A 的扩散系数。

正是由于在边界层内发生了传质(表现在壁面处流速为 v_w),因此必然会影响边界层的速度场、温度场和浓度场,也就是说由于 v_w 的存在将动量传递(即式(8-42))、热量传递(即式(8-43))和质量传递(即式(8-44))(简称为"三传")联系在一起,使得描述这三种传递现象的微分方程式不再是相互独立的了。

8.2.3 动量、热量、质量传递的类比

由式(8-42)、式(8-43)、式(8-44)可以看出,虽然动量交换、热量交换与对流质交换不是同一类的物理现象,然而描述这三类传递现象的微分方程却具有相同的形式,因为可以采用类比的方法进行如下分析。

1. 对流质交换

以空气掠过水表面,水分蒸发后扩散到空气流为例。在这种对流质交换中,在界面上也像对流换热条件下形成热边界层那样形成浓度边界层,如图 8-1c 所示。图中的曲线表示水面上的水蒸气浓度分布。显然,在贴近水面的薄层中,水蒸气的浓度最大;而离水面较远处,浓度变化就不显著了。令水表面的蒸气浓度为 $C_{A,w}$(摩尔浓度)或者 $\rho_{A,w}$(质量浓度),远离水面处的蒸气浓度为 $C_{A,\infty}$ 或 $\rho_{A,\infty}$,于是类似于对流换热时牛顿冷却公式的形式,则有

$$\alpha_D(C_{A,w} - C_{A,\infty}) = -D_{AB}\left(\frac{\partial C_A}{\partial y}\right)_w \tag{8-47}$$

式中,α_D 为对流传质的表面传质系数(m/s);$(\partial C_A/\partial y)_w$ 为扩散物质 A 在气水分界面处的浓度梯度。

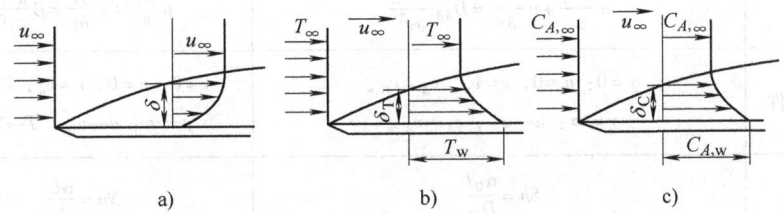

图 8-1 对流质交换的类比
a) 速度边界层 b) 温度边界层 c) 浓度边界层

显然 α_D 与对流换热的表面传热系数 α 在形式上相当,但它们的物理意义以及所具有的单位不同。

在对流换热的分析求解中,首先要确定对流换热表面传热系数 α,然而要求出它就需要先确定边界层中的速度分布(见图 8-1a)与温度分布(见图 8-1b)。同样地,对流质交换的分析计算,也应先确定对流传质的表面传质系数 α_D,而要获得 α_D 就需要先确定边界层中的速度分布和浓度分布。为了确定边界层

中的浓度分布,就需要求解扩散方程。对于二维、定常、常物性、层流边界层流动,扩散方程为

$$u\frac{\partial C_A}{\partial x} + v\frac{\partial C_A}{\partial y} = D_{AB}\frac{\partial^2 C_A}{\partial y^2} \qquad (8\text{-}48)$$

于是结合速度分布和扩散的边界条件便可以求出边界层中的浓度分布。在获得了界面处的浓度梯度之后,由式(8-47)便可以求得 α_D。

2. 对流质交换的相似准则

由式(8-41)~式(8-46)所描述的平板层流流动的动量、热量和质量传递的边界层微分方程组及其边界条件,可以通过无量纲变量,将偏微分方程变为常微分方程,因此便获得了层流动量边界层、热边界层和质量边界层的相似解[31,16,23]。

现将对流质交换与对流换热问题的对比列于表8-1。

表 8-1 对流换热与对流质交换的对比

	对流质交换	对流换热
图示		
传递过程程方程	$\alpha_D(c_{A,w} - c_{A,\infty}) = -D_{AB}\left(\dfrac{\partial c_A}{\partial y}\right)_w$	$\alpha(T_w - T_\infty) = -\lambda\left(\dfrac{\partial T}{\partial y}\right)_w$
传递过程边界层微分方程组	$\dfrac{\partial u}{\partial x} + \dfrac{\partial v}{\partial y} = 0$ $u\dfrac{\partial u}{\partial x} + v\dfrac{\partial u}{\partial y} = \dfrac{\mu}{\rho}\dfrac{\partial^2 u}{\partial y^2}$ $u\dfrac{\partial C_A}{\partial x} + v\dfrac{\partial C_A}{\partial y} = D_{AB}\dfrac{\partial^2 C_A}{\partial y^2}$	$\dfrac{\partial u}{\partial x} + \dfrac{\partial v}{\partial y} = 0$ $u\dfrac{\partial u}{\partial x} + v\dfrac{\partial u}{\partial y} = \dfrac{\mu}{\rho}\dfrac{\partial^2 u}{\partial y^2}$ $u\dfrac{\partial T}{\partial x} + v\dfrac{\partial T}{\partial y} = \beta\dfrac{\partial^2 T}{\partial y^2}$
边界条件	$y=0$:$u=0$,$v=v_w$,$c_A=c_{A,w}$ $y=\infty$:$u\to u_\infty$,$c_A\to c_{A,\infty}$	$y=0$:$u=0$,$v=v_w$,$T=T_w$ $y=\infty$:$u\to u_\infty$,$T\to T_\infty$
相似准则	$Sh = \dfrac{\alpha_D L}{D_{AB}}$ $Sc = \dfrac{\mu/\rho}{D_{AB}}$	$Nu = \dfrac{\alpha L}{\lambda}$ $Pr = \dfrac{\mu/\rho}{\beta}$
层流分析解	$Sh_x = 0.332 Re_x^{\frac{1}{2}} Sc^{\frac{1}{3}}$ $Sh = 0.664 Re^{\frac{1}{2}} Sc^{\frac{1}{3}}$	$Nu_x = 0.332 Re_x^{\frac{1}{2}} Pr^{\frac{1}{3}}$ $Nu = 0.664 Re^{\frac{1}{2}} Pr^{\frac{1}{3}}$

以上讨论是层流情况,对于湍流的情况也可以得出相同的结论。

应用相似分析方法,对上述边界层微分方程组进行相似分析,除了可以得

出已经熟悉的 Nu、Re 和 Pr 等相似准则外,还可以导出下面三个相似准则:

(1) 舍伍德准则,因 Sh 数含有未知量 α_D,所以也是一个待定准则。它的大小反映了对流质交换过程的强度。

(2) 施密特准则,它与传热的 Pr 准则相对应,也是一个物性准则,它表示了速度分布与浓度分布间的相互关系,体现了流体的传质特性。当 $Sc = 1$ 时,则表明这时速度边界层和浓度边界层厚度相等。

(3) 路易斯准则,它表示了温度分布与浓度分布之间的相互关系。它体现了传热与传质间的联系。当 $Le = 1$ 时,则这时温度边界层与浓度边界层厚度相等。

另外,在浓度比较低、扩散通量较小、v_w 相对很小的情况下,热量传递和质量传递的数学表达式相类似,使得对流质交换的准则关联式具有同一函数形式,即

对流换热
$$Nu = f(Re, Pr) \tag{8-49}$$

对流质交换
$$Sh = f(Re, Sc) \tag{8-50}$$

至于函数的具体形式,仍需要借助于对流质交换的实验确定。

例如,流体在管内受迫流动时的质交换,其准则关联式是

$$Sh = 0.023 Re^{0.83} Sc^{0.44} \tag{8-51}$$

上式是吉尔兰(Gilliland)在大量实验结果的基础上整理得出的。另外,在温差较小的情况下,管内湍流换热的准则式为

$$Nu = 0.023 Re^{0.8} Pr^{0.4} \tag{8-52}$$

再如,流体沿平板流动时的质交换,对层流流动时有

$$Nu = 0.664 Re^{\frac{1}{2}} Pr^{\frac{1}{3}} \tag{8-53}$$

这时相应的质交换准则关联式为

$$Sh = 0.664 Re^{\frac{1}{2}} Sc^{\frac{1}{3}} \tag{8-54}$$

而对于沿平板的湍流流动,有

$$Nu = (0.037 Re^{0.8} - 870) Pr^{\frac{1}{3}} \tag{8-55}$$

这时相应的质交换准则关联式为

$$Sh = (0.037 Re^{0.8} - 870) Sc^{\frac{1}{3}} \tag{8-56}$$

8.3 液体蒸发时传热传质交换过程的分析

液体表面的蒸发现象是邻近表面分子热运动的结果[32,16,33]。通常总是假设直接与液面接触的薄层气体是饱和的,其中蒸气的分压力也就是液面温度下的饱和压力。液面蒸发时,质流的方向总是从液面指向气体,而热流的方向可

以有两种可能性(要根据液面温度 T_w 与气流温度 T_0 相比较而定,例如当 $T_0 >T_w$ 时,热流与质流的方向相反)。

8.3.1 蒸发冷却

蒸发冷却是传热传质交换在工程上的具体应用,它是保护固体表面免受高温气体侵袭的有效措施之一。如图 8-2 所示,固体表面覆盖的液体薄层在蒸发时吸收来自气体的汽化热,于是便改善了冷却效果。在稳态情况下,对气、液分界面薄层液体作热平衡分析,有

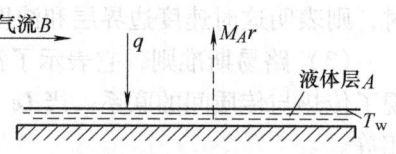

图 8-2 汽化冷却

$$q = \alpha(T_0 - T_w) = r\alpha_D(\rho_{A,w} - \rho_{A,\infty}) \quad (8\text{-}57)$$

式中,α 为对流换热表面传热系数;α_D 为对流质交换表面传质系数;r 为液体的汽化热;ρ_A 为组分 A(即水蒸气)的质量浓度;$\rho_{A,w}$ 为水表面的水蒸汽质量浓度;$\rho_{A,\infty}$ 为远离水面时水蒸汽质量浓度;α_D 为对流质交换表面传质系数。注意到

$$p_{A,w} = \rho_{A,w} R_A T_w, \qquad p_{A,\infty} = \rho_{A,\infty} R_A T_0 \quad (8\text{-}58)$$

式中,R_A 为组分 A(即水蒸气)的气体常数;$p_{A,w}$ 为液面处组分 A 的分压力;$p_{A,\infty}$ 为气流中组分 A 的分压力;T_0 为气流的温度。

将式(8-58)代入式(8-57),得到

$$T_0 - T_w = \frac{\alpha_D}{\alpha} \frac{r}{R_A} \left(\frac{p_{A,w}}{T_w} - \frac{p_{A,\infty}}{T_0} \right) \quad (8\text{-}59)$$

另一方面,由于热量传递与质量传递同时存在,因此借助于平板流动的热量交换准则以及传质的相关准则可得到

$$St Pr^{\frac{2}{3}} = St_D Sc^{\frac{2}{3}} \quad (8\text{-}60)$$

或者

$$\frac{\alpha}{\rho u c_p} Pr^{\frac{2}{3}} = \frac{\alpha_D}{u} Sc^{\frac{2}{3}} \quad (8\text{-}61)$$

即

$$\frac{\alpha}{\alpha_D} = \rho c_p \left(\frac{Sc}{Pr} \right)^{\frac{2}{3}} = \rho c_p (Le)^{-\frac{2}{3}} \quad (8\text{-}62)$$

显然当 $Le = 1$ 时,则式(8-62)变为

$$\frac{\alpha}{\alpha_D} = \rho c_p \quad (8\text{-}63)$$

这就是路易斯关系。因此将式(8-62)代入式(8-59),消去 α/α_D 项后得到

$$T_0 - T_w = \frac{1}{\rho c_p Le^{-\frac{2}{3}}} \frac{r}{R_A} \left(\frac{p_{A,w}}{T_w} - \frac{p_{A,\infty}}{T_0} \right) \quad (8\text{-}64)$$

式中,ρ、c_p、Le 应取为气体 B 的相应参数,并且以边界层的平均温度 $T = (T_w + T_0)/2$ 作为定性温度查空气物性表取得;R_A、$p_{A,w}$、$p_{A,\infty}$ 的定义同式(8-58)。

可见，用式(8-64)便可以计算出蒸发冷却时的表面温度T_w。

[**例 8-1**] 某容器需要用蒸发冷却来降温，将容器表面缠以湿布并不断地用挥发性液体A来润湿。已知该气体的汽化热$r=160$kJ/kg，摩尔质量为$\mu_A=140$kg/kmol，液面的蒸汽分压力$p_{A,w}=3700$Pa，扩散率$D=0.2\times10^{-4}$m²/s。当流过容器的空气温度为40℃，空气中组分A的蒸汽分压力$p_{A,\infty}\approx0.0$，试计算稳态情况下容器壁所能达到的冷却温度T_w。

解：假设边界层的平均温度T为300K，本书附录中的空气物性表可得到：
$$\rho=1.16\text{kg/m}^3,\ c_p=1.005\text{kJ/(kg}\cdot\text{K)},\ \beta=22.5\times10^{-6}\text{m}^2/\text{s}。$$

计算Le数：
$$Le=\frac{D}{\beta}=\frac{0.2\times10^{-4}}{22.5\times10^{-6}}=\frac{1}{1.13}$$

计算R_A：
$$R_A=\frac{8314}{140}=59.39$$

注意到$p_{A,\infty}\approx0.0$，$T_0=(273+40)\text{K}=313\text{K}$，由式(8-64)得
$$313-T_w=\frac{1}{1.16\times1.005\times(1.13)^{-\frac{2}{3}}}\times\frac{160}{59.39}\times\frac{3700}{T_w}=\frac{7866}{T_w}$$

又可整理为
$$T_w^2-313T_w+7866=0$$

解得$T_w=285.4$K$=12.4$℃。

由T_0与T_w可得到平均的温度T为$(285.4+313)$K$\div2=299.2$K，显然这与先前假定的$T=300$K相近，故原假设是合适的；否则要重新假设边界层的平均温度，进行迭代计算直至满足所需的允差为止。

8.3.2 湿球温度计

干湿球温度计是用来测定空气相对湿度的仪器，在工程热力学的基础课程中已有介绍[34~40]。本书将从传热、传质过程的观点粗略分析湿球温度计的相关工作过程。

如图8-3所示，湿球温度的建立是与湿球纱布以及周围空气的传热与传质交换密切相关的。如果在蒸发初始阶段，湿纱布的水温T_w高于气流温度T_0，由于水膜的换热与蒸发双重作用，致使温度迅速下降，因此产生不稳态的蒸发过程。经过一段时间后，水温和空气温度就变得相等，此时换热量为零，但只要空气未饱和则纱布水分的蒸发就仍需进行，它导致纱布水温继续下降并低于空气温度，这时湿纱布就从气流中获得热量。随着纱布水温的降低，这一过程一直要

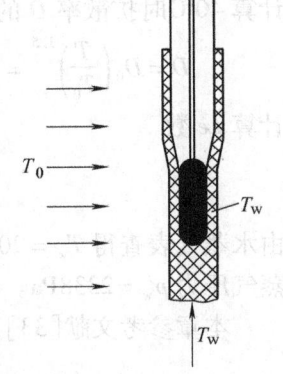

图 8-3 湿球温度计

继续到湿纱布冷却到某一温度 T_M，这时水膜从气流中得到的吸热量与水蒸发的耗热量相平衡，也就是说湿纱布保持在 $T_w = T_M$ 的温度作稳态蒸发。湿球纱布从气流中获得热量用于蒸发水分并回到气流中去，这一蒸发过程称为绝热蒸发；这里 T_M 为水分在绝热蒸发时的温度，定义为湿球温度。因此，在考虑有辐射热作用的情况下，湿纱布的热平衡方程为

$$q = (\alpha + \alpha_r)(T_0 - T_w) = rM_w \tag{8-65}$$

式中，α 与 α_r 分别为对流换热的表面传热系数与辐射换热系数；r 为水的汽化热；M_w 为水分蒸发的质扩散通量，即

$$M_w = \frac{\alpha_D}{R_w T}(p'_w - p''_w) \tag{8-66}$$

式中，p'_w 表示温度为 T_w 的饱和空气中水蒸气的分压力；p''_w 为远离湿球的未饱和空气中水蒸气的分压力；R_w 为水蒸气的气体常数；T 为边界层的平均温度。

将式(8-66)代入式(8-65)并注意使用式(8-62)，于是得到

$$\frac{p'_w - p''_w}{\rho R_w T} = \frac{c_p}{r} Le^{-\frac{2}{3}} \left(1 + \frac{\alpha_r}{\alpha}\right)(T_0 - T_w) \tag{8-67}$$

或者

$$\frac{d_w - d_0}{T_0 - T_w} = \frac{c_p}{r} Le^{-\frac{2}{3}} \left(1 + \frac{\alpha_r}{\alpha}\right) \tag{8-68}$$

式中，d_w 为温度为 T_w 的饱和空气中的含湿量；d_0 为温度为 T_0 的未饱和空气中的含湿量。

式(8-68)可用来计算湿空气的参数。

[**例8-2**] 干燥空气流过湿球温度计时的读数为 $T_w = T_M = 20℃$，试求空气的干球温度 $T_0 = ?$（取空气总压强为 $p = 1.013 \times 10^5$Pa）

解：先假设边界层的平均温度 $T = 40℃$，由本书附录中的空气物性表得到空气参数为：

$$c_p = 1.005\text{kJ/(kg·K)}, \beta = 24.3 \times 10^{-6}\text{m}^2/\text{s}$$

计算40℃时扩散率 D 的值，即

$$D = D_0 \left(\frac{T}{T_0}\right)^{1.5} = \left[0.22 \times 10^{-4} \times \left(\frac{313}{273}\right)^{1.5}\right]\text{m}^2/\text{s} = 0.27 \times 10^{-4}\text{m}^2/\text{s}$$

计算 Le 数

$$Le = \frac{D}{\beta} = \frac{0.27 \times 10^{-4}}{24.3 \times 10^{-6}} = \frac{1}{0.9}$$

由水蒸气表查得 $T_w = 20℃$ 时，饱和水蒸气的汽化热 $r = 2454.3$kJ/kg，饱和水蒸气压力 $p'_w = 2338$Pa。

本章参考文献[33]建议，含湿量 d_w 用下式计算

$$d_w = 0.622 \frac{p'_w}{p - p'_w} \tag{8-69}$$

代入本例参数,有

$$d_w = 0.622 \text{kg/kg}(干空气) \times \frac{2338}{101300-2338} = 1.47 \times 10^{-2} \text{kg/kg}(干空气)$$

计算空气的干球温度 T_0(取 $d_0 = 0$):

在省略了 $\frac{\alpha_r}{\alpha}$ 项后,式(8-68)变为

$$T_0 = T_w + (d_w - d_0) \frac{r}{c_p} \frac{1}{Le^{-\frac{2}{3}}} \tag{8-70}$$

利用上式计算得

$$T_0 = \left(20 + 1.47 \times 10^{-2} \times \frac{2454.3}{1.005} \frac{1}{(0.9)^{\frac{2}{3}}}\right) ℃ = 58.5 ℃$$

由 T_w 与求得的 T_0 可得到平均的温度 T 为 $(20+58.5)℃/2 = 39.25℃$,这与原假设的 $T = 40℃$ 相近,故可认为原假设是合适的。

最后在结束本章讨论之前还要指出的是,传质学的内容是相当丰富的,本章仅仅是针对二元混合物在组分浓度不均匀时所产生的质量传递现象略作介绍。读者欲求更多的了解,可以进一步参考这方面的有关教材与论著,例如本章文献[13,16,17,23,26,27,41-47]等。

习 题

8-1 从分子运动论的观点来分析扩散率 D 与压强 p,温度 T 的关系。试计算总压为 $1.0132 \times 10^5 \text{Pa}$,温度为 $25℃$ 时,下列气体之间的扩散率:①氧气和氮气;②氮气和空气。

8-2 氢气和空气在总压为 $1.0132 \times 10^5 \text{Pa}$,温度为 $25℃$ 的条件下作等摩尔互扩散,已知扩散率为 $0.6 \times 10^{-4} \text{m}^2/\text{s}$,在垂直于扩散方向距离为 10mm 的两个平面上氢气分压力为 16000Pa 与 5300Pa,试计算这两种气体的摩尔扩散通量。

8-3 压强为 $1.0132 \times 10^5 \text{Pa}$,温度为 $20℃$ 的空气,在内径为 50mm 的湿壁管中流动,流速为 3m/s,液面对空气的扩散率 $D_0 = 0.22 \times 10^{-4} \text{m}^2/\text{s}$,试分别用下面两个准则:
① $Sh = 0.023 Re^{0.83} Sc^{0.44}$;② $Sh = 0.0395 Re^{\frac{3}{4}} Sc^{\frac{1}{3}}$ 计算表面传质系数并比较之。

8-4 一个输送氧气的橡皮管外径为 12mm,厚度为 1.5mm。在稳态情况下,管的内侧表面上的氧气浓度为 0.05kmol/m^3,外侧表面上氧气的浓度为 0.0107kmol/m^3,氧气在该橡皮管壁中的扩散率为 $1.5 \times 10^{-9} \text{m}^2/\text{s}$,试计算每小时通过每米管的氧气扩散量。

8-5 空气流以 3.2m/s 的速度平行于水表面流动,水表面沿气流方向长为 0.15m,面温度 $T_w = 16℃$,空气温度 T_∞ 为 $22℃$,空气总压 p 为 $1.0132 \times 10^5 \text{Pa}$,其中水蒸气的分压 p_{A2} 为 716Pa,试计算对流传质表面传质系数 α_D 和水的蒸发速率(注:蒸发速率就是质流通量或摩尔通量)。

8-6 相对湿度为 50%,温度为 $40℃$ 的空气以 2m/s 的速度掠过长度为 10m 的水池,水温为 $30℃$,试计算该池每平方米水面的蒸发量。

8-7 现欲测定干空气气流的温度,但又担心温度计的量程不够,为此在该温度计头部

包上一层湿纱布,测得湿球温度为35℃,试计算此时干空气的温度(空气压强取为 1.0132×10^5 Pa)。

8-8 在总压为 1.0132×10^5 Pa 的湿空气中,用干、湿球温度计测得的温度分别是26℃与22℃,已知该湿空气的 $Pr = 0.75$,$Sc = 0.62$,在不计辐射热的情况下,试计算湿空气的含湿量。

参 考 文 献

[1] 周光炯,严宗毅,许世雄,章克本. 流体力学[M]. 北京:高等教育出版社,2000.
[2] 朗道,栗弗席茨. 流体力学[M]. 孔祥言,徐燕侯,庄礼贤,译. 北京,高等教育出版社,1983.
[3] 童秉刚,孔祥言,邓国华. 气体动力学[M]. 北京:高等教育出版社,1990.
[4] 陈懋章. 粘性流体动力学基础[M]. 北京:高等教育出版社,2002.
[5] 王保国,刘淑艳,黄伟光. 气体动力学[M]. 北京:北京理工大学出版社,等,2005.
[6] Holman J P. Heat Transfer[M]. 8th ed. New York:McGraw-Hill,1997.
[7] 伊萨琴科. 传热学[M]. 王丰,译. 北京:高等教育出版社,1987.
[8] Incropera F P. DeWitt D P. Fundamentals of heat transfer[M]. 2nd ed. New York:John Wiley & Sons,1985.
[9] 皮茨,西索姆. 传热学[M]. 葛新石,译. 北京:科学出版社,2002.
[10] 杨世铭,陈大燮. 传热学(修订本)[M]. 北京:中国工业出版社,1965.
[11] 戴锅生. 传热学[M]. 2版. 北京:高等教育出版社,1999.
[12] 卞荫贵,徐立功. 气动热力学[M]. 合肥:中国科学技术大学出版社,1997.
[13] Bird R B, Stewart W T, Lightfoot E N. Transport phenomena[M]. New York:Wiley,1960.
[14] Rohsenow W M, Choi H Y. Heat mass and momentum transfer[M]. Prentice:Prentice-Hall,1961.
[15] Welty J R, Wicks C E, Wilson R E. Fundamentals of momentum, heat and mass transfer[M]. 2nd ed. New York:Joho Wiley & Sons,1976.
[16] 朱谷君. 工程传热质学[M]. 北京:航空工业出版社,1989.
[17] 王绍亭,陈涛. 动量、热量与质量传递[M]. 天津:天津科学技术出版社,1986.
[18] Sherwood T K, Pigford R L, Wilke C R. Mass transfer[M]. New York:McGraw-Hill,1975.
[19] Jakob M. Heat taansfer[M]. New York:John Wiley& Sons,1955.
[20] 陈钟欣. 传热学专题讲座[M]. 北京:高等教育出版社,1989.
[21] 李汝辉. 传质学基础[M]. 北京:北京航空学院出版社,1987.
[22] 王启杰. 对流传热传质分析[M]. 西安:西安交通大学出版社,1991.
[23] 杨强生. 对流传热与传质[M]. 北京:高等教育出版社,1985.
[24] de Groot S R. Thermodynamics of irreversible processes[M]. Amsterdam:Norh-Holland Publishing Company,1959.
[25] Hirschfelder J O, Curtiss C F, Bird R B. Molecular theory of gases and liquids[M]. New York:John Wiley & Sons,1954.

[26] Kays W M, Crawford M E. Convective heat and mass transfer[M]. 2nd ed. New York: McGraw-Hill, 1980.

[27] Eckert ERG, Drake R M. Analysis of heat and mass transfer[M]. New York: McGraw-Hill, 1972.

[28] 杨世铭, 陶文铨. 传热学[M]. 3 版. 北京: 高等教育出版社, 1998.

[29] 姚仲鹏, 王瑞君. 传热学[M]. 北京: 北京理工大学出版社, 2003.

[30] Webb R L. Standard nomenclature for mass transfer processes[J]. ASHRAE Trans, 1991, 97(2): 114-117.

[31] Spalding D B. Convective mass transfer[M]. London: Edward Arnold Publishers, 1963.

[32] Bennett C O, Myers J E. Momentum, heat and mass transfer[M]. 3rd ed. New York: McGraw-Hill Inc, 1982.

[33] 章熙民, 任泽霈, 梅飞鸣. 传热学[M]. 4 版. 北京: 中国建筑工业出版社, 2001.

[34] 沈维道, 郑佩芝, 蒋淡安. 工程热力学[M]. 2 版. 北京: 高等教育出版社, 1993.

[35] 刘桂玉, 刘志刚, 阴建民, 等. 工程热力学[M]. 北京: 高等教育出版社, 1998.

[36] 朱明善, 刘颖, 林兆庄, 等. 工程热力学[M]. 北京: 清华大学出版社, 1995.

[37] Holman J P. Thermodynamics[M]. 4th ed. New York: McGraw-Hill Book Company, 1988.

[38] Keenan J H. Thermodynamcis[M]. New York: John Wiley and Sons Inc., 1957.

[39] 曾丹苓, 敖越, 朱克荣, 等. 工程热力学[M]. 2 版. 北京: 高等教育出版社, 1986.

[40] 施明恒, 李鹤立, 王素美. 工程热力学[M]. 南京: 东南大学出版社, 2003.

[41] 周兴禧. 制冷空调工程中的质量传递[M]. 上海: 上海交通大学出版社, 1991.

[42] 库尼 D O. 生物医学工程学原理——流体、热和质量传递过程引论[M]. 陈厚珩, 杨国忠, 译. 北京: 科学出版社, 1982.

[43] 王保国, 黄伟光. 高超声速气动热力学[M]. 北京: 科学出版社, 2008.

[44] 姜任秋. 热传导、质扩散与动量传递中的瞬态冲击效应[M]. 北京: 科学出版社, 1997.

[45] 斯波尔丁 D B. 燃烧与传质[M]. 常弘哲, 等译. 北京: 国防工业出版社, 1984.

[46] Hines A L, Maddox R N. Mass transfer fundamentals and applications[M]. N.J.: Prentice-Hall Inc, 1985.

[47] Lewis B, Elbe von G. Combustion, flame and explosion gases[M]. San Diego, CA: Elsevier Inc, 1987.

第 9 章

安全工程中的几个传热、传质专题

当今，能源、环境和安全是全人类共同关注的三大重要领域。能源是人类赖以生存和发展的物质基础，环境关系着人类生存空间的质量结构，而安全则是人类对生活和工作条件的基本要求。人类历史上发生的第一次蒸汽锅炉爆炸、第一次电的伤害和第一次快速火车翻车事故警示人们安全问题的重要性。事实上，世界上无数次火灾、爆炸、空难、海难、交通事故、中毒及工伤事故带来的严重后果和社会效应已经超过了事故本身。尤其是在高新技术飞速发展的今天，可能是因为一次小的失误和失控，一个微小的缺陷便引起了一场灾难。例如，1986 年 1 月 28 日，美国"挑战者"号航天飞机升空 72s 后突然爆炸，7 名机组人员全部遇难；这次事故，只是因为一个小小的密封圈失效，却导致了人类历史上的第一次太空爆炸。1993 年美国发射一台气象卫星，就因为一个价值 10 美分的元件绝缘击穿失效，导致 7700 万美元的气象卫星升空之后成了太空中的一堆垃圾。1984 年 12 月 3 日，印度博帕尔市的农药厂甲基异氰酸酯毒气外泄，造成 2000 余人丧生，20 万人中毒，67 万人生活在毒气的威胁之下。1997 年 6 月 27 日，正值香港回归的前三天，原北京东方化工厂罐区发生大爆炸，大火持续五天，在国内外引起极大的影响和震惊。1998 年 1 月 6 日陕西兴平市兴化集团硝铵生产装置发生大爆炸，当场死伤 80 余人，爆炸破坏了液氢生产系统，直接影响了我国的航天事业的运行[1]㊀。

本章将从传热学的角度出发，列出几个与灾害及安全相关的专题，予以扼要介绍。

9.1 火灾及相应模型的初步分析

9.1.1 失控放热反应及爆炸延迟时间

燃烧是一个包括热量传递、动量传递、质量传递和高速化学反应的综合物

㊀ 该数字对应本章参考文献的序号，下同。

理化学过程，人们对于燃烧的认识，至今仍然不太完善[2~12]。火焰是可燃气体燃烧时所发生的现象。可燃液体和固体先受热变成气体后才能燃烧并形成火焰。就其实质上讲，火焰是在气相中发生剧烈氧化还原反应并伴随放出大量热的同时产生光辐射的物理化学过程。火焰除了具有发热、发光的特征外，还具有电离、自行传播等特征。正是由于燃烧过程总是伴随着物质的流动，这种流动可能是均相流也可能是多相流，可能是层流流动也可能是湍流流动[13~25]。这也就是说，燃烧现象总是在不均匀物质场条件下进行，在多种物质组分间的混合、扩散中进行着。燃烧还能引起不均匀的温度场，使燃烧经常伴随有能量的传递。燃烧必须要同时具备下列三个条件：①有可燃物质存在；②有助燃物质存在；③有可能导致燃烧的能源（即点火源，如明火、电火花、光、高温表面等）。大多数的火灾和爆炸都是由于燃烧或失控的放热反应引起的。

首先写出通式 $C_\alpha H_\beta O_\zeta N_\xi S_\eta$ 燃烧的化学平衡式，即

$$C_\alpha H_\beta O_\zeta N_\xi S_\eta + \left(\alpha + \frac{\beta}{4} - \frac{\zeta}{2} + \eta\right) O_2 \longrightarrow \alpha CO_2 + \frac{\beta}{2} H_2O + \frac{\xi}{2} N_2 + \eta SO_2 + \Delta H_c \tag{9-1}$$

式中，下标 α、β、ζ、ξ 与 η 分别表示相应原子的数目；ΔH_c 为燃烧热。

对于任意进行的均相放热化学反应的系统，只要该系统与周围环境绝热，则此过程就一定会发展为爆炸。一般来讲，这类系统的爆炸类型有两种：一种为纯粹的热爆炸，另一种是链反应或纯粹的化学爆炸。大多数高温气体的爆炸主要属链反应，而大部分工业环境中发生的爆炸问题多可以用热爆炸理论加以解释。下面主要讨论与热爆炸相关的问题。

假定反应产物的总体速率为

$$\frac{d[P]}{dt} = A[C_1]^m[C_2]^n \exp\left(\frac{-E}{R\theta}\right) \tag{9-2}$$

式中，[ ]表示浓度；P 表示生成物；C_1 与 C_2 表示反应物；m 与 n 为指数；A 为系数；θ 为反应温度；E 为反应活化能；由于系统封闭，可以认为反应过程中系统的体积保持不变，因此温度随时间的变化满足

$$\rho c_V \frac{d\theta}{dt} = -Q \frac{d[P]}{dt} \tag{9-3}$$

式中，ρ 为密度；c_V 比定容热容。

式(9-3)中，假定 Q 是生成1mol 产物 P 的反应热，Q 前面的负号表示为放热反应过程；如果进一步假定 $Q \gg \rho c_V$，这意味着可以假定：对反应中任何温度的变化，都可以认为反应物浓度是不变的。利用这个假设便可有

$$\frac{d\theta}{dt} = \lambda \exp\left(\frac{-E}{R\theta}\right) \tag{9-4}$$

式中，λ 是一个正常数，其表达式为

$$\lambda = \frac{-A[C_1]^m[C_2]^n Q}{\rho c_V} \tag{9-5}$$

积分式(9-4)便有

$$\lambda t = \int_{\theta_0}^{\theta} \exp\left(\frac{-E}{R\theta}\right) d\theta \tag{9-6}$$

式中,$t=0$ 时,则 $\theta = \theta_0$;这里 θ_0 为反应初始温度。将上式右端积分后可整理为如下形式,即

$$\frac{t}{\beta} = f\left(\frac{\theta}{\theta_0}\right) \tag{9-7}$$

式中

$$\beta = \frac{R\theta_0}{E\lambda}\exp\left(\frac{E}{R\theta_0}\right) \tag{9-8}$$

图 9-1 给出了式(9-7)所定义的曲线。显然当 $\frac{t}{\beta} \to 1$ 时,则 $\frac{\theta}{\theta_0}$ 迅速变大,这意味着系统将发生爆炸。因此,可设定常数 β 等于封闭放热反应系统的爆炸延迟时间 t_{ign} 为

$$t_{\text{ign}} = \beta = \frac{R\theta_0}{E\lambda}\exp\left(\frac{E}{R\theta_0}\right) \tag{9-9}$$

这也就是说任何有化学反应的封闭系统都有爆炸延迟时间,该值可由式(9-8)中的 β 给出,而式(9-8)中的常数 λ 是由式(9-5)定义的,因此爆炸延迟时间不仅是系统反应温度的指数函数,而且还是浓度的幂函数。

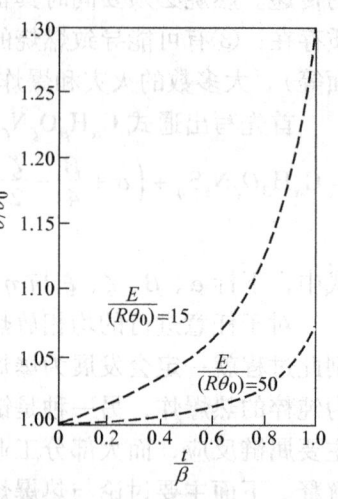

图 9-1 热爆炸的爆炸行为

9.1.2 泄漏造成的火灾以及相应模型的初步分析

泄漏造成的火灾通常包括:①闪燃火灾;②油池火灾;③火球;④射流火灾等。描述火灾的完整模型应包括如下一些参数:①火焰形状及尺寸;②热释放速率;③热辐射;④火焰温度;⑤火焰发射率;⑥表面发射功率;⑦形状因子。在由于泄漏而引起的火灾中,辐射传热是主要的传热方式。为此下面先回顾一下辐射的相关知识。

由 Planck 定律,即

$$e_{\text{br}} = \frac{2\pi \hbar \gamma^3 n^2}{c_0^2 \left[\exp\left(\frac{\hbar \gamma}{kT}\right) - 1\right]} \tag{9-10}$$

式中,e_{br} 为黑体光谱辐射力;$\hbar$ 为 Planck 常数;n 为折射率;γ 为频率。

假定折射率与频率无关，则有 $\gamma = \dfrac{c_0}{n\lambda}$，于是式(9-10)可变为

$$e_{\mathrm{br}} = \dfrac{c_1}{n^2 \lambda^5 [\exp(c_2/n\lambda T) - 1]} \tag{9-11}$$

式中，λ 为波长；$c_1 = 2\pi\hbar c_0^2$，$c_2 = \hbar c_0/k$，$c = \lambda\gamma$，$c = c_0/n$，这里 k 为玻尔兹曼常数；c 为光速；其他定义同式(9-10)。

黑体的总辐射力为

$$e_b = \int_0^\infty e_{\mathrm{br}} d\gamma = n^2 \sigma T^4 \tag{9-12}$$

上式称为斯蒂芬-玻尔兹曼方程；对于非黑体，光谱辐射力 e_λ 为

$$e_\lambda = \varepsilon_\lambda e_{b\lambda} \tag{9-13}$$

式中，ε_λ 为单色半球向发射率。非黑体的总辐射力 e 为

$$e = \int_0^\infty e_\lambda d\lambda = \int_0^\infty \varepsilon_\lambda e_{b\lambda} d\lambda \tag{9-14}$$

总的发射率为

$$\varepsilon = \dfrac{e}{e_b} = \dfrac{\int_0^\infty \varepsilon_\lambda e_{b\lambda} d\lambda}{\int_0^\infty e_{b\lambda} d\lambda} \tag{9-15}$$

吸收率 α 为

$$\alpha = \dfrac{\int_0^\infty \alpha_\lambda G_\lambda d\lambda}{\int_0^\infty G_\lambda d\lambda} \tag{9-16}$$

式中，G_λ 为单位面积单位时间内半球向入射辐射量。

显然，这里发射率 ε 为火焰表面温度的函数，而吸收率 α 则与火焰表面温度以及入射辐射两者相关。对于灰体，由于这时 ε_λ 和 α_λ 均与波长 λ 无关，因此，$\varepsilon_\lambda = \varepsilon$，$\alpha_\lambda = \alpha$；注意到 Kirchhoffs 定律，便有 $\alpha = \varepsilon$；对于不透明材料的灰体辐射，则有 $\alpha + \rho = 1$，这里 ρ 为反射率（又称反射比）。对于灰体，其总辐射力 e 为

$$e = \varepsilon \sigma T^4 \tag{9-17}$$

灰体的有效辐射 B 由下式给出

$$B = \varepsilon \sigma T^4 + \rho G \tag{9-18}$$

式中，G 为投入辐射（或入射辐射量）。

研究辐射热输运机理的主要目的在于估算发生事故时火焰辐射的能量。火焰辐射热的计算式为

$$e = \varepsilon \sigma T^4 = \frac{Q_r}{A_f} \quad (9\text{-}19)$$

式中，A_f 为火焰的表面积；e 为表面发射功率；Q_r 为辐射总热量，$Q_r = F_r Q_c$，F_r 为辐射热的比例系数，Q_c 为燃烧时放出的总热量。

对于点源模型，有

$$e = \frac{Q_r}{4\pi r^2} \quad (9\text{-}20)$$

这时目标物体所接受的热辐射量 I 为

$$I = \alpha \tau e F \quad (9\text{-}21)$$

式中，F 为形状因子；α 与 τ 分别为目标的吸收率与大气的透射率。

对于点源模型，在忽略了 α 与 τ 后，有

$$I = \frac{F Q_r}{4\pi l^2} \quad (9\text{-}22)$$

式中，l 为点源到目标的距离。在这种情况下，形状因子 F 为

$$F \approx \frac{r^2}{l^2} \quad (9\text{-}23)$$

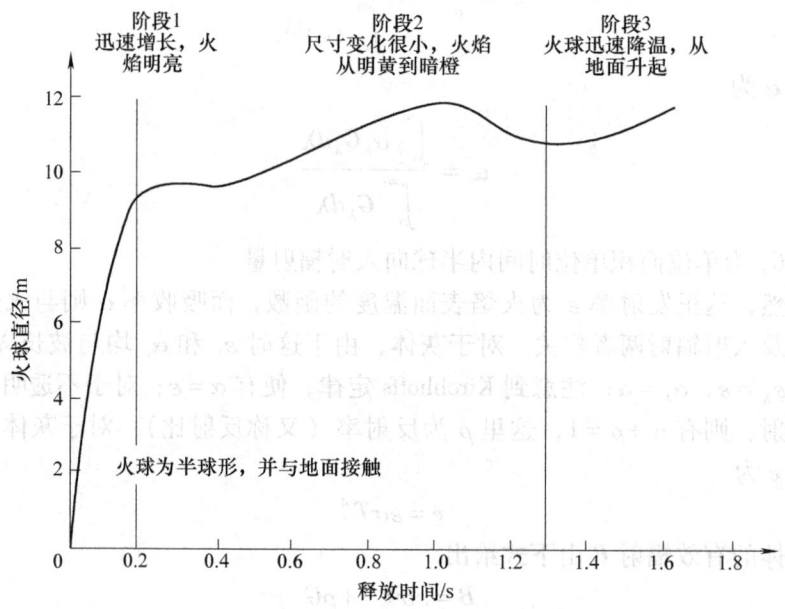

图 9-2　火球的发展过程

闪燃火灾，又称气云火灾，它是泄漏后形成了气云再点火所导致的事故，在石油化工企业中这类事故常有发生，1951 年和 1984 年在美国新泽西和墨西哥发生的火灾就属于闪燃火灾。

液化气的泄漏通常会产生火球，另外如储罐、铁路罐车出事故后往往也会导致火球的出现。火球一般会经历三个阶段：①发生发展阶段；②稳定燃烧阶段，这时火焰温度通常为 900~1300℃，稳定燃烧持续约 10s，火球近似为球形，此阶段开始时，火球逐渐上升，在上升过程中火球变为蘑菇云形状；③熄灭阶段，这个阶段火焰会变得越来越透明。图 9-2 给出了火球发展的典型过程，尽管火球的持续时间很短，但每个阶段的特点却很明显。

9.1.3 火灾模拟计算的简介

在火灾的数值模拟过程中，热辐射的计算占相当大的份额，图 9-3 与图 9-4 分别给出了火球辐射与射流火灾辐射的计算框图，可以看出比较准确地作出热辐射并不是件容易的事。

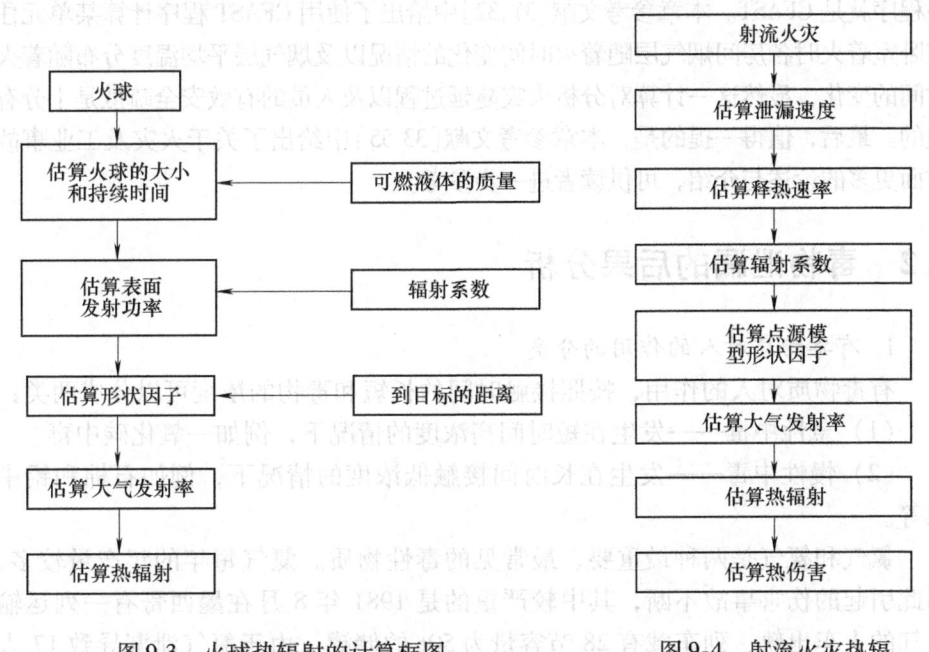

图 9-3　火球热辐射的计算框图　　图 9-4　射流火灾热辐射的计算框图

国外在火灾的数值模拟方面已做了大量的工作，并编制了许多有效的计算机程序软件，现略作简介。

1. 描述火灾过程的 FPETOOL 程序

FPETOOL 程序是一个基于经验公式和简化模型描述火灾过程的计算软件，它包括火灾形式、火灾模拟（计算燃烧产生的烟气浓度、体积以及烟气中各种组分的浓度分布、计算烟气的热辐射等）以及烟波从着火房间流出后沿走廊流动过程中的速度、深度和温度等[26]。

2. 单室火灾区域模拟的 ASET 程序

ASET 程序是美国国家标准技术研究所建筑与火灾研究室编制的一种单室火灾区域的模拟程序。该程序通过求解模拟火灾发展的数学方程，算出了烟气层的厚度、温度以及烟气中各种组分的浓度，给出各种燃烧产物的生成速率等。更重要的是，该程序给出了有效安全疏散的时间[27]，这是一个非常重要的参考数据。

3. 多室火灾模拟的 CFAST 程序

CFAST(consolidate fire and smoke transport)是一种计算火灾与烟气在建筑物内蔓延的区域模拟程序，它是在 FAST 和 CCFM 两个程序的基础上发展而来的[28~30]。此外，美国消防协会又将 CFAST 与火灾探测程序(DETECT)、人员忍受极限程序(TENEB)等组合起来构成了一个功能更全的 HARZARD-1 程序。HARZARD-1 的核心程序就是 CFAST。本章参考文献[31,32]中给出了使用 CFAST 程序计算某单元住宅卧室着火时各房间烟气层随着火时间变化的情况以及烟气层平均温度分布随着火时间的变化，显然这一计算对分析火灾蔓延过程以及人员的有效安全疏散是十分有益的。最后，值得一提的是，本章参考文献[33-55]中给出了关于火灾及工业事故方面更多的论述与介绍，可供读者进一步参考。

9.2 毒物泄漏的后果分析

1. 有毒物质对人的作用的分类

有毒物质对人的作用，按照接触时间的长短和毒物的浓度可以分成两类：

(1) 急性中毒——发生在短时间高浓度的情况下，例如一氧化碳中毒。

(2) 慢性中毒——发生在长时间接触低浓度的情况下，例如石棉和铅中毒等。

氯气和氨气是两种最重要、最常见的毒性物质。氯气每年的年产量较多，因此引起的伤害事故不断，其中较严重的是 1981 年 8 月在墨西哥有一列运输氯气的火车出轨，列车载有 28 节容量为 50t 的储罐。由于氯气泄漏导致 17 人死亡，1000 多人被送往医院。1973 年在南非发生一次氨气泄漏事故，38t 氨气从罐车厢瞬间泄漏，结果当即导致 18 人死亡，其中 5 人距泄漏点 150~200m 之间。

2. 毒性评价指标

通常，毒性的评价指标有四种：

(1) 绝对致死量(LD_{100} 或 LC_{100})——指在该量下全组的染毒动物全部死亡时的最小剂量或浓度。

(2) 半数致死量或浓度(LD_{50} 或 LC_{50})——指染毒动物有半数死亡时的剂量或浓度。

(3) 最小致死剂量或浓度(MLD 或 MLC)——指全组染毒动物中有个别动物死亡的剂量或浓度。

(4) 最大耐受量或浓度(LD_0 或 LC_0)——指全组染毒动物全部存活的剂量或浓度。除了用实验动物的死亡表示毒性之外,毒物又可分为剧毒、高毒、中等毒、低毒和微毒五个等级[56,57]。

3. 有毒物质后果分析计算

所谓对有毒物质的泄漏进行后果分析,是指分析有毒物泄漏的距离、泄漏量、泄漏的持续时间等。为了进行后果分析,通常假定:①泄漏点周围每点的浓度分布曲线服从高斯分布;②伤害面积定义为毒物浓度超过 LC_{50} 的面积(这里 LC_{50} 为50%致死率的致命浓度)。

假定泄漏为连续泄漏源,并假定泄漏速度为常数,基于稳态高斯分布模型,毒气浓度分布为

$$C(x,y,z) = \frac{\Omega}{\pi u t \sigma_x \sigma_y} \exp\left[-\frac{1}{2}\left(\frac{y^2}{\sigma_y^2} + \frac{z^2}{\sigma_z^2}\right)\right] \quad (9\text{-}24)$$

式中,$C(x,y,z)$ 为浓度;(x,y,z) 构成直角坐标系;t 为时间;u 为风速;Ω 为泄漏体积;离泄漏点为 x 距离的浓度服从高斯分布,其标准偏差 σ_y 与 σ_z 满足

$$\sigma_i = \beta_i x^{n_i} \quad (9\text{-}25)$$

式中,i 代表 y 或 z;β_i 与 n_i 为常数。

计算 $z=0$ 面上的浓度,即

$$C(x,y) = \frac{\Omega}{\pi u t \sigma_y \sigma_z} \exp\left[-\frac{1}{2}\left(\frac{y^2}{\sigma_y^2}\right)\right] \quad (9\text{-}26)$$

将式(9-25)代入式(9-26),有

$$C(x,y) = \frac{\Omega}{k t \pi u x^{n_0}} \exp\left[-\frac{1}{2}\left(\frac{y^2}{\sigma_y^2}\right)\right] \quad (9\text{-}27)$$

式中,$k=\beta_y\beta_z$,$n_0 = n_y + n_z$。 (9-28)

由前面的假设可以认为:伤害面积 A 内各点的毒物浓度 $C(x,y) \geqslant LC_{50}$;于是在 x 轴上浓度为 LC_{50} 的点的距离为

$$x_c = \left[\frac{\Omega}{k t \pi u (LC_{50})}\right]^{\frac{1}{n_0}} \quad (9\text{-}29)$$

式中,k 由式(9-28)定义;显然当距离大于 x_c 时,地面上的浓度小于 LC_{50}。

9.3* 余热锅炉及其关键部件的传热计算

余热锅炉是指利用工业过程中的余热产生蒸气的锅炉,其主要设备为锅

炉本体和锅筒，辅助设备有给水预热器、过热器等[58~70]。以我国引进的30万t/年乙烯工厂的废热锅炉为例，在 124×10^5 Pa 表压的压力下，沸腾水的汽化热为1177.54kJ/kg，由上述工艺参数便可估算出每台轻柴油裂解急冷余热锅炉所能回收的热量为 11.78×10^6 kJ/h，而每台乙烷裂解余热锅炉所能回收的热量为 11.70×10^6 kJ/h；30万t/年乙烯装置中有22台急冷余热锅炉（其中20台是轻柴油裂解急冷余热锅炉，2台乙烷余热锅炉），它们每小时回收的热量为 259×10^6 kJ/h，每年以7200h计算，可回收热量约 1864800×10^6 kJ，它相当于标准煤（热值为29307.6kJ/kg）63628.6t，显然余热锅炉的节能效益巨大。

根据余热锅炉所回收的余热能源的不同，其锅炉结构的形式也不尽相同。按回收的余热可分为两大类：①热气体的显热；②废燃料或其中所含有的可燃气体，如蔗渣、纸浆黑液、煤焦油、沥青、焦炉气与燃气轮机废气等。当利用废燃料或可燃废气的余热锅炉时，需要有一个燃烧室。回收热气体显热的余热锅炉与气液热交换器差不多，但有区别，这时液体是处于沸腾状态。在余热动力锅炉中还往往附有蒸气过热器，而蒸气过热器是典型的高温热交换器。本节不详细介绍余热锅炉的结构及其工作过程，只是扼要介绍余热锅炉热力计算时的大致步骤以及关键部件的传热计算。

9.3.1 余热锅炉热力计算的大致步骤

余热锅炉热力计算的目的在于根据锅炉给定的工作条件，例如热气体的组成、性质、流量、进出口参数（温度、压力）、给水温度和蒸气参数等，以选定的余热锅炉的形成与结构，确定余热锅炉的容量、换热面积以及换热元件的尺寸与布局等。因此，热力计算是余热锅炉设计的基础，是余热锅炉设计中的重要组成部分。借助于热力计算得到的数据，可以再进行余热锅炉的流体阻力、锅炉水循环以及构件强度的计算工作。

对于余热锅炉进行热力计算，其大致步骤如下：

（1）物性计算——根据热气体的组成和参数（温度、压力），进行与混合气体有关的物性（例如粘度、重度、热导率、比热容、焓等）计算。

（2）换热量计算——根据热气体的进、出口条件，由热平衡方程求出换热量，然后再确定余热锅炉的水蒸气蒸发量。

（3）选型——根据热气体和蒸气的温度、压力以及热气体的物理、化学性质，选择余热锅炉的形式、结构与材料。

（4）传热面积的计算——它包含以下五方面的内容：

1）初步布置换热面、排列管程、画出余热锅炉的简图。

2）求出平均温度差。

3）先假定管壁垢层的表面温度，因此便可以初估表面传热系数、管间传热系数以及水垢、污垢的热阻值，然后算出总的传热系数 k 的值。然后，再根据两侧的放热热阻、管壁和污垢层的热阻计算管壁垢层的表面温度，如果这时温度与最初假定的相符，则计算即告完成，反之进行重算。

4）根据传热基本方式，初步计算出传热面积。

5）根据余热锅炉简图计算出实际传热面积。通常要求计算的实际传热面积比按第4）项初步算出的传热面积增大10%~20%时，则认为所设计的基本尺寸合适，否则要采用增长或缩短管束的办法增加或减小换热面积。

（5）校核传热危险区域

1）计算出管壁温度，按照管材最大允许温度进行校核。

2）计算临界热负荷，进行换热面的热负荷校核。

9.3.2 管板温度场的计算

管板是换热器和余热锅炉的重要部件，结构比较复杂。在高温余热回收的余热锅炉以及高温空气预热器上，由于管板超温而导致裂缝或者高温腐蚀的事故常有发生，因此，在进行余热锅炉设计时，计算管板的温度场，找出高温的区域极为重要。

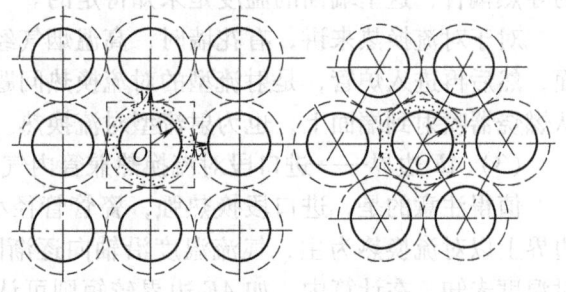

1. 炉头管板的一般结构

在实际应用中，余热锅炉一般为烟管式，炉管的布置常分为顺排和叉排两种，如图9-5所示。在炉管横断面内，顺排时的炉管单元为正方形，叉排时炉管单元为正六边形。炉管单元的轴向结构如图9-6所示。它是由几种材料组成的轴对称组合体：炉管前部焊接在管板上，后部与管板胀接，炉管内部衬以瓷保护管套，套管与炉管之间有一个很小的环隙，管头端部及管板表面涂有绝热材料，高温烟气进入管口后，向瓷套管传热，其温度沿轴向逐渐降低。

图9-5 余热锅炉炉管的两种排列方式

2. 边界条件的分析

图9-7给出了简化后的炉管单元导热的区域图，其边界

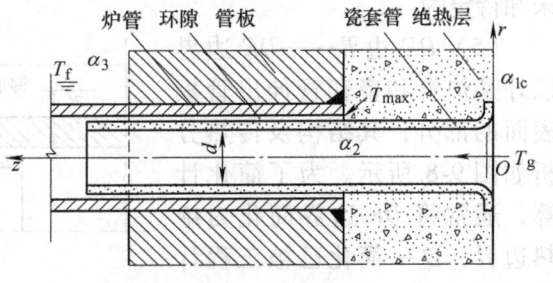

图9-6 炉管单元的轴向结构

条件分析如下：
(1) BC 边界——为绝热边界。
(2) AB 边界——炉内辐射兼对流换热，以辐射为主。

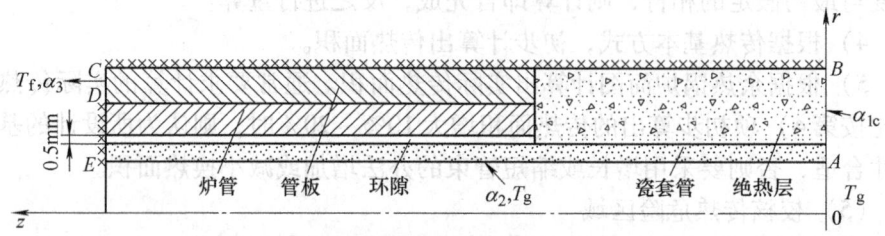

图 9-7　简化后炉管单元的导热区域

对于炉内辐射来讲，通常在炉内设置花墙，于是高温烟气（其温度为 T_g）、花墙以及 AB 边界所在的整个炉头绝热层端面就组成了一个封闭的辐射换热系统，进行着复杂的换热过程。值得注意的是，绝热层端面上的辐射与绝热层中的导热耦合，这里端面的温度是未知待定的。

对于对流换热来讲，有花墙时，高温烟气经花墙上的孔洞喷射到绝热层端面，然后再进入炉管，是射流型的对流换热问题；无花墙时，气流便可以直接从燃烧器喷射到端面上，也为射流型对流换热。

(3) AE 边界——进口段对流换热兼管内气体辐射。

值得注意的是，进口段换热强，瓷管管径小，因此气体辐射弱，所以 AE 边界上以对流换热为主，气流温度沿轴向逐渐降低，当气流离开区域（E 点）时温度未知。在计算中，如 AE 边界较短则可认为 AE 边界上的气流温度为常数；当 AE 边界较长时可认为 AE 边界上的气流温度呈线性分布。另外，当考虑进口段对流换热、管内气体辐射、瓷套中的导热耦合时，瓷套管的内表面温度是未知待定的。

(4) CD 边界——为是沸腾换热边界，高温烟气对炉头的传热经此边界传给沸腾水。显然，当考虑沸腾换热与管板中的导热耦合时，管板表面的温度是未知待定的。

(5) DE 边界——DE 边界以外是炉管和瓷套管伸出管板表面的部分，其结构及传热分析如图 9-8 所示。为了简化计算，通常将 DE 边界简化为绝热边界，这一简化已被工程计算所采纳。

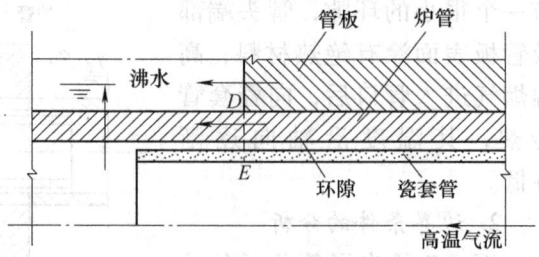

图 9-8　DE 边界的传热分析简图

3. 管板的温度场计算及边界条件的确定

管板的温度场服从均匀介质中、二维轴对称、稳定导热、无内热源的导热微分方程，即

$$\frac{1}{r}\frac{\partial}{\partial r}\left(\lambda r\frac{\partial T}{\partial r}\right) + \frac{\partial}{\partial z}\left(\lambda \frac{\partial T}{\partial z}\right) = 0 \qquad (9\text{-}30)$$

式中，λ 为材料的热导率，它与温度有关，一般可取平均温度做定型温度。相应的边界条件确定如下（见图 9-7）：

(1) BC 边界——为绝热边界，故有

$$q = -\lambda \frac{\partial T}{\partial r} = 0, \quad \frac{\partial T}{\partial r} = 0 \qquad (9\text{-}31)$$

(2) AB 边界——高温气体层对边界的辐射与对流放热。

辐射放热可由下式确定，即

$$\alpha_r = \frac{\varepsilon'_w C_0 \left[\varepsilon_g \left(\dfrac{T_g}{100}\right)^4 - A_g \left(\dfrac{T_w}{100}\right)^4\right]}{T_g - T_w} \qquad (9\text{-}32)$$

式中，ε'_w 为气体包壳内壁的有效黑度；$C_0 = 5.669$；ε_g 为气体在 T_g 温度时的黑度；A_g 为包壳在温度为 T_w 时对气体辐射的吸收率；α_r 为辐射换热系数。

对流换热是由炉头接管的出口喷射的垂直于端面的气流所产生的对流换热，其公式为

$$Nu = 0.018 \, Re^{0.87} Pr^{0.33} \qquad (9\text{-}33)$$

于是辐射与对流的综合换热系数为

$$\alpha_{1t} = \alpha_{1c} + \alpha_{1r} \qquad (9\text{-}34)$$

(3) AE 边界——圆管入口区段的对流换热为

$$Nu = 0.0214(Re^{0.8} - 100)Pr^{0.4}\left[1 + \left(\frac{d}{l}\right)^{\frac{2}{3}}\right]\left(\frac{T_f}{T_w}\right)^{0.45} \qquad (9\text{-}35)$$

圆管内表面的辐射换热系数 α_r 可按式(9-32)计算。因此，圆管内 AE 边的辐射与对流综合换热系数为

$$\alpha_{2T} = \alpha_{2C} + \alpha_{2r} \qquad (9\text{-}36)$$

(4) CD 边界——此处为沸腾换热面，并且属于大容积沸腾，在 $p = 0.2 \times 10^5 \sim 98 \times 10^5 \text{Pa}$ 饱和蒸气压下，水的沸腾换热系数为

$$\alpha_3 = 45.8 p^{0.5}(T_w - T_f)^{2.33} \qquad (9\text{-}37)$$

式中，p 为液体的饱和压力。

(5) DE 边界——可当作绝热边界处理，即

$$\frac{\partial T}{\partial z} = 0, \quad Q = 0 \qquad (9\text{-}38)$$

因此，主方程式(9-30)连同边界条件式(9-31)~式(9-38)便构成了管板温度场

问题的完整方程组。显然该方程组可用数值方法进行求解。最后应指出的是，本章参考文献[71]给出了关于锅炉换热计算的更多叙述，可供读者进一步参考。

9.4 气相爆炸与粉尘爆炸

所谓爆炸是大量能量（即物理能量或化学能量）在瞬间迅速释放或急剧转化为功、机械、光、热等能量形态的现象，是物质的一种快速膨胀过程。爆炸可分为物理爆炸和化学爆炸，前者在爆炸过程中只发生物理状态的变化，例如锅炉爆炸、雷电、地震、高速碰撞等；后者在爆炸过程中既有物理变化，又有化学变化，例如炸药爆炸、瓦斯爆炸、粉尘爆炸等。气体和粉尘爆炸是工业爆炸灾害的重要形式，它是一种非点源的爆炸，与炸药爆炸有很大区别。这类燃烧爆炸变化的范围很宽广，从速度量级来看，常见碳氢化合物的气体燃料与空气在化学当量配比下得到的混合物其基本燃烧速度为 0.5m/s 的量级，而同样燃料混合物转变成爆轰时，其波阵面传播速度可达 2000m/s 的量级，速度变化跨 4 个数量级。从压力量级来看，从气体燃烧到固体含能材料的爆轰，这时压力变化跨 6 个数量级。气体和粉尘燃烧爆炸的模式大致有四种：①定压燃烧；②爆燃；③定容爆炸；④爆轰。

定压燃烧是无约束的敞开型燃烧。定压燃烧的一个特征参量为定压燃烧速度，或称基本燃烧速度，它取决于燃料的输运速率与反应速率。对于大多数烃类燃料与空气的混合物，其典型的基本燃烧速度为 0.5m/s 量级；而烃类燃料与氧的混合物，其基本燃烧速度要比前者高一个数量级。

爆燃是一种带有压力波的燃烧。与定压燃烧不同的是带有压力波的产生。对于定压燃烧，这时系统的压力是恒定的，它不可能产生压力波。然而，当燃烧阵面后边界有约束或者障碍时，波阵面两侧就建立起一个压力差，这个压力差（或称压力扰动）以当地的声速向前传播，这就是压力波。显然，压力波传播的速度比燃烧阵面（又称火焰阵面）快，它在燃烧阵面的前面，因此也称为前驱压力波。所以爆燃是由前驱压力波与后随的燃烧阵面构成的一种不稳定状态的燃烧波。

定容爆炸是燃料混合物在给定容积的刚性容器中均匀地同时点火所发生的燃烧过程，这是一个理想的模型，实际情况是不可能均匀地同时点火的。在定容爆炸过程中，容器体积保持不变，密度也不变，而压力则随着燃烧释放的化学能的增加而增加。大多数烃类燃料与空气的混合物在定容爆炸时其爆炸压力大约为初始压力的 7~8 倍。

爆轰是气体或粉尘燃烧爆炸的最高形式，爆轰波是带有化学反应的冲击波。跨过波阵面时,压力与密度都要突增。爆燃与爆轰的本质区别在于前者为亚声速流动,而后者为超声速流动。

在下面的章节中,本书仅讨论气相爆炸和粉尘爆炸,而不涉及其他类型的爆炸。

9.4.1 气相爆炸

图 9-9 给出了爆燃波的示意图。当一个理想的火焰阵面从点火源向外扩展时,由于火焰阵面两侧面状态发生突变,形成了一个比火焰传播速度快的压缩波,此压缩波阵面便为前驱冲击波阵面。

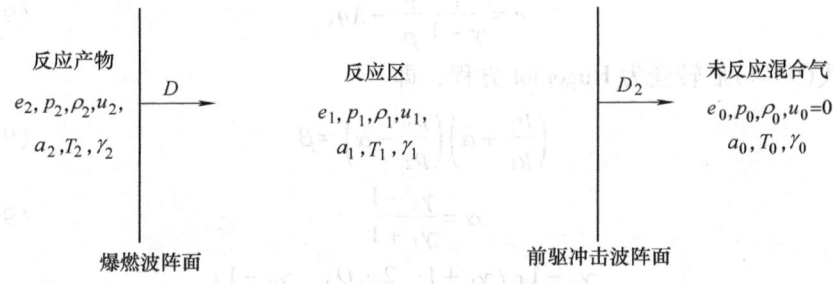

图 9-9 爆燃波示意图

图中,e、p、ρ、u、a、T 与 γ 分别表示内能、压力、密度、速度、声速、温度与比热容比;下标 0、1 与 2 分别表示未反应区、反应区与反应产物区。以下以一维情况为例,由质量守恒定律,有

$$\rho_1(D-u_1) = \rho_2(D-u_2) = m \tag{9-39}$$

式中,D 为波阵面的速度。

由动量守恒定律,有

$$p_1 + \rho_1(D-u_1)^2 = p_2 + \rho_2(D-u_2)^2 \tag{9-40}$$

由能量守恒定律,有

$$e_1 + \frac{p_1}{\rho_1} + \frac{(D-u_1)^2}{2} = e_2 + \frac{p_2}{\rho_2} + \frac{(D-u_2)^2}{2} \tag{9-41}$$

由于伴有化学反应,内能 e 的改变不仅与压力 p 以及比体积 v(即 $1/\rho$)有关,而且还与 λ 有关,这里 λ(又称为化学反应进展度)表示反应产物在总物质中占有的质量分数。如果把 e 看成单纯的热力学内能与化学能的结合,即

$$e(p,v,\lambda) = e(p,v) + e(\lambda) \tag{9-42}$$

$$e(\lambda) = (1-\lambda)q_V \tag{9-43}$$

式中,q_V 为单位质量的爆炸气体完全反应时释放的热量。

于是将式(9-42)与式(9-43)代入式(9-41)便得到

$$e_2 - e_1 = \frac{1}{2}(p_2 + p_1)\left(\frac{1}{\rho_1} - \frac{1}{\rho_2}\right) + q_V \qquad (9\text{-}44)$$

由式(9-39)与式(9-40)可得到 Rayleigh 方程,即

$$\frac{p_2}{p_1} - 1 = \gamma_1 Ma_1\left(1 - \frac{\rho_1}{\rho_2}\right) \qquad (9\text{-}45)$$

式中,Ma_1 为火焰阵面相应于反应区的马赫数,即

$$Ma_1 = \frac{D - u_1}{a_1} \qquad (9\text{-}46)$$

对于多方气体,有

$$e = \frac{1}{\gamma - 1}\frac{p}{\rho} - \lambda q_V \qquad (9\text{-}47)$$

代入式(9-44)后转变为 Hugoniot 方程,即

$$\left(\frac{p_2}{p_1} + \alpha\right)\left(\frac{\rho_1}{\rho_2} - \alpha\right) = \beta \qquad (9\text{-}48)$$

这里

$$\alpha = \frac{\gamma_2 - 1}{\gamma_1 + 1} \qquad (9\text{-}49)$$

$$\beta = \frac{\gamma_2 - 1}{\gamma_2 + 1}\left[\left(\frac{\gamma_1 + 1}{\gamma_1 - 1} + \frac{2\gamma_1 Q}{a_1^2}\right) - \frac{\gamma_2 - 1}{\gamma_2 + 1}\right] \qquad (9\text{-}50)$$

显然,式(9-45)与式(9-48)联立求解便可得到火焰阵面后的参数。

值得注意的是,可燃性气体或者蒸气与空气组成的混合物并不是任何混合比例下都可以燃烧或爆炸的,混合物的比例不同,则燃烧的速度也不同。实验已经表明:当混合物中可燃气体含量接近于化学当量比时,燃烧最快。如果含量减少或增加,火焰蔓延速度则降低,当浓度低于或高于某一极限时,火焰便不再蔓延。可燃气体(或蒸气)与空气组成的混合物能使火焰蔓延的最低浓度,称为该气体(或蒸气)的爆炸下限,同样,能使火焰蔓延的最高浓度,称为爆炸上限。上限与下限之间的可燃气体范围,称为爆炸极限。影响爆炸极限的主要因素归纳起来共有以下六点:

(1) 初始温度。混合物的初始温度越高,则爆炸极限范围越宽。温度越高,反应速度加快,反应时间缩短,使爆炸反应越容易发生。

(2) 初始压力。一般压力增大,则爆炸极限扩大;反之则范围缩小。

(3) 含氧量。含氧量增加,一般对爆炸下限影响不大,但上限会显著提高。

(4) 惰性介质及杂质。随着混合气中惰性气体量的增加,对上限的影响较之对下限的影响更为显著。

(5) 点火源。点火源的能量、热表面的面积、火源与混合物的接触时间等对爆炸极限均有影响。

(6) 容器。容器的材质、尺寸等对物质的爆炸极限均有影响。

综上所述，爆炸极限不是一个固定的常数，而是随着各种因素而变化的。很显然，有效的掌握物质的爆炸极限，对安全生产与管理十分必要[72~74]。

9.4.2 粉尘爆炸

第一次有记载的粉尘爆炸发生在1785年意大利的一个面粉厂，至今已有200多年。随着现代工业的发展，尤其是粉尘工程的发展，如塑料、有机合成、粉末金属工业等，粉尘爆炸事故频繁发生。1952~1979年的28年间，日本发生粉尘爆炸事故209起，死伤546人。美国在1970~1980年间有记载的工业粉尘爆炸有100起，平均每年因此事故而引起的直接财产损失为2000万美元（其中不包括粮食粉尘爆炸的损失）。美国劳工部统计，1977年一年就发生了21起粮食粉尘爆炸，65人致死，财产损失超过5亿美元。在我国，1987年3月15日的哈尔滨亚麻厂粉尘大爆炸，一次就死伤230多人。因此，粉尘爆炸机理的研究引起了世界各国的普遍关注。

通常粉尘可分为可燃粉尘和不可燃粉尘。根据可燃粉尘的爆炸特性又可分为活性粉尘与非活性粉尘，例如火炸药和烟火剂粉尘都属于活性粉尘，而金属、煤、粮食、塑料及纤维粉尘都属于非活性粉尘。

1. 粉尘爆炸的主要过程

粉尘爆炸的过程非常复杂，受很多物理因素的影响，其爆炸过程可以用图9-10大致给出，主要过程如下：

（1）粉尘粒子表面通过热传导和热辐射，从点火源获得点火能量，使表面温度急剧升高。

（2）粒子表面的分子，由于热分解或干馏作用，在粒子周围生成气体。

（3）这些气体与空气混合生成爆炸性混合气体，遇火便会产生火焰。

（4）粉尘粒子本身从表面一直到内部相继发生熔融和气化，容易迸发微小的火花，于是便成为周围未燃烧的粉尘的点火源，导致粉尘着火，从而扩大了爆炸范围。

（5）由于燃烧产生的热量，更进一步的促进了粉尘的分解，不断地放出可燃气体与空气混合，使得火焰进一步往外传播和扩展。

因此，粉尘爆炸实质上就是气体爆炸。

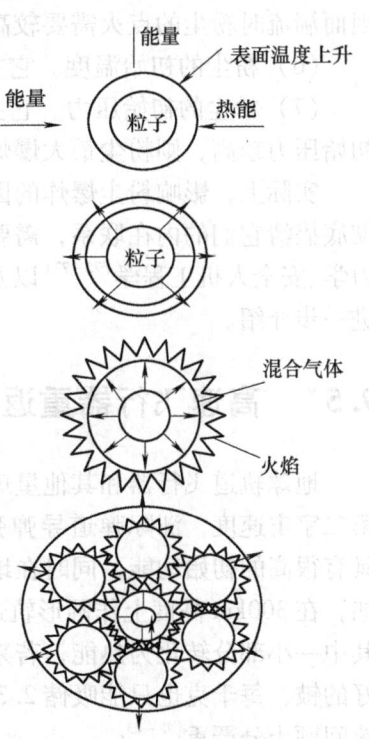

图9-10 粉尘爆炸过程

而使粉尘粒子表面温度上升的原因主要是热辐射的作用。这点与气体爆炸不同,因为气体燃烧热的供给主要靠热传导。本书因篇幅所限,详细的热辐射分析不再给出。

2. 影响粉尘爆炸的因素

影响粉尘爆炸的因素很多,总体可概括出如下几个方面:

(1) 粉尘的化学性质。它既能影响爆炸的热力学参数,又能影响爆炸的动力学特性。通常燃烧热越大的物质越易引起爆炸;另外,越是容易带电的粉尘越易引起爆炸。

(2) 湿度的影响。粉尘的湿度主要影响粉尘的点火敏感度和爆炸强度。实验发现:湿度能降低粉尘的点火敏感度,湿度的增加降低了粉尘的爆炸强度。

(3) 粉尘粒径与表面积的影响。一般来说,粉尘粒径越小,它的爆炸危险性就越大。

(4) 粉尘浓度的影响。粉尘的浓度主要是影响了点火敏感度与爆炸速率,在常温常压下,粉尘的最小点火能以及爆炸速率已不是常数,而都是关于粉尘浓度的函数。

(5) 湍流度的影响。在粉尘的点火过程中,湍流的作用加强了对流过程,因而湍流时粉尘的点火需要较高的能量。

(6) 粉尘的初始温度。它主要对最小点火能量有影响。

(7) 粉尘的初始压力。它主要影响粉尘最大爆炸压力的变化过程,通常初始压力越高,则粉尘最大爆炸压力也就越高,两者呈线性的变化趋势。

实际上,影响粉尘爆炸的因素还有很多,并且影响的机理也十分复杂,要彻底搞清它们的内在联系,需要依赖于多个学科(例工程热力学、传热学、流体力学、安全人机工程学[75~77]以及材料学、爆炸理论等)的相互合作,本书不再进一步介绍。

9.5* 高速飞行器重返大气层时的热防护

地球轨道飞行器和其他星球探测器(如月球探测器),再入速度约为第一、第二宇宙速度,洲际弹道导弹弹头的再入速度为 7km/s 左右。再入时飞行器具有很高的初始动能,同时在地球引力场中,还具有所在高度上的位势能。例如,在 300km 高度上作圆形轨道飞行的飞行器其动能约为 $3 \times 10^4 kJ/kg$,如果其中一小部分转化为热能,若采用热沉式防热手段,显然即使选用吸热材料最好的铍,每千克也只能吸储 $2.34 \times 10^3 kJ$ 的热量,因此,高速飞行器的气动加热问题十分严重[78~83]。

高速飞行器的热防护问题是高速飞行中面临的重要难题之一,许多宇航飞行器重返大气层时气流的滞止温度高达10000k，为了使飞行器免于烧毁，烧蚀防热是常用的一种手段，本节从传热与传质的角度分析这种防护措施的物理与化学机理。

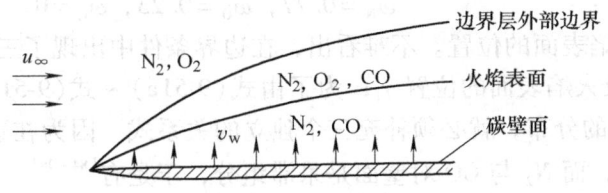

图9-11 烧蚀冷却的简化模型

图9-11给出了烧蚀冷却的简化模型。分析时引进了如下假设：①低速、常物性、二维层流边界层；②大气中的O_2与石墨升华后碳的相互作用，生成CO；③化学反应速率比扩散速度快得多，因此可以认为燃烧过程集中在某一个薄层内进行，这一薄层可以简化为一个火焰表面；④边界层外主流中大气的成分为N_2和O_2，它们的质量分数（其定义见式(8-2)）分别为$w_{N_2}=0.77$与$w_{O_2}=0.23$；⑤火焰表面内发生的是完全燃烧过程，即严格按照$2C+O_2=2CO$进行化学反应，因此使得火焰表面内的边界层中混合物的组分只有N_2、C和CO，而火焰表面外的边界层中只有N_2、O_2和CO组分。由于化学反应集中发生在火焰表面，因此火焰表面的内、外边界层均可以按无化学反应的层流边界层进行处理，这时火焰表面仅仅作为一个边界条件，它把内层与外层互相联系起来。

9.5.1 烧蚀问题中边界层的传质计算

在常物性的假设下，可以认为流动过程的换热与传质过程是彼此无关的（即认为是非耦合的）。为方便起见，首先研究质量传递过程。对于图9-12所示的边界层，组分为C、O_2、N_2和CO，于是借助于组分扩散方程在本节的约定下，式(8-39)简化为

$$u\frac{\partial \omega_C}{\partial x}+v\frac{\partial \omega_C}{\partial y}=D\frac{\partial^2 \omega_C}{\partial y^2} \quad (9\text{-}51a)$$

$$u\frac{\partial \omega_O}{\partial x}+v\frac{\partial \omega_O}{\partial y}=D\frac{\partial^2 \omega_O}{\partial y^2} \quad (9\text{-}51b)$$

$$u\frac{\partial \omega_N}{\partial x}+v\frac{\partial \omega_N}{\partial y}=D\frac{\partial^2 \omega_N}{\partial y^2} \quad (9\text{-}51c)$$

$$\omega_C+\omega_O+\omega_N+\omega_{CO}=1 \quad (9\text{-}51d)$$

这里仍假定每一组分的扩散系数均相等并且都等于D，式(9-51a)～式(9-51d)适用于边界层的内、外层，

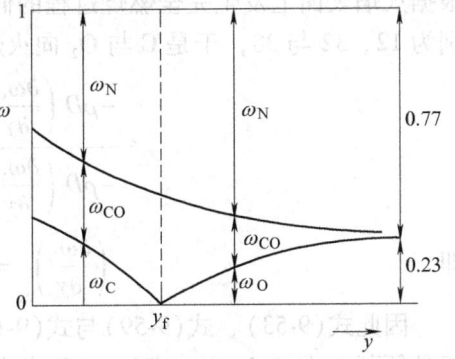

图9-12 边界层内组分的质量分数分布

边界条件为

$$y = 0: \quad \omega_N = \omega_{N,w}, \quad \omega_O = 0, \quad \omega_C = \omega_{C,w} \quad (9\text{-}52a)$$

$$y = y_f(\text{火焰表面}): \quad \omega_O = 0, \quad \omega_C = 0 \quad (9\text{-}52b)$$

$$y = \infty: \quad \omega_N = 0.77, \quad \omega_O = 0.23, \quad \omega_C = 0 \quad (9\text{-}52c)$$

式中，y_f 为火焰表面的位置。不难看出，在边界条件中出现了三个未知数，即 $\omega_{N,w}$、$\omega_{C,w}$ 以及火焰表面的位置 y_f；为了由式(9-51a)～式(9-51d)中解出 ω_C、ω_O、ω_N 与 ω_{CO} 的分布，就必须补充三个独立的关系式。因为在边界层内层中，碳是单向扩散，而 N_2 与 CO 对壁面是呆滞组分，于是有[84~98]

$$n_{N,w} = -\rho D \left(\frac{\partial \omega_N}{\partial y}\right)_w + \rho v_w \omega_{N,w} = 0 \quad (9\text{-}53)$$

$$n_{CO,w} = -\rho D \left(\frac{\partial \omega_{CO}}{\partial y}\right)_w + \rho v_w \omega_{CO,w} = 0 \quad (9\text{-}54)$$

式中，$n_{\alpha,w}$ 为元素 α 的质量份额，即每公斤总混合物中，α 元素的公斤数（这里 α 为 N 或者 CO）；将上面两式相加得到

$$-\rho D \left[\left(\frac{\partial \omega_N}{\partial y}\right)_w + \left(\frac{\partial \omega_{CO}}{\partial y}\right)_w\right] + \rho v_w (\omega_{N,w} + \omega_{CO,w}) = 0 \quad (9\text{-}55)$$

在壁面上应该有

$$\omega_{N,w} + \omega_{CO,w} + \omega_{C,w} = 1 \quad (9\text{-}56)$$

或

$$\omega_{N,w} + \omega_{CO,w} = 1 - \omega_{C,w} \quad (9\text{-}57)$$

将式(9-57)对 y 求偏导数便得到

$$\left(\frac{\partial \omega_N}{\partial y}\right)_w + \left(\frac{\partial \omega_{CO}}{\partial y}\right)_w = -\left(\frac{\partial \omega_C}{\partial y}\right)_w \quad (9\text{-}58)$$

于是将式(9-57)与式(9-58)代入式(9-55)后得到

$$\rho D \left(\frac{\partial \omega_C}{\partial y}\right)_w + \rho v_w (1 - \omega_{C,w}) = 0 \quad (9\text{-}59)$$

根据火焰表面上发生完全燃烧过程的假定以及 C、O_2 与 CO 的相对分子质量分别为 12、32 与 28，于是 C 与 O_2 向火焰表面的扩散速率之比为

$$\frac{-\rho D \left(\frac{\partial \omega_O}{\partial y}\right)_{y_f}}{-\rho D \left(\frac{\partial \omega_C}{\partial y}\right)_{y_f}} = \frac{32}{24} = \frac{4}{3}$$

即

$$\left(\frac{\partial \omega_C}{\partial y}\right)_{y_f} = \frac{3}{4} \left(\frac{\partial \omega_O}{\partial y}\right)_{y_f} \quad (9\text{-}60)$$

因此式(9-53)、式(9-59)与式(9-60)就是所需要的三个补充附加关系式。于是便可由式(9-51a)～式(9-51d)求出各组分质量分数的分布。

引进相似变量 η 及无量纲质量分数 θ，其定义如下

$$\left.\begin{array}{c}\eta = y\sqrt{\dfrac{\rho u_\infty}{\mu x}}, \quad \eta_f = y_f\sqrt{\dfrac{\rho u_\infty}{\mu x}} \\ \theta_j \equiv \dfrac{\omega_j - (\omega_j)_w}{(\omega_j)_\infty - (\omega_j)_w}, \quad (j = \mathrm{N,O,C})\end{array}\right\} \quad (9\text{-}61)$$

于是式(9-51a)~式(9-51c)以及三个附加关系式变换为

$$(\theta'')_j + \dfrac{1}{2}S_C(\theta')_j f = 0, \quad (j = \mathrm{N,O,C}) \quad (9\text{-}62)$$

$$\left.\begin{array}{c}(\omega_{\mathrm{N},\infty} - \omega_{\mathrm{N,w}})\theta'_{\mathrm{N,w}} = -\dfrac{1}{2}\omega_{\mathrm{N,w}}f_w S_C \\ \omega_{\mathrm{C,w}}\theta'_{\mathrm{C,w}} = \dfrac{1}{2}(1-\omega_{\mathrm{C,w}})f_w S_C \\ \omega_{\mathrm{C,w}}\theta'_{\mathrm{C,f}} = -\dfrac{3}{4}\omega_{\mathrm{O},\infty}\theta'_{\mathrm{O,f}}\end{array}\right\} \quad (9\text{-}63)$$

式中，"'"表示对 η 求导；S_C 为施密特数；f 为布拉修斯(Blasius)方程 $f''' + \dfrac{1}{2}ff'' = 0$ 的解；f_w 定义为

$$f_w = -v_w\sqrt{\dfrac{\rho x}{2\mu u_\infty}} \quad (9\text{-}64)$$

边界条件为

$$\left.\begin{array}{l}\eta = 0: \ \theta_\mathrm{N} = 0, \ \theta_\mathrm{O} = 0, \ \theta_\mathrm{C} = 0 \\ \eta = \eta_f: \quad\quad\quad \theta_\mathrm{O} = 0, \ \theta_\mathrm{C} = 1 \\ \eta = \infty: \ \theta_\mathrm{N} = 1, \ \theta_\mathrm{O} = 1, \ \theta_\mathrm{C} = 1\end{array}\right\} \quad (9\text{-}65)$$

因此，由主方程组式(9-62)与式(9-63)以及边界条件式(9-65)便可得到 $\omega_{\mathrm{C,w}}$、$\omega_{\mathrm{N,w}}$ 及 y_f 的值。另外，还可得到边界层内各组分质量分数(即 ω_N、ω_C 与 ω_O)的分布(见图 9-12)。

图 9-13 给出了喷注参量 $\tilde{\beta}$ 与无量纲边界层厚度 $\eta_{0.99}$(即以 $0.99u_\infty$ 为边界层定义的 η 值)间的曲线以及 $\tilde{\beta}$ 与无量纲火焰表面位置 η_f 间的曲线，这里 $\tilde{\beta}$ 定义为

$$\tilde{\beta} = \dfrac{v_w}{u_\infty}\sqrt{\dfrac{\rho u_\infty x}{\mu}} \quad (9\text{-}66)$$

显然由图 9-13 可知，$\tilde{\beta}$ 的数值小于 0.05 时，火焰面就在石墨表面上；当 $\tilde{\beta} > 0.05$ 时火焰表面逐渐离开石墨表面且

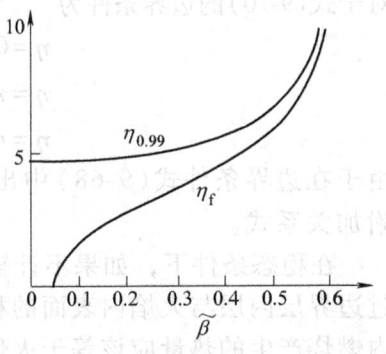

图 9-13 $\tilde{\beta}$ 与 η_f 间的变化曲线

随着 $\tilde{\beta}$ 的增大，η_f 值也增大。

9.5.2 烧蚀问题中边界层的传热计算

以 T_1 与 T_2 分别表示边界层内层与外层（以火焰表面为分界）的温度，于是能量方程式(8-43)变为

$$u\frac{\partial T_1}{\partial x} + v\frac{\partial T_1}{\partial y} = \beta\frac{\partial^2 T_1}{\partial y^2} \tag{9-67a}$$

$$u\frac{\partial T_2}{\partial x} + v\frac{\partial T_2}{\partial y} = \beta\frac{\partial^2 T_2}{\partial y^2} \tag{9-67b}$$

边界条件为

$$\left.\begin{aligned} y=0&: T_1=T_w \\ y=y_f&: T_1=T_{y_f}, \ T_2=T_{y_f} \\ y=\infty&: T_2=T_\infty \end{aligned}\right\} \tag{9-68}$$

式中，β 为热扩散率。

引入无量纲温度 θ_1 与 θ_2，其定义为

$$\theta_1 \equiv \frac{T_1 - T_w}{T_{y_f} - T_w}, \qquad \theta_2 \equiv \frac{T_\infty - T_{y_f}}{T_2 - T_{y_f}} \tag{9-69}$$

于是式(9-67a)与式(9-67b)分别变为

$$\left.\begin{aligned} \theta''_1 + \frac{1}{2}fPr\ \theta'_1 &= 0 \\ \theta''_2 + \frac{1}{2}fPr\ \theta'_2 &= 0 \end{aligned}\right\} \tag{9-70}$$

式中 Pr 为普朗特数；f 满足 Blasius（布劳修斯）方程，即

$$f''' + \frac{1}{2}ff'' = 0 \tag{9-71}$$

对于式(9-70)的边界条件为

$$\left.\begin{aligned} \eta=0&: \theta_1=0 \\ \eta=\eta_f&: \theta_1=1, \ \theta_2=0 \\ \eta=\infty&: \theta_2=1 \end{aligned}\right\} \tag{9-72}$$

由于在边界条件式(9-68)中出现了新的变量 T_{y_f}，故需要补充关于 T_{y_f} 的附加关系式。

在稳态条件下，如果不计辐射换热，且考虑火焰表面厚度很薄，则通过边界层内层与火焰内表面的相交界面导热进入的热量，再加上火焰表面内燃烧产生的热量应该等于火焰外表面与边界层外层的相交界面上传导出的热量，即

$$-\lambda\left(\frac{\partial T_1}{\partial y}\right)_{y_f} - \rho D\left(\frac{\partial \omega_C}{\partial y}\right)_{y_f} H^* = -\lambda\left(\frac{\partial T_2}{\partial y}\right)_{y_f} \quad (9\text{-}73)$$

式中，H^* 为单位质量的 C 生成 CO 时的燃烧热。上式可变换为

$$(T_{yf} - T_w)\theta'_{1,yf} - (T_\infty - T_{yf})\theta'_{2,yf} = \frac{Le}{c_p} H^* \omega_{C,w} \theta'_{C,yf} \quad (9\text{-}74)$$

式中，Le 为路易斯数，其定义见式 (8-31)。于是式(9-70)、式(9-72)以及式(9-74)便构成了边界层温度场求解的基本方程组及边界条件。图 9-14 给出了边界层内的温度分布。显然，在边界层内的温度分布求出后，则通过壁面的热流密度便可以由傅里叶定律确定，即

$$\begin{aligned} q_w &= -\lambda\left(\frac{\partial T_1}{\partial y}\right)_w \\ &= -\lambda(T_{yf} - T_w)\theta'_{1,w} \end{aligned} \quad (9\text{-}75)$$

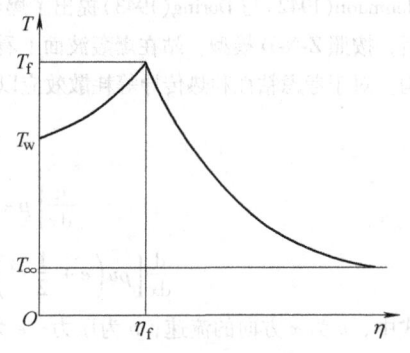

图 9-14 边界层内的温度分布

习　题

9-1 描述火灾的完整模型应该包括哪些参数？为什么？

9-2 谈一下你所了解的模拟大火蔓延的计算机软件，能否使用软件完成单元房卧室着火后热烟气运动的情况？

9-3 试给出毒气泄漏后气体扩散所满足的方程？假设毒气泄漏后其浓度分布服从高斯分布，试分析毒气泄漏 3min 后毒气所蔓延的面积？

9-4 试分析余热锅炉中管板温度场数值求解时的边界条件？能否用 FORTRAN 语言或 C 语言编制求解式(9-30)及相应边界条件的二维温度场源程序？

9-5 什么是爆炸极限？影响气体爆炸极限的主要因素是什么？

9-6 粉尘爆炸的主要过程是什么？影响粉尘爆炸的主要因素是什么？

9-7 从方程组式(9-62)、式(9-63)以及边界条件式(9-65)出发，利用 FORTRAN 语言或 C 语言编制求解上述方程组的源程序并给出烧蚀问题中平板边界内组分的质量分数分布曲线。

9-8 从式(9-70)、式(9-72)以及式(9-74)出发，利用 FORTRAN 语言或 C 语言编制上述方程组的源程序并给出烧蚀问题中平板边界层内的温度分布曲线。

9-9* 本章分 5 小节扼要介绍了传热学在工程中的应用，显然，仅有这些内容是很不够的，读者还可以从本章参考文献[99,100]等中看到另外一些应用实例。事实上仅航空、航天以及爆炸技术为例所涉及的传热问题就非常多，例如微重力环境下单相对流传热的 Marangoni 流动[101]、航天器的热控技术[102]、相变材料储能[103]、火箭发动机推力室的冷却技术[104~106]、航空发动机高温叶片冷却技术[107]、红外探测技术在军事及安全等领域的应用[108,109]、超高速碰撞动力学问题[110]、航天器与宇宙空间高速粒子(包括空间碎片(space debris 或者 orbital debris)等)间的超高速碰撞[111]以及工程爆破技术[112]等。以爆破为例，

爆炸是自然界中经常发生的一种现象[113~125]，广义地讲，爆炸是一种极为迅速的物理或化学的能量释放过程。它能形成极高的能量密度，并能迅速转化对外界介质做机械功或者形成能的辐射与压力突跃，即形成冲击波（在气体动力学中，冲击波常称为激波）的传播等。而这种压力突跃正是爆炸破坏作用的直接原因，因此，认识爆轰的结构，弄清其传播的机制，摸清爆炸过程中高温辐射的规律都十分重要。早在 20 世纪 40 年代 Zeldovich(1940)、van Neumann(1942) 与 Doring(1943) 提出了爆轰波的 Z-N-D 模型。在爆轰波的传播进入稳定状态后，按照 Z-N-D 模型，站在爆轰波面上看，其反应区内被认为是一种一维层流的定常流动结构。对于考虑粘性和热传导等耗散效应以及含化学反应的一维定常流动方程组可写为

$$\frac{d}{dx}(\rho u) = 0 \tag{1}$$

$$\frac{d}{dx}\left[p + \rho u^2 - \frac{4}{3}\mu \frac{du}{dx}\right] = 0 \tag{2}$$

$$\frac{d}{dx}\left[\rho u\left(e + \frac{1}{2}u^2\right) + pu - \frac{4}{3}\mu u \frac{du}{dx} - \lambda \frac{dT}{dx}\right] = 0 \tag{3}$$

式中，u 为 x 方向的流速；p 为压力；e 为内能；μ 与 λ 分别为动力粘度与热导率。如果 μ、λ 为已知，而且认为 e 和温度 T 均为 p、ρ、ϑ 的已知函数，即

$$e = e(p,\rho,\vartheta) \tag{4}$$

$$T = T(p,\rho,\vartheta) \tag{5}$$

其中，$\vartheta = (\vartheta_1, \vartheta_2, \cdots, \vartheta_n)$ 为 n 个化学反应进程变量，它满足 n 个反应速率方程，即

$$\frac{d\vartheta}{dt} = r(p,\rho,\vartheta) \tag{6}$$

因此，上述定常反应流的方程组便有 $n+3$ 个方程构成，并且这时需求解的未知量有 p、ρ、u 以及 ϑ_1、ϑ_2、$\cdots$、ϑ_n，共 $n+3$ 个，如果把坐标系取在爆轰波阵面上（这里令爆轰波的波速为 D），并且忽略爆轰反应区的粘性与热传导的影响，试推导此时定常反应流方程组的形式并编程。

参 考 文 献

[1] 崔克清，张礼敬，陶刚. 安全工程与科学导论[M]. 北京：化学工业出版社，2004.

[2] Kuo K K, Summerfield M. 固体推进剂燃烧基础：上、下册[M]. 北京：宇航出版社，1994.

[3] Williams F A. 燃烧理论[M] 2 版. 庄逢辰，杨本濂，译. 北京：科学出版社，1990.

[4] Williams F A, Huang N C, Barrere M. 固体推进剂火箭发动机的基本问题：上、下册[M]. 京固群，译. 北京：国防工业出版社，1976.

[5] Spalding D B. 燃烧理论基础[M]. 曾求凡，译. 北京：国防工业出版社，1964.

[6] Spalding D B. 燃烧与传质[M]. 常弘哲，张连方，叶懋权，译. 北京：国防工业出版社，1984.

[7] 周力行. 燃烧理论和化学流体力学[M]. 北京：科学出版社，1986.

[8] 傅维镳，张永廉，王清安. 燃烧学[M]. 北京：高等教育出版社，1989.

[9] 张斌全. 燃烧理论基础[M]. 北京：北京航空航天大学出版社，1990.

[10] Classman. 燃烧学[M]. 赵惠富,译. 北京:科学出版社,1983.
[11] Beer J M. 燃烧空气动力学[M]. 陈熙,译. 北京:科学出版社,1979.
[12] Kuo K K. 燃烧原理[M]. 陈义良,张孝春,孙慈,译. 北京:航空工业出版社,1992.
[13] 曲作家,张振铎,孙思诚. 燃烧理论基础[M]. 北京:国防工业出版社,1989.
[14] 石俊华. 燃烧理论基础[M]. 哈尔滨:哈尔滨船舶工程学院出版社,1992.
[15] 顾恒祥. 燃料与燃烧[M]. 西安:西北工业大学出版社,1993.
[16] 王克秀,季葆萱,吴心平. 固体火箭推进剂及燃烧[M]. 北京:国防工业出版社,1983.
[17] 王守范. 固体火箭发动机燃烧与流动[M]. 北京:北京工业学院出版社,1987.
[18] 胡双启,张景林. 燃烧与爆炸[M]. 北京:兵器工业出版社,1992.
[19] 张平,孙维申,眭英. 固体火箭发动机原理[M]. 北京:北京理工大学出版社,1992.
[20] 莱兹别格 Б А,叶罗欣 Б Т,沙姆索诺夫 К П. 固体火箭系统工作过程的理论基础[M]. 刘光宇,梅其志,译. 北京:国防工业出版社,1984.
[21] 钱申贤. 燃气燃烧原理[M]. 北京:中国建筑工业出版社,1989.
[22] 张仁. 固体推进剂的燃烧与催化[M]. 长沙:国防科技大学出版社,1992.
[23] 王应时,范维澄,周力行,徐旭常. 燃烧过程数值计算[M]. 北京:科学出版社,1986.
[24] 王伯羲,冯增国,杨荣杰. 火药燃烧理论[M]. 北京:北京理工大学出版社,1997.
[25] 霍然. 工程燃烧概论[M]. 合肥:中国科学技术大学出版社,2001.
[26] Nelson H E. FPETOOL:Fire protection engineering tools for hazard estimation:NISTIR 4380[R]. MD:National Institute of Standards and Technology,1990.
[27] Cooper L Y,Stroup W D. ASET-A computer program for calculating available safety egress time[J]. Fire Safety Journal,1985,9:29-45.
[28] Peacock R D,Jones W W,Forny C L. An update guide for Hazard 1:NISTIR 5410 [R]. MD:National Institute of Standards and Technology,1994.
[29] Bukowski R W,Peacock R D,Jones W W. Technical reference guide for the Hazard 1:fire Hazard assessment method [R]. MD:National Institute of Standards and Technology,1991.
[30] Forney G P,Cooper L Y. The consolidated compartment fire model(CCFM)computer code application CCFM:NISTIR 4342~4344. MD:National Institute of Standards and technology,1990.
[31] 霍然,胡源,李元洲. 建筑火灾安全工程导论[M]. 合肥:中国科学技术大学出版社,1999.
[32] 霍然,袁宏永. 性能化建筑防火分析与设计[M]. 合肥:安徽科学技术出版社,2003.
[33] 范维澄,王清安,张人杰,等. 火灾科学导论[M]. 武汉:湖北科学技术出版社,1993.

[34] 范维澄，王清安，姜冯辉，等．火灾学简明教程[M]．合肥：中国科学技术大学出版社，1995．

[35] 伍作鹏．消防燃烧学[M]．北京：中国建筑工业出版社，1994．

[36] 陈莹．工业防火与防爆[M]．北京：中国劳动出版社，1994．

[37] 伍作鹏，李书田．建筑材料火灾特性与防火保护[M]．北京：中国建筑工业出版社，1999．

[38] 吴龙标，袁宏永．火灾探测与控制工程[M]．合肥：中国科学技术大学出版社，1999．

[39] 陈保胜．城市与建筑火灾[M]．上海：同济大学出版社，2001．

[40] 张树平．建筑防火设计[M]．北京：中国建筑工业出版社，2001．

[41] 韩占先，徐宝林，霍然．降伏火魔之术[M]．济南：山东科学技术出版社，2001．

[42] 日本建筑省．建筑物综合防火设计[M]．孙金香，高伟，译．天津：天津科学翻译出版公司，1994．

[43] 杨立中．工业热安全工程[M]．合肥：中国科学技术大学出版社，2001．

[44] 安得烈，斯坦标林努．工业火焰的燃烧过程[M]．北京：机械工业出版社，1983．

[45] 田兰，曲和鼎，蒋永明．化工安全技术[M]．北京：化学工业出版社，1993．

[46] 冯长根．热爆炸理论[M]．北京：科学出版社，1988．

[47] 北京工业学院八系．爆炸及其作用[M]．北京：国防工业出版社，1979．

[48] Bartknecht W．爆炸过程和防护措施[M]．何宏达，译．北京：化学工业出版社，1985．

[49] 赵衡阳．气体和粉尘爆炸原理[M]．北京：北京理工大学出版社，1996．

[50] 李翼祺，马素贞．爆炸力学[M]．北京：科学出版社，1992．

[51] 周听清．爆炸动力学及其应用[M]．合肥：中国科学技术大学出版社，2001．

[52] 张俊秀，刘光烈，刘桂涛．爆炸及其应用技术[M]．北京：兵器工业出版社，1998．

[53] Keith Gugan．容器外可燃蒸气云爆炸[M]．孙方震，侯耀先，译．北京：化学工业出版社，1985．

[54] 黄恒栋．高层建筑火灾安全概论[M]．成都：四川科学技术出版社，1992．

[55] 蒋永琨．国内外火灾与爆炸事故1000例[M]．成都：四川科学技术出版社，1986．

[56] 常贵宁，刘吉东．工业泄漏与治理[M]．北京：中国石化出版社，2001．

[57] 李民权，曹德扬，等．工业污染事故评价技术手册[M]．北京，中国环境科学出版社，1992．

[58] 陈学俊．锅内过程[M]．北京：中国工业出版社，1961．

[59] 林宗虎，陈立勋．锅内过程[M]．西安：西安交通大学出版社，1990．

[60] 冯俊凯，沈幼庭．锅炉原理及计算[M]．2版．北京：科学出版社，1992．

[61] 杨世铭，陈大燮．传热学[M]．北京：中国工业出版社，1965．

[62] 秦裕琨．炉内传热[M]．北京：机械工业出版社，1992．

[63] 陈学俊，陈听宽．锅炉原理[M]．北京：机械工业出版社，1982．

[64] 周强泰，黄素逸．锅炉与热交换器传热强化[M]．北京：水利电力出版社，1991．

[65] 黄德懋．锅炉水动力学及锅内传热[M]．北京：机械工业出版社，1982．

[66] 布洛赫. 锅炉炉内换热[M]. 贾鸿祥, 译. 西安: 西安交通大学出版社, 1988.
[67] 田子平. 大型锅炉装置及其原理[M]. 上海: 上海交通大学出版社, 1997.
[68] 张永照. 工业锅炉[M]. 北京: 机械工业出版社, 1982.
[69] 古大田, 方子风. 废热锅炉[M]. 北京: 化学工业出版社, 2002.
[70] 北京有色金属设计研究总院. 余热锅炉[M]. 北京: 冶金工业出版社, 1982.
[71] 锅炉热力机组计算标准方法[M]. 北京锅炉厂设计科, 译. 北京: 机械工业出版社, 1976.
[72] 武奋胜. 民用爆炸物品安全管理与应用技术[M]. 北京: 兵器工业出版社, 1997.
[73] 高永庭. 防火防爆工学[M]. 北京: 国防工业出版社, 1989.
[74] 北川彻三. 爆炸事故的分析[M]. 黄九华, 译. 北京: 化学工业出版社, 1984.
[75] 王保国, 王新泉, 刘淑艳, 霍然. 安全人机工程学[M]. 北京: 机械工业出版社, 2007.
[76] McCormick E J, Sanders M S. Human factors in engineering and design[M]. New York: McGraw-Hill, 1982.
[77] Mekjavic I B, Banister E W, Morrison J B. Environmental Ergonomics[M]. New York: Taylor & Francis, 1988.
[78] Anderson J D. Hypersonic and high temperature gas dynamics[M]. New York: McGraw-Hill Book Company, 1988.
[79] 卞荫贵, 钟家康. 高温边界层传热[M]. 北京: 科学出版社, 1986.
[80] 卞荫贵, 徐立功. 气动热力学[M]. 合肥: 中国科学技术大学出版社, 1997.
[81] 王保国, 刘淑艳, 黄伟光. 气体动力学[M]. 北京: 北京理工大学出版社, 等, 2005.
[82] 王保国, 黄伟光. 高超声速气动热力学[M]. 北京: 科学出版社, 2008.
[83] Bertin J J. Hypersonic Aerothermodynamics[M]. Washington: American Institute of Aeronautics and Astronautics, 1994.
[84] 杨世铭. 传热学[M]. 北京: 高等教育出版社, 1981.
[85] 王绍亭, 陈涛. 动量、热量与质量传递[M]. 天津: 天津科学技术出版社, 1986.
[86] 利德森(Lydersen A L). 实用工程传质学[M]. 顾彦和, 汪锡安, 译. 上海: 上海科学技术文献出版社, 1987.
[87] 夏雅君. 工程传质学[M]. 北京: 机械工业出版社, 1985.
[88] 王启杰. 对流传热传质分析[M]. 西安: 西安交通大学出版社, 1991.
[89] W M 凯斯, M E 克拉福特. 对流传热与传质[M]. 北京: 科学出版社, 1986.
[90] 李汝辉. 传质学基础[M]. 北京: 北京航空学院出版社, 1987.
[91] 杨强生. 对流传热与传质[M]. 北京: 高等教育出版社, 1985.
[92] 王补宣. 工程传热传质学: 上、下册[M]. 北京: 科学出版社, 1998.
[93] Sherwood T K, Pigford R L, Wilke C R. Mass transfer[M]. New York: McGrall Hill, 1975.
[94] Edwards D K, Denny V E, Mills A F. Transfer processes—An introduction to diffusion, convection and radiation[M]. New York: McGraw Hill, 1979.

[95] Spalding D B. Convective mass transfer[M]. London: Edward Arnold Publishers, 1963.
[96] Bennett C O, Myers J E. Momentum, heat, and mass transfer[M]. 3th ed. New York: McGraw-Hill, 1982.
[97] Welty J R, Wicks C E, Wilson R E. Fundamentals of momentum, heat, and mass transfer[M]. New York: John Wiley & Sons, 1976.
[98] Eckert, E R G, Drake R M. Analysis of heat and mass transfer[M]. New York: McGrall-Hill, 1972.
[99] Holman J P. Heat Transfer[M]. 9th ed. New York: McGraw-Hill, 2002.
[100] 陶文铨. 传热学[M]. 西安: 西北工业大学出版社, 2006.
[101] 胡文瑞, 徐硕昌. 微重力流体力学[M]. 北京: 科学出版社, 1999.
[102] 闵桂荣, 郭舜. 航天器的热控制[M]. 北京: 科学出版社, 1998.
[103] 张寅平, 胡汉平, 孔祥冬. 相变储能[M]. 合肥: 中国科学技术大学出版社, 1996.
[104] 加洪 T T. 液体火箭发动机结构设计[M]. 任汉芬, 颜子初, 译. 北京: 宇航出版社, 1992.
[105] 刘国球. 液体火箭发动机原理[M]. 北京: 宇航出版社, 1993.
[106] 耿连锁, 方正西, 马德义. 液体火箭发动机原理[M]. 北京: 宇航出版社, 1995.
[107] 葛绍岩, 刘登瀛, 徐靖中. 气膜冷却[M]. 北京: 科学出版社, 1985.
[108] 刘景生. 红外物理[M]. 北京: 兵器工业出版社, 1992.
[109] 徐南荣, 卞南华. 红外辐射与制导[M]. 北京: 国防工业出版社, 1997.
[110] Kinslow R. High-Velocity Impact Phenomena[M]. New York: Academic Press, 1970.
[111] 张庆明, 黄风雷. 超高速碰撞动力学引论[M]. 北京: 科学出版社, 2000.
[112] 刘清荣. 控制爆破[M]. 武汉: 华中工学院, 1986.
[113] 鲍姆. 爆炸物理学[M]. 众智, 译. 北京: 科学出版社, 1963.
[114] 捷里多维奇. 冲击波理论及气体动力学理论[M]. 吴伯泽, 译. 北京: 国防工业出版社, 1963.
[115] 格鲁什卡 H D, 韦肯 F. 爆轰的气体动力学理论[M]. 周光泉译. 北京: 科学出版社, 1986.
[116] 泽尔道维奇, 康巴涅耶茨. 爆震原理[M]. 徐华舫, 译. 北京: 高等教育出版社, 1958.
[117] 郑哲敏. 爆炸加工[M]. 北京: 国防工业出版社, 1981.
[118] 徐更光. 炸药性质与应用[M]. 北京: 北京理工大学出版社, 1991.
[119] 钱伟长. 穿甲力学[M]. 北京: 国防工业出版社, 1984.
[120] 孙锦山, 朱建士. 理论爆轰物理[M]. 北京: 国防工业出版社, 1995.
[121] 冯长根. 小尺寸微通道爆轰学[M]. 北京: 化学工业出版社, 1999.
[122] 章冠人, 陈大年. 凝聚炸药起爆动力学[M]. 北京: 国防工业出版社, 1991.
[123] 德莱明 A H. 凝聚介质中的爆轰波[M]. 沈金华, 译. 北京: 原子能出版社, 1986.
[124] 张宝平, 张庆明, 黄风雷. 爆轰物理学[M]. 北京: 兵器工业出版社, 2001.
[125] 恽寿榕, 赵衡阳. 爆炸力学[M]. 北京: 国防工业出版社, 2005.

第 10 章

数值传热学初步及相关计算软件简介

计算传热学是用数值方法求解传热问题的一门科学[1~21]⊖,是传热学学科领域的一个分支,它与计算流体力学、计算燃烧学等分支相互依存、相互促进。在现代工程技术(如能源、机械、动力、冶金、化工、交通、制冷、空调、电子、航天、建筑、材料、食品等)中,传热学的作用越来越大,计算传热学的发展也越来越迅速。应当指出:计算传热学当前不可能全部替代传热学的实验研究,对未能建立起微分方程式的问题,实验传热学是唯一能够给出研究结果的重要方法。因此,实验传热学、分析传热学(即传热学的理论分析)以及计算传热学三者相辅相成,构成了发展传热学科的三种最基本的研究方法。

本章首先扼要介绍数值传热学与计算流体力学之间的关联与区别,接着给出流动与传热问题的统一方程组与定解条件,最后扼要介绍常用的计算传热方面的软件。

10.1 数值传热学与计算流体力学之间的关联与区别

计算流体力学(Computational Fluid Dynamics,CFD)[22~31]与计算传热学(Computational Heat Transfer,CHT)间的关系正如流体力学与传热学的关系那样既有联系又有区别。正如不能认为流体力学可以涵盖传热学与燃烧学等学科一样,也不能认为计算流体力学可以包括传热学与燃烧学等研究领域。在 CFD 中对于无粘流动,人们十分重视改善激波的捕捉质量与提高激波的分辨率;而对于粘性流动,流场里涡系的分布规律以及熵增的分布和损失分布格外关注。在 CHT 中,无论是稳定的或非稳定的热传导问题,其分析问题的着眼点都放在能量方程上,而对于对流传热与传质问题,无论是强迫对流传热与传质,还是自然对流换热与传质,都必须从连续方程、动量方程、能量方程以及质量组分方程出发,对基本方程组进行统一联立求解。对 CHT 中的热辐射问题,往

⊖ 该数字对应本章参考文献的序号,下同。

往要求解微分与积分型的偏微分方程,数值求解的技巧性要求较高。更重要的是,热辐射往往与导热、对流等现象同时存在,所以要耦合求解这个复杂的传热体系是很困难的。因此,把计算流体力学与计算传热学看成是既相互联系贯通但又有区别的两个研究领域是合适的。

10.2 流动与传热控制方程组的统一形式及定解条件

10.2.1 基本控制方程组的统一形式

1. 连续方程

$$\frac{\partial \rho}{\partial t} + \nabla \cdot (\rho V) = 0 \tag{10-1}$$

或

$$\frac{\mathrm{d}\rho}{\mathrm{d}t} + \rho \nabla \cdot V = 0 \tag{10-2}$$

2. 运动方程(又称动量方程)

$$\frac{\partial}{\partial t}(\rho V) + \nabla \cdot (\rho VV) = \nabla \cdot \boldsymbol{\sigma} + \rho \boldsymbol{f} \tag{10-3}$$

式中,$\boldsymbol{\sigma}$ 为应力张量;$\boldsymbol{f}$ 为体积力。

在直角笛卡尔坐标系 (x, y, z) 中,则有

x 方向:
$$\frac{\partial(\rho u)}{\partial t} + \nabla \cdot (\rho u V) = \nabla \cdot (\mu \nabla u) - \frac{\partial p}{\partial x} + S_1 + \rho f_1 \tag{10-4a}$$

y 方向:
$$\frac{\partial(\rho v)}{\partial t} + \nabla \cdot (\rho v V) = \nabla \cdot (\mu \nabla v) - \frac{\partial p}{\partial y} + S_2 + \rho f_2 \tag{10-4b}$$

z 方向:
$$\frac{\partial(\rho w)}{\partial t} + \nabla \cdot (\rho w V) = \nabla \cdot (\mu \nabla w) - \frac{\partial p}{\partial z} + S_3 + \rho f_3 \tag{10-4c}$$

式中,$S_i (i=1,2,3)$ 的表达式为

$$S_i = \frac{\partial}{\partial x}\left(\mu \frac{\partial u}{\partial x_i}\right) + \frac{\partial}{\partial y}\left(\mu \frac{\partial v}{\partial x_i}\right) + \frac{\partial}{\partial z}\left(\mu \frac{\partial w}{\partial x_i}\right) + \frac{\partial}{\partial x_i}(\mu' \nabla \cdot V) \tag{10-5}$$

式中,μ' 为第二动力粘度;u、v、w 为在 x、y、z 方向上速度 V 的分速度。

3. 能量方程

$$\frac{\partial(\rho h)}{\partial t} + \nabla \cdot (\rho h V) = -kp\nabla \cdot V + \Phi + \nabla \cdot (\lambda \nabla T) + q_V \tag{10-6}$$

式中,h 为焓;Φ 为耗散函数[32,33];q_V 为能量释放率;k 为流体的比热容比。

在流动与传热问题中,本章参考文献[3,7]等常采用如下通用形式

$$\frac{\partial(\rho \phi)}{\partial t} + \nabla \cdot (\rho V \varphi) = \nabla \cdot (\Gamma_\phi \nabla \phi) + S_\phi \tag{10-7}$$

式中,ϕ 为通用变量,它可以表示 u、v、w、T 等求解变量;Γ_ϕ 为广义扩散系

数；S_ϕ 为广义源项。

当流动与换热过程还伴随着质交换现象时，则上述基本方程组中还应当增加组分守恒定律。设组分 l 的质量百分数为 ω_l，在引入质扩散的 Fick 定律后，得到

$$\frac{\partial(\rho\omega_l)}{\partial t} + \nabla \cdot (\rho\omega_l V) = \nabla \cdot (\Gamma_l \nabla \omega_l) + q_l \qquad (10\text{-}8)$$

式中，Γ_l 为组分 l 的扩散系数；q_l 为单位体积内组分 l 的产生率 [kg/(s·m³)]。显然，式(10-8)也可以纳入式(10-7)的形式中。

最后应该指出，在传热学的三种热量传递方式中，流体的导热和对流可以由上述基本控制方程组来描述。如果流体本身是辐射性的介质（例如高温烟气），这时不相邻的流体微团之间以及流体与壁面之间存在着辐射换热作用，因此，除了考虑导热与对流之外，辐射换热不能省略，在这种情况下，基本控制方程组的形式要有变化。因篇幅所限，本章将不涉及这方面的问题。

10.2.2 初始条件与边界条件

定解条件的提法在流体力学问题的研究中是件十分困难的事情[34~39]，在传热学问题中更是如此。本节不详细讨论定解条件提法的适定性，而仅结合具体问题对初始条件与边界条件予以概述。

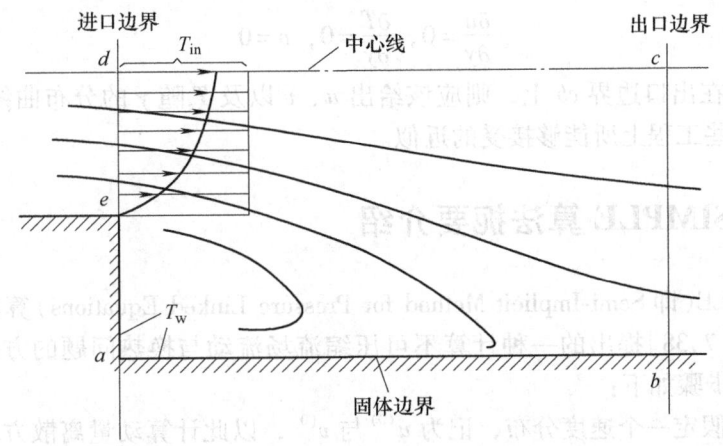

图 10-1 突扩区域内流动与换热问题的计算域

图 10-1 给出了突扩区域内流动与换热问题的计算域，图中 de 为进口边界，cb 为出口边界，ae 与 ab 为固体边界。对于非稳态（又称非定常）流动与换热问题，进口边界上的初始条件必须给定，对稳态问题则不需要给初始条件。

对于稳态问题中的边界条件，现简述如下：

(1) 在固壁边界上，速度可以取无滑移边界条件，即在固壁边界上，流体的速度等于固体表面的速度，当固壁表面静止时，有

$$u=0,\ v=0,\ w=0 \tag{10-9}$$

(2) 在固壁表面上，可以分三种情况：

1) 给定固体壁温 T_w 时，在不考虑温度恢复因子的情况下，可认为流体壁温 T_f 与之相等，即

$$T_f = T_w \tag{10-10}$$

上式称第一类边界条件(即规定了边界上的温度值)。

2) 给定通过单位壁面积的热流密度 q_w 时，则可规定

$$-\left(\lambda \frac{\partial T}{\partial n}\right)_f = q_w \tag{10-11}$$

其中 $(\partial T/\partial n)_f$ 是沿壁面外法线方向上流体的温度梯度。上式称为第二类边界条件(即规定了边界上的热流密度)。

3) 第三类边界条件规定了边界上物体与周围流体之间的表面传热系数 α 以及周围流体的温度 T_f，这时边界条件为

$$-\left(\lambda \frac{\partial T}{\partial n}\right)_f = \alpha(T_w - T_f) \tag{10-12}$$

式中，$(\partial T/\partial n)_f$ 的含义同式(10-11)。

(3) 在中心线 cd 上，有

$$\frac{\partial u}{\partial y}=0,\ \frac{\partial T}{\partial y}=0,\ v=0 \tag{10-13}$$

(4) 在出口边界 cb 上，则应该给出 u、v 以及 T 随 y 的分布曲线。当然，也可作一些工程上所能够接受的近似。

10.3 SIMPLE 算法扼要介绍

SIMPLE(即 Semi-Implicit Method for Pressure Linked Equations)算法是本章参考文献[7,38]提出的一种计算不可压缩流场流动与换热问题的方法，该算法的主要步骤如下：

(1) 假定一个速度分布，记为 $u^{(0)}$ 与 $v^{(0)}$，以此计算动量离散方程中的系数与常数项。

(2) 假定一个压力场 p^*，然后依次由两个方向上的动量方程求出 u^* 与 v^*。

(3) 通过压力修正方程，得到 p'。

(4) 借助于 p' 值去计算新的速度值。

(5) 比较前后两轮迭代中速度的变化是否满足允差，如满足则认为迭代

收敛；如果不满足，则以新的速度值作为假定的 u^o 与 v^o 重复第(1)~(4)步。

以上给出的仅仅是 SIMPLE 算法的大致步骤，本章参考文献[14,40]中对 SIMPLE 系列的多种算法进行了详细比较和介绍，读者可进一步参阅。

10.4 计算传热学的有限元法、边界元法、有限分析法以及有限体积法

本节扼要介绍计算传热学的有限元、边界元、有限分析法以及有限体积法。对于航天以及大气物理研究中常用的求解辐射传输方程的实用软件，本书第 6.8 节已作扼要介绍，这里不再说明。

10.4.1 有限元法

有限元法(Finite Element Method)与有限差分法一样都是数值求解偏微分方程的有效方法[41~49]，它不仅用于流体力学问题的数值计算，而且也用于传热学问题的求解。有限元方法解题的大体步骤如下(以二维为例说明)：

(1) 对计算域进行单元的划分(又称剖分)，可剖分成一系列的三角形单元或四边形单元。
(2) 在单元面上构造插值函数，并注意形状函数(或型函数)的选取。
(3) 计算单元刚度矩阵。
(4) 合成，形成总体刚度矩阵。
(5) 注意嵌入边界条件。
(6) 归纳为一个线性代数方程组，可采用迭代法或者消去法求解。

值得注意的是，有限元法形成的总体刚度矩阵，具有如下三大特点[45,46]：
1) 对称正定性。
2) 高度稀疏性。
3) 非零元素分布的规则性；因此可以采用变带宽存储以节省计算机内存。

10.4.2 边界元法

边界元法(Boundary Element Method)是继有限元法之后发展起来的一种新方法[50~54]。这种方法的基本思想是通过格林公式或权余法，将求解域上的偏微分方程转换成边界上的积分方程。然后再经过离散，最终化为代数方程组进行求解。它与有限差分法或有限元法相比，计算所需的结点数明显减少，所需的计算存储量和计算工作量也都较少，而且还有较高的计算精度。

边界元法的主要特点是：①将求解域上的问题化为边界问题，使问题的维

数降低;②将偏微分方程转化为积分方程,然后再用有限元法进行求解;③便于求解无界域及某些复杂问题。

10.4.3 有限分析法

有限分析法(Finite Analytic Method)是20世纪80年代初发展起来的一种数值方法[55]。这种方法区别于有限体积法的基本之点是,离散方程是通过求解计算区域内的一个简化了的控制方程的分析解而建立的:这个分析解中包含了节点上未知函数的值,把整个求解域上各个子区域的分析解联立起来,就得出了关于节点上未知值的一组代数方程组。有限分析法与有限差分法(或有限体积法)的最大区别在于建立离散方程的方法不同[56],而建立了离散方程后的求解方法可以认为与有限体积法基本一致[57]。

10.4.4 有限体积法

有限体积法(Finite Volume Method)是从描写流动与传热问题的守恒型控制方程组出发,即

$$\frac{\partial U}{\partial t} + \frac{\partial f_1}{\partial x} + \frac{\partial f_2}{\partial y} + \frac{\partial f_3}{\partial z} = VIS + S \quad (10\text{-}14)$$

式中,VIS 与 S 分别代表粘性项与源项。将式(10-14)对单元体积分,便得到

$$\frac{\partial}{\partial t}\iiint_{\Omega} U \mathrm{d}\Omega + \oiint_{\partial\Omega} \boldsymbol{F} \cdot \boldsymbol{n} \mathrm{d}\Omega = \iiint_{\Omega} (VIS + S) \mathrm{d}\Omega \quad (10\text{-}15)$$

式中

$$\left.\begin{array}{l} U = [\rho,\rho u,\rho v,\rho w,e]^T \\ \boldsymbol{F} = f_1\boldsymbol{i} + f_2\boldsymbol{j} + f_3\boldsymbol{k} \\ \boldsymbol{n} = n_x\boldsymbol{i} + n_y\boldsymbol{j} + n_z\boldsymbol{k} \end{array}\right\} \quad (10\text{-}16)$$

不同的作者与学派,对式(10-15)中 $\oiint_{\partial\Omega} \boldsymbol{F} \cdot \boldsymbol{n} \mathrm{d}\Omega$ 项的计算有所不同;同时不同格式精度对该项的计算方式也各不相同,因此便派生出各式各样不同精度、不同处理方式的有限体积法(如 McDonald,MacCormack,Patankar,Spalding,Jameson[58,59]等人)。显然,它们的数学处理技巧差异很大。

目前,有限体积法在计算流体力学的领域里正向着高精度、高分辨率、非结构网格的方向发展[60,61];同样,在计算传热学的领域里,不断地提高格式的精度,发展高阶格式,发展非结构网格下的快速高效算法[62~66]同样应该是努力的目标与方向。

10.5 计算传热学中常用的商业软件简介

本节扼要介绍国内高校或科研机关已经应用的有关传热传质计算的商业软件。

10.5.1 PHOENICS 软件

英国的 PHOENICS（即 Parabolic, Hyperbolic or Elliptic Numerical Integration Code Series）是 Spalding 教授及其合作者开发的用于流动传热计算的大型通用软件，1981 年首次投入市场。软件中采用的一些基本算法，如 SIMPLE 方法、混合格式等都是 Spalding 以及 Patankar 等人提出的；对两相流问题纳入了 IPSA 及 PSI-Cell（粒子跟踪法）；在代数方程组的求解上采用了点迭代、块迭代技术。由于该软件上市较早，因而在工业领域应用，在其算例库中已收入了 600 多个算例。目前，已有 PHOENICS 的 1.4 版可从互联网下载。

10.5.2 STAR-CD 软件

英国的 STAR-CD（即 Simulation of Turbulent Flow in Arbitrary Region）是基于有限体积法的一个通用软件。该软件在网格生成方面，可采用非结构化的网格，单元的形状可以是六面体、四面体、三角形截面的棱柱体；在差分格式方面，纳入了一阶迎风、二阶迎风、QUICK 格式等；在湍流模型方面，纳入了 RNG k-ε 模型等湍流模式。STAR-CD 是求解流动、传热与燃烧方面问题的大型通用软件。

10.5.3 FLOW-3D 软件

美国的 FLOW-3D 软件可以用于多孔介质的流动、耦合传热问题，可采用 VOF 方法处理自由表面的流动等，它所采用的湍流模型有：Prandtl 混合长理论、k-ε 模型、大涡模拟（LES）等。差分格式有一阶和二阶格式。FLOW-3D 是基于有限体积法的软件。

10.5.4 FLUENT 软件

美国的 FLUENT 软件是继 PHOENICS 软件之后第二个投入市场的有限体积法的软件，在网格生成方面，它有结构化网格与非结构化网格两个版本。该软件在速度与压力的耦合上，采用 SIMPLEC 算法；在湍流模型上有 k-ε 模型、Reynolds 应力（RSM）模式等；在辐射传热的计算、燃烧过程、多组分介质的化学反应过程等方面都具有相应的功能；具有非结构生成及其在该网格上进行多重网格求解方面的能力。

10.5.5 CFX 软件

英国的 CFX 软件的前身是 CFDS-FLOW3D，于 1991 年推出，属于有限体积算法，可以用于多相流、气体燃烧与热辐射方面的计算，并具有处理移滑网格方面的功能。瑞典的 Volvo 汽车公司在汽车外型设计中就采用了 CFX 软件进行汽车外型流场的计算。

10.5.6 FIDAP 软件

美国的 FIDAP（即 Fluid Dynamics Analysis Package）软件是 1983 年推出的世界上第一个使用有限元法编制的软件，它具有计算两相流、凝固、熔化以及传热方面的功能，并且可以接受 ANSYS、ICEMCFD、PATRAN 等生成网格的软件所产生的网格数据。

习　题

10-1　试举例说明计算流体力学与计算传热学两者间的关联与区别？对于流体的对流与传热问题，它们满足连续方程、动量方程和能量方程，因此无论是计算流场问题还是计算对流换热问题，这时所用的基本方程组是相同的，那么在这种情况下应该如何理解前面提到的关联与区别呢？

10-2　试由能量方程

$$\rho \frac{dh}{dt} = \frac{dp}{dt} + \Phi + \nabla \cdot (\lambda \nabla T) + q_v \tag{1}$$

证明式(4-22)成立，并指出完成这一证明所应引入的条件。式中，h、Φ 与 q_v 分别代表焓、耗散函数与能量释放率。

10-3　对于二维、定常、不可压缩、无粘流动，在直角坐标系下写出这种流动状态时式(10-7)的具体表达形式。

10-4　在 SIMPLE 算法中，压力修正方程的建立是非常关键的一步，试说明压力修正方法的基本思想以及实现这种算法的主要步骤。

10-5　在有限元方法中，采用线性插值函数或高次插值函数对格式的精度会带来什么影响呢？能否举例具体说明之。

10-6　边界元方法与有限元方法相比，其计算量为什么会大大减少呢？

10-7　对于突扩管道流动问题（见图 10-1），有人说某商业软件真好，计算这类管道的粘性流动时，无论划分的网格多么稀疏，只要任意选定一种湍流模式就能用该软件算出流场的分布并能够计算出此时壁面处的热流密度分布。你认为这个人的说法正确吗？为什么？请从网格雷诺数以及湍流模式两个方面分析热流密度的分布，并从热流密度的定义出发说明得到壁面上正确热流密度值的具体要求。

10-8　为什么使用流动与换热计算的商业软件时，要求使用者应具备流体力学与传热学方面的基础知识呢？请结合具体算例说明之。

10-9 辐射传热主要由发射过程、传输过程及吸收、反射和散射过程所组成。发射的随机性、吸收的选择性以及传递过程中本身伴随着发射、吸收、散射的性质，使整个过程的处理变得十分复杂。例如辐射传递方程（式(6-129)）是积分方程，求解较困难，但可以采用区域解法（zone method）、蒙特卡洛（Monte Carlo）方法、随即热流法（random heat flux method）等方法进行求解[18,20,67]。你能否选择上述任一种方法并借助于 FORTRAN 语言或 C 语言编程来具体求解式(6-129)？

10-10 换热器广泛地应用于电力、化工、炼油、制冷、低温、建材、冶金、环保等部门，利用强化传热技术[68~76]提高换热器的效率一直是人们努力的方向。本章参考文献[74]从流场与温度场相互配合的角度，提出了换热强化的场协同（field synergy 或 field coordination）思想，以下略作说明：以 $V(x,y,z)$ 与 $\nabla T(x,y,z)$ 分别表示速度场与温度梯度场，于是有

$$V \cdot \nabla T = |V| \cdot |\nabla T|\cos\alpha \tag{2}$$

式中，α 为速度场与温度梯度场间的夹角；当然 α 也应是 x，y，z 的函数。有关方面的研究初步表明：减小夹角 α 是强化对流换热的有效措施之一。

请用数值计算方法计算以下两种壁面条件下二维、定常、充分发展圆管流的 $\alpha(x,y,z)$ 场：①等壁温边界条件；②等热流边界条件。在这两种边界条件下，所计算的速度矢量与热流矢量的夹角为何有显著的不同？为什么？

10-11* 在大推重比、高负荷航空涡轮喷气发动机的高温涡轮部件研制中，气膜冷却技术是非常关键的技术之一。早在 20 世纪 80 年代，葛绍岩先生就亲自为中国科学技术大学近代力学系编写了气膜冷却方面的教材，之后又出版了专著[39]，为我国高温部件传热方面攻关提供了理论支撑。图 10-2 给出了燃气涡轮气冷叶片的结构示意图[77]。如果使用流动与传热方面的商业软件计算该叶片的绕流流场与叶片表面的温度场，在完成网格划分、湍流模式选择以及差分格式的选取上，应该注意些什么？为什么？请完成这一问题的具体算例。

10-12 20 世纪 60 年代问世的高效能导热元件热管，它的当量热导率比银和铜高 $10^3 \sim 10^4$ 倍。热管的传热能力如此之大引起了世界各国学者们的关注[78,79]。以马同泽先生为代表的我国科学家在中国科学院工程热物理研究所率先进行了热管技术的研究并取得了可喜的成就[78]。图 10-3 给出了热管结构及工

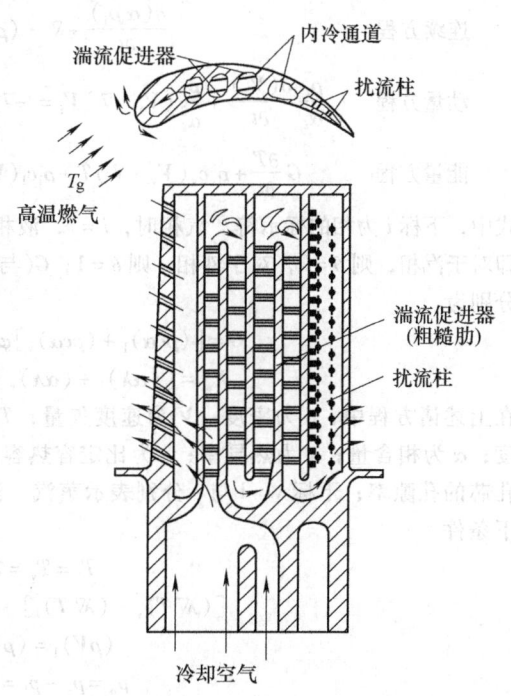

图 10-2 涡轮叶片的气膜冷却

作原理示意图。如果使用流动与传热方面的商业软件(如 CFX、STAR-CD、FLUENT、PHOE-NICS 等)计算图 10-3 所示的换热问题该如何进行呢？计算模型如何给出？计算区域如何划分？该给出哪些输入参数？将商业软件计算出的结果与传热学中所给出的换热公式作一比较，并结合这两者叙述传热学的实验研究[80]、理论分析[81]与数值计算[12~20]三者间的相互补充作用。

10-13* 两相毛细泵抽吸回路(Capillary Pumped Loop,简称 CPL)是一种利用工质的相变潜热传递热量的新型热控装置[82~84]，其原理是利用工质在蒸发器的毛细芯内部形成的汽液分界面，产生毛细抽吸力，推动工质在整个环路中的循环以实现热量传输的目的。与传统的热控系统相比，它具有不需要附加动力、传输距离远、传热功率大，而且具有高的传导性与高的等温性等优点，广泛地应用于卫星航天器热控以及电子元件的冷却领域。作为 CPL 关键部件之一的蒸发器是该系统的热负荷承受部件并为该系统提供驱动力，因此对蒸发器多孔芯中流动与换热问题的数值模拟引起了国内外学者们的重视[85~87]。这里采用体积平均法，并引进修正的 Darcy 定律，对多孔芯内的液相区和汽相区可分别建立如下的控制方程组

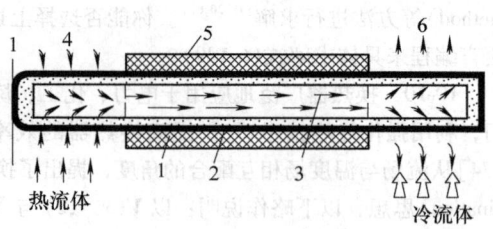

图 10-3 热管结构及工作原理的示意简图
1—管壳 2—吸液芯 3—工作液蒸气
4—加热段(蒸发段) 5—保温段 6—冷凝段

连续方程
$$\frac{\partial(\alpha_i \rho_i)}{\partial t} + \nabla \cdot (\rho_i \boldsymbol{V}_i) = 0 \tag{3}$$

动量方程
$$\frac{\rho_i}{\alpha_i}\frac{\partial(\boldsymbol{V}_i)}{\partial t} + \frac{\rho_i}{\alpha_i^2}(\boldsymbol{V}_i \cdot \nabla)\boldsymbol{V}_i = -\nabla p_i - \left[\frac{\mu_i}{\lambda_i} + \theta\frac{\rho_i c}{\sqrt{\beta}}|\boldsymbol{V}|\right]\boldsymbol{V}_i + \frac{\mu_i}{\alpha_i}\nabla^2 \boldsymbol{V}_i \tag{4}$$

能量方程
$$G\frac{\partial T}{\partial t} + \rho_v c_v(\boldsymbol{V}_v \cdot \nabla)T + \rho_l c_l(\boldsymbol{V}_l \cdot \nabla)T = \nabla \cdot (\lambda_{ef}\nabla T) \tag{5}$$

式中，下标 i 为相的标示符，汽相时，$i=v$，液相时，$i=l$；符号 θ 是关于相的开关函数，即对于汽相，则 $\theta=0$，对于液相，则 $\theta=1$；G(与热容有关)和有效热传导系数 λ_{ef} 的表达式分别为

$$G = [(\rho c \alpha)_l + (\rho c \alpha)_v]\varphi + (1-\varphi)(\rho c)_s \tag{6}$$

$$\lambda_{ef} = [(\alpha\lambda)_l + (\alpha\lambda)_v]\varphi + (1-\varphi)\lambda_s \tag{7}$$

在上述诸方程中，ρ 为密度；$\boldsymbol{V}$ 为速度矢量；T 为温度；p 为压强；μ 为流体的动力粘度；α 为相含量；λ 为热导率；c 为比定容热容；β 为流体的渗透率；t 为时间；φ 为多孔芯的孔隙率；下标 v、l 与 s 分别表示蒸汽、液相与固相。在汽液相变界面上满足如下条件

$$T_l = T_v = T_s \tag{8a}$$

$$[(\lambda\nabla T)_v - (\lambda\nabla T)_l] \cdot \boldsymbol{n} = (\rho\boldsymbol{V}) \cdot \boldsymbol{n}L \tag{8b}$$

$$(\rho\boldsymbol{V})_l = (\rho\boldsymbol{V})_v \tag{8c}$$

$$p_c = p_v - p_l = 2\sigma/r \tag{8d}$$

式中，L 为工质的汽化热；$\boldsymbol{n}$ 为相变界面的单位法矢量；p_c 为毛细压强；r 为多孔芯的孔隙

半径。

请用 SIMPLE 算法或商业软件(如 FLUENT)完成 CPL 蒸发器毛细芯中的流动与传热计算(即计算出速度矢量场、温度场等)并给出计算时用到的计算域边界条件(液相初始分布可取 $t=0$ 时,$\alpha_l = 0.611$)。

10-14* 在飞船以及载人飞行器的座舱、坦克舱以及轿车内,乘员的热舒适性是人们最为关注的问题之一[88~92]。多年来,已建立许多人体热舒适模型,其中大部分模型仅适用于评价均匀稳态热环境下人体的热舒适问题(如 Fanger 的 PMV(Predicted Mean Vote)模型)。然而在实际工程中非均匀热环境普遍存在,因此迫切要求研究非均匀热环境下人体热舒适评价模型[93~95]。现代的热舒适评价模型,要求精确地确定人体在非均匀热环境下各部位的皮肤温度[95~98],这意味着要求解热环境下空气流动的 N-S 方程[99,100]以及人体组织所满足的 Pennes 人体生物热方程[101]。对于人体生物热方程其表达式为

$$\rho c \frac{\partial T}{\partial t} = \nabla \cdot (\lambda \nabla T) + q_m + \dot{m}c_b(T_b - T) \tag{9}$$

式中,ρ 为人体的组织密度;c 为人体组织的比热容;T 为温度;t 为时间;λ 为人体组织的热导率;q_m 为单位体积组织内的代谢产热率[90];$\dot{m}$ 为单位体积组织内的血流量;c_b 为血液的比热容;T_b 为血液的温度。

为简单起见,这里仅考虑二维、柱坐标下生物热方程的求解形式,于是,式(9)简化为

$$\rho c \frac{\partial T}{\partial t} = \lambda \left(\frac{\partial^2 T}{r^2 \partial \theta^2} + \frac{\partial^2 T}{\partial r^2} + \frac{\partial T}{r \partial r} \right) + q_m + \dot{m}c_b(T_b - T) \tag{10}$$

式(10)选用的是 (r,θ) 柱坐标系。这时的边界条件为

径向($r = R_0$ 时) $\quad -\lambda \frac{\partial T}{\partial r} = q_c + q_r + q_e - q_{su}$ (11)

周向 $\quad T(2\pi) = T(0)$ (12)

这里 $r = R_0$ 处的温度为皮肤温度,记作 T_s;上述式中,q_c 为皮肤表面与外界热环境间的对流换热热流密度;q_r 为皮肤表面与外界热环境间的辐射换热热流密度;q_e 为皮肤表面与外界热环境间的蒸发散热热流密度;q_{su} 为太阳对人体的辐射的热流密度。显然,q_c、q_r、q_e 与 q_{su} 的计算又涉及人体的皮肤温度 T_s。此外,通常 q_c 的计算还与空气流场的计算有关。因此 T_s 的确定依赖于 N-S 方程与人体生物热方程的耦合求解。按照上述思路,请编制出非均匀热环境下考虑气体流动与人体生物热方程时人体皮肤温度 T_s 的计算框图。

10-15 在湍流研究中,发展了许多湍流模式(如一阶封闭模型、二阶封闭模型等)[102,36],而 S B Pope 提出的概率密度函数法(PDF)是众多湍流模式的优秀方法之一,它已成功地应用于低速流、跨声速流以及超声速流动的湍流计算并取得了很好的数值结果。近年来,这个方法又用于模拟高温化学反应流,用于研究湍流辐射的相互作用(TRI)并取得了可喜成果[103~107]。试根据本书第 6 章讲述的辐射传递方程(Radiative Transfer Equation,简称 RTE)的基础知识[108],结合 PDF 的思想,由能量守恒方程推出标量联合的 PDF 方程。

10-16* 随着纳米结构材料的制造与合成和微电子机械系统(MEMS)的飞速发展[109,110],在微尺度下的导热、对流与辐射问题已成为近年来研究的热点之一。微尺度导热是指发生在微秒或者纳秒量级的时间尺度上,以及微米或者纳米量级的空间尺度上的导

热现象[111]。由于微尺度导热过程的时间尺度与空间尺度都很小,甚至小于声子的驰豫时间或者平均自由程,因此宏观的导热定律已不再成立,而双曲型的热波方程[112,113]得到了发展。另外研究还发现:纳米颗粒之间的近场辐射换热所引起的能量交换要比远场辐射高出若干个数量级。此外,探讨求解吸收、发射、各向异性连续介质瞬态辐射传递方程的计算方法也在国内外展开[114~117]。在微槽道流动与换热的许多情况下,传统的 N-S 方程已不再有效,而基于非平衡分子动力学模拟方法[118]以及 Bird 提出的直接模拟蒙特卡罗 DSMC (Direct Simulation of Monte Carlo)方法[119,120]获得了很大发展。在研究微槽道流动问题时, Knudsen(克努森)数 Kn 仍是度量气体稀薄程度的重要参数[121~123]。Kn 的定义为

$$Kn = \frac{\lambda}{l} \tag{13}$$

式中,λ 为气体分子平均自由程;l 为通道的特征长度。

按照钱学森先生的建议,流动区域划分为四种:

① $Kn<0.01$ 时为连续介质流动,服从 Navier-Stokes 方程。

② $Kn=0.01~0.1$ 时为速度滑移和温度跳跃区域。在这个区域内虽然 N-S 方程、Fourier 关系和 Fick 扩散关系仍然可用,但在物面出现了速度滑移、温度跳跃和热滑移等现象;对这种流动,有时也称为小 Kn 数流动。

③ $0.1<Kn<10$ 时为过渡流动区域。这时气体分子的平均自由程与流动特征长度为同一量级,所以连续介质的假设不再成立,流动可以用 Boltzmann 方程[124]描述。

④ $Kn>10$ 时为自由分子流流动。在这个区域中,由于分子平均自由程远大于问题的特征长度,因此分子间的碰撞已不再重要,这一特征导致该问题的处理大大简化。当然,此时 Boltzmann 方程仍适用。

根据上面的理论介绍,请分析下面的实验数据。实验是针对内径分别为 19.8μm、14.5μm 和 10.1μm 的 3 个石英圆管(分别称为 No1、No2、No3 圆管)进行的,通道内径采用扫描电子显微镜(SEM)进行电镜测量。对于石英圆管其内表面认为是非常光滑的。图 10-4 与图 10-5 分别给出氦气和氮气作为工质流过上述 3 个圆管通道时,通道平均 Kn 数对摩擦

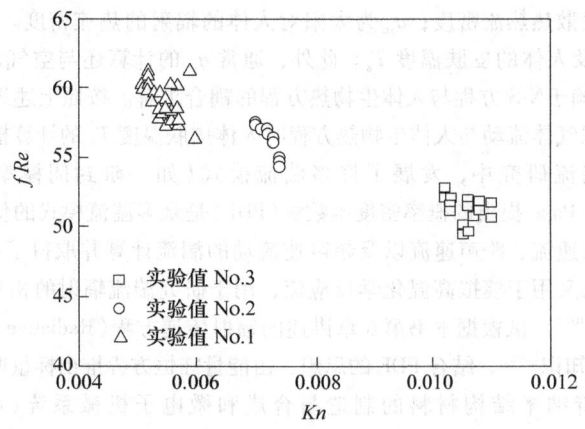

图 10-4　(fRe)与平均 Kn 的关系曲线(氦气)(一)

阻力系数的影响。对于 $0.001 < Kn < 0.1$ 的滑移区，考虑稀薄性的一阶速度滑移理论后，其预测公式为[125]

$$fRe = \frac{64}{1 + 8Kn(2 - \beta)/\beta} \quad (14)$$

式中，f 与 Re 分别为平均摩擦系数[126]与雷诺数；β 为动量调和系数。

请分别完成如下计算：

① 对氮气分别取 $\beta = 1.0$ 与 $\beta = 0.7$，作出 (fRe) 与平均 Kn 的关系曲线，然后与图10-4 的实验结果作比较。

② 对氮气，分别取 $\beta = 1.0$ 与 $\beta = 0.2$，作出 (fRe) 与平均 Kn 的关系曲线，然后与图 10-5 的实验结果作比较。

通过图 10-4 与图 10-5 的实验数据以及上面完成的预测计算结果，能否得出气体的稀薄性会导致微通道中流动阻力降低的结论？从上述完成的计算中，你可能已发现：有的 β 值与实验符合较好，而有的 β 值则偏差较大，请问到底该如何选择 β 值才能使预测值与实验值较接近？是否有规律？请问在常规下不可压缩流体的 (fRe) 是多少？

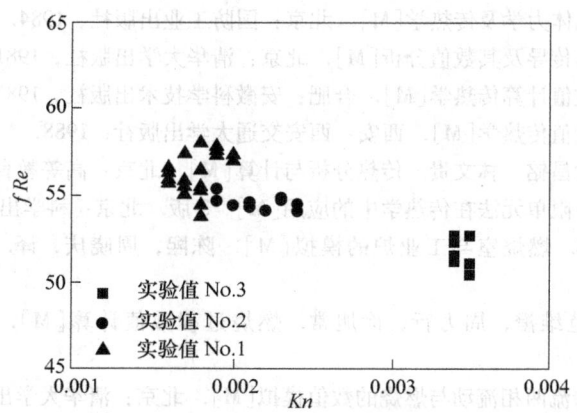

图 10-5　(fRe) 与平均 Kn 的关系曲线（氮气）（二）

10-17* 在自然科学与社会科学中，常采用模型(model)代替原型(prototype)，因此数学模型(mathematical modelling)的概念[127-129]便广为采用。应该指出：按照对模型结构的了解程度可以分为白箱模型、灰箱模型和黑箱模型。近年来迅速发展的模糊数学、灰色数学、系统辨识(system identification)、神经网络[130]和小波分析[131]等已成为后两种模型建模的重要数学工具。同样，这些方法在传热学与流体力学的某些模型处理中采用。文献[132、133]将小波分析、神经网络与 Pareto 遗传算法相结合，得到了可喜结果。试用神经网络方法编程求解复合换热问题（请不要用本书第 7 章讲述的理论方法）。

参 考 文 献

[1] Anderson D A, Tannehill J C, Pletcher R H. Computational fluid dynamics and heat transfer[M]. Washington D C: Hemisphere, 1984.

[2] Croft D R, Lilley D G. Heat transfer calculations using finite difference equations[M]. London: Applied Science Pub., 1977.

[3] Spalding D B. GENMIX-a general computer program for two-dimensional parabolic phenomena[M]. New York: Pergamon, 1977.

[4] Tannehill J C, Anderson D A, Pletcher R H. Computational fluid dynamics and heat transfer[M]. Second Edition. Washington D C: Hemisphere, 1997.

[5] Jaluria Y, Torrance K E. Computational heat transfer[M]. Washington: Hemisphere, 1986.

[6] Shyy W. Computational modeling for fluid flow and interfacial transport[M]. Amsterdam: Elsevier, 1994.

[7] Patankar S V. Numerical heat transfer and fluid flow[M]. New York: McGraw-Hill, 1980.

[8] Samarski A A, Vabishchevich P N. Computational heat transfer: Vol11, Vol12[M]. Chichester: John & Sons, 1995.

[9] Adams J A, 等. 传热学计算机分析[M]. 章靖武, 等译. 北京: 科学出版社, 1980.

[10] Shih T M. Numerical heat transfer[M]. New York: Hemisphere, 1984.

[11] 陈景仁. 流体力学及传热学[M]. 北京: 国防工业出版社, 1984.

[12] 俞昌铭. 热传导及其数值分析[M]. 北京: 清华大学出版社, 1981.

[13] 郭宽良. 数值计算传热学[M]. 合肥: 安徽科学技术出版社, 1987.

[14] 陶文铨. 数值传热学[M]. 西安: 西安交通大学出版社, 1988.

[15] 钱壬章, 俞昌铭, 林文贵. 传热分析与计算[M]. 北京: 高等教育出版社, 1987.

[16] 孔祥谦. 有限单元法在传热学中的应用[M]. 3版. 北京: 科学出版社, 1998.

[17] 卡里尔 E E. 燃烧室与工业炉的模拟[M]. 陈熙, 周晓庆, 译. 北京: 科学出版社, 1987.

[18] 王应时, 范维澄, 周力行, 徐旭常. 燃烧过程数值计算[M]. 北京: 科学出版社, 1989.

[19] 周力行. 湍流两相流动与燃烧的数值模拟[M]. 北京: 清华大学出版社, 1991.

[20] 范维澄, 万跃鹏. 流动及燃烧的模型与计算[M]. 合肥: 中国科学技术大学出版社, 1992.

[21] 郭鸿志, 张欣欣, 刘向军, 等. 传输过程数值模拟[M]. 北京: 冶金工业出版社, 1998.

[22] Anderson J D Jr. Computational fluid dynamics[M]. New York: McGraw-Hill, 1995.

[23] Fletcher C A J. Computational techniques for fluid dynamics[M]. Berlin: Springer-Verlag, 1988.

[24] Hirsch C. Numerical computation of internal and external flows[M]. John Wiley & Sons, 1988.

[25] Roach P J. Computational fluid dynamics[M]. 2nd ed. Albuquerque: Hermosa, 1982.

[26] 程心一. 计算流体动力学——偏微分方程的数值解法[M]. 北京: 科学出版社, 1984.

[27] 朱家鲲. 计算流体力学[M]. 北京: 科学出版社, 1985.

[28] 马铁犹. 计算流体动力学[M]. 北京: 北京航空学院出版社, 1986.

[29] 王保国，黄虹宾. 叶轮机械跨声速及亚声速流场的计算方法[M]. 北京：国防工业出版社，2000.
[30] 王保国，黄伟光. 高超声速气动热力学[M]. 北京：科学出版社，2008.
[31] 忻孝康，刘儒勋，蒋伯诚. 计算流体动力学[M]. 长沙：国防科技大学出版社，1989.
[32] 钱学森. 气体动力学诸方程[M]. 北京：科学出版社，1966.
[33] White F M. Fluid mechanics[M]. 3rd ed. New York：McGraw-Hill，1994.
[34] Batchelor G K. An introduction to fluid dynamics[M]. London：Cambrige University Press，1967.
[35] Cebeci T, Bradshaw P. Momentum transfer in boundary layers[M]. New York：McGraw-Hill Book Company，1977.
[36] 王保国，刘淑艳，黄伟光. 气体动力学[M]. 北京：国防科工委五校出版社，2005.
[37] 陈懋章. 粘性流体动力学基础[M]. 北京：高等教育出版社，2002.
[38] Patankar S V, Spalding D B. A calculation procedure for heat, mass and momentum transfer in three-dimensional parabolic flows[J]. International Journal of Heat and Mass Transfer，1972，15：1787-1806.
[39] 葛绍岩，刘登瀛，徐靖中. 气膜冷却[M]. 北京：科学出版社，1985.
[40] 陶文铨. 计算传热学的近代进展[M]. 北京：科学出版社，2000.
[41] Baker A J. Finite element computational fluid mechanics[M]. New York：McGraw-Hill，1983.
[42] Chung T J. Finite element analysis in fluid dynamics[M], New York：McGraw-Hill，1978.
[43] Girault V, Raviar P A. Finite element methods for Navier-Stokes equations[M]. Berlin：Springer，1986.
[44] K H 侯伯纳. 工程师用有限元素法[M]. 谢贻权，等译. 北京：机械工业出版社，1981.
[45] 复旦大学数学系. 有限元素法选讲[M]. 北京：科学出版社，1976.
[46] 李大潜，等. 有限元素法续讲[M]. 北京：科学出版社，1979.
[47] Ciarlet P G. 有限元素法的数值分析[M]. 蒋尔雄，等译. 上海：上海科学技术出版社，1978.
[48] 孔祥谦. 有限单元法在传热学中的应用[M]. 2版. 北京：科学出版社，1986.
[49] 章本照. 流体力学中的有限元方法[M]. 北京：机械工业出版社，1986.
[50] Brebbia C A. Recent advances in boundary element methods[C]. Proc. 1st Int. Conf. BEM，[s.l.]：Southampton Uni.，1978.
[51] 布雷拜 C A，沃克 S. 边界元法的工程应用[M]. 张治强，译. 西安：陕西科学技术出版社，1985.
[52] 朱加铭，欧贵宝，何蕴增. 有限元与边界元法[M]. 哈尔滨：哈尔滨工程大学出版社，2002.
[53] 刘希云，赵润祥. 流体力学中的有限元法与边界元方法[M]. 上海：上海交通大学出版社，1993.

[54] 姚寿广. 边界元数值方法及其工程应用[M]. 北京：国防工业出版社, 1995.
[55] Chen C J, Neshart-Naseri H, Ho K S. Finite analytic numerical simulation of heat transfer in two-dimensional cavity flow[M]. Numerical Heat Transfer, 1981, 4: 179-197.
[56] Chen C J, Bernatz R, Carlson K D, Lin W L. Finite analytic method in flows and heat transfer[M]. New York: Taylor & Francis, 2000.
[57] 陈景仁. 湍流模型及有限分析法[M]. 上海：上海交通大学出版社, 1989.
[58] Jameson A, Schmidt W, Turkel E. Numerical solution of the Euler equations by finite-volume methods using Runge-Kutta time-stepping schemes: AIAA Paper 81-1259[R]. [s.l.]AIAA, 1981.
[59] Jameson A, Marvrilips D. Finite volume solution of the two-dimensional Euler equations on a regular triangular meshes[J]. AIAA Journal, 1986, 24: 611-618.
[60] Versteeg H K, Malalasekera W. An introduction to computational fluid dynamics—the finite volume method[M]. Essex: Longman Scientific & Technical, 1995.
[61] Davidson L. A pressure correction method for unstructured meshes with arbitrary control volume[J]. International Journal of Numerical Methods in Fluids, 1996, 22: 265-281.
[62] Murthy J Y, Mathur S. Periodic flow and heat transfer using unstructured meshes[J]. International Journal of Numerical Methods in Fluids, 1997, 25: 659-677.
[63] Valencia A. Effect of pulsating inlet on the turbulent flow and heat transfer past a backward-facing step[J]. International Communication in Heat and Mass Transfer, 1997, 24(7): 1009-1018.
[64] Kim S Y, Kang B H. Forced convection heat transfer from two heated blocks in pulsating channel flow[J]. International Journal of Heat and Mass Transfer, 1998, 41(3): 625-634.
[65] Mohamad A A. Spatially fourth order accuracy scheme for unsteady convection problems[J]. Numerical Heat Transfer, 1997, 31: 373-385.
[66] Minkowycz W J, Sparrow E M. Advances in Numerical Heat Transfer[M]. Washington DC: Taylor & Fancis, 1997.
[67] 贺友多. 传输理论和计算[M]. 北京：冶金工业出版社, 1999.
[68] 史美中, 王中铮. 热交换器原理与设计[M]. 2版. 南京：东南大学出版社, 1996.
[69] 过增元, 黄素逸. 场协同原理与强化传热新技术[M]. 北京：中国电力出版社, 2004.
[70] W M 凯斯, A L 伦敦. 紧凑式热交换器[M]. 北京：科学出版社, 1997.
[71] 周强泰, 黄素逸. 锅炉与热交换器传热强化[M]. 北京：水利电力出版社, 1991.
[72] A A 茹卡乌斯卡斯. 换热器内的对流传热[M]. 马昌文, 等译. 北京：科学出版社, 1986.
[73] 朱聘冠. 换热器原理及计算[M]. 北京：清华大学出版社, 1987.
[74] Guo Z Y, Li D Y, Wang B X. A novel concept for convective heat transfer enhancement[J]. Int. J. Heat Mass Transfer, 1998, 41(2): 2221-2225.
[75] 顾维藻, 神家锐, 马重芳. 强化传热[M]. 北京：科学出版社, 1990.

[76] 章熙民,任泽霈,梅飞鸣. 传热学[M]. 4版. 北京:中国建筑工业出版社,2001.
[77] 曹玉璋,陶智,徐国强,等. 航空发动机传热学[M]. 北京:北京航空航天大学出版社,2005.
[78] 马同泽,侯增祺,吴文铣. 热管[M]. 北京:科学出版社,1983.
[79] 池田义雄,伊藤谨司,槌田昭. 实用热管技术[M]. 商政宗,译. 北京:化学工业出版社,1988.
[80] 奥西波娃 B A. 传热学实验研究[M]. 蒋章焰,王传院,译. 北京:高等教育出版社,1982.
[81] 南京航空学院,北京航空学院,西北工业大学. 传热学[M]. 北京:国防工业出版社,1981.
[82] Ku J. Recent advances in capillary pumped loop technology: AIAA paper 97-3870[R]. [s.l.]: AIAA, 1997.
[83] Butler D, et al. Capillary pumped loop and loop heat pipe—an applications perspective[C]// In Space Technology and Applications International Forum—STAIF 2002. [s.l.]: EI—Genk M S. 2003.
[84] Bazzo E, Riehl R R. Operation characteristics of a small-scale capillary pumped loop[J]. Applied Thermal Engineering, 2003, 23(6): 687-705.
[85] Cao Y, Faghri A. Conjugate analysis of a flat-plate type evaporator for capillary pumped loops with three-dimensional vapor flow in the groove[J]. Int. J. Heat and Mass Transfer, 1994, 37(3): 401-409.
[86] Figus C, et al. Heat and mass transfer with phase change in a porous structure partially heated: continual model and pore network simulation[J]. Int. J. Heat and Mass Transfer, 1999, 42: 2557-2569.
[87] Muraoka I, et al. Experimental and theoretical investigation of capillary pumped loop with a porous element in the condenser[J]. International Comm. Heat and Mass Transfer, 1998, 25(8): 1085-1094.
[88] Fanger P O. Thermal comfort[M]. Copenhagen: Danish Technical Press, 1970.
[89] Bergland L G. Thermal comfort: a review of some recent research, environmental ergonomics[M]. New York: Taylor & Francis, 1988.
[90] 王保国,王新泉,刘淑艳,霍然. 安全人机工程学[M]. 北京:机械工业出版社,2007.
[91] Parsons K C. Human thermal environments[M]. New York: Taylor & Francis, 1993.
[92] McIntyre D A. Indoor climate[M]. London: Applied Science Publishers Ltd, 1980.
[93] Tanabe S, Arens E A, Bauman F S, et al. Evaluating thermal environments by using a thermal manikin with controlled skin surface temperature. ASHRAE Transaction, 1994, 100(2): 39-48.
[94] 王保国,靳艳梅,刘淑艳. 车室内热环境的计算模型与数值模拟[J]. 人类工效学,2005, 11(1): 1-4.
[95] 靳艳梅,王保国,刘淑艳. 车室内人体热舒适性的计算模型[J]. 人类工效学,

2005, 11(2): 16-19.
[96] 林欢, 刘淑艳, 王保国. 非均匀热环境下热舒适评价的两种方法及其关键技术[J]. 中国安全科学学报, 2007, 17(8): 47-53.
[97] 袁修干. 人体热调节系统的数学模拟[M]. 北京: 北京航空航天大学出版社, 2005.
[98] 王保国, 靳艳梅, 张雅, 等. 车室内热安全及人体热舒适性的研究与计算[C] // 安全科学理论与实践. 北京: 北京理工大学出版社, 2005.
[99] Thompson P A. Compressible fluid dynamics[M]. New York: McGraw-Hill, 1972.
[100] 朗道, 栗弗席茨. 流体力学[M]. 孔详言, 等译. 北京: 高等教育出版社, 1990.
[101] Pennes H H. Analysis of tissue and arterial blood temperatures in the resting human forearm[J]. Journal of Applied Physiology, 1948. 1: 93-122.
[102] Ching-Jen Chen, Jaw S Y. Fundamentals of turbulence modeling[M]. New York: Taylor & Francis, 1998.
[103] Pope S B. Monte Carlo method for the PDF equations of turbulent reactive flow[J]. Combust Sci. and Tech., 1981, 25: 159-174.
[104] Pope S B. PDF methods for turbulent reactive flows[J]. Prog Energy Combust Sci., 1985, 11: 119-192.
[105] Muradoglu M, Pope S B, Jenny P. A consistent hybrid finite-volume/particle method for the PDF executions of turbulent reactive flows[J]. J. Comput. Physics, 1999, 154: 342-371.
[106] Mazumder S, Modest M F. A PDF approach to modeling turbulence-radiation interactions in nonluminous flames[J]. Heat Mass Transfer, 1998, 42: 971-991.
[107] Li G, Modest M F. Application of composition PDF methods in the investigation of turbulence-radiation interactions [J]. J. Quant Spectrosc Radiative Transfer, 2002, 73: 461-472.
[108] Modest M F. Radiative heat transfer[M]. 2nd ed. New York: Academic Press, 2003.
[109] Ho C M, Tai Y C. Micro-electro-mechanical-systems (MEMS) and fluid flows[J]. Annu Rev Fluid Mech. 1998, 30: 579-612.
[110] Craighead H G. Nano-electromechanical systems[J]. Science, 2000, 290: 1532-1535.
[111] Tien C L, Chen G. Challenges in microscale conductive and radiative heat transfer[J]. ASME Journal of Heat Transfer, 1994, 116: 799-807.
[112] Tzou D Y. A unified field approach for heat conduction from macro to micro scales[J]. Trans ASME J Heat Transfer, 1995, 117: 8-16.
[113] 张浙, 刘登瀛. 非傅里叶热传导研究进展[J]. 力学进展, 2000, 30(3): 446-456.
[114] Guo Z, Maruyama S. Radiative heat transfer in inhomogeneous, nongray and anisotropically scattering media[J]. International Journal of Heat & Mass Transfer, 2000, 43: 2325-2336.
[115] Raithby G D. Discussion of the finite volume method for radiation and its application using 3D unstructured meshes[J]. Numerical Heat Transfer, 1999, 35: 389-405.

[116] Chai J C. Transient radiative transfer in irregular two-dimensional geometries[J]. Journal of Quantitative Spectroscopy and Radiative Transfer, 2004, 83: 281-294.

[117] Chai J C. One dimensional transient radiation heat transfer modeling using a finite-volume method[J]. Numerical Heat Transfer, 2003, 44: 187-208.

[118] Florian M P. A simple nonequilibrium molecular dynamics method for calculating the thermal conductivity[J]. Journal of Chemical Physics, 1997, 106(14): 6082-6085.

[119] Bird G A. Molecular gas dynamics and the direct simulation of gas flows[M]. Oxford: Clarendon Press, 1994.

[120] Marriplis C, Ahn J C, Goulard R. Heat transfer and flowfields in short microchannels using direct simulation Monte Carlo[J]. Journal of Thermophysics and Heat Transfer, 1997, 11(4): 489-496.

[121] Kogan M N. Rarefied gas dynamics[M]. New York: Plenum Press, 1969.

[122] 钱学森. 物理力学[M]. 北京: 科学出版社, 1962.

[123] 沙夫 S A, 钱伯 P L. 稀薄气体的流动[M]. 徐华舫, 译. 北京: 科学出版社, 1988.

[124] Bird G A. Molecular gas dynamics[M]. Oxford: Clarendon Press, 1976.

[125] Ebert W A, Sparrow E M. Slip flow in rectangular and annular ducts[J]. ASME Journal of Basic Engineering, 1965, 87(4): 1018-1024.

[126] 普朗特 L. 流体力学概论[M]. 郭永怀, 等译. 北京: 科学出版社, 1987.

[127] Aris R. Mathematical modelling techniques[M]. San Francisco: Pitman Advanced Pub, 1979.

[128] Harberman R. Mathematical models[M]. Englewood cliffs: Prentice Hall, 1977.

[129] Kapur J N. Mathematical modelling[M]. New York: John Wiley & Sons, 1988.

[130] Haykin S. Neural networks: a comprehensive foundation. Second Edition[M]. Trenton: Prentice Hall, 1998.

[131] Daubechies I. Ten lectures on wavelets[M]. Philadelphia: The Society for Industrial and Applied Mathematics Pub, 1992.

[132] 王保国, 刘淑艳. 基于Nash-Pareto策略的两种改进算法及其应用[J]. 航空动力学报, 2008, 23(2): 374-382.

[133] 王保国, 刘淑艳, 钱耕. 一种小波神经网络与遗传算法结合的优化方法[J]. 航空动力学报, 2008, 23(11): 1953-1960.

附　录

附录 A　常用金属材料的热物性参数

材料名称	20℃ 密度 ρ kg/m³	20℃ 比热容 c_p J/(kg·K)	20℃ 热导率 λ W/(m·K)	热导率 λ/[W/(m·K)] 温度 T/℃ −100	0	100	200	400	600	800	1000
纯铝	2710	902	236	243	236	240	238	228	215		
杜拉铝(96Al-4Cu,微量Mg)	2790	881	169	124	160	188	188				
铝合金(92Al-8Mg)	2610	904	107	86	102	123	148				
铝合金(87Al-13Si)	2660	871	162	139	158	173	176				
铍	1850	1758	219	382	218	170	145	118			
纯铜	8930	386	398	421	401	393	389	379	366	352	
铝青铜(90Cu-10Al)	8360	420	56		49	57	66				
青铜(89Cu-11Sn)	8800	343	24.8		24	28.4	33.2				
黄铜(70Cu-30Zn)	8440	377	109	90	106	131	143	148			
铜合金(60Cu-40Ni)	8920	410	22.2	19	22.2	23.4					
黄金	19300	127	315	331	318	313	310	300	287		
纯铁	7870	455	81.1	96.7	83.5	72.1	63.5	50.3	39.4	29.6	29.4
阿姆口铁	7860	455	73.2	82.9	74.7	67.5	61.0	49.9	38.6	29.3	29.3
灰铸铁($w_C \approx 3\%$)	7570	470	39.2		28.5	32.2	35.3	36.6	20.8	19.2	
碳钢($w_C \approx 0.5\%$)	7840	465	49.8		50.5	47.5	44.8	39.4	34.0	29.0	
碳钢($w_C \approx 1.0\%$)	7790	470	43.2		43.0	42.8	42.2	40.6	36.7	32.2	
碳钢($w_C \approx 1.5\%$)	7750	470	36.7		36.8	36.6	36.2	34.7	31.7	27.8	
铬钢($w_{Cr} \approx 5\%$)	7830	460	36.1		36.3	35.2	34.7	31.4	28.0	27.2	27.2
铬钢($w_{Cr} \approx 13\%$)	7740	460	26.8		26.5	27.0	27.0	27.6	28.4	29.0	29.0
铬钢($w_{Cr} \approx 17\%$)	7710	460	22		22	22.2	22.6	23.3	24.0	24.8	25.5
铬钢($w_{Cr} \approx 26\%$)	7650	460	22.6		22.6	23.8	25.5	28.5	31.8	35.0	38
铬镍钢(18—20Cr/8—12Ni)	7820	460	15.2	12.2	14.7	16.6	18.0	20.8	23.5	26.3	

(续)

材料名称	20℃ 密度 ρ kg/m³	20℃ 比热容 c_p J/(kg·K)	20℃ 热导率 λ W/(m·K)	热导率 λ/[W/(m·K)] 温度 T/℃ -100	0	100	200	400	600	800	1000
铬镍钢 (17—19Cr/9—13Ni)	7830	460	14.7	11.8	14.3	16.1	17.5	20.2	22.8	25.5	28.2
镍钢($w_{Ni}\approx 1\%$)	7900	460	45.5	40.8	45.2	46.8	46.1	41.2	35.7		
镍钢($w_{Ni}\approx 3.5\%$)	7910	460	36.5	30.7	36.0	38.8	39.7	37.8			
镍钢($w_{Ni}\approx 25\%$)	8030	460	13.0								
镍钢($w_{Ni}\approx 35\%$)	8110	460	13.8	10.9	13.4	15.4	17.1	20.1	23.1		
镍钢($w_{Ni}\approx 44\%$)	8190	460	15.8		15.7	16.1	16.5	17.1	17.8	18.4	
镍钢($w_{Ni}\approx 50\%$)	8260	460	19.6	17.3	19.4	20.5	21.0	21.3	22.5		
锰钢($w_{Mn}\approx 12\%\sim 13\%$,$w_{Ni}\approx 3\%$)	7800	487	13.6			14.8	16.1	18.3			
锰钢($w_{Mn}\approx 0.4\%$)	7860	440	51.2		51.0	50.0	43.5	35.5	27		
钨钢($w_W\approx 5\%\sim 6\%$)	8070	436	18.7		18.4	19.7	21.0	23.6	24.9	25.3	
铅	11340	128	35.3	37.2	35.5	34.3	32.8				
镁	1730	1020	156	160	157	154	152				
钼	9590	255	138	146	139	135	131	123	116	109	103
镍	8900	444	91.4	144	94	82.8	74.2	64.6	69.0	73.3	77.6
铂	21450	133	71.4	73.3	71.5	71.6	72.0	73.6	76.6	80.0	84.2
银	10500	234	427	431	428	422	415	399	384		
锡	7310	228	67	75	68.2	63.2	60.9				
钛	4500	520	22	23.3	22.4	20.7	19.9	19.4	19.9		
铀	19070	116	27.4	24.3	27	29.1	31.1	35.7	40.6	45.6	
锌	7140	388	121	123	122	117	112				
锆	6570	276	22.9	26.5	23.2	21.8	21.2	21.4	22.3	24.5	26.4
钨	19350	134	179	204	182	166	153	134	125	119	114

附录 B 保温、耐火材料的热物性参数

材料名称	测试密度 ρ/(kg/m³)	最高使用温度 T_{max}/℃	热导率 λ/[W/(m·K)]
耐火粘土砖	1800~2000	1350~1450	$0.698+0.000582\{T\}℃$
超轻质耐火粘土砖	270~330	1100	$0.058+0.00017\{T\}℃$

(续)

材料名称	测试密度 $\rho/(\mathrm{kg/m^3})$	最高使用温度 $T_{max}/℃$	热导率 $\lambda/[\mathrm{W/(m \cdot K)}]$
耐火粘土制品	950	1350	$0.28 + 0.000233\{T\}℃$
膨胀珍珠岩散料	40~160	1000	$0.0652 + 0.000105\{T\}℃$
水玻璃珍珠岩制品	190	600	$0.0658 + 0.000106\{T\}℃$
水泥珍珠岩制品	350~400	600	$0.065 + 0.000105\{T\}℃$
玻璃棉原棉	80~100	300	$0.038 + 0.00017\{T\}℃$
超细玻璃棉	46	450	$0.0280 + 0.000233\{T\}℃$
无碱超细玻璃棉毡	≤60	600	$0.033 + 0.0003\{T\}℃$
树脂超细玻璃棉制品	60~80	350	$0.037 + 0.00023\{T\}℃$
矿棉纤维	80~200	600	$0.035 + 0.00015\{T\}℃$
酚醛矿棉制品	80~150	350	$0.047 + 0.00017\{T\}℃$
岩棉管壳	100~200	350	$0.037 + 0.00021\{T\}℃$
微孔硅酸钙制品	200~250	650	$0.052 + 0.000105\{T\}℃$
聚氨脂硬质泡沫塑料	30~50	100	$0.021 + 0.00014\{T\}℃$
聚苯乙烯硬质泡沫塑料	20~50	75	$0.035 + 0.00014\{T\}℃$
煤粉灰泡沫砖	500	300	$0.099 + 0.0002\{T\}℃$
普通红砖	1600~2000	600	$0.465 + 0.000512\{T\}℃$
玻璃			0.7~1.05
钢筋混凝土(20℃)	2400	200	1.51
碎石混凝土(20℃)	2200		1.28
粘土砖砌体(20℃)	1700~1800		0.76~0.81
实心砖砌体(20℃)	1300~1400		0.52~0.64
松木(纵纹,21℃)	527		0.35
5层间隔铝箔层(21℃)			0.042
草绳	230		0.064~0.113
棉花(20℃)	117		0.049
锅炉水垢(65℃)			1.13~3.14
烟灰			0.07~0.116

附录 C　干空气的热物理性质（$p = 1.01325 \times 10^5 \text{Pa}$[①]）

T °C	ρ kg/m³	c_p kJ/(kg·K)	$\lambda \times 10^2$ W/(m·K)	$\rho \times 10^6$ m²/s	$\mu \times 10^6$ kg/(m·s)	$\nu \times 10^6$ m²/s	Pr
−50	1.584	1.013	2.04	12.7	14.6	9.23	0.728
−40	1.515	1.013	2.12	13.8	15.2	10.04	0.728
−30	1.453	1.013	2.20	14.9	15.7	10.80	0.723
−20	1.395	1.009	2.28	16.2	16.2	11.61	0.716
−10	1.342	1.009	2.36	17.4	16.7	12.43	0.712
0	1.293	1.005	2.44	18.8	17.2	13.28	0.707
10	1.247	1.005	2.51	20.0	17.6	14.16	0.705
20	1.205	1.005	2.59	21.4	18.1	15.06	0.703
30	1.165	1.005	2.67	22.9	18.6	16.00	0.701
40	1.128	1.005	2.76	24.3	19.1	16.96	0.699
50	1.093	1.005	2.83	25.7	19.6	17.95	0.698
60	1.060	1.005	2.90	27.2	20.1	18.97	0.696
70	1.029	1.009	2.96	28.6	20.6	20.02	0.694
80	1.000	1.009	3.05	30.2	21.1	21.09	0.692
90	0.972	1.009	3.13	31.9	21.5	22.10	0.690
100	0.946	1.009	3.21	33.6	21.9	23.13	0.688
120	0.898	1.009	3.34	36.8	22.8	25.45	0.686
140	0.854	1.013	3.49	40.3	23.7	27.80	0.684
160	0.815	1.017	3.64	43.9	24.5	30.09	0.682
180	0.779	1.022	3.78	47.5	25.3	32.49	0.681
200	0.746	1.026	3.93	51.4	26.0	34.85	0.680
250	0.674	1.038	4.27	61.0	27.4	40.61	0.677
300	0.615	1.047	4.60	71.6	29.7	48.33	0.674
350	0.566	1.059	4.91	81.9	31.4	55.46	0.676
400	0.524	1.068	5.21	93.1	33.0	63.09	0.678
500	0.456	1.093	5.74	115.3	36.2	79.38	0.687
600	0.404	1.114	6.22	138.3	39.1	96.89	0.699
700	0.362	1.135	6.71	163.4	41.8	115.4	0.706

(续)

T ℃	ρ kg/m³	c_p kJ/(kg·K)	$\lambda \times 10^2$ W/(m·K)	$p \times 10^6$ m²/s	$\mu \times 10^6$ kg/(m·s)	$\nu \times 10^6$ m²/s	Pr
800	0.329	1.156	7.18	188.8	44.3	134.8	0.713
900	0.301	1.172	7.63	216.2	46.7	155.1	0.717
1000	0.277	1.185	8.07	245.9	49.0	177.1	0.719
1100	0.257	1.197	8.50	276.2	51.2	199.3	0.722
1200	0.239	1.210	9.15	316.5	53.3	233.7	0.724

① $1.01325 \times 10^5 \text{Pa} = 760 \text{mmHg}$,下同。

附录 D 烟气的热物理性质($p = 1.01325 \times 10^5 \text{Pa}$)

(烟气中组成成分的质量分数:
$w_{CO_2} = 0.13; w_{H_2O} = 0.11; w_{N_2} = 0.76$)

T ℃	ρ kg/m³	c_p kJ/(kg·K)	$\lambda \times 10^2$ W/(m·K)	$\beta \times 10^8$ m²/s	$\mu \times 10^6$ kg/(m·s)	$\nu \times 10^6$ m²/s	Pr
0	1.295	1.042	2.28	16.9	15.8	12.20	0.72
100	0.950	1.068	3.13	30.8	20.4	21.54	0.69
200	0.748	1.097	4.01	48.9	24.5	32.80	0.67
300	0.617	1.122	4.84	69.9	28.2	45.81	0.65
400	0.525	1.151	5.70	94.3	31.7	60.38	0.64
500	0.457	1.185	6.56	121.1	34.8	76.30	0.63
600	0.405	1.214	7.42	150.9	37.9	93.61	0.62
700	0.363	1.239	8.27	183.8	40.7	112.1	0.61
800	0.330	1.264	9.15	219.7	43.4	131.8	0.60
900	0.301	1.290	10.00	258.0	45.9	152.5	0.59
1000	0.275	1.306	10.90	303.4	48.4	174.3	0.58
1100	0.257	1.323	11.75	345.5	50.7	197.1	0.57
1200	0.240	1.340	12.62	392.4	53.0	221.0	0.56

附录 E 干饱和水蒸气的热物理性质

T ℃	$p \times 10^{-5}$ Pa	ρ'' kg/m³	h'' kJ/kg	r kJ/kg	c_p kJ/(kg·K)	$\lambda \times 10^2$ W/(m·K)	$\beta \times 10^3$ m²/h	$\mu \times 10^6$ kg/(m·s)	$\nu \times 10^6$ m²/s	Pr
0	0.00611	0.004851	2500.5	2500.6	1.8543	1.83	7313.0	8.022	1655.01	0.815
10	0.01228	0.009404	2518.9	2476.9	1.8594	1.88	3881.3	8.424	896.54	0.831
20	0.02338	0.01731	2537.2	2453.3	1.8661	1.94	2167.2	8.84	509.90	0.847
30	0.04245	0.03040	2555.4	2429.7	1.8744	2.00	1265.1	9.218	303.53	0.863
40	0.07381	0.05121	2573.4	2405.9	1.8853	2.06	768.45	9.620	188.04	0.883
50	0.12345	0.08308	2591.2	2381.9	1.8987	2.12	483.59	10.022	120.72	0.896
60	0.19933	0.1303	2608.8	2357.6	1.9155	2.19	315.55	10.424	80.07	0.913
70	0.3118	0.1982	2626.1	2333.1	1.9364	2.25	210.57	10.817	54.57	0.930
80	0.4738	0.2934	2643.1	2308.1	1.9615	2.33	145.53	11.219	38.25	0.947
90	0.7012	0.4234	2659.6	2282.7	1.9921	2.40	102.22	11.621	27.44	0.966
100	1.0133	0.5975	2675.7	2256.6	2.0281	2.48	73.57	12.023	20.12	0.984
110	1.4324	0.8260	2691.3	2229.9	2.0704	2.56	53.83	12.425	15.03	1.00
120	1.9848	1.121	2703.2	2202.4	2.1198	2.65	40.15	12.798	11.41	1.02
130	2.7002	1.495	2720.4	2174.0	2.1763	2.76	30.46	13.170	8.80	1.04
140	3.612	1.965	2733.8	2144.6	2.2408	2.85	23.28	13.543	6.89	1.06
150	4.757	2.545	2746.4	2114.1	2.3145	2.97	18.10	13.896	5.45	1.08
160	6.177	3.256	2.7579	2085.3	2.3974	3.08	14.20	14.249	4.37	1.11
170	7.915	4.118	2768.4	2049.2	2.4911	3.21	11.25	14.612	3.54	1.13
180	10.019	5.154	2777.7	2014.5	2.5958	3.36	9.03	14.965	2.90	1.15
190	12.502	6.390	2785.8	1978.2	2.7126	3.51	7.29	15.298	2.39	1.18
200	15.537	7.854	2792.5	1940.1	2.8428	3.68	5.92	15.651	1.99	1.21
210	19.062	9.580	2797.7	1900.0	2.9877	3.87	4.86	15.995	1.67	1.24
220	23.178	11.61	2801.2	1857.7	3.1497	4.07	4.00	16.338	1.41	1.26
230	27.951	13.98	2803.0	1813.0	3.3310	4.30	3.32	16.701	1.19	1.29
240	33.446	16.74	2802.9	1765.7	3.5366	4.54	2.76	17.073	1.02	1.33
250	39.735	19.96	2800.7	1715.4	3.7723	4.84	2.31	17.446	0.873	1.36
260	46.892	23.70	2796.1	1661.8	4.0470	5.18	1.94	17.848	0.752	1.40
270	54.496	28.06	2789.1	1604.5	4.3735	5.55	1.63	18.280	0.651	1.44

(续)

T ℃	$p \times 10^{-5}$ Pa	ρ'' kg/m³	h'' kJ/kg	r kJ/kg	c_p kJ/(kg·K)	$\lambda \times 10^2$ W/(m·K)	$\beta \times 10^3$ m²/h	$\mu \times 10^6$ kg/(m·s)	$\nu \times 10^6$ m²/s	Pr
280	64.127	33.15	2779.1	1543.1	4.7675	6.00	1.37	18.750	0.565	1.49
290	74.375	39.12	2765.8	1476.7	5.2528	6.55	1.15	19.270	0.492	1.54
300	85.831	46.15	2748.7	1404.7	5.8632	7.22	0.96	19.839	0.430	1.61
310	98.557	54.52	2727.0	1325.9	6.6503	8.06	0.80	20.691	0.380	1.71
320	112.78	64.60	2699.7	1238.5	7.7217	8.65	0.62	21.691	0.336	1.94
330	128.81	77.00	2665.3	1140.4	9.3613	9.61	0.48	23.093	0.300	2.24
340	145.93	92.68	2621.3	1027.6	12.2108	10.70	0.34	24.692	0.266	2.82
350	165.21	113.5	2563.4	893.0	17.1504	11.90	0.22	26.594	0.234	3.83
360	186.57	143.7	2481.7	720.6	25.1162	13.70	0.14	29.193	0.203	5.34
370	210.33	200.7	2338.8	447.1	76.9157	16.60	0.04	33.989	0.169	15.7
373.99	220.64	321.9	2085.9	0.0	∞	23.79	0.0	44.992	0.143	∞

附录 F 过热水蒸气的热物理性质（$p = 1.01325 \times 10^5 \mathrm{Pa}$）

T K	ρ kg/m³	c_p kJ/(kg·K)	$\eta \times 10^5$ Pa·s	$\nu \times 10^5$ m²/s	λ W/(m·K)	$\beta \times 10^5$ m²/s	Pr
380	0.5863	2.060	1.271	2.16	0.0246	2.036	1.060
400	0.5542	2.014	1.344	2.42	0.0261	2.338	1.040
450	0.4902	1.980	1.525	3.11	0.0299	3.07	1.010
500	0.4405	1.985	1.704	3.86	0.0339	3.87	0.996
550	0.4005	1.997	1.884	4.70	0.0379	4.75	0.991
600	0.3852	2.026	2.067	5.66	0.0422	5.73	0.986
650	0.3380	2.056	2.247	6.64	0.0464	6.66	0.995
700	0.3140	2.085	2.426	7.72	0.0505	7.72	1.000
750	0.2931	2.119	2.604	8.88	0.0549	8.33	1.005
800	0.2730	2.152	2.786	10.20	0.0592	10.01	1.010
850	0.2579	2.186	2.969	11.52	0.0637	11.30	1.019

附录 G 几种饱和液体的热物理性质

液体	T ℃	ρ kg/m³	c_p kJ/(kg·K)	λ W/(m·K)	$\beta \times 10^8$ m²/s	$\nu \times 10^6$ m²/s	$\alpha_V \times 10^3$ 1/K	r kJ/kg	Pr
NH₃	−50	702.0	4.354	0.6207	20.31	0.4745	1.69	1416.34	2.337
	−40	689.9	4.396	0.6014	19.83	0.4160	1.78	1388.81	2.098
	−30	677.5	4.448	0.5810	19.28	0.3700	1.88	1359.74	1.919
	−20	664.9	4.501	0.5607	18.74	0.3328	1.96	1328.97	1.776
	−10	652.0	4.556	0.5405	18.20	0.3018	2.04	1296.39	1.659
	0	638.6	4.617	0.5202	17.64	0.2753	2.16	1261.81	1.560
	10	624.8	4.683	0.4998	17.08	0.2522	2.28	1225.04	1.477
	20	610.4	4.758	0.4792	16.50	0.2320	2.42	1185.82	1.406
	30	595.4	4.843	0.4583	15.89	0.2143	2.57	1143.85	1.348
	40	579.5	4.943	0.4371	15.26	0.1988	2.76	1098.71	1.303
	50	562.9	5.066	0.4156	14.57	0.1853	3.07	1049.91	1.271
R12	−50	1544.3	0.863	0.0959	7.20	0.2939	1.732	173.91	4.083
	−40	1516.1	0.873	0.0921	6.96	0.2666	1.815	170.02	3.831
	−30	1487.2	0.884	0.0883	6.72	0.2422	1.915	166.00	3.606
	−20	1457.6	0.896	0.0845	6.47	0.2206	2.039	161.81	3.409
	−10	1427.1	0.911	0.0808	6.21	0.2015	2.189	157.39	3.241
	0	1395.6	0.928	0.0771	5.95	0.1847	2.374	152.38	3.103
	10	1362.8	0.948	0.0735	5.69	0.1701	2.602	147.64	2.990
	20	1328.6	0.971	0.0698	5.41	0.1573	2.887	142.20	2.907
	30	1292.5	0.998	0.0663	5.14	0.1463	3.248	136.27	2.846
	40	1254.2	1.030	0.0627	4.85	0.1368	3.712	129.78	2.819
	50	1213.0	1.071	0.0592	4.56	0.1289	4.327	122.56	2.828
R22	−50	1435.5	1.083	0.1184	7.62		1.942	239.48	
	−40	1406.8	1.093	0.1138	7.40		2.043	233.29	
	−30	1377.3	1.107	0.1092	7.16		2.167	226.81	
	−20	1346.8	1.125	0.1048	6.92	0.193	2.322	219.97	2.792
	−10	1315.0	1.146	0.1004	6.66	0.178	2.515	212.69	2.672
	0	1281.8	1.171	0.0962	6.41	0.164	2.754	204.87	2.557

(续)

液体	T °C	ρ kg/m³	c_p kJ/(kg·K)	λ W/(m·K)	$\beta \times 10^8$ m²/s	$\nu \times 10^6$ m²/s	$\alpha_V \times 10^3$ 1/K	r kJ/kg	Pr
R22	10	1246.9	1.202	0.0920	6.14	0.151	3.057	196.44	2.463
	20	1210.0	1.238	0.0878	5.86	0.140	3.447	187.28	2.384
	30	1170.7	1.282	0.0838	5.58	0.130	3.956	177.24	2.321
	40	1128.4	1.338	0.0798	5.29	0.121	4.644	166.16	2.285
	50	1082.1	1.414				5.610	153.76	
润滑油（未使用过的）	0	899.12	1.796	0.147	9.11	4280	0.7		47100
	20	888.23	1.880	0.145	8.72	900			10400
	40	876.05	1.964	0.144	8.34	240			2870
	60	864.04	2.047	0.140	8.00	83.9			1050
	80	852.02	2.131	0.138	7.69	37.5			490
	100	840.01	2.219	0.137	7.38	20.3			276
	120	828.96	2.307	0.135	7.10	12.4			175
30号透平油	10	905	1.80	0.129	0.794	340			4270
	20	899	1.834	0.129	0.781	162			2070
	30	893	1.871	0.128	0.767	83			1080
	40	886	1.905	0.127	0.756	49			648
	50	880	1.943	0.127	0.742	31			418
	60	873	1.976	0.126	0.731	20.5			281
	70	867	2.014	0.126	0.719	14.6			203
	80	861	2.047	0.124	0.706	10.7			151
	90	854	2.085	0.123	0.697	7.95			114
	100	848	2.119	0.123	0.686	6.0			87.4
22号透平油	10	902	1.813	0.1297	0.794	210			2600
	20	895.5	1.851	0.1290	0.777	96			1250
	30	888.5	1.888	0.1283	0.767	53.8			695
	40	882.5	1.922	0.1276	0.753	36			432
	50	876	1.959	0.1268	0.739	21.4			288
	60	869.5	1.997	0.1261	0.728	14.7			200
	70	863	2.031	0.1254	0.717	10.5			150
	80	856.5	2.064	0.1247	0.708	7.9			116
	90	850	2.098	0.1240	0.694	6.0			91
	100	843.5	2.135	0.1232	0.683	4.75			72

附录 H 生物材料的热物理性质

材料	温度 T ℃	热导率 λ W/(m·K)	热扩散率 $\beta \times 10^7$ m²/s	热惯性 $\lambda \rho c \times 10^{-6}$ W²·s/(m⁴·K)	备注
皮肤		0.21~0.41	0.82~1.2	1.2~2.2	
肌肉		0.34~0.68	1.2~2.3	0.94~2.0	
脂肪		0.094~0.37	0.32~2.7	0.28~0.51	
骨		0.41~0.63		0.87	
干骨及骨髓		0.22			
脑		0.16~0.57	0.44~1.4		
心		0.48~0.59	1.4~1.5		
肝		0.42~0.57	1.1~2.0	1.0	
肿瘤(一般范围)	37	0.4~0.6			
血液		0.48~0.60			
血浆		0.57~0.60			
冻结血液(一般范围)		1.0~1.6			
冻结组织	−10 ~ −100	1.6~2.7	8.7~23.7		
冻结血浆	−10 ~ −100	2.0~3.2	9.7~26.9		
人体皮肤(活体)		0.442			血流率 12.8×10^{-5} l/(g·min)
人脑(活体)		0.805			血流率 54×10^{-5} l/(g·min)
骨骼肌(活体)		0.642			血流率 2.7×10^{-5} l/(g·min)

注：温度未注明者为体温到室温范围。

附录 I 几种保温、耐火材料的热导率与温度的关系

材料名称	材料最高允许温度/℃	密度 ρ kg/m³	热导率 λ W/(m·K)
超细玻璃棉毡、管	400	18~20	$0.033 + 0.00023T$ [①]
矿渣棉	550~600	350	$0.0674 + 0.000215T$

(续)

材料名称	材料最高允许温度/℃	密度 ρ kg/m³	热导率 λ W/(m·K)
水泥蛭石制品	800	420~450	$0.103 + 0.000198T$
水泥珍珠岩制品	600	300~400	$0.0651 + 0.000105T$
膨胀珍珠岩	1000	55	$0.0424 + 0.000137T$
岩棉保温板	560	118	$0.027 + 0.00017T$
岩棉玻璃布缝板	600	100	$0.0314 + 0.000198T$
A 级硅藻土制品	900	500	$0.0395 + 0.00019T$
B 级硅藻土制品	900	550	$0.0477 + 0.0002T$
粉煤灰泡沫砖	300	300	$0.099 + 0.0002T$
微孔硅酸钙	560	182	$0.044 + 0.0001T$
微孔硅酸钙制品	650	≤250	$0.041 + 0.0002T$
耐火粘土砖	1350~1450	1800~2040	$(0.7~0.84) + 0.00058T$
轻质耐火粘土砖	1250~1300	800~1300	$(0.29~0.41) + 0.00026T$
超轻质耐火粘土砖	1150~1300	540~610	$0.093 + 0.00016T$
超轻质耐火粘土砖	1100	270~330	$0.058 + 0.00017T$
硅砖	1700	1900~1950	$0.93 + 0.0007T$
镁砖	1600~1700	2300~2600	$2.1 + 0.00019T$
铬砖	1600~1700	2600~2800	$4.7 + 0.00017T$

① T 表示材料的平均温度。

附录 J 常用材料表面的法向发射率 ε_n

材料名称及表面状况	温度/℃	ε_n	材料名称及表面状况	温度/℃	ε_n
铝：高度抛光，纯度98%	50~500	0.04~0.06	钢铁：		
工业用铝板	100	0.09			
严重氧化的	100~150	0.2~0.31	钢板，轧制的	40	0.65
黄铜：高度抛光的	260	0.03	钢板，严重氧化的	40	0.80
无光泽的	40~260	0.22	铸铁，抛光的	200	0.21
氧化的	40~260	0.46~0.56	铸铁，新车削的	40	0.44
铬：抛光板	40~550	0.08~0.27	铸铁，氧化的	40~260	0.57~0.68
铜：高度抛光的电解铜	100	0.02	不锈钢，抛光的	40	0.07~0.17
轻微抛光的	40	0.12	银：抛光的或蒸镀的	40~540	0.01~0.03
氧化变黑的	40	0.76	锡：光亮的镀锡铁皮	40	0.04~0.06
金：高度抛光的纯金	100~600	0.02~0.035	锌：镀锌，灰色的	40	0.28

(续)

材料名称及表面状况	温度/℃	ε_n	材料名称及表面状况	温度/℃	ε_n
铂：抛光的	230~600	0.05~0.1	玻璃：平板玻璃	40	0.94
铂带	950~1600	0.12~0.17	派力克斯铅玻璃	260~540	0.95~0.85
铂丝	30~1200	0.036~0.19	瓷：上釉的	40	0.93
水银	0~100	0.09~0.12	石膏：	40	0.80~0.90
砖：粗糙红砖	40	0.88~0.93	大理石：浅色，磨光的	40	0.93
耐火粘土砖	500~1000	0.80~0.90	油漆：各种油漆	40	0.92~0.96
木材：	40	0.80~0.90	白色喷漆	40	0.80~0.95
石棉：板	40	0.96	光亮黑漆	40	0.90
石棉水泥	40	0.96	纸：白纸	40	0.95
石棉瓦	40	0.97	粗糙屋面焦油纸毡	40	0.90
碳：灯黑	40	0.95~0.97	橡胶：硬质的	40	0.94
石灰砂浆：白色、粗糙	40~260	0.87~0.92	雪	−12~−7	0.82
粘土：耐火粘土	100	0.91	水：厚度0.1mm以上	0~100	0.96
土壤（干）	20	0.92	人体皮肤	32	0.98
土壤（湿）	20	0.95			
混凝土：粗糙表面	40	0.94			

信息反馈表

尊敬的老师：

　　您好！感谢您对机械工业出版社的支持和厚爱！为了进一步提高我社教材的出版质量，更好地为我国高等教育发展服务，欢迎您对我社的教材多提宝贵的意见和建议。另外，如果您在教学中选用了《传热学》（王保国主编），欢迎您提出修改建议和意见。索取课件的授课教师，请填写下面的信息，发送邮件即可。

一、基本信息

姓名：＿＿＿＿＿　性别：＿＿＿＿＿　职称：＿＿＿＿＿　职务：＿＿＿＿＿

邮编：＿＿＿＿＿　地址：＿＿＿＿＿＿＿＿＿＿＿＿＿＿＿＿＿＿＿＿＿＿

任教课程：＿＿＿＿＿＿＿　电话：＿＿＿＿—＿＿＿＿＿（H）＿＿＿＿＿（O）

电子邮件：＿＿＿＿＿＿＿＿＿＿＿＿＿＿＿＿　手机：＿＿＿＿＿＿＿＿＿

二、您对本书的意见和建议

　　（欢迎您指出本书的疏误之处）

三、您对我们的其他意见和建议

请与我们联系：

100037　北京百万庄大街 22 号

机械工业出版社·高等教育分社　冷彬　收

Tel：010—8837 9720（O），6899 4030（Fax）

E-mail：myceladon@ yeah. net

http：//www. cmpedu. com（机械工业出版社·教材服务网）

http：//www. cmpbook. com（机械工业出版社·门户网）

http：//www. golden-book. com（中国科技金书网·机械工业出版社旗下网站）

信息反馈表

尊敬的读者：

感谢您购买本书。机械工业出版社出版社为了加强与读者的联系，更好地为读者服务，特制作并随书赠送本信息反馈表，以便能及时地得到您对我们出版物及服务的宝贵意见和建议，我们愿以真诚的服务回报您对机械工业出版社（中国科技书店）、"金属加工"网站的关心和支持。请您抽出宝贵的时间将下面的信息反馈给我们，您将有机会得到我们馈赠的纪念品并成为我们的幸运用户。

一、基本信息

姓名： _____ 性别： _____ 年龄： _____ 职业： _____
邮编： _____ 地址： _____
联系电话： _____ 电话： _____ （H） _____ （O）
电子邮箱： _____ 年龄： _____

二、您对本书的意见和建议
（欢迎您指出本书的具体错误之处）

三、您对我们的其他意见和建议

请联系我们：

100037 北京市西城区百万庄大街22号

机械工业出版社 · 汽车分社 / "金属加工"杂志社 收

Tel: 010—88379720 (O), 68904030 (Fax)

E-mail: myt_golden@yeah.net

http://www.cmpedu.com (机械工业出版社·教材服务网)
http://www.cmpbook.com (机械工业出版社·门户网)
http://www.golden-book.com (中国科技金属书网·机械工业出版社金属工图书)